FADIANCHANG BIANDIANZHAN ERCI XITONG
JI JIDIAN BAOHU CESHI JISHU

发电厂、变电站二次系统及继电保护测试技术

第二版

舒玉平 主编

中国电力出版社
CHINA ELECTRIC POWER PRESS

内 容 提 要

本书自 2006 年 9 月第一版发行以来，累计印刷 11 次、1.63 万册。现作者依据 Q/GDW 1799.1—2013《国家电网公司电力安全工作规程　变电部分》等现行规程规范，紧密结合实际工作，总结了当前发电厂、变电站二次系统和继电保护测试方面的新技术，编写而成《发电厂、变电站二次系统及继电保护测试技术（第二版）》。

本书包括发电厂、变电站二次系统和继电保护测试技术两篇共十章内容。其中，发电厂、变电站二次系统主要讲述操作电源、断路器及隔离开关的控制回路、互感器及同步系统、信号回路、变电站综合自动化系统、二次系统设计及施工基本知识；继电保护测试技术主要包括继电保护测试技术基础、模拟型继电器测试技术、微机型继电保护测试技术、二次回路测试技术。

本书主要作为发电厂、变电站岗位培训及继电保护工职业技能鉴定的培训教材，也可作为高职高专继电保护专业、电气工程及其自动化专业教材，还可作为从事继电保护和二次回路设计、安装、测试的工程技术人员参考用书。

图书在版编目（CIP）数据

发电厂、变电站二次系统及继电保护测试技术/舒玉平主编. —2 版. —北京：中国电力出版社，2023.11（2025.8 重印）

ISBN 978-7-5198-8161-0

Ⅰ.①发…　Ⅱ.①舒…　Ⅲ.①发电厂－二次系统②发电厂－电力系统－继电保护－测试③变电所－二次系统④变电所－电力系统－继电保护－测试　Ⅳ.①TM6

中国国家版本馆 CIP 数据核字（2023）第 182745 号

出版发行：中国电力出版社
地　　址：北京市东城区北京站西街 19 号（邮政编码 100005）
网　　址：http://www.cepp.sgcc.com.cn
责任编辑：翟巧珍（010-63412351）　胡　帅（010-63412821）
责任校对：黄　蓓　常燕昆
装帧设计：郝晓燕
责任印制：石　雷

印　　刷：廊坊市文峰档案印务有限公司
版　　次：2006 年 9 月第一版　2023 年 11 月第二版
印　　次：2025 年 8 月北京第三次印刷
开　　本：710 毫米×1000 毫米　16 开本
印　　张：22.25
字　　数：358 千字
印　　数：2001—3000 册
定　　价：88.00 元

前　言

随着微电子技术、计算机技术和计算机通信技术在电力系统的不断深入应用，电力系统的测量、控制、信号、继电保护、自动装置、远动装置的内容发生了很大的变化，相应的发电厂、变电站二次系统和继电保护测试技术也发生着深刻的变化。本书紧密结合实际，体现了当前发电厂、变电站二次系统和继电保护测试方面新技术。

全书分两篇共十章，第一篇为发电厂、变电站二次系统，第二篇为继电保护测试技术。第一篇包括操作电源、断路器及隔离开关的控制回路、互感器及同步系统、信号回路、变电站综合自动化系统、二次系统设计及施工基本知识；第二篇包括继电保护测试技术基础、模拟型继电器测试技术、微机型继电保护测试技术和二次回路测试技术。

本书第一版第一、三、七、八、九、十章由王显平编写；第二章由徐明编写；第四章由王秋红编写；第五章由徐明和王秋红合编；第六章由陈开平编写；全书由王显平主编。

本书第二版由舒玉平担任主编，组织改编大纲和校审工作，王显平参加了修改和增补编写工作。

本书在编写过程中得到了国网重庆市电力公司、西南送变电工程公司、重庆电力设计院有限责任公司相关工程技术人员的支持和帮助，并对本书的编写工作提出了宝贵意见，在此一并致谢。

由于编者水平有限，书中难免存有不妥之处，恳请读者批评指正。

编　者

2023 年 8 月

目　录

第一篇
发电厂、变电站二次系统

一、发电厂、变电站二次系统的主要内容

发电厂、变电站的电气系统，按其作用的不同分为一次系统和二次系统。一次系统是直接生产、输送和分配电能的设备（如同步发电机、电力变压器、电力母线、高压输电线路、高压断路器等）及其相互间的连接电路；对一次系统的设备起控制、保护，调节、测量等作用的设备称为二次设备，如控制与信号器具、继电保护及安全自动装置，电气测量仪表、操作电源等。二次设备及其相互间的连接电路称为二次系统或二次回路。二次系统是电力系统安全、经济、稳定运行的重要保障，是发电厂及变电站电气系统的重要组成部分。

发电厂、变电站二次系统是一个具有多种功能的复杂网络，其主要内容包括以下各子系统。

（1）控制系统。控制系统由各种控制开关和控制对象（断路器、隔离开关）的操动机构组成，其主要作用是对发电厂、变电站的开关设备进行远方跳、合闸操作，以满足改变一次系统运行方式及处理故障的要求。

（2）信号系统。信号系统由信号发送机构、接收显示元件及其网络构成，其作用是准确、及时地显示出相应一次设备的工作状态，为运行人员提供操作、调节和处理故障的可靠依据。

（3）测量与监测系统。测量与监测系统由各种电气测量仪表、监测装置、切换开关及其网络构成，其作用是指示或记录主要电气设备和输电线路的运行状态和参数，作为生产调度和值班人员掌握主系统的运行情况，进行经济核算和故障处理的主要依据。

（4）继电保护与自动装置系统。继电保护与自动装置系统由互感器、变换器、各种继电保护及自动装置、选择开关及其网络构成，其作用是监视一次系统的运行状况，一旦出现故障或异常便自动进行处理，并发出信号。由于继电保护及自动装置已形成独立的专业技术，设有专门课程进行系统地讲授，因此，本书只对其外部接线作简要论述。

（5）调节系统。调节系统由测量机构、传送设备、执行元件及其网络构成，其作用是调节某些主设备的工作参数，以保证主设备和电力系统的安全、经济、稳定运行。

（6）操作电源系统。操作电源系统由直流电源设备和供电网络构成，其作

用是供给上述各二次系统的工作电源。

（7）综合自动化系统。变电站综合自动化系统是利用先进的计算机技术、现代电子技术、通信技术和信息处理技术等实现对变电站二次系统（包括控制、测量、信号、故障录波、继电保护、自动装置及远动系统等）的功能进行重新组合、优化设计，对变电站全部设备的运行情况进行监视、测量、控制和协调的一种综合性的自动化系统。通过变电站综合自动化系统内各设备间相互交换信息，数据共享，完成变电站运行监视和控制任务。变电站综合自动化替代了变电站常规二次系统，简化了变电站二次接线。

变电站综合自动化是提高变电站安全稳定运行水平、降低运行维护成本、提高经济效益、向用户提供高质量电能的一项重要技术措施。

二、电气图的基本概念

1. 电气图的分类

发电厂及变电站的二次系统接线图数量很多，为了便于使用和管理，按用途和绘制方法的不同，一般分为原理图、布置图、安装图和解释性图四类。按表达形式和用途的不同，可分为系统图、电路图、功能图、逻辑图、端子图等。

2. 电气图形符号、文字符号

发电厂、变电站二次系统各子系统的工作原理及其连接关系是用电气图来表达的。电气图纸是电气工程的语言，是发电厂、变电站的重要技术资料。为了使图纸简洁清晰，满足订货、安装、运行的要求，绘制二次系统接线图必须使用国家标准规定的符号，并遵守一定的绘图规则。二次系统接线常用的图形符号见表 A-1～表 A-3，常用电气文字符号见表 A-4。

3. 电气元件的表示方法

在电气图中，可根据需要，分别采用集中表示法、分开表示法和半集中表示法表示电气元件。

集中表示法是把一个元件各组成部分的图形符号绘制在一起的方法。在集中表示法中，各组成部分用机械连接线（虚线）互相连接起来，且连接线必须是一条直线。图 0-1 所示为一个继电器的集中表示法，继电器的一个线圈和两对触点绘制在一起，并用机械连接线联系起来构成一个整体。

半集中表示法是把一个元件某些组成部分的图形符号在简图上分开布置，并用机械连接线表示它们之间关系的方法，其目的是得到清晰的电路布局。在半集中表示法中，机械连接线可以弯折、分支和交叉，如图 0-2 所示，继电器 K 的线圈和两对触点采用的就是半集中表示法。

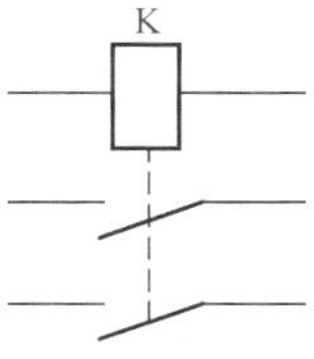

图 0-1　集中表示法示例

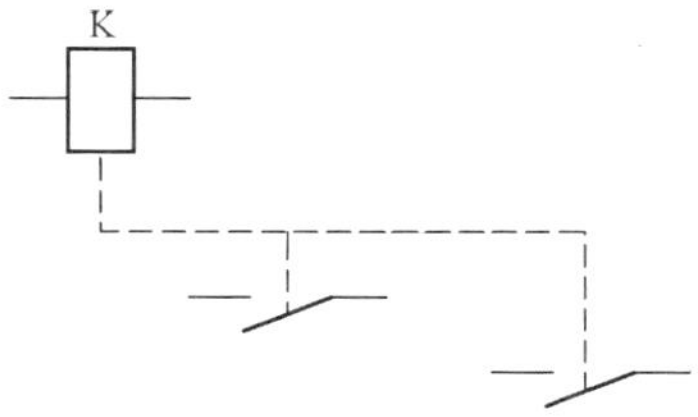

图 0-2　半集中表示法示

分开表示法是把一个元件各组成部分的图形符号在简图上分开布置，并仅用文字符号表示它们之间的关系，其目的是得到清晰的电路布局，如图 0-3 所示，继电器 K 的一个线圈和两对触点采用分开表示法，分别画在不同的电路中，且各部分标注相同的文字符号。

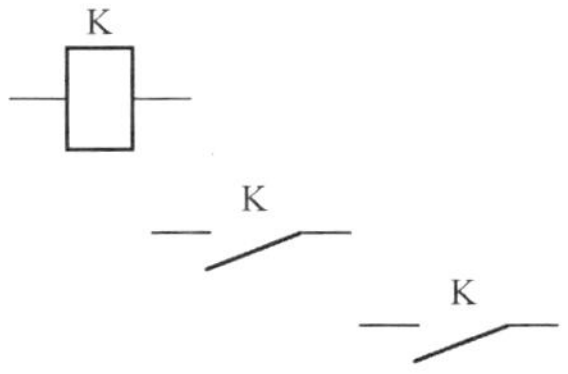

图 0-3　分开表示法示例

4. 元件工作状态的表示方法

二次接线图中，断路器、隔离开关、接触器的辅助触点以及继电器的触点所表示的状态（或位置）是这些设备在正常状态的位置，所谓正常状态就是指断路器、隔离开关、接触器及继电器处于断路和失电状态。所谓动合触点是指这些设备在正常状态即断路或失电状态下，其辅助触点和主触点是断开的。所谓动断触点正好与动合触点相反，即这些设备在断路或失电状态下，其辅助触点和主触点是闭合的。

5. 图线的布置

表示导线、信号通路、连接线等的图线一般应为直线，即横平竖直，尽可能减少交叉和弯折。图线的布置通常有水平布置和垂直布置。

水平布置是将设备和元件按行布置，使得其连接线呈水平方向进行布置；垂直布置是将设备和元件按列排列，连接线呈垂直方向进行布置。

第一章　操　作　电　源

第一节　概　　述

操作电源就是发电厂、变电站中二次设备（包括继电保护自动装置、信号设备、通信、远动、监控系统和断路器分、合闸控制等）的工作电源。操作电源十分重要，直接关系到电力系统的安全、可靠运行。

一、对操作电源的基本要求

（1）操作电源要有高度的可靠性。要保证发电厂、变电站在正常和事故工况下二次设备正常工作。

（2）操作电源要有足够的容量，能满足各种工况对功率的要求。

（3）操作电源要有良好的供电质量。在各种运行方式下，操作电源母线电压变化保持在允许范围内；波纹系数小于5%。

（4）操作电源应能满足发电厂DCS系统和变电站综合自动化系统的要求。

（5）操作电源应维护方便、安全、经济。

二、操作电源的种类

发电厂、变电站的操作电源有直流操作电源和交流操作电源两种。

直流操作电源又可分为独立式直流电源和非独立式直流电源，独立式直流电源有蓄电池直流电源和电源变换式直流电源；非独立式直流电源有硅整流电容储能直流电源和复式整流直流电源［电流互感器（TA）二次经电流/电压变换整流及电压互感器（TV）二次整流］。

交流操作电源就是直接使用交流电源。正常运行时一般由TV或站用变压器作为断路器的控制和信号电源，故障是由 TA 提供断路器的跳闸电源。这种操作电源接线简单，维护方便，投资少，但其技术性能不能满足大、中型发电厂和变电站的要求。

在发电厂和变电站中，一般采用蓄电池组作为直流电源。这种直流电源不依赖于交流系统的运行，是一种独立式的电源，即使交流系统故障，该电源也能在一段时间内正常供电，以保证二次设备正常工作，具有高度的可靠性。

第二节 直流操作电源系统的组成及其接线方式

一、直流操作电源系统的组成

直流操作电源系统的构成原理如图 1-1 所示，主要由蓄电池组、交流配电单元、充电模块、监控模块、配电监控、降压硅链（降压单元）、直流馈电单元（包括合闸分路、控制分路）、绝缘监测等组成。

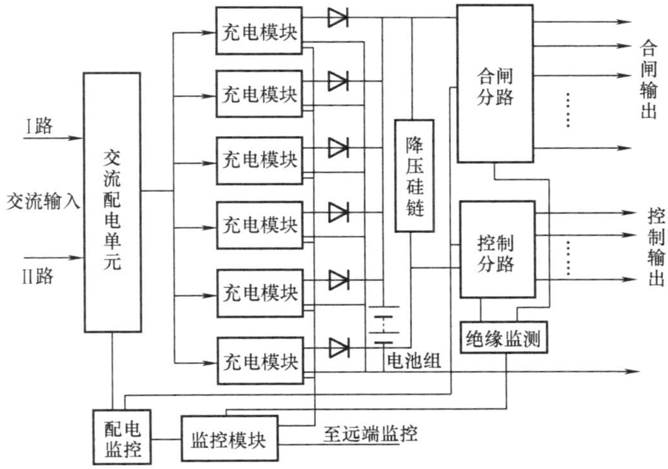

图 1-1 直流操作电源系统原理框图

系统交流输入正常时，两路交流输入经交流切换控制电路选择其中一路输入，并通过交流配电单元给各个充电模块供电。充电模块将三相交流电转换为 220V 或 110V 的直流，经隔离二极管隔离后输出，一方面给电池充电，另一方面给负载提供正常工作电流。监控部分采用集散方式对系统进行监测和控制。充电柜、馈电柜的运行参数、充电模块运行参数、系统的对地绝缘状况，分别由配电监控电路、模块监控电路和绝缘监测电路采集处理，然后通过串行通信口把处理后的信息上报给监控模块，由监控模块统一处理后，显示在液晶屏上。同时可通过人机交互操作方式对系统进行设置和控制，若有需要还可接入远程监控。监控模块还能对每个充电模块进行均/浮充控制、限流控制等，以保证电池的正常充电，延长电池寿命；降压硅链利用管压降调节控制母线电压。

交流输入停电或异常时，充电模块停止工作，由电池给负载供电。监控模块监测电池电压、放电时间，当电池放电到设置的欠压点时，监控模块告警。交流输入恢复正常以后，充电模块对电池充电。

二、直流操作电源系统的接线方式

随着科学技术的不断发展，直流系统的接线方式、采用的设备也在逐年地改进和更新。但直流系统的构成，在满足供电可靠的前提下，接线尽可能简单、运行灵活、经济合理。

直流系统的接线方式分为有调压端电池接线方式和无调压端电池接线方式两类。前者由于运行维护麻烦，很少采用；后者多用于阀控密封式（即免维护）铅酸蓄电池直流系统。

无调压端电池接线方式又分为单母线和单母线分段两种。

（1）单母线接线。单母线接线如图 1-2 所示，其特点接线简单、可靠，充电装置和蓄电池接在同一母线上。母线上只装设一套绝缘监察和电压监察装置、一组蓄电池、一套充电装置。充电装置模块采用 $N+1$（N 为模块计算数）。该方案适用于小容量发电厂和 110kV 及以下不重要的变电站。

（2）单母线分段接线。图 1-3 所示为两组蓄电池两套充电装置的单母线分段接线方式。每段母线应分别采用独立充电装置向蓄电池组充电，并在两段直流母线之间设置联络开关，正常运行时联络开关处于断开位置。每段直流母线设置一套绝缘监察和电压监察装置，监视直流母线的电压以及自动检测各支路对地绝缘电阻，发生母线电压过高、过低、接地或绝缘下降时能及时自动告警。

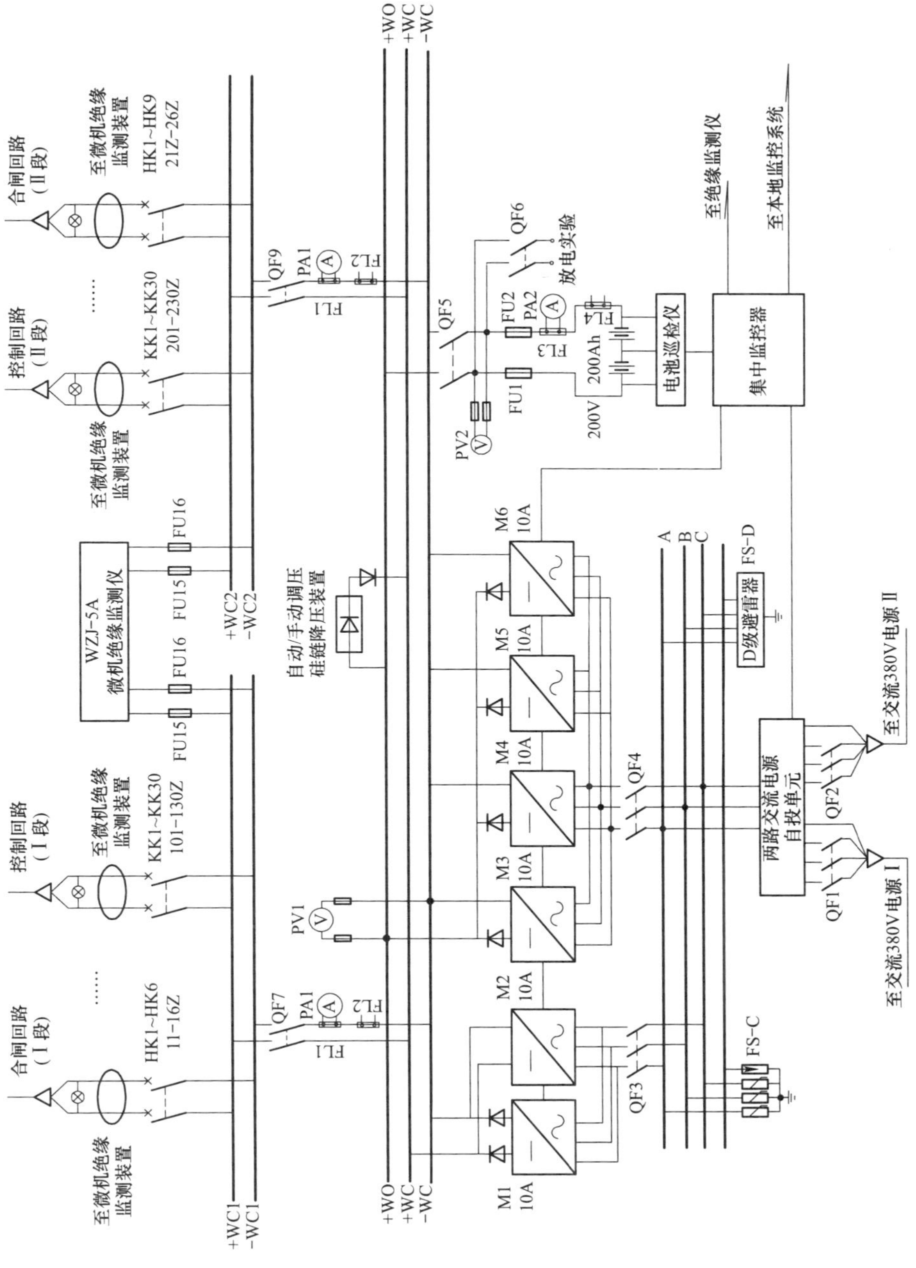

图 1-2　单母线接线直流系统

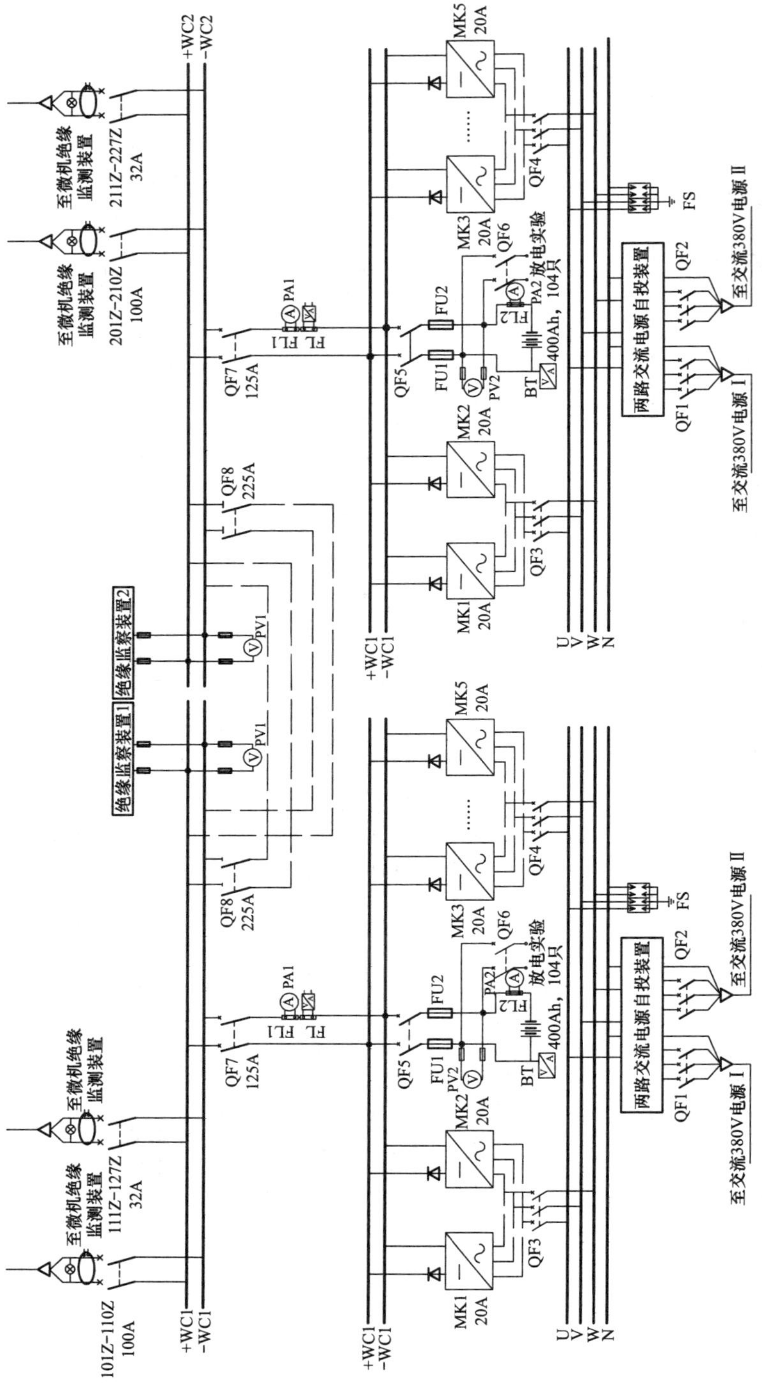

图 1-3 单母线分段接线直流系统

第三节　蓄电池及其高频开关电源充电模块

一、蓄电池

蓄电池是一种储能装置，它把电能转化为化学能储存起来，又可把储存的化学能转化为电能，这种可逆的转换过程是通过充、放电循环来完成的，而且可以多次循环使用，使用方便且有较大的容量。蓄电池按电解液不同可分为碱性蓄电池和酸性蓄电池，发电厂和变电站广泛应用的是防酸隔爆式，消氢式、阀控密封式（即免维护）铅酸蓄电池。

铅酸蓄电池的正极板的活性物质是二氧化铅（PbO_2），负极板的活性物质是绒状铅（Pb），电解液为稀硫酸。放电时正极板的二氧化铅（PbO_2）、负极板的绒状铅（Pb）变为硫酸铅（$PbSO_4$），电解液中的硫酸在与正、负极板产生化学反应后密度下降。充电时正极板上硫酸铅变为二氧化铅，负极板上的硫酸铅变为绒状铅，电解液的密度上升。

阀控电池采用吸液能力强的超细玻璃纤维材料作隔板，具有良好的干、湿态弹性，使较高浓度的电解液全部被其储存，而电池内无游离酸（贫液），或者使用电解液与硅胶组合为触变胶体，正常充放电运行状态下处于密封状态，电解液不泄漏，也不排放任何气体，不需要定期加水或酸，正常时极少维护。

阀控蓄电池是装有密封安全气阀的密封铅酸电池，是一种用气阀调节的非排气式电池，当电池在异常情况析出盈余气体，或过充电时产生的气体达到开阀压力时，经过节流阀泄放，随后减压关闭，它是单向的，不允许空气中的气体进入电池内。

阀控电池可为单体式（2V），200A·h 及以下容量的电池可以组合成 6V（3 个 2V 单体电池组成）和 12V（6 个 2V 单体电池组成）。单体阀控密封式铅酸蓄电池的结构如图 1-4 所示。

1. 铅酸蓄电池的电气特性

（1）铅酸蓄电池的容量特性。电池的容量是表示蓄电池的蓄电能力。充足电的蓄电池放电到规定终止电压（低于该电压放电将影响电池的寿命）时，其所放出的总电量，称为电池的容量。若蓄电池以恒定放电电流 I_N 放电，放电

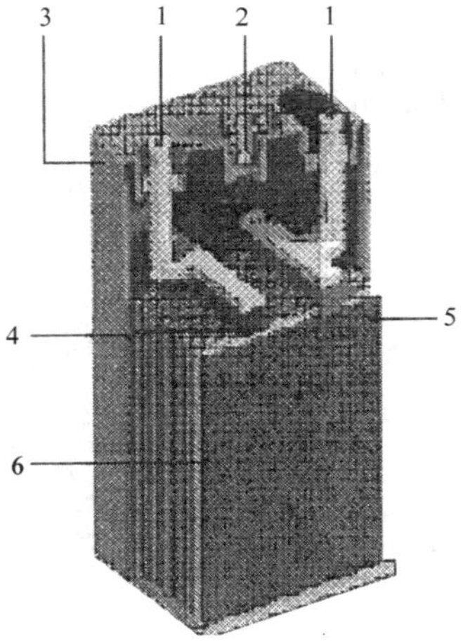

图 1-4　电池结构示意图

1—接线柱；2—安全阀；3—外壳；4—正极板；5—负极板；6—隔板

到容许的终止电压的时间为 t，则对应容量 C_N 为

$$C_N = I_N t \quad (1\text{-}1)$$

式中　C_N——电池容量，A·h；

I_N——恒定放电电流，A；

t——放电到容许的终止电压的小时数，h。

反应蓄电池放电到规定的终止电压的快慢称为放电率，放电率可用时率（h 率）和电流率（I_N 率）表示。

蓄电池的实际容量并不是一个固定不变的常数，它受许多因素的影响，主要有放电率、电解液比重和电解液温度。电解液温度高，容量就大；电解液比重大，容量就也大；放电率的影响更大，例如：某一铅酸蓄电池，当以 10A 率（10h 率）进行放电时，到达终止电压 1.8V 所放出的容量 C_{10}=100A·h，当以 25A 率（3h 率）进行放电时，到达终止电压 1.8V 所放出的容量 C_3=75A·h，当以 55A 率（1h 率）进行放电时，到达终止电压 1.75V 所放出的容量 C_1=55A·h，可见，放电电流大，放电时间就短，放出电量少，故电池容量减小。这是因为放电电流过大时，极板的有效物质很快就形成了硫酸铅，它堵塞了极板的细孔，不能有效地进行化学反应，内阻很快增大，端电压很快降低到终止电压。

我国电力系统用温度在 25℃、10h 率放出的容量 C_{10} 作为铅酸蓄电池的额定容量，那么，上述那一铅酸蓄电池的额定容量就是 100A·h。

按有关规定蓄电池的额定容量有：10、20、40、80、100、150、200、250、300、350、400、500、600、800、1000、2000、3000A·h。

蓄电池容量的这种特性用容量系数 K_{CC} 表示

$$K_{CC} = \frac{C}{C_{10}} \quad (1\text{-}2)$$

式中　C——任意时率放电的允许放电容量；

C_{10}——蓄电池的额定容量。

容量系数曲线如图 1-5 所示，图中给出了在不同蓄电池端电压下的容量系数曲线，这对选择蓄电池容量是有用的。

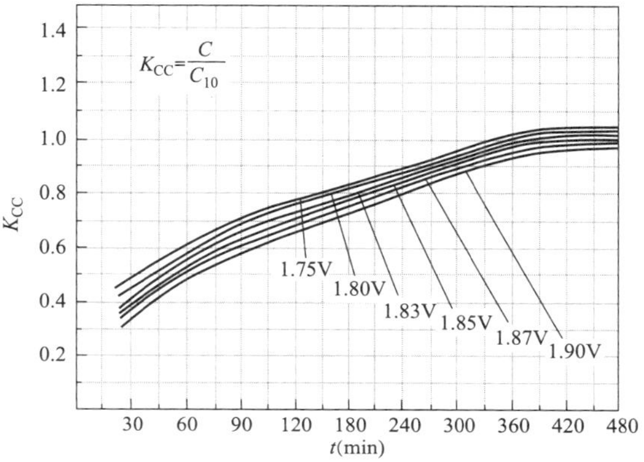

图 1-5 电池容量系数曲线

（2）放电特性。

1）持续放电特性。为了分析电池长期使用之后的损坏程度或充电装置的交流电源中断不对电池浮充时，为核对电池的容量，需要对电池进行放电。阀控电池不同倍率的放电特性曲线如图 1-6 所示。

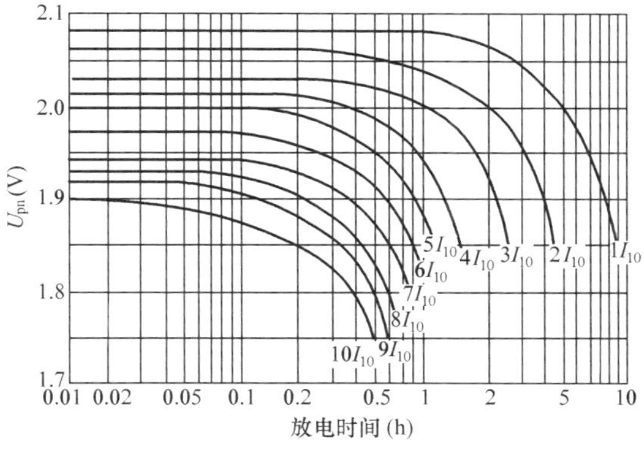

图 1-6 阀控电池放电特性

从图 1-6 可看出，蓄电池放电初期 1h 内的端压 U_{pn} 降低缓慢，放电到 2h 之后端压降低速率明显增快，之后端压陡降。端电压的改变是由于电池电动势的变化和极化作用等因素造成的。

一般以放出 80％左右的额定容量为宜，目的是使正极活性物质中保留较多

的 PbO_2 粒子，便于恢复充电过程中作为生长新粒子的结晶中心，以提高充电电流的效率。

图 1-6 中 I_{10} 为 10h 率放电电流，可见 $5I_{10}$～$10I_{10}$ 放电曲线比 $1I_{10}$～$4I_{10}$ 放电初期端压和中期端压变化速率变化大，其原因是电池极化作用随电流增加而变大。

2）冲击放电特性。冲击放电特性表示在某一放电终止电压下，放电初期或 1h 放电末期允许的冲击放电电流。冲击电流一般用冲击系数表示，冲击系数表示式 K_{ch} 为

$$K_{ch}=\frac{I_{ch}}{I_{10}} \tag{1-3}$$

式中 K_{ch}——冲击系数；

I_{ch}——冲击放电电流；

I_{10}——10h 率放电电流。

图 1-7 所示为贫液单体阀控式蓄电池持续放电 1h 后冲击放电曲线，图中浮充曲线是指电池与充电装置并联运行时，承受短时间冲击放电电流时蓄电池的端电压，其中实线为电池未脱离浮充系统的端电压，虚线为电池刚脱离浮充系统的电压。

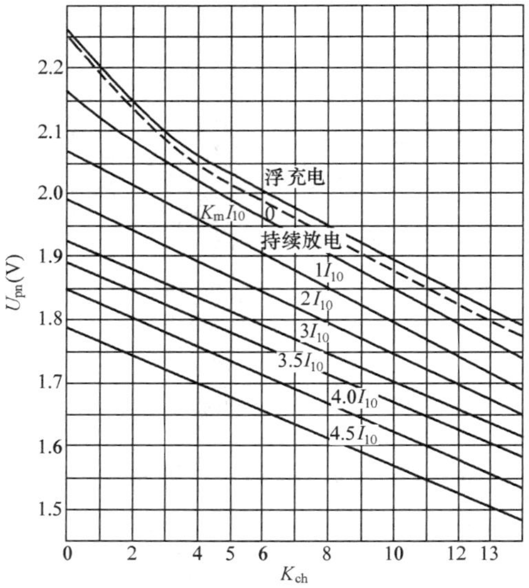

图 1-7 贫液单体阀控式蓄电池持续放电 1h 后冲击放电曲线

图 1-7 中持续放电曲线是指不同放电电流时，立即承受短时间冲击放电的电压变化曲线，冲击放电曲线的冲击时间为 10～15s。曲线中“0”曲线是电池完全充足电后，脱离充电系统，待电池电压下降且稳定在 2.06～2.10V/个时，进行冲击放电的电压变化曲线。

从图 1-7 中可看出，浮充电状态下冲击放电端电压变化较慢，断开浮充电源立即放电端电压变化较快，而以 $1I_{10}$ 电流持续放电下冲击放电电压变化更快，大放电率冲击放电端电压变化最快。

2. 阀控铅酸蓄电池的充电方式

阀控铅酸蓄电池一般有三种充电方式：

(1) 初充电。新安装的蓄电池组进行第一次充电，称为初充电。初充电通常采用定电流、定电压两阶段充电方式，如图 1-8 所示。

(2) 浮充电。正常运行时，充电装置承担经常负荷电流，同时向蓄电池组补充充电，以补充蓄电池的自放电，使蓄电池以满负荷的状态处于备用。单体阀控电池的浮充电压为 2.2～2.3V，通常取 2.25V。浮充电流一般为 (1～3) mA/A·h。

(3) 均衡充电。为补偿蓄电池在使用过程中产生的电压不均匀现象，为使其恢复到规定的范围内而进行的充电，称为均衡充电。阀控电池的均充电压 2.3～2.4V，通常取 2.35V。均衡充电电流不大于 $(1～1.25)I_{10}$A。

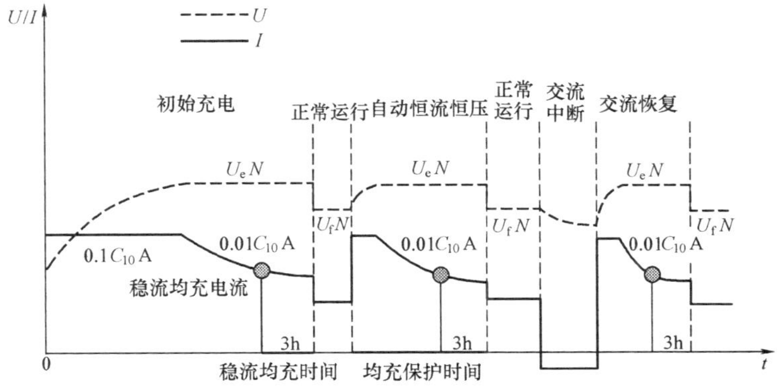

图 1-8 阀控铅酸蓄电池充电管理曲线

N—电池组节数；C_{10}—电池容量；U_e—单体电池均充电压；U_f—单体电池浮充电压

在配有监控模块的直流系统中，监控模块对电池可按图 1-8 进行智能化管理。在正常充电状态时，监控模块自动记录均充和浮充的开始时刻，在上电（或复位）初始，如果监控模块发现均充过程尚未结束，则会继续进行均充；如果上电（或复位）前是处于限流均充状态，则继续进行限流均充；如果是处于恒压均充状态，则继续进行恒压均充。在限流均充时，当充电电压达到恒压均充电压值的时候，会自动转入恒压均充。

在浮充情况下，若浮充电流大于设定值（转均充参考电流），或电池组剩余容量小于设定值（转均充容量比），则监控模块会自动控制模块进行均充。对电池进行均充时，充电电流应该是监控模块设置的限流值，此阶段为电池恒流充电阶段，电池的电压是随着时间增加而增大，当电池电压增大到一定值时，充电进入恒压阶段。在恒压阶段，充电电流不断减小，以充电电流减小到 $0.01C_{10}$A（稳流均充电流，可设定）为计时点，3h（稳流均充时间，可设定）后恒压充电阶段结束，充电电压降低，转入浮充状态。至此充电过程完成。

如果没有准确的电池监测装置时，可选择采用定时均充方式，对定时均充的时间间隔及每次均充的时间进行设定。一旦设定，电池管理程序就可自动计算电池定时均充的时间，以便确定在何时启动定时均充，何时停止定时均充，所有这些操作都是自动进行的，运行维护人员可在现场通过监控模块上的显示来明确这一过程，也可在远程监控中心的主机上查看这一过程。一般电池每隔 30 天均充一次，特殊情况必须根据电池说明书的实际情况设置。

3. 阀控铅酸蓄电池的选择

（1）阀控铅酸蓄电池组电池个数的选择。蓄电池个数按以下条件选择：

1）蓄电池正常按浮充电方式运行，为保证直流负荷供电质量，考虑供电电缆压降等因素，将直流母线电压提高 $5\%U_N$，蓄电池的个数 N 为

$$N=\frac{1.05U_N}{U_f} \tag{1-4}$$

式中 N——蓄电池的个数；

U_N——直流系统的额定电压；

U_f——单体蓄电池的浮充电电压，阀控电池浮充电压为 2.23～2.27V，一般取 2.25V。

2）直流系统取消端电池和降压装置以后，直流母线电压应校对在均衡充电方式时，保证最高电压值不超过用电设备的最高允许电压。根据 DL/T

5044—2014《电力工程直流电源系统设计技术规程》，控制负荷的直流母线电压为 110%U_N，动力负荷为 112.5%U_N。此时蓄电池个数

$$N=\frac{(110\sim112.5)U_N}{U_{bn}} \tag{1-5}$$

式中　U_{bn}——单体蓄电池的均衡充电电压，阀控电池均衡充电电压为 2.3～2.4V，一般取 2.35V。

3）蓄电池放电终止电压校验。在确定蓄电池的个数以后，还应验算蓄电池在事故放电末期允许的最低端口电压值 U_D 不应低于蓄电池放电终止 U_Z（1.75～1.8V）。根据有关规定，动力负荷母线允许的最低电压值不低于 87.5%U_N，控制负荷母线的允许最低电压值为 85%U_N。考虑直流母线到蓄电池间电缆压降在事故放电时按 1%U_N 计算，因此，对于动力负荷专用蓄电池组，事故放电末期允许的最低端口电压值

$$U_{ZD}=\frac{0.885U_N}{N} \tag{1-6}$$

对于控制负荷专用蓄电池组，事故放电末期允许的最低端口电压

$$U_{ZD}=\frac{0.86U_N}{N} \tag{1-7}$$

（2）蓄电池容量选择。

1）直流负荷的性质分类和要求。发电厂、变电站直流系统负荷的分类和要求见表 1-1。

表 1-1　　直流负荷的性质分类和要求

序号	负荷性质	负荷名称	正常状态		事故状态	
			用电时间	电压允许变动范围	用电时间	事故末期允许电压
1	经常负荷	控制、保护信号装置	长时间	(65%～120%)U_N	长时间	70%U_N
		汽机调速电动机	短时间	(90%～105%)U_N	短时间	
		试验室	允许间断停电		允许间断停电	
		经常事故照明	长时间	(95%～110%)U_N	长时间	80%U_N

续表

序号	负荷性质	负荷名称	正常状态		事故状态	
			用电时间	电压允许变动范围	用电时间	事故末期允许电压
2	事故负荷	汽轮机、发电机润滑和密封油泵			长时间	$85\%U_N$
		UPS			长时间	$85\%U_N$
		事故照明			长时间	$85\%U_N$
		通信备用电源			长时间	$85\%U_N$
3	冲击负荷	断路器合闸线圈	允许计划停电、短时间	$(80\%\sim110\%)U_N$	短时间	$(80\%\sim85\%)U_N$

2）用电压控制法选择蓄电池容量。

a. 根据发电厂、变电站的直流负荷特点，计算出事故停电时所需的蓄电池持续放电容量；

b. 根据事故放电时间以及要求的蓄电池最低放电电压，将事故放电容量换算成蓄电池的额定容量，即是铅酸蓄电池 10h 率的放电容量

$$C_C = K_K \frac{C_{SX}}{K_{CC}} \tag{1-8}$$

式中 C_C——蓄电池 10h 放电率计算容量，Ah；

K_K——可靠系数，取 1.4；

C_{SX}——事故全停状态下持续放电时间 x(h) 的放电容量；

K_{CC}——容量系数。

容量系数 K_{CC} 是以额定容量 C_{10} 为基准的放电容量的标幺值。由持续放电时间和电池最低端电压值从图 1-5 查得。

c. 选择与计算容量相近并大于计算容量的制造厂标准蓄电池容量作为选择容量。

d. 在蓄电池可能出现的各种运行状态下，校验直流母线电压是否满足要求。

首先校验事故放电初期（1min）承受冲击放电电流时，蓄电池所能保持的电压为

$$K_{ch0}=1.10\frac{I_{ch0}}{I_{10}} \tag{1-9}$$

式中　I_{ch0}——事故放电初期（1min）冲击放电电流值，A；

K_{ch0}——事故放电初期（1min）冲击放电系数；

I_{10}——蓄电池 10h 放电率标称电流，A。

计算出的 K_{ch0} 在图 1-7 中的“0”曲线查出的单体电池放电电压值 U_{ch}，计算蓄电池组出口端电压 U_D 为

$$U_D=NU_{ch} \tag{1-10}$$

式中　N——蓄电池组的单体电池个数；

U_{ch}——承受冲击放电时的单体电池的放电电压，V。

然后校验任意事故放电阶段末期，承受冲击放电电流时，蓄电池所能保持的电压，由

$$K_m=1.10\frac{C_{SX}}{tI_{10}} \tag{1-11}$$

$$K_{chx}=1.10\frac{I_{chx}}{I_{10}} \tag{1-12}$$

式中　K_m——任意事故放电阶段，10h 放电率电流倍数，即放电系数；

C_{SX}——xh 事故放电容量（xh 为任意事故放电阶段时间，h）；

t——事故放电时间，h；

K_{chx}——xh 事故放电末期冲击放电系数；

I_{chx}——xh 事故放电末期冲击放电电流值，A。

计算出的放电系数 K_m 和冲击放电系数 K_{chx}，在图 1-7 中可根据 K_mI_{10} 值查出相应的曲线，在该曲线上再用 K_{chx} 值（图 1-7 中 K_{ch}）查出单体电池放电电压值 U_{ch}，计算蓄电池出口端电压 U_D 为

$$U_D=NU_{chx} \tag{1-13}$$

式中　U_D——在任意事故放电阶段的蓄电池组出口端电压，V；

U_{chx}——在任意事故放电阶段的单体电池放电电压，V。

由式（1-10）和式（1-13）计算出的端电压值应不小于负荷允许的要求值。如不能满足要求，将蓄电池的容量加大一级，继续校验，直到母线电压满足为止。

【例 1-1】某 110kV 无人值班变电站 110V 直流负荷统计如表 1-2 所示，试选择蓄电池。

表 1-2　　　　110kV 无人值班变电站 110V 直流负荷统计表

序号	负荷名称	计算容量（kW）	计算电流（A）	经常电流（A）	事故放电时间电流（A）			随机或事故末期	备注
					初期 0～1min	1～60 min	60～120 min		
1	经常负荷	1×1.0	9.1	9.1	9.1	9.1	9.1		
2	事故照明	1×1.0	9.1				9.1		
3	通信电源	1×1.0	9.1		9.1	9.1	9.1		
4	远动电源	1×1.0	9.1		9.1	9.1	9.1		
5	断路器合闸		5					5	
6	电流统计（A）			9.1	$I_{ch0}=27.3$	$I_2=27.3$	$I_3=36.4$	$I_R=5$	
7	容量统计（A）					27.3	36.4		
8	容量累计（A·h）					$C_{a1}=27.3$	$C_{a2}=63.7$		

解：(1) 根据式（1-4）及式（1-5）计算蓄电池个数

$$N=\frac{1.05U_N}{U_f}=\frac{1.05\times 110}{2.25}=51.3$$

$$N=\frac{(1.1\sim 1.125)U_N}{U_{bn}}=\frac{(1.1\sim 1.125)\times 110}{2.35}=51.5\sim 52.7$$

取 $N=52$ 个。

(2) 根据式（1-7）计算蓄电池放电最低端电压

$$U_{ZD}=\frac{0.86U_N}{N}=\frac{0.86\times 110}{52}=1.82(\text{V})$$

满足大于蓄电池终止电压 1.8V 的要求。

(3) 计算蓄电池容量。由事故持续放电 2h 及放电到最低电压 1.82V，查图 1-5 得 $K_{CC}=0.76$，故

$$C_C=K_K\frac{C_{SX}}{K_{CC}}=1.40\times\frac{63.7}{0.76}=117.3(\text{A}\cdot\text{h})$$

选择蓄电池的额定容量 $C_{10}=150\text{A}\cdot\text{h}$。

(4) 电压校验。

1) 校验事故放电初期（1min）承受冲击放电电流时蓄电池所能保持的电压，根据

$$K_{ch0}=1.10\frac{I_{ch0}}{I_{10}}=\frac{27.3}{15}=2.01$$

查图 1-7 中的“0”曲线得到单体电池电压值 $U_{ch}=2.08V$，即 $U_D=NU_{ch}=52\times2.08=106$（V），为额定电压的 96.4%$U_N$，因此，蓄电池端至直流母线的允许压降为 11.4%。

2）校验事故放电末期（2h）承受冲击放电电流时蓄电池所能保持的电压，根据

$$K_m=1.10\frac{C_{SX}}{tI_{10}}=1.10\times\frac{63.7}{2\times15}=2.34$$

$$K_{chx}=1.10\frac{I_{chx}}{I_{10}}=1.10\times\frac{5}{15}=0.37$$

在图 1-7 中，由 $K_mI_{10}=2.34I_{10}$ 和 $K_{chx}=0.37$ 查得单体电池电压值 $U_{ch}=1.95V$，即 $U_D=NU_{ch}=50\times1.95=101.4$（V），为额定电压的 92.2%$U_N$，因此，蓄电池端至直流母线的允许压降为 7.2%。

二、高频开关电源充电模块

1. 高频开关充电模块工作原理

高频开关充电模块原理框图如图 1-9 所示，模块由交流输入滤波、整流单元、高频逆变单元（DC/AC）、直流输出滤波、PWM 脉宽调制单元和监控单元等组成。

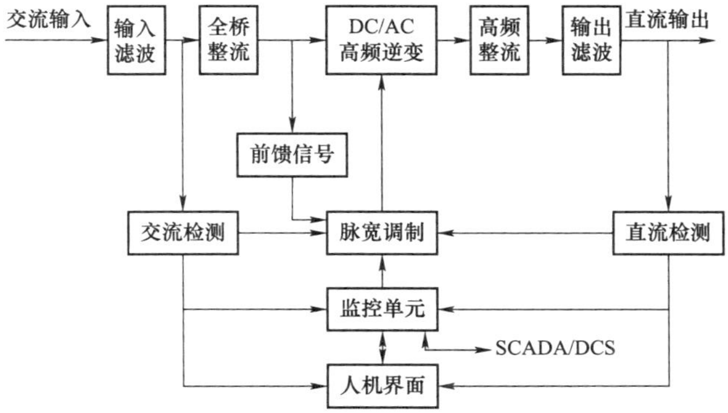

图 1-9　高频开关充电模块原理框图

交流电输入到模块后首先进入输入滤波电路，去除交流电上的干扰，然后经过全波整流电路变换成高压直流电（500V 左右），再由 DC/AC 高频逆变电

路变换成 20kHz 可调脉宽的高频脉冲电，经过主功率变压器的降压，再由高频整流电路整流成直流电，最后经过滤波处理输出稳定的直流电。

脉宽调制电路根据输入交流电、输出直流电和负载的变化情况，自动调节高频开关的脉冲宽度，使输出电压稳定在允许的范围内。同时脉宽调制电路执行监控单元的控制信号。交流检测电路检测输入交流电的情况，如果交流电异常，它立即送出控制信号关闭脉宽调制电路，同时将异常信息送监控单元处理和显示。

前馈信号实时跟踪交流电的变化，并将变化信息送脉宽调制电路，使它能及时根据输入交流电调整输出电压，提高模块的响应速度。

直流检测电路检测输出直流电的情况，将电压和电流信息反馈到监控单元和脉宽调制电路。如果直流电出现异常，它立即送出控制信号给脉宽调制电路，并将异常信息送监控单元处理和显示。

监控单元一方面采集充电模块的工作状态和参数，将这些信息通过串口上送 SCADA/DCS，同时在面板上显示输出电压和电流；另一方面接受 SCADA/DCS 或面板控制开关的指令，对充电模块进行控制：开/关机，均/浮充转换，限流点设置，输出电压调整。

模块面板上有控制开关、状态指示灯和数码管显示，它们是充电模块与人交流的窗口，显示充电模块的输出电压或电流值，指示均浮充状态和各种保护告警状态。通过控制开关来设置、控制充电模块的工作方式和地址，调整其输出电压。

充电模块的外部发生短路时，充电模块能自动降低输出电压和电流，使输出电流限制在 4A 左右。该特性可以有效防止外部事故损坏充电模块的和事故的进一步扩大。

充电模块的输出电压一旦超过充电模块内部设置的过压保护点，充电模块便自动关机，锁死输出，只有重新开机才能启动输出。因为过电压可能会损坏用电设备，所以一旦发生过电压，应该检查过压的原因并排除故障后，才能重新开机。

多个充电模块并机运行时，负载不均衡而影响充电模块的使用寿命。为了均衡它们之间的负载，充电模块内部设计了自动均流电路。

2. 充电装置高频开关电源充电模块数量选择

高频开关电源充电模额定电流有多种规格，220V 有 5、10、15、20、25、30、35、40A，110V 可到 60A、80A。充电装置由多个模块并联组成，一般采用 $N+1$ 备份冗余方式，这是因为一个模块故障不影响整组充电设备的正常工作。

充电模块数量与充电装置输出电流有关，充电装置最大输出电流 I_C 应满足均衡充电和直流系统经常性负荷的供电要求。

当一组蓄电池配置一组充电装置时

$$I_C = K_K[(1.0 \sim 1.25)I_{10} + I_{jc}] \tag{1-14}$$

$$N = \frac{I_C}{I_N} + n \tag{1-15}$$

当一组蓄电池配置二组充电装置时，可按一大一小配充电装置，即

$$I_{C1} = K_K(1.0 \sim 1.25)I_{10} \tag{1-16}$$

$$I_{C2} = K_K I_{jc} \tag{1-17}$$

$$\left.\begin{aligned} N_1 &= \frac{I_{C1}}{I_N} \\ N_2 &= \frac{I_{C2}}{I_N} \end{aligned}\right\} \tag{1-18}$$

也可按式（1-16）选择二组容量相同的充电装置。

式中　I_C、I_{C1}、I_{C2}——每组充电装置的计算电流，A；

K_K——可靠系数；

I_{jc}——直流系统经常负荷电流；

N、N_1、N_2——电源充电模块数量；

I_N——电源充电模块额定电流；

n——电源模块冗余量，一般模块小于或等于 6 块时 $n=1$，大于 6 块时 $n=2$。

当二组蓄电池配置二组充电装置时，每组充电装置可按式（1-14）计算，二组蓄电池配置三组充电装置时，可按二大一小或一大二小配置充电装置。

第四节　直流操作电源的监控系统

一、直流系统绝缘监察和电压监察

1. 直流系统绝缘监察

发电厂和变电站的直流系统对地是绝缘的，正常时应保持在 0.5MΩ 以上。由于直流系统接线较复杂，与控制室平台、各配电装置断路器操动机构及机组的直流油泵有联系，发生接地的机会较多，发生一点接地虽然没有危害，如不及时发现，在发生另一点接地时可能会引起信号、控制回路的误动作。因此，在直流系统中应装设绝缘监察装置。它的基本功能是在一点接地时发出预告音响信号，提醒值班人员及时查找并消除。

图 1-10 所示为简单绝缘监察装置信号原理图。电阻 R_1 和 R_2 阻值相等，与直流系统正负极对地绝缘电阻 R_+、R_- 组成直流电桥，当直流系统的某一极绝缘电阻下降时，破坏了电桥的平衡，继电器 KS 中有电流流过，当绝缘电阻下降到某一整定值（15～20kΩ）时，继电器动作，启动预告音响信号。

判断哪一极接地、测量绝缘电阻值最简单的方法如图 1-11 所示。用一只电压表和一个切换开关 SA，检查绝缘时，将切换开关 SA 依次于置“正对地”（触点①-③接通）和“负对地”（触点②-③接通）位置，如果电压表 PV 均指零，即表明绝缘良好；如果在“正对地”位置指示极小，在“负对地”位置指示接近电源电压，即表明正极对地绝缘严重下降。正、负极对地绝缘电阻值计算为

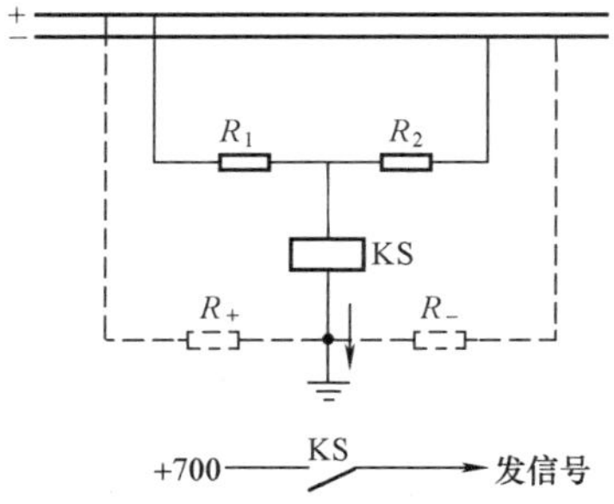

图 1-10　绝缘监察信号原理图

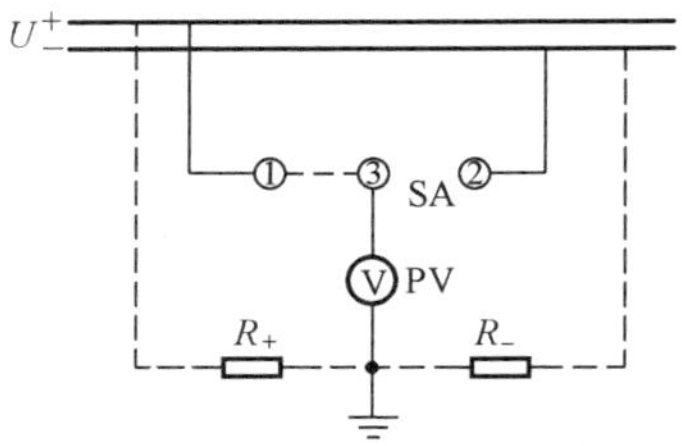

图 1-11　电压表绝缘检测电路

$$\left.\begin{aligned}R_+ &= R_V\left(\frac{U-U_+}{U_-}-1\right)\\R_- &= R_V\left(\frac{U-U_-}{U_+}-1\right)\end{aligned}\right\}\qquad(1\text{-}19)$$

式中　U——直流电源电压；

R_V——电压表内阻；

U_+、U_-——分别为测得的正、负极对地电压。

2. 直流系统电压监察

电压监察装置的作用是监视直流母线电压，当电压变化超出允许范围（$\pm10\%U_N$）时自动发出信号，电压监察装置由一只过电压继电器，一只低电压继电器和光字牌等构成．其电路图如图 1-12 所示。

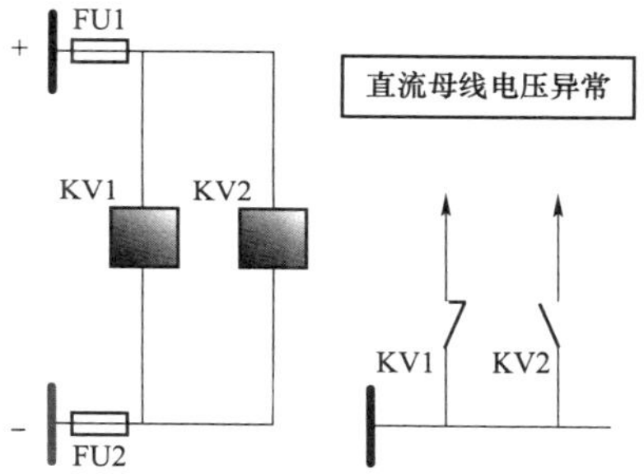

图 1-12　电压监察电路

图 1-12 所示中低电压继电器 KV1 动作电压按 $0.95U_N$ 整定；过电压继电器 KV2 动作电压按 $1.15U_N$ 整定。当电压继电器动作时，亮相应的光字牌，并发出音响。

3. 微机型直流系统绝缘、电压监察装置

微机型直流系统绝缘、电压监察装置已在发电厂和变电站已广泛使用，特别是无人值班变电站。该装置集电压、绝缘监察为一体，其硬件构成原理如图 1-13 所示。装置产生低频信号加在直流母线与地之间，小型电流互感器 TA 套在各负荷支路的正、负引出线上，微机系统实时监测母线电压、正极对地电压、负极对地电压及各小型电流互感器二次侧低频信号，将采样数据送至 A/D 转换器，经微机处理计算后，数字显示电压和绝缘电阻值。当直流母线电压过高、过低或直流系统绝缘电阻过低或接地时，对应接点发出相应的预告信号，也可由通信接口远传报警。

微机系统可自动识别接地支路，因为接地支路与低频信号源构成了通路，其小型电流互感器二次侧有低频信号，而非接地支路与低频信号源不能构成通路，其小型电流互感器二次侧没有低频信号。为了消除线路分布电容的影响，分析计算时取其阻性分量，也可以采用双低频信号方案。

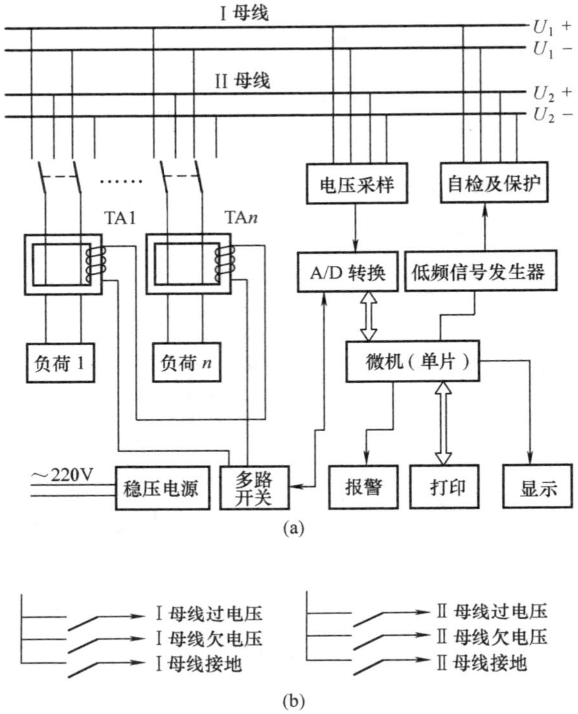

图 1-13　微机型绝缘电压监察装置原理图

二、直流电源系统监控模块

在现代的直流系统中，通常配置有监控模块。监控模块通过 RS-485 通信口对充电模块、充电柜、馈电柜、电池监测仪、绝缘监测仪等下级智能设备进行实时数据采集，并加以显示，同时对采集的各种数据、工作状态，通过整理、分析，实现对电源系统以及电池充放电的全自动管理（如图 1-8 所示）；根据系统的各种设置数据进行报警处理、历史数据管理、输出控制和故障呼叫等。操作人员还可通过键盘对充电模块进行强制开启、关停、均/浮充等控制，调节充电模块的限流点和输出电压。

监控模块可通过 RS-232、RS-485/RS-422 接口与 SCADA/DCS 计算机系统通信，实现四遥功能：

（1）遥测。系统直流母线电压、负载总电流；电池电压、电池充放电电流；输入交流电压；各充电模块的输出电压、输出电流；母线对地绝缘情况。

(2) 遥信。直流配电各输出支路熔断器通断状态；电池组熔断器通断状态，电池充电电流过大，电池电压欠压、过压；市电网停电、缺相，电网电压过高、过低；合闸控制母线过/欠压、充电模块保护动作。

(3) 遥控。充电模块开启、关停控制，充电模块均/浮充转换控制。

(4) 遥调。根据监控模块的指令，在 10%～100%范围内调节充电模块输出电流限流点，调节充电模块输出电压的大小。

第五节 站用交流电源系统

变电站除直流操作电源外，还需要交流电源，如电池的充电电源、隔离开关的驱动和控制、变压器的冷却器、监控计算机、检修动力用电、照明及生活用电等。

一、站用交流系统

交流电源一般由站用变压器供电，如图 1-14 所示，一台站用变压器接于进线断路器的外侧，另一台接在主变压器的二次侧母线上。

两台站用变压器都采用 Yy0 接线，而主变压器通常为 Yd11 接线，两台站用变压器二次侧电压相位不同不能并联工作，因此只能正常时由其中一台供电，另一台作为备用，并在其低压侧装设备用电源自动投入装置。图 1-15 所示就是两台站用变压器备用电源自动投入装置的控制回路。正常时由 1 号站用变压器供电，KI 动作，其动合触点闭合接通 KM1 线圈，使 KM1 合闸并保持在合闸位置，KI 的动断触点断开，使 KM2 断电，2 号站用变压器处备用状态；当 1 号站用变压器因故停止供电时，KI 返回跳开 KM1，KI 和 KM1 动断触点闭合，接通 KM2 线圈，KM2 合闸恢复供电。

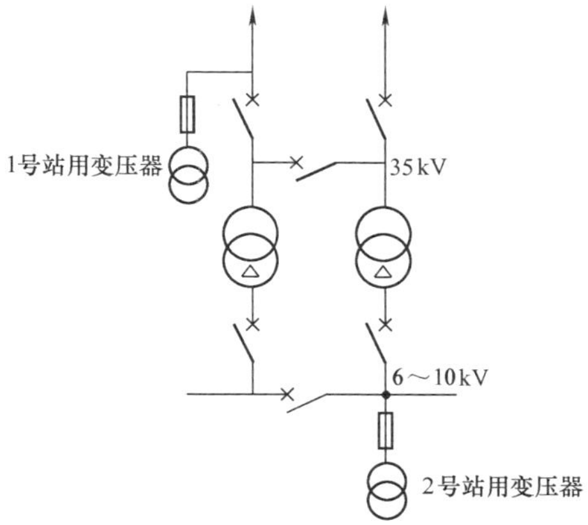

图 1-14 站用变压器的接线

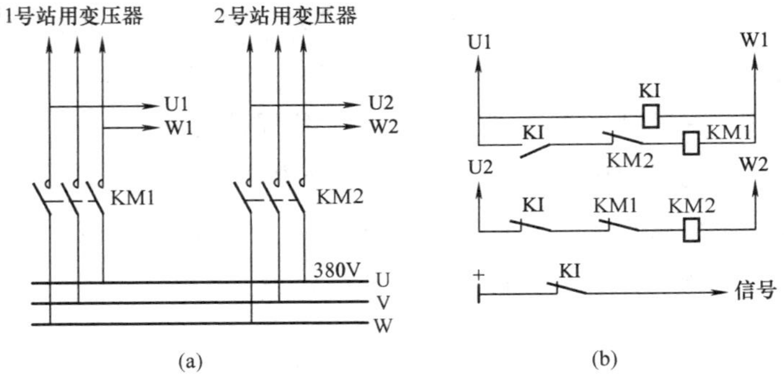

图 1-15　站用电源自动投入装置接线图

二、交流不间断电源系统

交流不间断电源（Uninterruptible Power Supply，UPS），用它向需要交流电源的负荷提供不间断的交流电源。在现代发电厂和变电站中，已成为SCADS/DCS计算机系统不可缺少的供电装置。

UPS装置的构成原理框图如图1-16所示，它由逆变器、旁路隔离变压器、静态开关、手动切换开关、同步控制电路、直流输入电路、交流输入电路等部分构成。

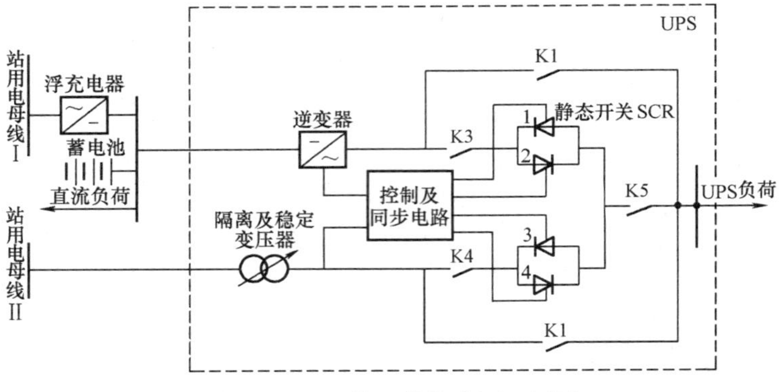

图 1-16　UP 装置的构成原理框图

逆变器的作用是将来自蓄电池的直流变换成正弦交流。它是UPS装置中的核心部件。图1-17所示为二开关桥多脉宽阶梯调制逆变电路，该逆变电路由三个晶闸管构成的逆变桥和三个输出变压器构成。每个逆变桥由四个晶闸管构成。输出变压器T1～T3的一次侧电流由逆变桥的晶闸管控制。其二次侧串联接成合电路的形式。控制晶闸管的导通就可以控制输出变压器一次侧电流出现的时间和方向。例如，在第一个整流桥中，当晶闸管 SCR1、SCR3 导通，SCR2、SCR4 关闭时，变压器 T1 一次侧电流由端 1 流向端 2；当 SCR1、SCR3 关闭，SCR2、SCR4 导通时电流方向相反。当变压器一次侧有电流跃变时，便能在二次侧感应出方波电压。控制晶闸管的导通时间，即可控制输出变压器二次侧方波电压在时间轴的位置和极性。对三个逆变桥晶闸管的导通和关闭时间进行综合控制，使每个输出变压器二次电压出现的时间和极性如图 1-18（a）～（c）所示。将这三个输出变压器的二次侧电压相加，即得合成电压如图 1-18（d）所示的交变阶梯波。如交变频率为 50Hz，由谐波分析可得出阶梯波的基波，即为 50Hz 正弦波。将谐波滤掉取其基波，便可获得所需要的 50Hz 的交流正弦波。如将三套相同的逆变电路，将其输出交流接成三相电流回路，各相之间相差 120°，便可得到三相交流电源。

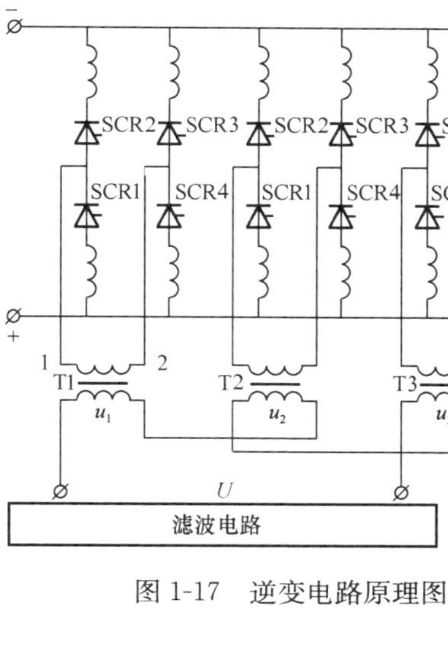

图 1-17　逆变电路原理图

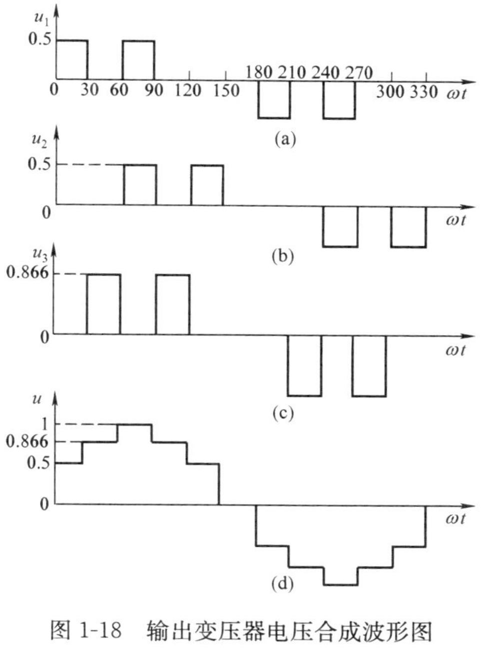

图 1-18　输出变压器电压合成波形图

（a）T1 二次电压 u_1 波形；（b）T2 二次电压 u_2 波形；（c）T3 二次电压 u_3 波形；（d）合成电压波形

旁路隔离变压器的作用是当逆变回路故障时，能自动地将 UPS 负荷切换到旁路回路。UPS 的负荷由站用电来统一供电：由于站用电系统不可避免地存在着各种干扰，以及站用电电压的波动也比较大。为确保对 UPS 负荷的安全可靠地供电，不能直接将站用电系统的交流接入 UPS 的负荷。而应在旁路回路中设置隔离和稳压用的变压器。旁路隔离变压器的稳压方式可采用感应式稳压、磁性稳压、外补偿式稳压或无触点式稳压等方式。

静态开关的作用是将来自逆变器的交流电源和旁路交流电源选择其一送至 UPS 负荷。在控制电路的控制下，当晶闸管 SCR1、SCR2 导通，SCR3、SCR4 关闭时，将来自逆变器的交流电源送至 UPS 负荷；当晶闸管 SCR3、SCR4 导通，SCR1、SCR2 关闭时，将来自旁路交流电源送至 UPS 负荷，要求在切换过程中对负荷的间断供电时间不大于 5ms。

手动切换开关的作用是，在维修或需要时将 UPS 的负荷在逆变回路和旁路回路之间进行手动切换。要求切换过程中对负荷的供电不间断。一般都采用所谓五点式切换，如图 1-16 所示，K 为手动切换开关。表 1-3 为切换开关的触点表。从表 1-3 中不难看出在任何操作方式下，负荷都不会间断。

表 1-3　　手动切换开关触点表

运行状态 / 触点号	逆变运行		正常运行	旁路运行	
	定位	过渡		过渡	定位
K1	×	×			
K2				×	×
K3		×	×	×	
K4		×	×	×	
K5		×	×	×	

三、事故照明电源切换装置

发电厂、变电站在处理事故的重要部位都要安装事故照明灯，正常运行时，由站用交流电源供电；事故情况下，当交流电源消失时，则切换为蓄电池直流电源供电。

图 1-19 所示为事故照明电源切换回路图，适用于发电厂、变电站的事故照明控制。常运行时，三相刀闸 QK 保持在合闸位置，照明电源箱的电源电压正

常，电压继电器 KV1、KV2、KV3 均在励磁状态（整定值为 80%U_N），其动断触点断开、动合触点闭合，接触 KM2、KM3 线圈失磁并保持在返回位置。接触器 KM1 线圈励磁动作，KM1 之接点将交流电源送至事故照明母线。各条事故照明出线 1～n 均为交流相电压 220V。

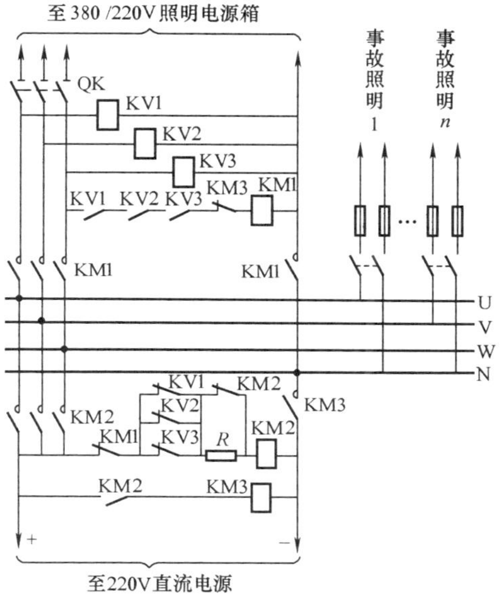

图 1-19　事故照明自动切换回路图

当任一相交流电源电压因故消失或三相电压失时，该相电压继电器线圈失磁，其动合触点断开 KM1 线圈回路，使 KM1 复归；其主触点断开三相交流电源；电压继电器的动断触点接通 KM2 线圈回路并使之励磁 KM2 动作；KM3 相继动作，将事故照明母线 U、V、W 三相短接并引入直流正电源，而零母线 N 引入负电源。此时，事故照明各出线 1～n 改为直流 220V 供电，以保证事故情况下照明不间断。

当交流电压恢复正常时，电压继电器 KV1、KV2、KV3 再励磁，其动断触点先断开，使 KM2 失磁，KM2 的主触点断开直流电源。KV1、KV2、KV3 动合触点后闭合，KM1 相继动作，事故照明母线又恢复三相交流电压供电。

第六节　一体化电源系统

为顺应电网智能化发展需求，对站用电源进行全面整合。将站用交流电源系统、直流操作电源系统、逆变电源系统/UPS、通信电源系统进行统一设计、监控、生产、调试、服务。实现所有模块外部没有二次接线，模块之间不存在常规联络电缆，模块对外只有电源和通信接线，满足智能变电站上行、下达信息智能传输的核心思想。通过一体化监控模块将站用电源各子系统通信网络化，实现站用电源信息共享，建立智能电源软件平台。一体化监控模块通过以太网接口、IEC 61850 规约，实现智能变电站监控系统的无缝衔接。

一体化电源系统原理框图如图 1-20 所示。

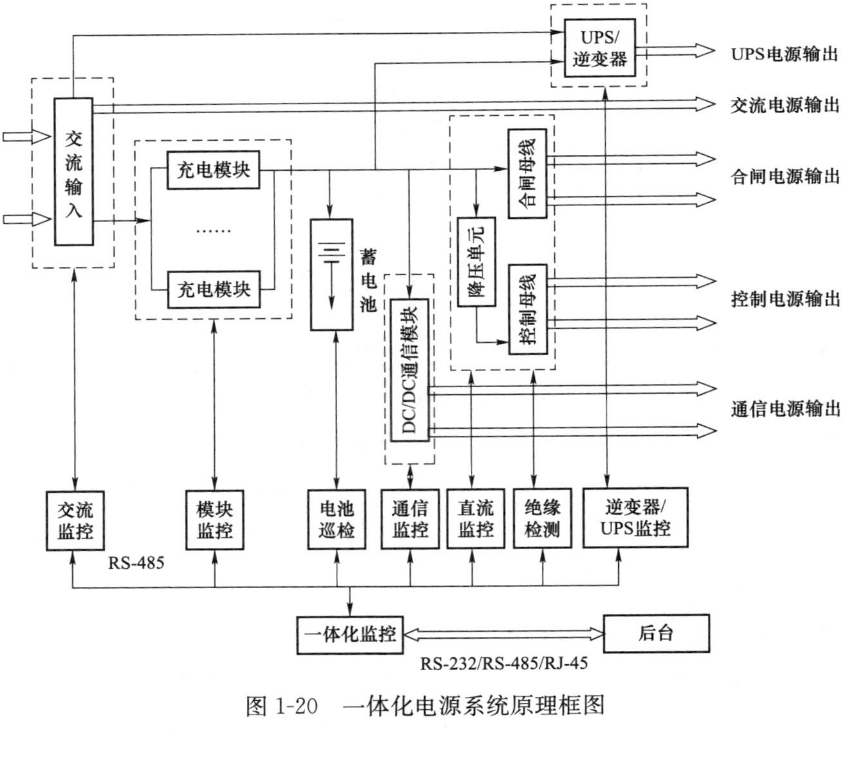

图 1-20　一体化电源系统原理框图

一、站用交流电源系统

（1）从站用变电站引入交流电源，配有双电源的一体化系统可实现两路交流输入的自动切换，并具有输入过电流、过电压、防雷等保护功能。

（2）监测交流馈线电流数据、馈线开关分/合闸状态、开关事故跳闸信号。对于有要求的部分重要馈线可实现遥控功能。

（3）监测交流进线三相电压、三相电流，交流母线三相电压、三相电流，有功功率、无功功率、频率、功率因数等电气参数。

（4）监测进线防雷器、进线开关和切换开关状态，监控自投装置动作。

二、直流操作电源

（1）实现 AC/DC 变换。

（2）提供不间断直流电源。

（3）配置独立的电池巡检仪、绝缘监测仪。

三、通信电源

为通信负载提供－48V 直流电源。

四、逆变电源/UPS

将直流逆变为交流，提供不间断的交流电源。

五、一体化监控和子监控

一体化监控进行系统管理，可将数据上传实现后台远程监控。子监控将系统的交流、直流中的各种模拟量、开关量信号采集并处理，通过 RS-485 通信线与一体化监控进行信息交换。

第二章　断路器及隔离开关的控制回路

第一节　概　　述

一、断路器和隔离开关的控制方式

在发电厂和变电站内，控制回路的主要控制对象是断路器和隔离开关。

1. 断路器的控制方式

按照对断路器的控制可分为一对一控制和一对 N 选线控制。一对一控制是利用一个控制开关控制一台断路器，一般适用于重要且操作机会少的设备，如发电机、调相机、变压器等。一对 N 选线控制是利用一个控制开关，通过选择，控制多台断路器，一般适用于馈线较多，接线和要求基本相同的高压和厂用馈线。

按其操作电源的不同，控制方式又可分为强电控制和弱电控制。强电控制电压一般为 110V 或 220V，弱电控制电压为 48V 及以下。

按其控制地点的不同，又可分为远方控制和就地控制。就地控制是控制开关或按钮安装在装有断路器的高压开关柜上，操作人员就地进行手动操作控制。这种控制方式一般适用于不重要的设备，如 6～10kV 馈线、厂用电动机等。远方控制是将控制开关或按钮安装在离操作对象几十米、几百米的主控制室的主控制屏（台）上，通过控制电缆对断路器进行操作控制；或在几十乃至上千千米的远方电力调度室，通过远动设备、通信设备对发电厂和变电站内的断路器的进行远方控制，这种控制方式又称为遥控。

2. 隔离开关的控制方式

隔离开关的控制分就地控制和远方控制两种。110kV 及以下的隔离开关一般采用就地控制；220kV 及以上的隔离开关既可以采用就地控制，也可以采用远方控制。

二、控制设备

控制断路器和隔离开关的控制设备有控制开关、控制按钮和微机测控装置（见第五章）。控制开关和控制按钮，是由运行人员直接操作，发出命令脉冲，使断路器合、跳闸；微机测控装置是接收通信跳、合闸命令启动出口继电器使断路器跳、合闸。

发电厂和变电站一般采用 LW2、LW5 等系列控制开关，下面介绍 LW2 型系列自动复位控制开关。

1. LW2 型控制开关的结构

LW2 型控制开关的结构如图 2-1 所示。

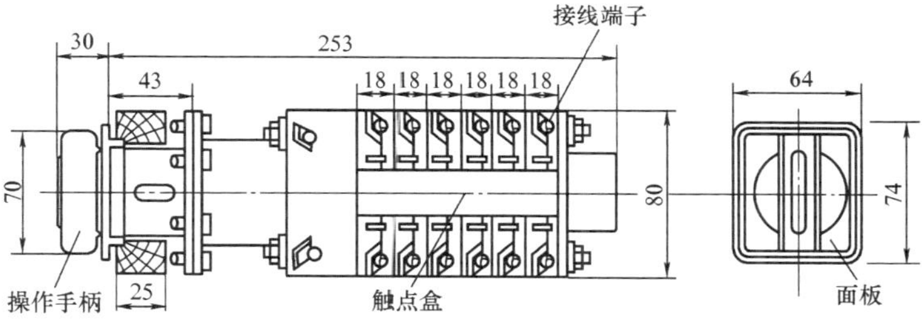

图 2-1　LW2 型控制开关结构图

在图 2-1 中，控制开关正面为一个操作手柄和面板，安装在控制屏前。与手柄固定连接的转轴上有数节触点盒，安装在控制屏后。每个触点盒内有 4 个定触点和 1 个动触点。定触点分布在盒的四角，盒外有供接线用的四个引出线端子。动触点根据凸轮和簧片形状以及在转轴上安装的初始位置可组成 14 种型式的触点盒，其代号为 1、1a、2、4、5、6、6a、7、8、10、20、30、40、50，如表 2-1 所示。

表 2-1 中的 1、1a、2、4、5、6、6a、7、8 型触点是随轴转动的动触点，10、40、50 型触点在轴上有 45°的自由行程；20 型触点在轴上有 90°的自由行程；30 型触点在轴上有 135°的自由行程。具有自由行程的触点切断能力较小，只适合于信号回路。

表 2-1　　LW2 型控制开关的触点型式

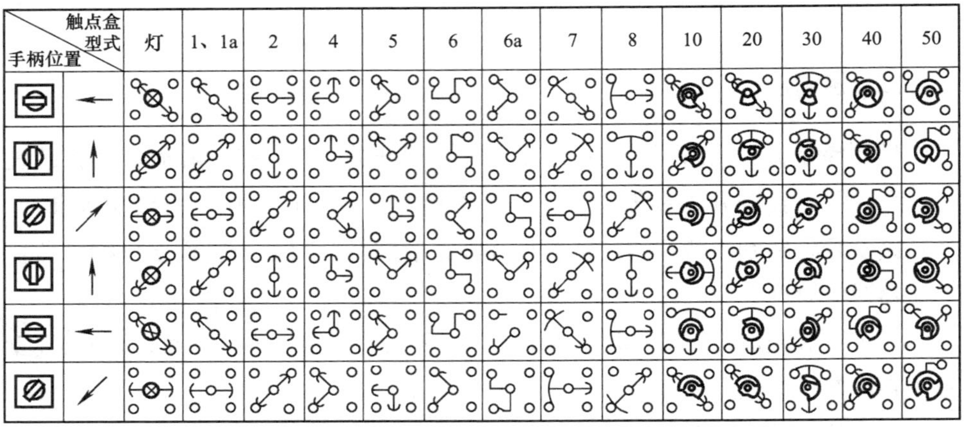

注　自动开关前视触点号顺序为 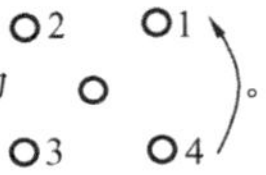。

2. 控制开关的触点图表

表明控制开关的操作手柄在不同位置时，触点盒内各触点通断情况的图表称为触点图表，如表 2-2 所示。

表 2-2　　LW2-Z-1a、4、6a、40、20、20/F8 型控制开关的触点图表

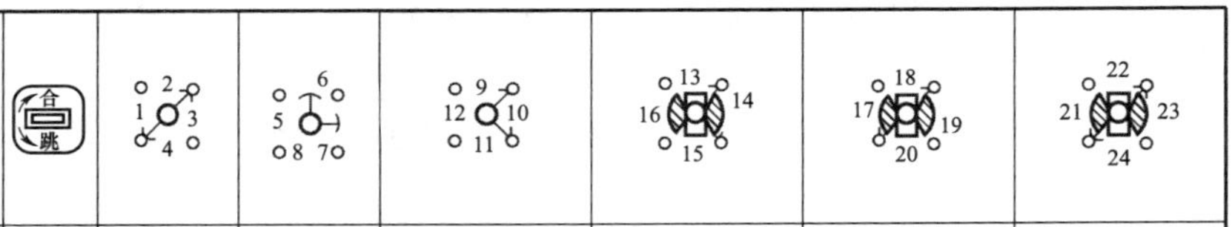

在“跳闸后”位置的手柄（正面）的样式和触点盒（背面）的接线图																
手柄和触点盒型式	F8	1a		4		6a			40			20			20/F8	
位置 \ 触点号	—	1-3	2-4	5-8	6-7	9-10	9-12	11-10	14-13	14-15	16-13	19-17	17-18	18-20	21-23	21-22	22-24
跳闸后		—	•	—	—	—	—	•	—	•	—	—	—	•	—	—	•
预备合闸		•	—	—	—	•	—	—	•	—	—	—	•	—	—	•	—
合闸		—	—	•	—	—	•	—	—	—	•	•	—	—	•	—	—
合闸后		•	—	—	—	•	—	—	—	—	•	•	—	—	•	—	—
预备跳闸		—	•	—	—	—		•	•	—	—	—	•	—	—	•	—
跳闸		—	—	—	•	—	—	•	—	•	—	—	—	•	—	—	•

表 2-2 是 LW2-Z-1a、4、6a、40、20、20/F8 型控制开关的触点图表。其

中，F8 表示面板与手柄的型式（F 为方形面板，O 为圆形面板，1～9 九个数字表明手柄型式）。

表 2-2 表明，此种控制开关有两个固定位置（垂直和水平）和两个操作位置（由垂直位置再顺时针转 45°和由水平位置再逆时针转 45°）。由于具有自由行程，所以控制开关的触点位置共有六种状态，即“预备合闸”“合闸”“合闸后”“预备跳闸”“跳闸”“跳闸后”。

操作方法为：当断路器为断开状态，操作手柄置于“跳闸后”的水平位置，需进行合闸操作时，首先将手柄顺时针旋转 90°至“预备合闸”位置，再旋转 45°至“合闸”位置，此时 4 型触点盒中的触点 5-8 接通，发合闸脉冲。断路器合闸后，松开手柄，操作手柄在复位弹簧作用下，自动返回至“合闸后”的垂直位置。进行跳闸操作时，是将操作手柄从“合闸后”的垂直位置逆时针旋转 90°至“预备跳闸”位置，再继续旋转 45°至“跳闸”位置，此时 4 型触点盒中的触点 6-7 接通，发跳闸脉冲。断路器跳闸后，松开手柄使其自动复归至“跳闸后”的水平位置。这样，合、跳闸操作分两步进行，可以防止误操作。

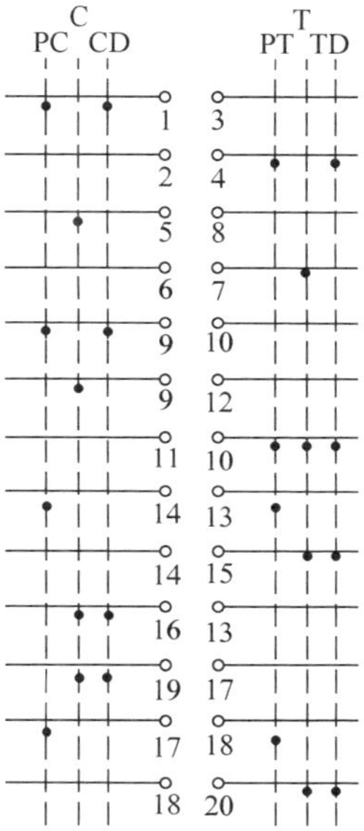

图 2-2　LW2-Z-1a、4、6a、40、20、20/F8 型控制开关触点通断图形符号

在断路器的控制信号电路中，表示触点通断情况的图形符号如图 2-2 所示。图 2-2 中六条垂直虚线表示控制开关手柄的六个不同的操作位置，即 PC（预备合闸）、C（合闸）、CD（合闸后）、PT（预备跳闸）、T（跳闸）、TD（跳闸后），水平线即端子引线，水平线下方位于垂直虚线上的粗黑点表示该对触点在此位置是闭合的。

第二节　断路器控制回路

一、断路器的操动机构

断路器的操动机构是断路器本身附带的合、跳闸传动装置，用来使断路器合闸或维持闭合状态，或使断路器跳闸。在操动机构中均设有合闸机构、维持机构和跳闸机构。由于动力来源的不同，操动机构可分为电磁操动机构（CD）、弹簧操动机构（CT）、液压操动机构（CY）、电动机操动机构（CJ）、气动操动机构（CQ）等。其中应用较广的是弹簧操动机构和液压操动机构。不同型式的断路器，根据传动方式和机械荷载的不同，可配用不同型式的操动机构。

（1）电磁操动机构是靠电磁力进行合闸的机构。这种机构结构简单、加工方便、运行可靠，是我国断路器过去应用较普通的一种操动机构。由于是利用电磁力直接合闸，合闸电流很大，可达几十安至数百安，所以合闸回路不能直接利用控制开关触点接通，必须采用中间接触器（即合闸接触器），目前已被淘汰。

（2）液压操动机构是靠压缩气体（氮气）作为能源，以液压油作为传递媒介来进行合闸的机构。此种机构所用的高压油预先储存在储油箱内，用功率较小（1.5kW）的电动机带动油泵运转，将油压入储压筒内，使预压缩的氮气进一步压缩，从而不仅合闸电流小，合闸回路可直接用控制开关触点接通，而且压力高、传动快、动作准确、出力均匀。目前我国 110kV 及以上的少油断路器及 SF_6 断路器广泛采用这种机构。

（3）气动操动机构是以压缩空气储能和传递能量的机构。此种机构功率大、速度快，但结构复杂，需配备空气压缩设备，所以，只应用于空气断路器上。气动操动机构的合闸电流也较小，合闸回路中也可直接用控制开关触点接通。

（4）弹簧操动机构是靠预先储存在弹簧内的位能来进行合闸的机构。这种机构不需配备附加设备，弹簧储能时耗用功率小（用 1.5kW 的电动机储能），因而合闸电流小，合闸回路可直接用控制开关触点接通。目前广泛使用于少油断路器、真空断路器和 SF_6 断路器。

断路器弹簧操动机构断路器电气接线如图 2-3 所示，图 2-3（a）为弹簧储能机构，其中 M 为储能电机，在端子 25 和 35 加上电源，当弹簧未储能时，储能机构的两对辅助动断触点闭合，储能电机转动自动储能，电机驱动储能弹簧到位时，带动储能辅助触点机构使储能动合辅助触点闭合，储能动断触点断开，自动断开电机电源，电机停止储能。合闸弹簧储能后，在断路器合闸线圈 YC 回路串联的储能动合辅助触点闭合允许断路器合闸，断路器合闸后自动给跳闸弹簧储能，合闸弹簧释能后两对辅助动断触点闭合将自动储能，为下次动作做准备。弹簧未储能时，其动合辅助触点打开闭锁合闸，并用一对储能动断

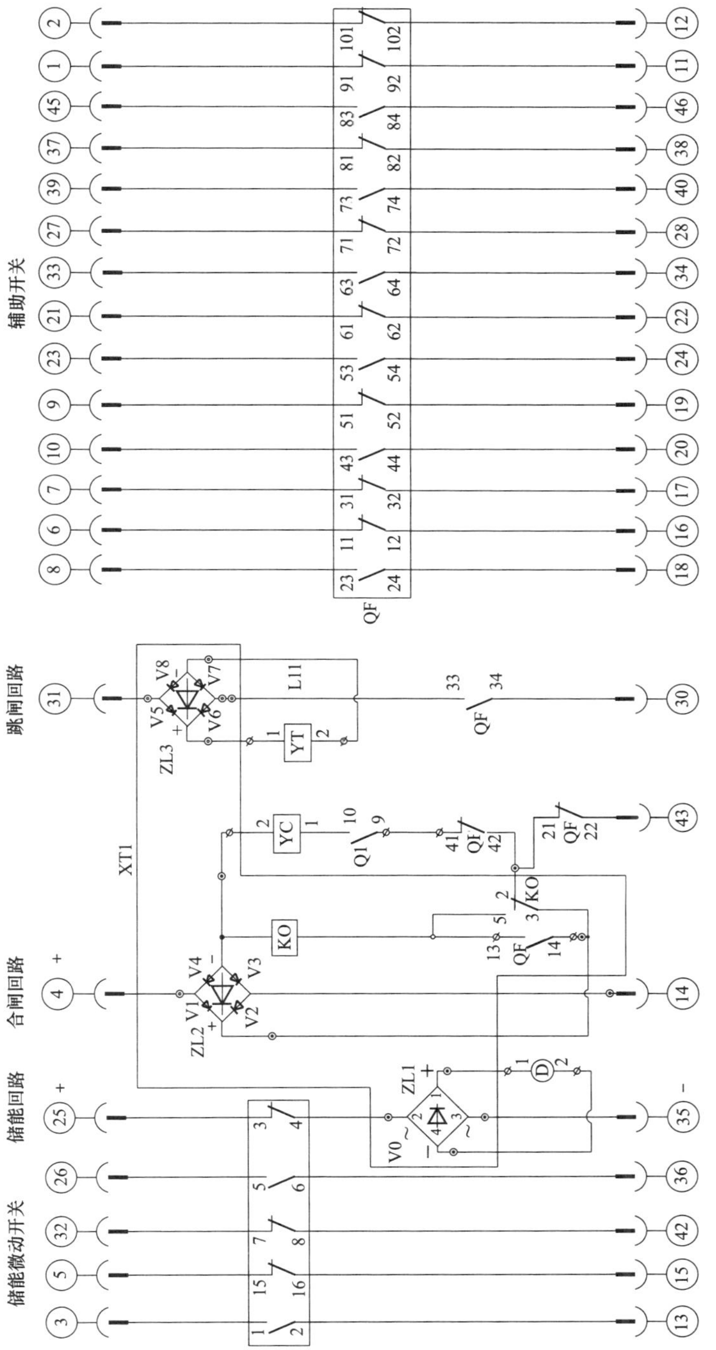

图 2-3　断路器弹簧储能操作机构原理图

辅助触点在弹簧未储能时闭合发“弹簧未储能”的预告信号。当断路器装有自动重合闸装置时，由于合闸弹簧正常运行处于储能状态，所以能可靠地完成一次重合闸的动作。如果重合不成功又跳闸，将不能进行第二次重合。

图 2-3（b）所示为断路器跳合闸操作机构电气二次图，图中有合闸线圈 YC、跳闸线圈 YT 及若干断路器辅助动合触点和动断辅助触点。当合闸弹簧已储能且合闸线圈 YC 得电时，断路器立即合闸，驱动断路器主触头闭合且锁定，并带动断路器辅助触点机构，使动合辅助触点闭合，动断辅助触点断开且锁定，即使合闸线圈 YC 失电，断路器仍保持在合闸状态；当跳闸线圈得电，断路器状态与前者相反，断路器锁定在跳闸状态。

二、断路器控制回路的基本要求

断路器的控制回路应满足下列要求：

（1）断路器操动机构中的合、跳闸线圈是按短时通电设计的，故在合、跳闸完成后应自动解除命令脉冲，切断合、跳闸回路，以防合、跳闸线圈长时间通电。

（2）合、跳闸电流脉冲一般应直接作用于断路器的合、跳闸线圈，但对电磁操动机构，合闸线圈电流很大（35～250A），须通过合闸接触器接通合闸线圈。

（3）无论断路器是否带有机械闭锁，都应具有防止多次合、跳闸的电气防跳措施。

（4）断路器既可利用控制开关进行手动跳闸与合闸，又可由继电保护和自动装置自动跳闸与合闸。

（5）应能监视控制电源及合、跳闸回路的完好性，应对二次回路短路或过负载进行保护。

（6）应有反映断路器状态的位置信号。

（7）对于采用气压、液压和弹簧操动机构和 SF_6 断路器，应有压力是否正常、弹簧是否拉紧到位的监视回路和闭锁回路。

（8）对于分相操作的断路器，应有监视三相位置是否一致的措施。

（9）接线应简单可靠，使用电缆芯数应尽量少。

三、弹簧操动机构的断路器控制和信号电路

弹簧操动机构的断路器控制信号电路如图 2-4 所示。图 2-4 中，＋、－为控制小母线和合闸小母线；M100(＋)为闪光小母线；M708 为事故音响小母线；－700 为信号小母线（负电源）；SA 为 LW2-1a、4、6a、4a、20、20/F8 型控制开关；HL1、HL2 为绿、红色信号灯；FUl～FU4 为熔断器；R 为附加电阻器；KCF 为防跳继电器；YC、YT 为合、跳闸线圈；M 为储能电动机；Q1 为弹簧储能机构的辅助动合触点。

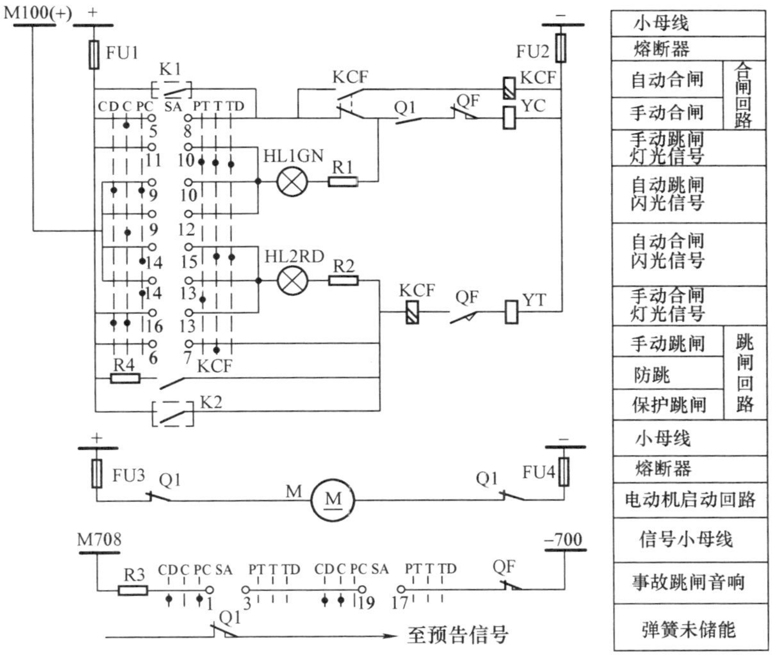

图 2-4 弹簧操动机构的断路器控制信号电路

（一）断路器控制的基本构成电路

1. 跳、合闸及防跳闭锁电路

断路器的跳、合闸电路如图 2-5 所示。手动合闸操作时，将控制开关 SA 置于“合闸-C”位置，其触点 5-8 接通，经防跳继电器动断触点 KCFU、弹簧储能机构的动合触点 Q1 和断路器辅助动断触点 QF 接通断路器的合闸线圈 YC，断路器即合闸。合闸完成后，断路器辅助动断触点 QF 断开，自动切断合

闸回路。手动跳闸时，将控制开关 SA 置于“跳闸-T”位置，触点 6-7 闭合，经断路器辅助动合触点 QF 接通跳闸线圈 YT，断路器即跳闸。跳闸后，动合触点 QF 断开，自动切除跳闸回路。

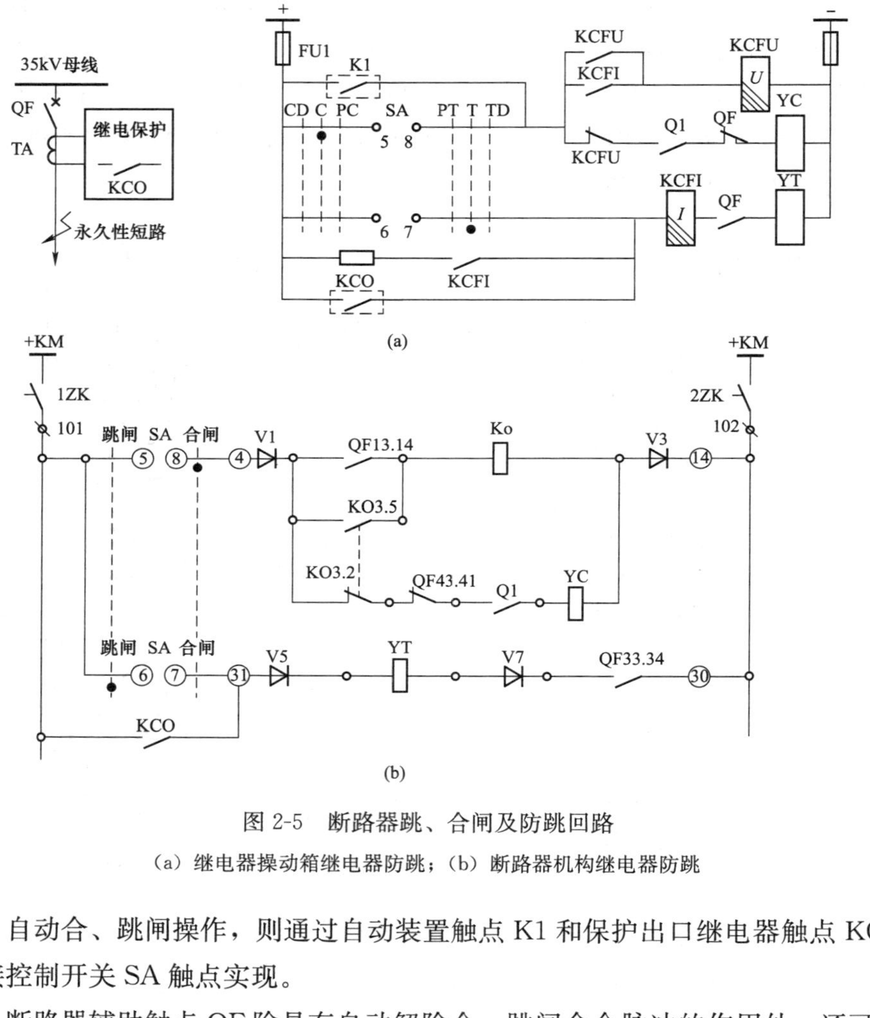

图 2-5　断路器跳、合闸及防跳回路

（a）继电器操动箱继电器防跳；（b）断路器机构继电器防跳

自动合、跳闸操作，则通过自动装置触点 K1 和保护出口继电器触点 KCO 短接控制开关 SA 触点实现。

断路器辅助触点 QF 除具有自动解除合、跳闸命令脉冲的作用外，还可切断电路中的电弧。由于合闸和跳闸线圈都是电感性负载，若由控制开关 SA 的触点切断合、跳闸操作电源，则容易产生电弧，烧毁其触点。所以，在电路中串入断路器辅助动合触点和动断触点，由它们切断电弧，以避免烧坏 SA 的触点。

当断路器合闸后，在控制开关SA触点5-8或自动装置触点K1被卡死的情况下，如遇到永久性故障，继电保护动作使断路器跳闸，则会出现多次跳-合闸现象，这种现象称为“跳跃”。如果断路器发生多次跳跃，会使其毁坏，造成事故扩大。所谓“防跳”就是采取措施，防止这种跳跃的发生。

“防跳”措施有机械防跳和电气防跳两种。机械防跳即指操动机构本身有防跳性能，如6～10kV断路器的电磁型操动机构（CD2）就具有机械防跳措施。电气防跳是指不管断路器操动机构本身是否带有机械闭锁，均在断路器控制回路中加设电气防跳电路。常见的电气防跳电路有利用防跳继电器防跳和利用跳闸线圈的辅助触点防跳两种类型。

利用防跳继电器构成的电气防跳电路如图2-5所示。图2-5中防跳由两个中间继电器实现：一个是电流型启动中间继电器KCFI，串联于跳闸回路中；另一个是电压型中间继电器KCFU保持，经自身的动合触点KCFU并联于KCFI动合触点上，其动断触点KCFU则串入合闸回路中。当利用控制开关SA的触点5-8或自动装置触点K1进行合闸时，如合闸在短路故障时，继电保护动作，其触点KCO闭合，使断路器跳闸。跳闸电流流过防跳启动继电器KCFI电流线圈，使其触点KCFI启动，其动合触点KCFI闭合，如果此时合闸脉冲未解除，即控制开关SA的触点5-8仍接通或自动装置触点K1被卡住，则防跳继电器KCFU电压线圈得电自保持，动断触点KCFU断开，切断合闸回路，使断路器不能再合闸。只有在合闸脉冲解除，防跳继电器KCFU电压线圈失电后，整个电路才恢复正常。

图2-5中，防跳继电器KCFI的动合触点经电阻器R4与保护出口继电器触点KCO并联的作用：当断路器由继电保护动作跳闸时，其触点KCO可能较辅助动合触点QF先断开，从而烧毁触点KCO。动合触点KCFI与之并联，在保护跳闸的同时防跳继电器KCFI动作并通过另一对动合触点自保持。这样，即使保护出口继电器触点KCO在辅助动合触点QF断开之前就复归，也不会由触点KCO来切断跳闸回路电流，从而保护了K2触点。R4是一个阻值只有1～4Ω的电阻器，对跳闸回路无多大影响。当继电保护装置出口回路串有信号继电器线圈时，电阻器R4的阻值应大于信号继电器的内阻，以保证信号继电器可靠动作。当继电保护装置出口回路无串接信号继电器时，此电阻可以取消。

2. 位置信号电路

断路器的位置信号一般用信号灯表示，其形式分单灯制和双灯制两种。单灯制用于音响监视的断路器控制信号电路中，双灯制用于灯光监视的断路器控制信号电路中。

采用双灯制的断路器位置信号电路如图 2-6 所示。图 2-6 中，红灯 HL2 发平光，表示断路器处于合闸位置，控制开关置于“合闸”或“合闸后”位置。它是由控制开关 SA 的触点 16-13 和断路器辅助动合触点 QF 接通电源发平光的。绿灯 HL1 发平光，则表示断路器处于跳闸状态，控制开关置于“跳闸”或“跳闸后”位置。它是由控制开关 SA 的触点 11-10 和断路器辅助动断触点 QF 接通电源而发平光的。

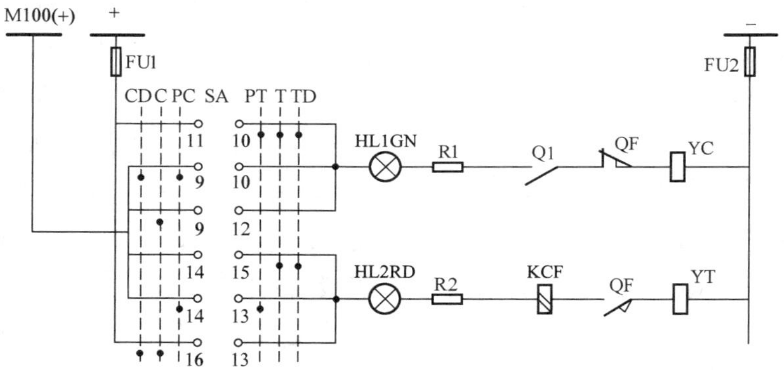

图 2-6　双灯制断路器位置信号电路

自动装置动作使断路器合闸或继电保护动作使断路器跳闸时，为了引起运行人员注意，普遍采用指示灯闪光的办法。其电路采用“不对应”原理设计，见图 2-6。所谓不对应是指控制开关 SA 的位置与断路器位置不一致，例如，断路器原来是合闸位置，控制开关置于“合闸后”位置，两者是对应的，当发生事故、断路器自动跳闸时，控制开关仍在“合闸后”位置，两者是不对应的。在图 2-6 中，绿灯 HL1 经断路器辅助动断触点 QF 和 SA 的触点 9-10 接至闪光小母线 M100(＋) 上，绿灯闪光，提醒运行人员断路器已跳闸，当运行人员将控制开关置于“跳闸后”的对应位置时，绿灯发平光。同理，自动合闸时，红灯 HL2 闪光。

当然，控制开关 SA 在“预备合闸”或“预备跳闸”位置时，红灯或绿灯也要闪光，这种闪光可让运行人员进一步核对操作是否无误。操作完毕，闪光即可停止，表明操作过程结束。

闪光小母线 M100(＋) 上的闪光电源是由图 2-7 所示的闪光装置提供的。闪光装置由中间继电器 K、电容器 C 和电阻 R 组成，它是利用电容器 C 的充放电和继电器 K 的触点配合使闪光小母线 M100(＋) 的电位发生间歇性变化，从而使接至闪光小母线 M100(＋) 和负电源之间指示灯的亮度发生变化（闪光）。

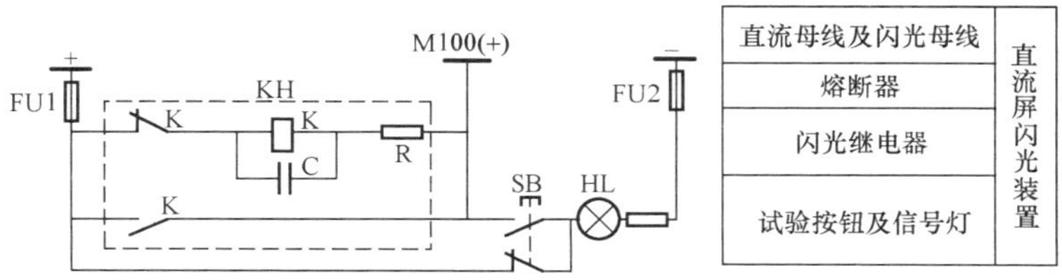

图 2-7　闪光装置原理图

3. 事故跳闸音响信号电路

断路器由继电保护动作而跳闸时，还要求发出事故跳闸音响信号。它的实现也是利用“不对应”原理设计的。事故跳闸音响信号启动电路如图 2-8 所示。

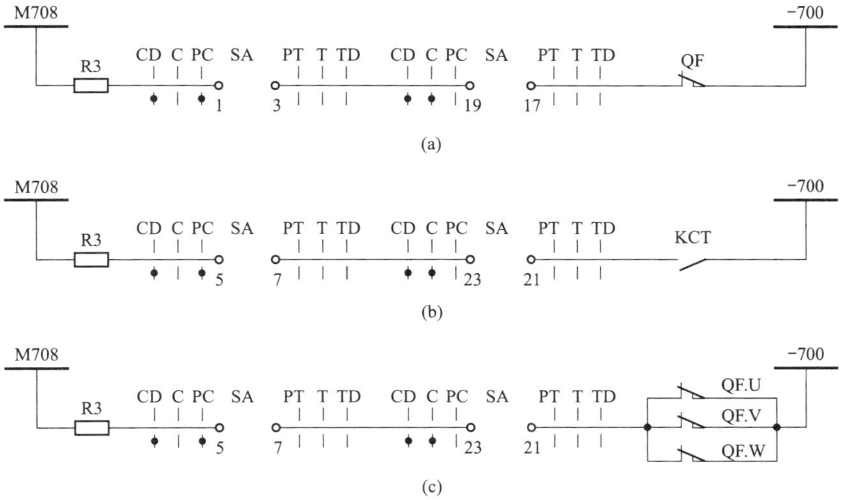

图 2-8　事故跳闸音响信号启动电路

（a）利用断路器辅助触点启动；（b）利用跳闸位置继电器启动；（c）利用三相断路器辅助触点并联启动

在图 2-8 中，M708 为事故音响小母线，只要将负电源与此小母线相连，即可发出音响信号。图 2-8（a）是利用断路器自动跳闸后，其辅助动断触点 QF 闭合，启动事故音响信号；图 2-8（b）是利用断路器自动跳闸后，跳闸位置继电器触点 KCT 闭合，启动事故音响信号；图 2-8（c）是分相操作断路器的事故音响信号启动电路，任一相断路器自动跳闸均能发信号。在手动合闸操作过程中，当控制开关置于“预备合闸”和“合闸”位置瞬时，为防止断路器位置与控制开关位置不对应而引起误发事故信号，图 2-8 中均采用控制开关 SA 的触点 1-3 和 19-17、5-7 和 23-21 相串联的方法，来满足只有在“合闸后”位置才启动事故音响信号的要求。

（二）控制信号电路动作过程

（1）断路器的手动控制。手动合闸前，断路器处于跳闸位置，控制开关置于“跳闸后”位置。由正电源（+）经图 2-6 中 SA 的触点 11-10、绿灯 HL1、附加电阻器 R1、弹簧储能机构的动断触点 Q1、断路器辅助动断触点 QF、合闸线圈 YC 至负电源（-），形成通路，绿灯发平光。此时，合闸线圈 YT 两端虽有一定的电压，但由于绿灯及附加电阻的分压作用，不足以使合闸线圈动作。在此，绿灯不但是断路器的位置信号，同时对合闸回路起了监视作用。如果回路故障，绿灯 HL1 将熄灭。

在合闸回路完好的情况下，将控制开关 SA 置于“预备合闸”位置，绿灯 HL1 经 SA 的触点 9-10 接至闪光小母线 M100(+）上，HL1 闪光。此时可提醒运行人员核对操作对象是否有误。核对无误后，将 SA 置于“合闸”位置，其触点 5-8 接通，合闸线圈 YC 通电，其动合触点闭合，接通合闸线圈回路，使合闸线圈 YC 带电，由操动机构使断路器合闸。SA 的触点 5-8 接通的同时，绿灯熄灭。

合闸完成后，断路器辅助动断触点 QF 断开合闸回路，控制开关 SA 自动复归至“合闸后”位置，由正电源（+）经 SA 的触点 16-13、红灯 HL2、附加电阻器 R2、断路器辅助动合触点 QF、跳闸线圈 YT 至负电源（-），形成通路，红灯立即发平光。同理，红灯发平光表明跳闸回路完好，而且由于红灯及附加电阻的分压作用，跳闸线圈不足以动作。

手动跳闸操作时，先将控制开关 SA 置于“预备跳闸”位置，红灯 HL2 经 SA 的触点 13-14 接至闪光小母线 M100(+）上，HL2 闪光，表明操作对象无误，再将 SA 置于“跳闸”位置，SA 的触点 6-7 接通，跳闸线圈 YT 通电，经操作机构使断路器跳闸。跳闸后，断路器辅助动合触点切断跳闸回路，红灯熄灭，控制开关 SA 自动复归至“跳闸后”位置，绿灯发平光。

（2）断路器的自动控制。当自动装置动作，触点 K1 闭合后，SA 的触点 5-8 被短接，合闸线圈 YC 动作，断路器合闸。此时，控制开关 SA 仍为“跳闸后”位置。由闪光电源 M100（+）经 SA 的触点 14-15、红灯 HL2、附加电阻器 R2、断路器辅助动合触点 QF、跳闸线圈 YT 至负电源（一），形成通路，红灯闪光。所以，当控制开关手柄置于“跳闸后”的水平位置，若红灯闪光，则表明断路器已自动合闸。

当一次回路发生故障，继电保护动作，保护出口继电器触点 KCO 闭合后，SA 的触点 6-7 被短接，跳闸线圈 YT 通电，使断路器跳闸。此时，控制开关为“合闸后”位置。由 M100（+）经 SA 的触点 9-10、绿灯 HL1、附加电阻器 R1、断路器辅助动断触点 QF、合闸接触器线圈 KM 至负电源（一），形成通路，绿灯闪光。与此同时，SA 的触点 1-3、19-17 闭合，接通事故跳闸音响信号回路，发事故音响信号。所以，当控制开关置于“合闸后”的垂直位置，若绿灯闪光，并伴有事故音响信号，则表明断路器已自动跳闸。

四、具有就地/远方切换控制的断路器控制和信号回路

具有就地/远方切换控制的断路器控制电路如图 2-9 所示，用于变电站综合自动化系统中，以实现远方监控、无人值班。就地/远方切换开关 QK 及控制开关 KK 触点图表如图 2-10 所示。

图 2-10（a）远方/就地切换开关 QK 有两个位置，置于“就地”时，触点 1-2、5-6 接通，3-4、7-8 断开；置于“远方”时，触点 1-2、5-6 断开，3-4、7-8 接通。

图 2-10（b）控制开关 KK 有两个固定位置，即一个“预合”、一个“预分”位置，在这两个位置所有触点都不接通。另有两个自动复归位置，即“跳闸”及“合闸”位置。合闸时，控制开关当前处于“预分”位置，将控制开关顺时针转 90°置于“预合”位置，再顺时针转 45°且不松手，触点 1-2、5-6 接通，3-4、7-8 断开，一松手控制开关自动复位至“预合”位置，所有触点都断开。跳闸时，控制开关当前处于“预合”位置，将控制开关逆时针转 90°置于“预分”位置，再顺时针转 45°且不松手，触点 1-2、5-6 断开，3-4、7-8 接通，一松手控制开关自动复位至“预分”位置，所有触点都断开。

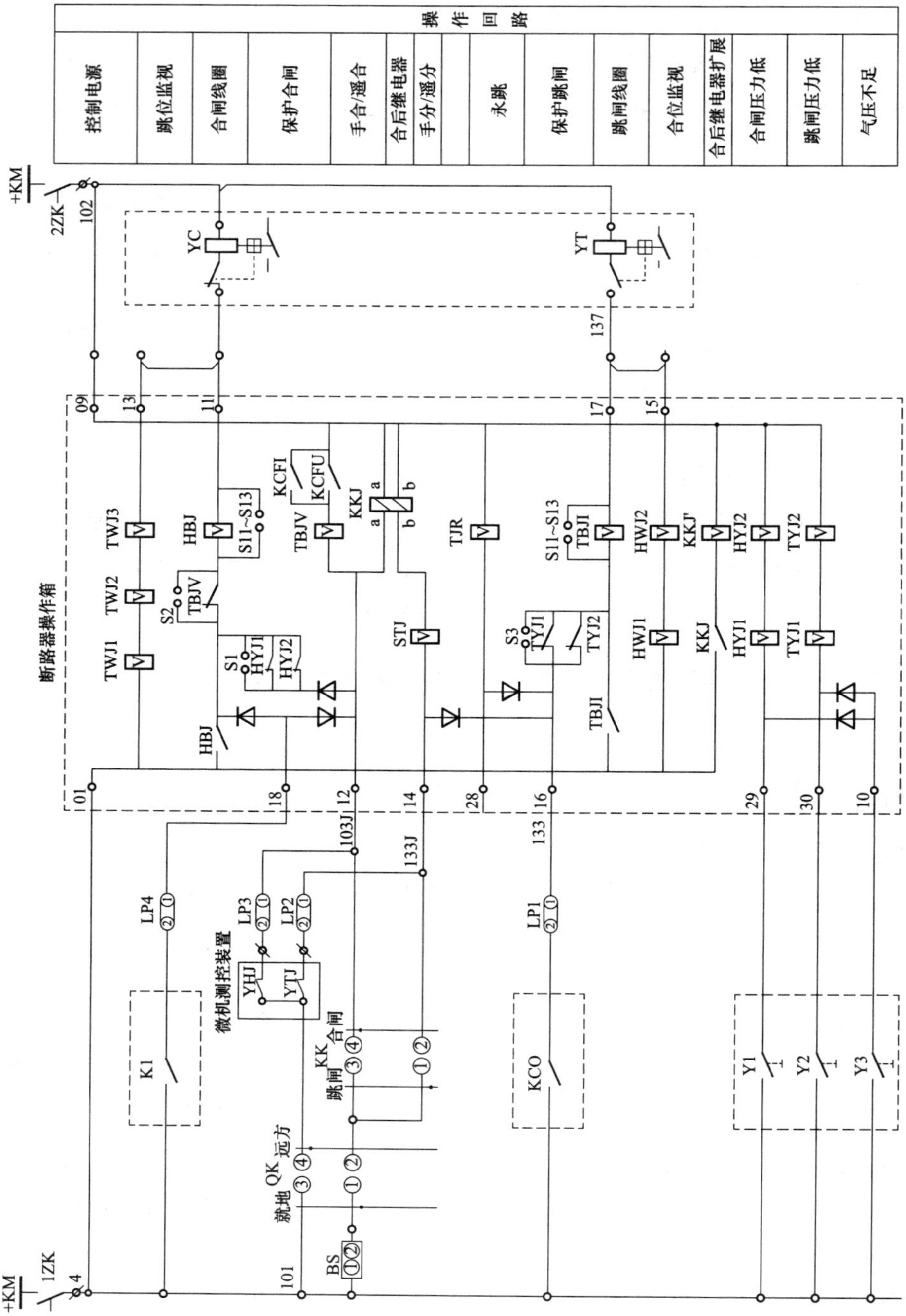

图 2-9 具有就地/远方切换的断路器控制电路

QK-远方/就地切换 GSH2-16-05A

运行方式＼接点		1-2、5-6	3-4、7-8
就地	↑	×	—
远方	←	—	×

(a)

KK-跳闸/合闸切换 GSH2-16-09A

运行方式＼接点		1-2、5-6	3-4、7-8
合闸	↗	×	—
预合	↑	—	—
预分	←	—	—
跳闸	↙	—	×

(b)

图 2-10 切换开关及控制开关触点图表

（a）切换开关触点图表；（b）控制开关触点图表

“×”表示接触；“—”表示断开

图 2-9 及图 2-10 电路主要完成断路器就地/远方跳合闸控制、位置信号、控制回路完好性监视、事故跳闸告警、防跳等功能。

（1）断路器位置监视。跳闸位置继电器 TWJ1、TWJ2、TWJ3 用于监视断路器的分位状态、将端子 11 经和断路器分位动合辅助触点 QF、合闸线圈 YC 串联后连接到控制电源的负端，用来监视断路器的分位状态。

合闸位置继电器 HWJ、HWJ2 用于监视断路器的合位状态、将端子 15 经和断路器合位动合辅助触点 QF、跳闸线圈 YT 串联后连接到控制电源的负端，用来监视断路器的合位状态。

在图 2-10 中，输出两组位置信号触点，一组用于开入经微机测控装置远传至综合自动化系统显示断路器分合状态，另一组用于就地接红、绿灯指示断路器的合分位状态。

（2）控制回路断线监视。一个合闸位置继电器 HWJ 的动断触点和一个跳闸位置继电器 TWJ 的动断触点串联，具有就地/远方切换的断路器信号电路如图 2-11 所示。

（3）合闸回路。保护合闸信号（自动重合闸 K1）从端子 18 输入，而手动合闸信号和遥控合闸信号从图 2-9 端子 12 输入。端子 11 连接到断路器的合闸操作回路。合闸保持继电器 HBJ 是一个自保持辅助继电器，即使合闸信号已经消失，合闸保持继电器 HBJ 动合触点将保持闭合，到断路器合闸

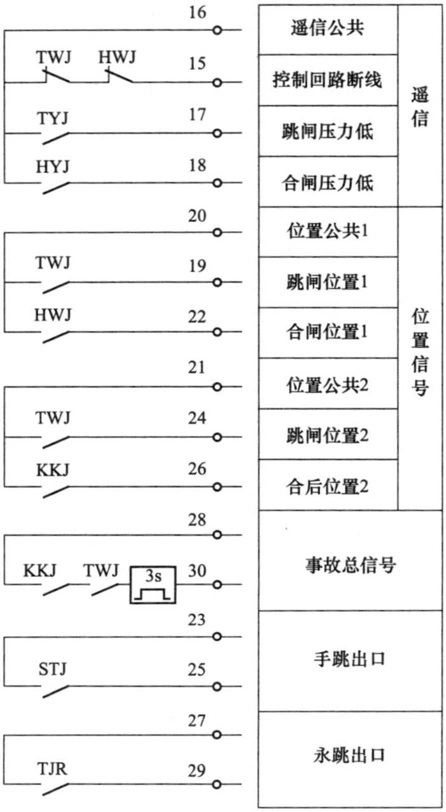

图 2-11　具有就地/远方切换的断路器信号电路

成功为止。在这个回路中，串联了一个防跳回路继电器 KCFU 的动断触点和压力闭锁 HYJ1、HYJ2 动断触点。

断路器合闸可就地手动合闸和远方遥控合闸：就地手动合闸时，将切换开关 QK 切换于“就地”位置，操作控制开关 KK 于合闸位置，再用微机五防钥匙开通电编码锁 BS，经触点 QK1-2、KK1-2 输入端子 12 去合闸；远方遥控合闸时，将切换开关 QK 切换于“远方”位置，QK3-4 接通，微机测控装置得合闸令 YHJ 闭合，经压板 LP3 输入端子 12 去合闸。

（4）跳闸回路。保护跳闸信号 KCO 经压板 LP1 从端子 16 输入，而手动跳闸信号和遥控跳闸信号从端子 14 输入。端子 17 连接到断路器的跳闸操作回路。跳闸保持继电器 KCFI 是一个自保持辅助继电器，即使跳闸信号已经消失，跳闸保持继电器 KCFI（也作为防跳启动继电器）动合触点将保持闭合，到断路器跳闸成功为止。断路器跳闸就地手动跳闸和远方遥控跳闸与就地手动合闸、远方遥控合闸类似。

（5）合后位置继电器 KKJ。控制开关 KK 由于没有“合后”状态，事故跳闸时发不出“事故总信号”，在图 2-9 中设置了一个“合后继电器”KKJ，简称“合后继”。该继电器是个双位置继电器，它有两个线圈，一个是与合闸回路并联的置位线圈 aa，另一个是与跳闸回路并联的复位线圈 bb，合闸时置位线圈 aa 励磁动作，动合触点 KKJ 闭合，继电器的可动系统由磁路中的永久磁铁自保持在置位状态“合后置位”，事故跳闸时，控制开关在合后断路器再跳位，位置不对应，TWJ 触点闭合，与闭合的 KKJ 串联即可发“事故总信号”，如图 2-11 中 28-30 端子所示。人为手动跳闸时，复位线圈 bb 励磁动作，触点 KKJ 复位而断开，继电器的可动系统由磁路中的永久磁铁自保持在复位状态，不引发事故音响信号；只有保护跳闸不复位才能发事故音响信号，为此，在手跳与保护跳之间加隔离二极管隔离 D4。

（6）防跳回路。防跳功能的实现是通过跳闸保持继电器 KCFI 和防跳回路继电器 KCFU 来共同实现的。保护或人为跳闸时，KCFI 动作，在启动跳闸保持回路的同时，接于 KCFU 线圈回路的 KCFI 动合触点也闭合。如果此时合闸触点是闭合的，则 KCFU 线圈带电，并且串于其线圈回路的 KCFU 动合触点闭合，构成一自保持回路。接于合闸线圈回路的 KCFU 动断触点打开，切断合闸回路。

（7）压力闭锁回路。由于液压操动机构的断路器在液压低时，既不允许合闸也不允许跳闸，所以在合闸和跳闸回路中串入压力监察继电器的动断触点 HYJ1、HYJ2 和 TYJ1、TYJ2（使用两对触点并联，以增加可靠性）。

五、分相操作断路器的控制信号电路

我国 220kV 及以上电压的电网为大接地电流系统，为满足系统稳定要求，输电线路单相故障只跳故障相，继电保护双重化配置，两套保护相对独立，其输电线路断路器应能进行单相和三相分、合闸操作。因此，目前 220kV 及以上的断路器采用分相操动机构，每相操动机构有一个合闸线圈、两个分闸线圈，即一组合闸线圈两组分闸线圈，两套保护分别作用于两组分闸线圈。手合、遥合及自动重合时启动重动继电器进行三相合闸，手跳、遥跳及保护三跳时启动重动继电器进行三相跳闸，单相故障时两套保护分别作用于故障相两个跳闸线圈，相间故障时跳三相，两套保护分别作用于两组跳闸线圈。断路器分相操作电路配置的两套保护分别是 PCS-901GF 和 PLS-603G，前者包括纵联方向主保护和阶段式距离零序电流保护及综合重合闸，后者包括纵联差动主保护和阶段式距离零序电流保护及综合重合闸。分相操动机构的断路器控制信号回路如图 2-12 所示。

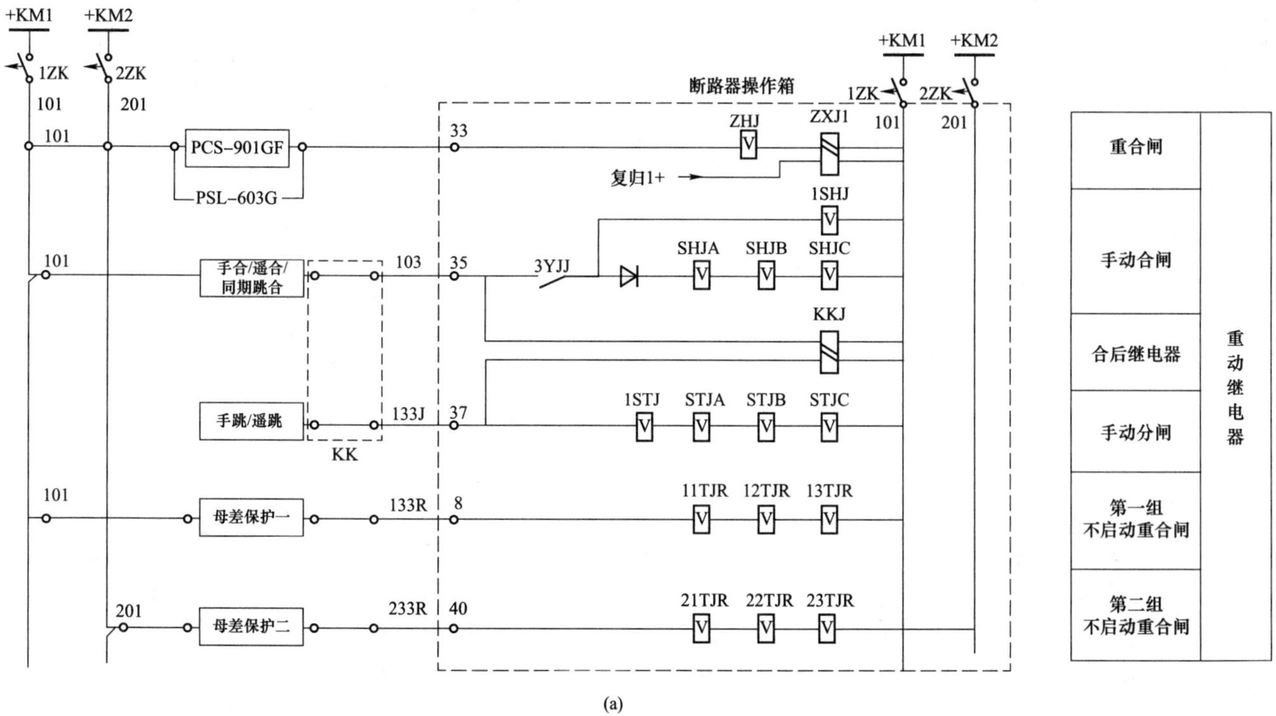

(a)

图 2-12　分相操动机构的断路器控制信号回路（一）

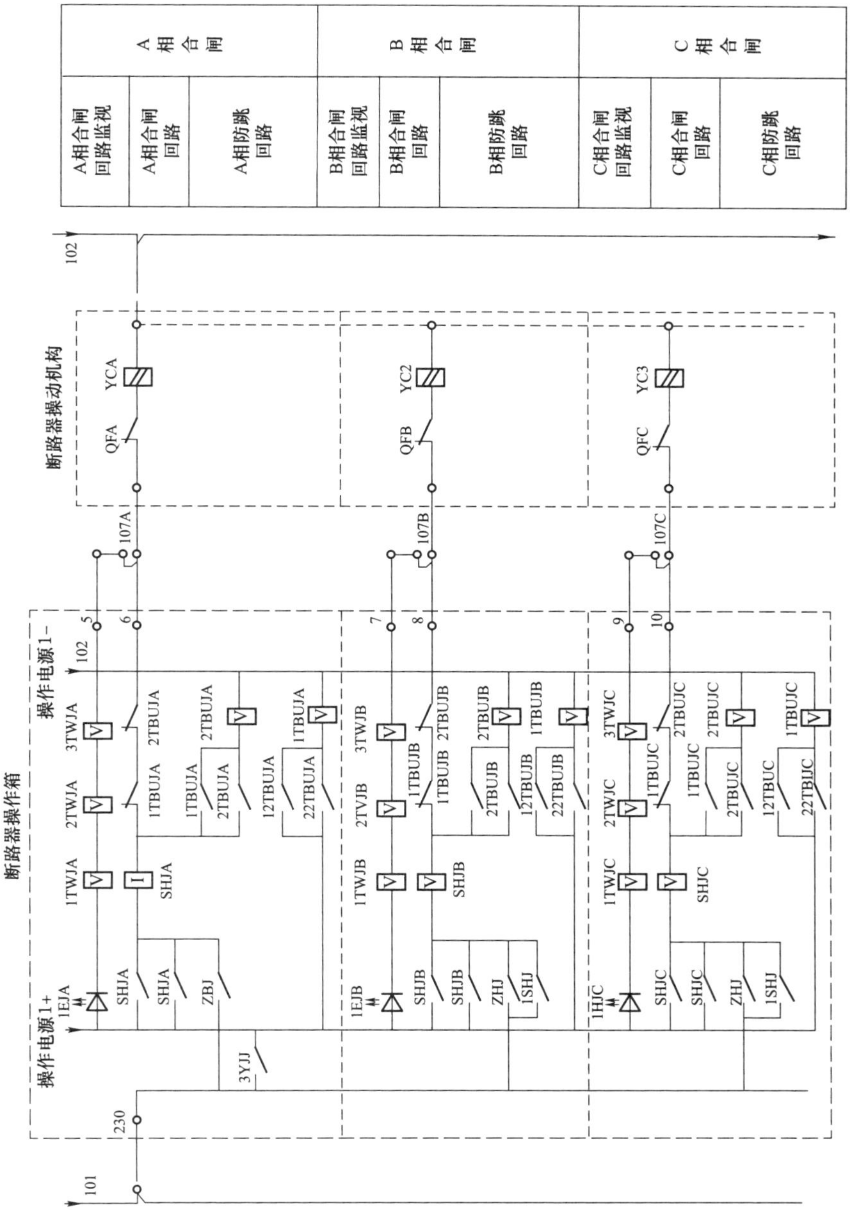

(b)

图 2-12　分相操动机构的断路器控制信号回路（二）

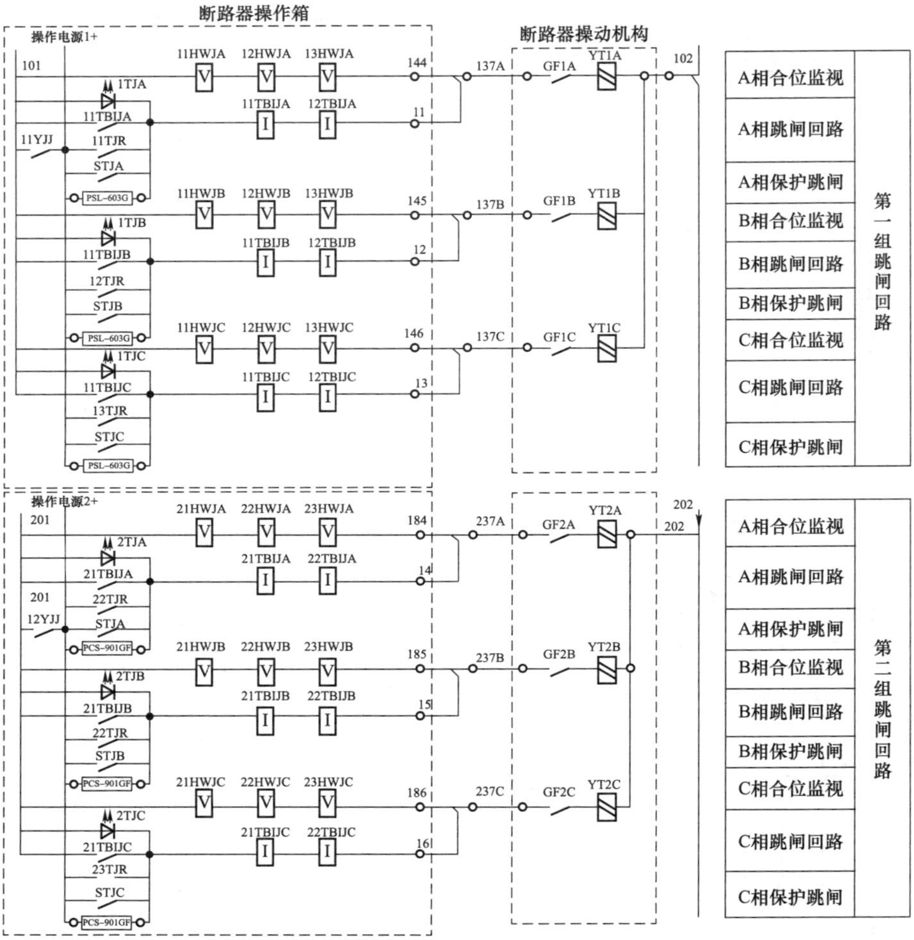

(c)

图 2-12　分相操动机构的断路器控制信号回路（三）

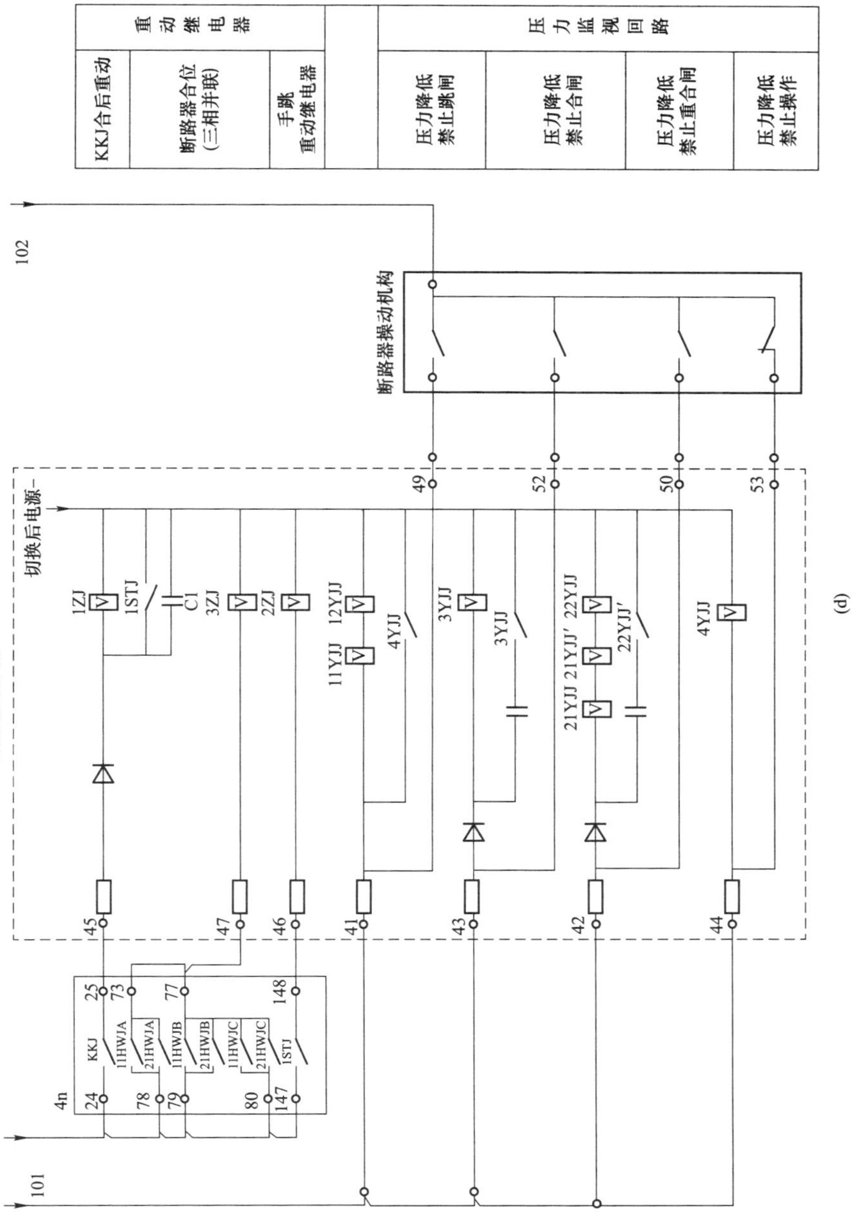

图 2-12　分相操动机构的断路器控制信号回路（四）

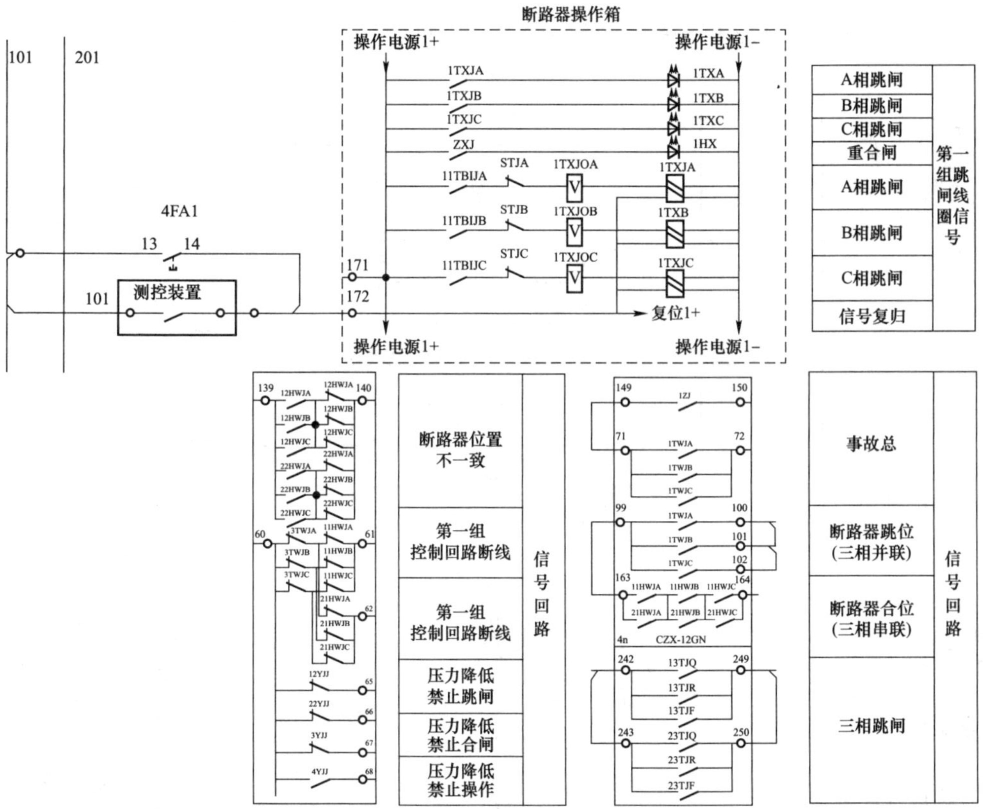

(e)

图 2-12　分相操动机构的断路器控制信号回路（五）

（a）回路一；（b）回路二；（c）回路三；（d）回路四；（e）回路五

22TBIJC 等——TBIJ 系列继电器；1TBUJA、1TBUJB 等——TBUJ 系列继电器

1. 重合闸及手动合闸回路

（1）重合闸回路。当 PCS-901GF 或 PLS-603G 重合闸装置送来的合闸触点闭合时，此时 ZHJ、ZXJ 继电器动作。ZHJ 为重合闸重动继电器，动作后有三对动合触点闭合并被分别送到 A、B、C 三个分相合闸回路去启动断路器的合闸线圈，如图 2-12（b）所示。ZXJ 为磁保持信号继电器，它动作后一方面启动一个发光二极管表示重合闸回路启动；另一方面启动有关信号回路。当按下复归按钮时或微机测控装置收到复归令，磁保持继电器复归线圈励磁，合闸信号复归，如图 2-12（e）及图 2-12（a）所示。

（2）手动合闸和远方合闸回路。当进行手动合闸或远方合闸时［见图 2-12（a）］，KK 把手或远方送来合闸接闭合位置，正电源 101 送到操作箱端子 35，此时 SHJA、SHJB、SHJC 动作，同时 KKJ 置位线圈励磁且自保持。SHJA、SHJB、SHJC 动合触点分别去启动 A、B、C 三个分相合闸回路。

手动合闸回路受开关压力降低回路控制［见图 2-12（a）］，若压力降低禁止合闸时，3YJJ 触点断开，此时禁止手动和远方合闸。KKJ 动作后给出 KK 合后触点，获得“事故总”信号［见图 2-12（d）及图 2-12（e）］。

2. 跳闸回路

（1）手动跳闸和远方跳闸回路。当进行手动跳闸或远方合闸时［见图 2-12（a）］，KK 把手或远方送来跳闸接闭合位置，正电源 101 送到操作箱端子 37，此时 STJA、STJB、STJC 动作，同时 KKJ 复位线圈励磁使 KKJ 复位，避免发“事故总”信号。STJA、STJB、STJC 动合触点分别去启动两组 A、B、C 三个分相跳闸回路［见图 2-12（c）］。

手动跳闸回路受开关压力降低回路控制［见图 2-12（d）］，若压力降低禁止跳闸时，11YJJ、12YJJ 接点断开，此时禁止手动和远方跳闸［见图 2-12（c）］。

（2）保护三相跳闸回路。有的保护动作应三跳不启动重合闸，例如母线故障母线保护动作跳开线路断路器后，不应启动线路重合闸。图 2-12（a）配置中第一套母差保护接点通过端子 6 使 11TJR、12TJR、13TJR 动作，第二套母差保护接点端子 40 使 21TJR、22TJR、23TJR 动作。11TJR、12TJR、13TJR 动作后去启动第一组分相跳闸回路，21TJR、22TJR、23TJR 动作后去启动第二组分相跳闸回路［见 2-12（c）］。该回路启动后，其有关接点还送给重合闸，去给重合闸放电，禁止重合。

（3）保护分相闸回路。由图 2-12（c）可见，微机保护装置 PSL-603GF 和 PCS-901G 在输电线单相故障时，故障相出口继电器都动作，前者使第一组故障相断路器跳闸线圈得电跳故障相断路器，后者使第二组故障相断路器跳闸线圈得电跳故障相断路器；在输电线相间相故障时，两套保护驱动各自的三个单相出口继电器动作跳三相。一旦保护分相跳闸接点动作，跳闸回路接通，跳闸保持继电器 11TBIJA、11TBIJB、11TBIJC 动作并由 11TBIJA、11TBIJB、11TBIJC 接点实现自保持，直到断路器跳开，断路器辅助接点断开。同时 TBIJ 启动故障相保护动作信号继电器 TXJ，发故障相保护动作信号［见图 2-12（e）］。

3. 跳位监视

当断路器处于跳位时，断路器动断辅助接点闭合［见图 2-12（b）］，串在 A 相合闸回路的跳位继 1TWJA、2TWJA、3TWJA 动作，串在 B 相合闸回路的跳位继 1TWJB、2TWJB、3TWJB 动作，串在 C 相合闸回路的跳位继 1TWJC、2TWJC、3TWJC 动作，送出相应的接点给保护和信号回路。当断路器处于合闸位置时，合位继串在跳闸回路，断路器动合辅助接点闭合［见图 2-12（c）］，第一组 A 相 11HWJA、12HWJA、13HWJA 动作，B 相 11HWJB、12HWJB、13HWJB 动作，C 相 11HWJC、12HWJC、13HWC 动作；第二组 A 相 21HWJA、22HWJA、23HWJA 动作，B 相 21HWJB、22HWJB、23HWJB 动作，C 相 21HWJC、22HWJC、23HWC 动作，向保护及有关信号回路输出接点。当三相断路器中，有的相在合位有的相在跳位时发“断路器位置不一致”信号，当某相 TWJ、HWJ 均失电，发“控制回路断线”信号［见图 2-12（e）］。

4. 防跳回路

防跳回路见图 2-12（b）和图 2-12（c），分闸回路有两组，每组每相配置有两个 TBIJ 系列防跳启动兼跳闸自保持继电器，其中 I 表示电流型继电器；合闸回路只有一组，每相配置有两个 TBUJ 系列防跳自保持继电器，其中 U 表示电压型继电器，为便于区别，不同组别、不同相别的防跳继电器编号是有规律的，编号最后一个字母用 A、B、C 表示 A 相 B 相 C 相，最前面的“1”表示第一组、“2”表示第二组。

以 A 相为例，由图 2-12（c）可见，当断路器处于合闸位置时，断路器动合辅助接点闭合，一旦保护分相跳闸，第一组保护 PSL-603G 接点动作，跳闸回路接通，跳闸保持继电器 11TBIJA、12TBIJA 动作并由 11TBIJA 接点实现自保持，直到断路器跳开，辅助接点断开，12TBIJA 送去图 2-12（b）中启动防跳重动继电器 1TBUJA；图 2-12（c）中，保护 PCS-901GF 接电动作，跳闸回路接通，跳闸保持继电器 21TBIJA、22TBIJA 动作并由 21TBIJA 接点实现自保持，直到断路器跳开，辅助接点断开，22TBIJA 送去图 2-12（b）中 12TBIJA 并联，启动防跳重动继电器 1TBUJA。图 2-12（b）中，11TBIJA 与 12TBIJA 并联，启动防跳重动继电器 1TBUJA，1TBUJA 动作后其动合触点 1TBUJA 去启动电压型防跳继电器 2TBUJA（在图中 1TBUJA 的上方），1TBUJA 的另一动断触点串联在 A 相合闸回路中；电压型防跳继电器 2TBUJA 动作后其动合触点自保持，另一动断触点串联在 A 相合闸回路中，切断合闸回路，防止断路器跳跃。

5. 压力闭锁回路

（1）压力降低禁止合闸。合闸压力降低禁止合闸时，对应的接点闭合，将端子 52 与负电源 102 短接 3YJJ 返回闭锁合闸回路［见图 2-12（b）］，并给出禁止合闸信号。

（2）压力降低禁止跳闸。当断路器压力降低禁止跳闸时，对应接点闭合，将端子 49 与负电源 102 短接，11YJJ、12YJJ 返回，断开跳闸回路正电源［见图 2-12（c）］，并给出压力降低禁止跳闸信号。

（3）断路器压力异常禁止操作时，对应的接点断开，将短接了的端子 53 与负电源 102 断开，启动 4YJJ 继电器，该继电器的输出动合触点一方面去短接 11YJJ、12YJJ 线圈，闭锁跳闸回路，一方面给出压力异常禁止操作信号。

第三节　隔离开关的控制及闭锁电路

一、隔离开关控制电路构成原则

（1）由于隔离开关没有灭弧机构，不允许用来切断和接通负载电流，因此控制电路必须受相应断路器的闭锁，以保证断路器在合闸状态下，不能操作隔离开关。

（2）为防止带接地开关合闸，控制回路必须受接地开关的闭锁，以保证接地开关在合闸状态下，不能操作隔离开关。

(3) 操作脉冲应是短时的，在完成操作后，应能自动解除。

二、隔离开关的控制电路

隔离开关的操动机构一般有气动、电动和电动液压操作三种形式，相应的控制电路也有三种类型。

1. 气动操作控制电路

对于 GW4-110、GW4-220 和 GW7-330 等型式的户外高压隔离开关，常采用 CQ2 型气动操动机构，其控制电路如图 2-13 所示。

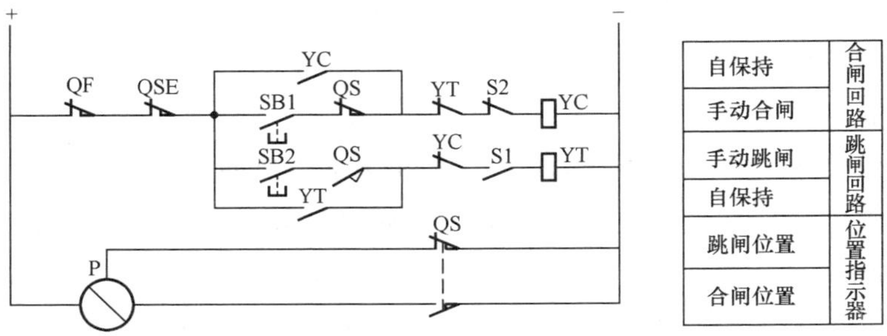

图 2-13　CQ2 型气动操动机构隔离开关控制电路

图 2-13 中，SB1、SB2 为合、跳闸按钮；YC、YT 为合、跳闸线圈，QF 为相应断路器辅助动断触点，QSE 为接地开关的辅助动断触点；QS 为隔离开关的辅助触点；S1、S2 为隔离开关合、跳闸终端开关；P 为隔离开关 QS 的位置指示器。

隔离开关合闸操作时，在具备合闸条件下，即相应的断路器 QF 在跳闸位置（其辅助动合触点闭合）；接地开关 QSE 在断开位置（其辅助动合触点闭合）；隔离开关 QS 在跳闸终端位置（其辅助动合触点 QS 和跳闸终端开关 S2 闭合）时，按下合闸按钮 SB1，合闸线圈 YC 带电，隔离开关进行合闸，并通过 YC 的动合触点自保持，使隔离开关合闸到位。隔离开关合闸后，跳闸终端开关 S2 断开（同时 S1 合上为跳闸作好准备），合闸线圈失电返回，自动解除合闸脉冲；隔离开关辅助动合触点闭合，使位置指示器 P 处于垂直的合闸位置。

隔离开关跳闸操作与合闸操作过程类似。

2. 电动操作控制电路

对于 GW4-220D/1000 型式的户外高压隔离开关，常采用 CJ5 型电动操作机构，其控制电路如图 2-14 所示。

图 2-14 中，KM1、KM2 为合、跳闸接触器；K 为热继电器；SB 为紧急解除按钮；其他符号含义与图 2-13 相同。

隔离开关合闸操作时，在具备合闸条件下，即相应的断路器 QS 在跳闸位置（其辅助动断触点闭合），接地隔离开关 QSE 在断开位置（其辅助动断触点闭合），隔离开关 QS 在跳闸终端位置（其跳闸终端开关 S2 闭合）并无跳闸操作（即 KM2 的动断触点闭合）时，按下合闸按钮 SB1，启动合闸接触器 KM1，使三相交流电动机 M 正方向转动，进行合闸，并通过 KM1 的动合触点自保持，使隔离开关合闸到位。隔离开关合闸后，跳闸终端开关 S2 断开，合闸接触器 KM1 失电返回，电动机 M 停止转动。这样当隔离开关合闸到位后，由 S2 自动解除合闸脉冲。

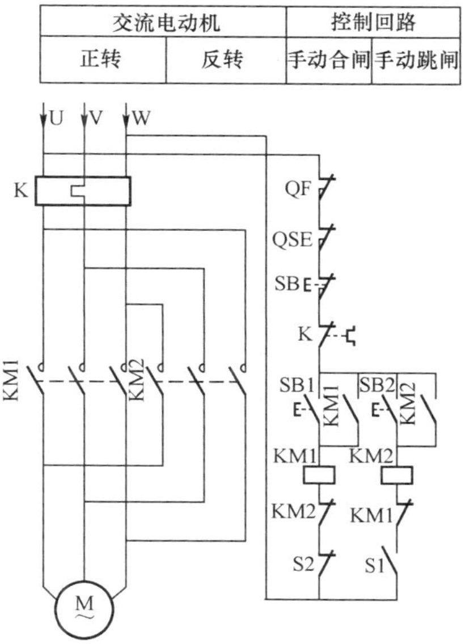

图 2-14　CJ5 型电动操作隔离开关控制电路

隔离开关跳闸操作与合闸操作过程类似。

在合、跳闸操作过程中，由于某种原因，需要立即停止合、跳闸操作时，可按下紧急解除按钮 SB，使合、跳闸接触器失电，电动机立即停止转动。

电动机 M 启动后，若电动机回路故障，则热继电器 K 动作，其动断触点断开控制回路，停止操作。此外，利用 KM1、KM2 的动断触点相互闭锁跳、合闸回路，以避免操作程序混乱。

3. 电动液压操作控制电路

对于 GW6-200G、GW7-200 和 GW7-330 等型式的户外高压隔离开关，可采用 CYG-1 型电动液压操动机构，其控制电路如图 2-15 所示。

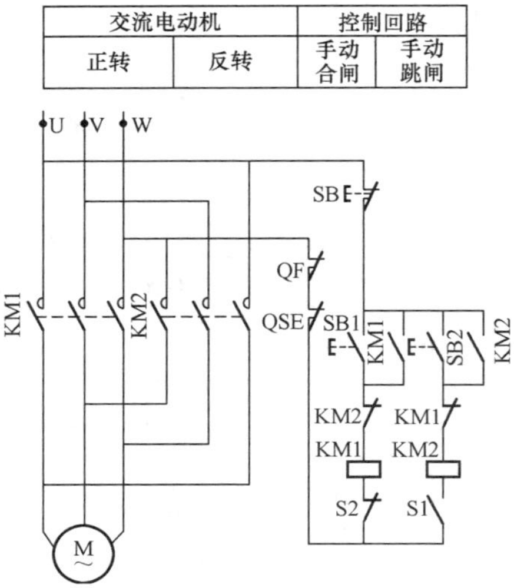

图 2-15　CYG-1 型电动液压操作隔离开关控制电路

隔离开关合、跳闸操作与电动操作类似。

三、隔离开关的电气闭锁电路

为了避免带负载拉、合隔离开关，除了在隔离开关控制电路中串入相应断路器的辅助动断触点外，还需要装设专门的闭锁装置。

闭锁装置分机械闭锁、电气闭锁和微机防误闭锁装置三种型式。6～10kV 配电装置，一般采用机械闭锁装置。35kV 及以上电压等级的配电装置，主要采用电气闭锁装置和微机防误闭锁装置，这里只介绍电气闭锁装置及其电路和微机防误闭锁装置。

（一）电气闭锁装置

电气闭锁装置通常采用电磁锁实现操作闭锁。电磁锁的结构如图 2-16（a）所示，主要由电锁Ⅰ和电钥匙Ⅱ组成。电锁Ⅰ由锁芯、弹簧和插座组成。电钥匙Ⅱ由插头、线圈、电磁铁、解除按钮和钥匙环组成。在每个隔离开关的操动机构上装有一把电锁，全厂（站）备有二或三把电钥匙作为公用。只有在相应断路器处于跳闸位置时，才能用电钥匙打开电锁，对隔离开关进行合、跳闸操作。

电磁锁的工作原理如图 2-16（b）所示，在无跳、合闸操作时，用电锁锁住操动机构的转动部分，即锁芯在弹簧压力作用下，锁入操动机构的小孔内，使操作手柄 Ⅲ 不能转动。当需要断开隔离开关 QS 时，必须先跳开断路器 QF，使其辅助动断触点闭合，给插座加上直流操作电源，然后将电钥匙的插头插入插座内，线圈中就有电流流过，使电磁铁被磁化吸出锁芯，锁就打开了，此时利用操作手柄 Ⅲ，即可拉断隔离开关。隔离开关拉断后，取下电钥匙插头，使线圈断电，释放锁芯，锁芯在弹簧压力作用下，又插入操动机构小孔内，锁住操作手柄。需要合上隔离开关的操作过程与上述过程类似。

由此可见，断路器必须处于跳闸位置才能把电磁锁打开，操作隔离开关。

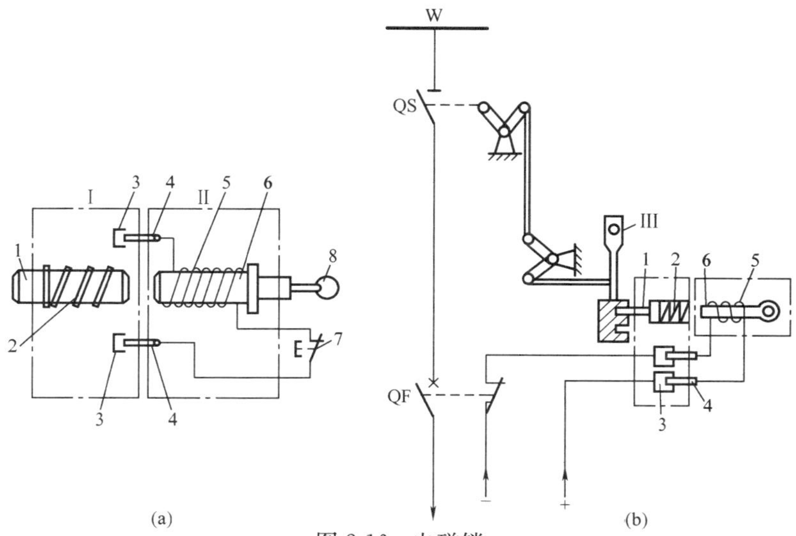

图 2-16　电磁锁

（a）电磁锁结构图；（b）电磁锁工作原理图

Ⅰ—电锁；Ⅱ—电钥匙；Ⅲ—操作手柄；1—锁芯；2—弹簧；3—插座；

4—插头；5—线圈；6—电磁铁；7—解除按钮；8—钥匙环

这就可靠地避免带负载拉、合隔离开关的误操作发生。

（二）电气闭锁电路

1. 单母线隔离开关闭锁电路

单母线隔离开关闭锁电路图如图 2-17 所示。

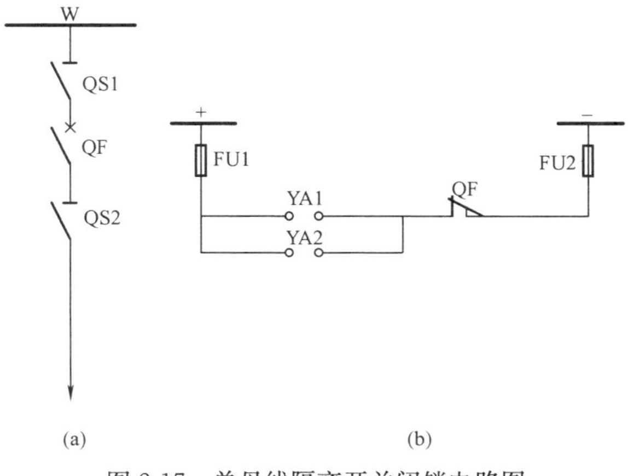

图 2-17　单母线隔离开关闭锁电路图

（a）一次系统图；（b）闭锁电路图

图 2-17 中，YA1、YA2 分别为隔离开关 OS1、QS2 电磁锁开关（钥匙操作）。闭锁电路由相应断路器 QF 合闸电源供电。

断开线路时，首先应断开断路器 QF，使其辅助动断触点闭合，则负电源（一）接至电磁锁开关 YA1 和 YA2 的下端。用电钥匙使电磁锁开关 YA2 闭合，即打开了隔离开关 QS2 的电磁锁，拉断隔离开关 QS2 后取下电钥匙，使 QS2 锁在断开位置；再用电钥匙打开隔离开关 QS1 的电磁锁开关 YA1，拉断 QS1 后取下电钥匙，使 QS1 锁在断开位置。

2. 双母线隔离开关闭锁电路

双母线系统，除了断开和投入馈线操作外，还需要进行倒闸操作。双母线隔离开关闭锁电路图如图 2-18 所示。

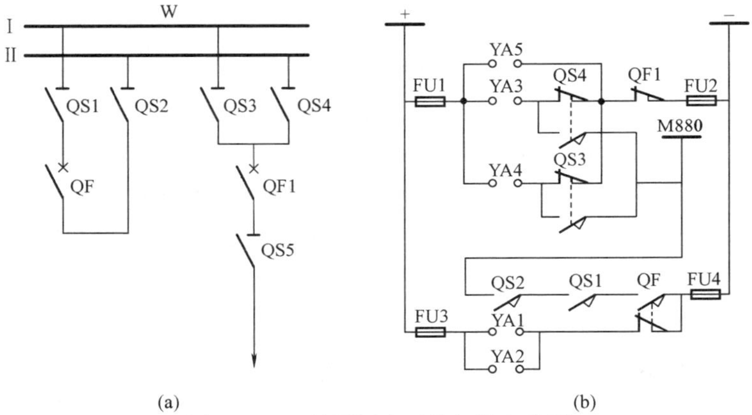

图 2-18　双母线隔离开关闭锁电路图

（a）一次系统图；（b）闭锁电路图

图 2-18 中，M880 为隔离开关操作闭锁小母线。只有在母联断路器 QF 和隔离开关 QS1 和 QS2 均在合闸位置时，隔离开关操作闭锁小母线 M880 经隔离开关 QS2 的动合触点、隔离开关 QS1 的动合触点、母联断路器 QF 的动合触点才与负电源（一）接通，即双母线并列运行时，M880 才取得负电源。

图 2-18 中，各隔离开关的闭锁条件为：

（1）当母联断路器 QF 在跳闸位置时，可以操作隔离开关 QS1 和 QS2。

（2）当馈线断路器 QF1 在跳闸位置时，可以操作隔离开关 QS5；当 QF1 在跳闸位置和隔离开关 QS4（或 QS3）断开时，可以操作 QS3（或 QS4）。

（3）当双母线并联运行（即 QF、QS1、QS2 均在合闸位置），隔离开关操作闭锁小母线 M880 取得负电源时，如果隔离开关 QS4（或 QS3）已投入，则可以操作隔离开关 QS3（或 QS4）。

操作举例：若馈线原来在Ⅰ母线运行，即馈线断路器 QF1 和隔离开关 QS3 及 QS5 均在合闸位置。当需要把馈线从Ⅰ母线切换到Ⅱ母线而进行倒闸操作时，其操作程序为：

（1）在母联断路器 QF 处于跳闸位置时，用电钥匙依次打开隔离开关 QS1 和 QS2 的电磁锁开关 YA1 和 YA2，合上 QS1 和 QS2，然后合上 QF，使隔离开关操作闭锁小母线 M880 取得负电源。

（2）由于隔离开关 QS3 处于合闸位置，因此可以用电钥匙打开隔离开关 QS4 的电磁锁开关 YA4，合上 QS4。

（3）用电钥匙打开隔离开关 QS3 的电磁锁开关 YA3，拉断 QS3。

（4）跳开母联断路器 QF，用电钥匙依次打开隔离开关 QS1 和 QS2 的电磁锁开关 YA1、YA2，拉断 QS1 和 QS2。

3. 双母线带旁路母线隔离开关闭锁电路

双母线带旁路母线隔离开关闭锁电路如图 2-19 所示。

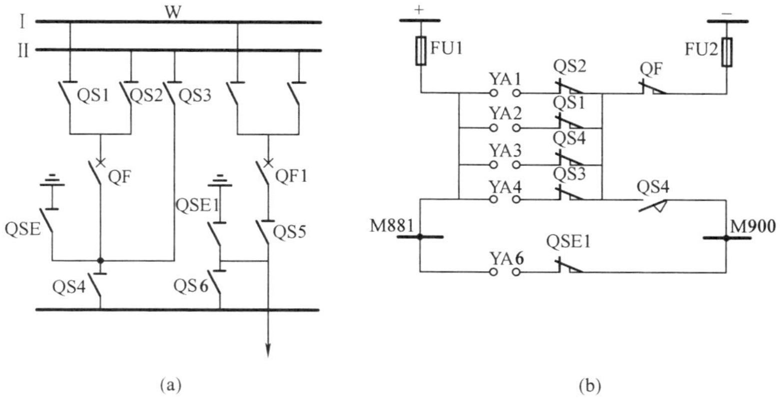

图 2-19　旁路母线隔离开关闭锁电路图

（a）一次系统图；（b）闭锁电路图

图 2-19 中，QF 为旁路兼母联断路器，若只作为旁路断路器，则去掉隔离开关 QS3 及其电磁锁开关 YA3 即可。M881 和 M900 为旁路隔离开关闭锁小母线。M881 可直接经熔断器 FU1 取得正电源（+），而 M900 只有在断路器 QF

在跳闸位置，而且隔离开关 QS4 在合闸位置时，才能取得负电源（一），从而避免了当用旁路（兼母联）断路器 QF 替代馈线断路器 QF1 向外供电时，因忘合 QS4 而中断供电。

图 2-19 中各隔离开关的闭锁条件为：

（1）当旁路兼母联断路器 QF 在跳闸位置，而隔离开关 QS2（或 QS1）在断开位置时，可以操作 QS1（或 QS2）。

（2）在接地隔离开关 QSE 与隔离开关 QS3 和 QS4 装有机械闭锁装置的情况下，当旁路兼母联断路器 QF 在跳闸位置，而隔离开关 QS4（或 QS3）在断开位置时，可以操作 QS3（或 QS4）。

（3）当旁路兼母联断路器 QF 在跳闸位置，而旁路母线上的隔离开关 QS4 在合闸位置，接地隔离开关 QSE1 在断开位置时，才能操作馈线旁路隔离开关 QS6，从而避免了由于接地隔离开关 QSE1 在合闸位置而误操作 QS6。

4. 单母线分段隔离开关闭锁电路

单母线分段隔离开关闭锁电路如图 2-20 所示。

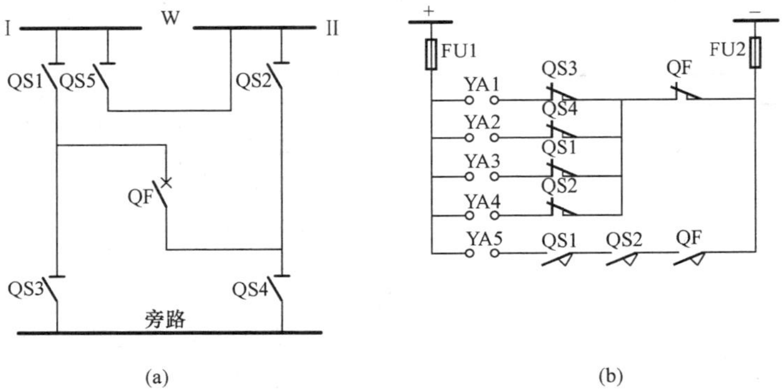

图 2-20 单母线分段带旁路母线隔离开关闭锁电路图

（a）一次系统图；（b）闭锁电路图

在图 2-20 中，QF 为分段兼旁路断路器。各隔离开关的闭锁条件为：

（1）当断路器 QF 在跳闸位置，隔离开关 QS3（或 QS4）在断开位置时，才能操作 QS1（或 QS2）。

（2）当断路器 QF 在跳闸位置，隔离开关 QS1（或 QS2）在断开位置时，才能操作 QS3（或 QS4）。

（3）当断路器 QF 和隔离开关 QS1、QS2 均在合闸位置时，才能操作 QS5。

（4）旁路隔离开关及回路中有接地开关时（图 2-19 中未表示）的闭锁条件与图 2-19 的相同。

5. 3/2 断路器接线中隔离开关闭锁电路

3/2 断路器接线中的隔离开关不作为操作电器，而作为检修隔离电器，操作机会少，发生误操作的可能性也小。3/2 断路器接线的隔离开关及接地开关的配置方式在工程设计中不完全相同。简化的 3/2 断路器接线隔离开关闭锁电路如图 2-21 所示。该闭锁接线的主要原则为：设计中考虑隔离开关与接地开关之间有机械闭锁，以简化接线。对 220kV 隔离开关考虑为三相机械连锁电气操作。对 330kV 隔离开关考虑为三相各设一个电动操动机构，在机械箱上可单相操作。另设三相电气联动操作的按钮，可远方或就地装设。对于 220kV 接地开关考虑为手动操作，三相机械联动，因此每组接地开关只设一只电磁锁。对于 330～500kV 的接地开关为每相设一个手动操动机构，每相设一只电磁锁。

各隔离开关的闭锁条件为：

（1）断路器 QF1（或 QF2 或 QF3）两侧的隔离开关及接地隔离开关 QS11、QS12、QSE11、QSE12（或 QS21、QS22、QSE21、QSE22 或 QS31、QS32、QSE31、QSE32），必须在 QF1（或 QF2 或 QF3）处于跳闸位置时，才能操作。

（2）馈线（或变压器）侧的隔离开关 QS4（或 QS5），必须在其两分支的断路器 QF1 和 QF2（或 QF2 和 QF3）均在跳闸位置时，才能操作。

（3）馈线线路侧的接地隔离开关 QSE4，必须在该点无电压时，才能操作。

（4）母线上的接地隔离开关 QSEⅠ（或 QSEⅡ），必须在Ⅰ（或Ⅱ）母线上无电压时，才能操作。

（5）变压器侧的接地隔离开关 QSE5，必须在该点无电压时，才能操作。

6. 发电机变压器组隔离开关闭锁电路

发电机变压器组隔离开关闭锁电路如图 2-22 所示。

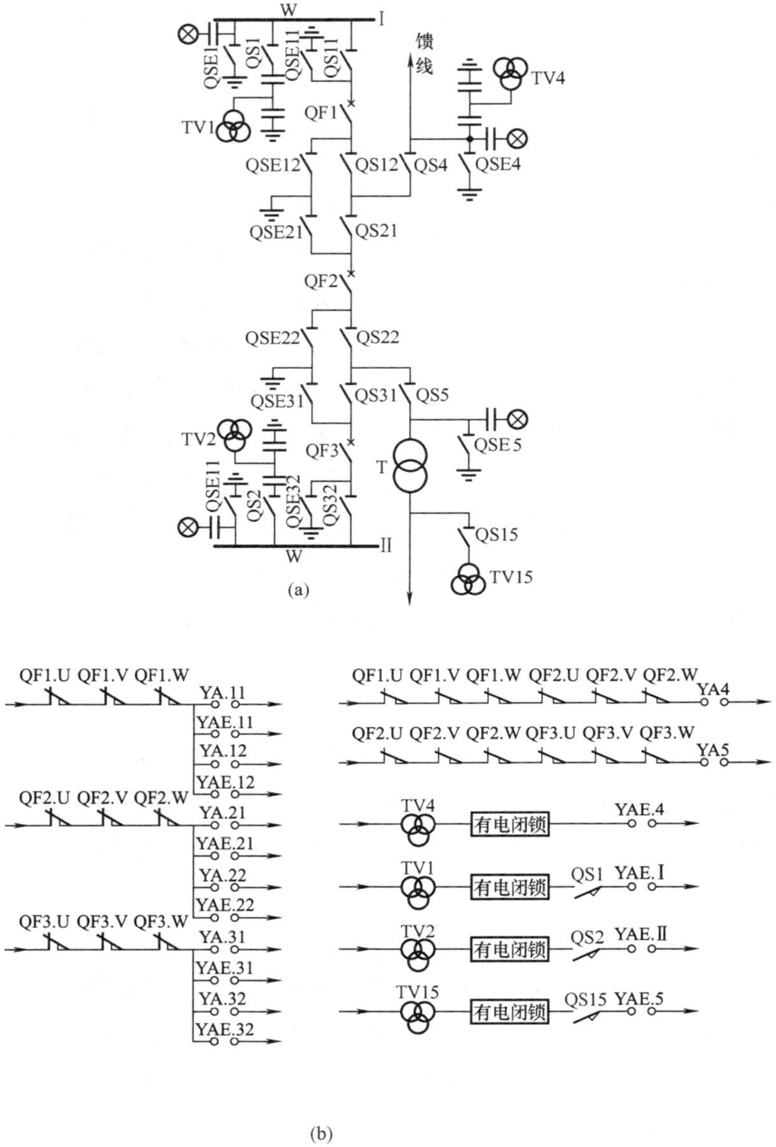

图 2-21　简化的 3/2 断路器接线隔离开关闭锁电路图

(a) 一次系统图；(b) 闭锁电路图

图 2-22 中，Q 为灭磁开关的辅助触点。各隔离开关闭锁条件为：

(1) 当断路器 QF 在跳闸位置，而且隔离开关 QS2（或 QS1）在断开位置时，才能操作 QS1（或 QS2）。

（2）当断路器 QF、厂用分支断路器 QF1 和灭磁开关 Q 均在跳闸位置时，才能操作隔离开关 QS3。

（3）当双母线并联运行，即隔离开关操作闭锁小母线 M880 取得负电源（—），并且在隔离开关 QS2（或 QS1）合闸时，才能操作 QS1（或 QS2）。

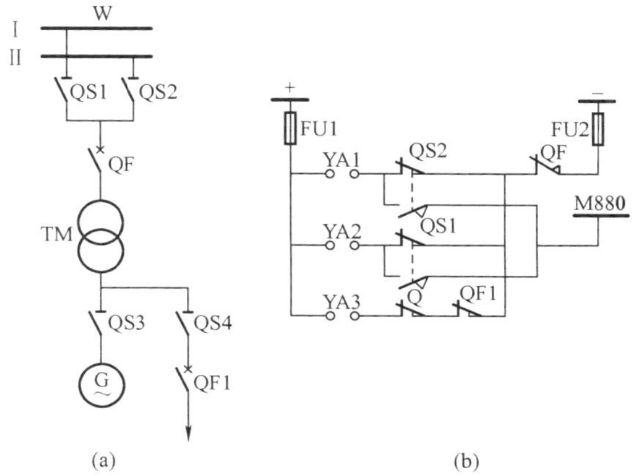

图 2-22　发电机变压器组隔离开关闭锁电路图

（a）一次系统图；（b）闭锁电路图

四、微机防误闭锁装置

微机防误闭锁装置示意图如图 2-23 所示。该装置主要包括三大部分，即微机模拟盘、电脑钥匙、机械编码锁。在微机模拟盘的主机内，预先储存了变电站所有操作设备的操作条件。模拟盘上各模拟元件都有一对触点与主机相连。运行人员要操作时，首先在微机模拟盘上进行预演操作。在操作过程中，计算机根据预先储存好的条件对每一操作步骤进行判断。若操作正确，则发出一个操作正确的音响信号；若操作错误，则通过显示器闪烁，显示错误操作项的设备编号，并发出报警信号，直至将错误项复归为止。预演操作结束后打印机可打印出操作票，并通过微机模拟盘上的光电传输口将正确的操作程序输入到电脑钥匙中。然后，运行人员就可以拿电脑钥匙到现场操作。操作时，正确的操作内容将顺序地显示在电脑钥匙的显示屏上，并通过探头检查操作的对象是否正确。若正确则闪烁显示被操作设备的编号，同时开放闭锁回路，可对断路器操作或打开机械编码锁，使隔离开关能操作。每操作一步结束后，能自动显示下一步的操作内容。若走错间隔，则不能打开机械编码锁，同时电脑钥匙发出报警，提示运行人员。全部操作结束后，电脑钥匙发出音响，提示操作人员关闭电源。

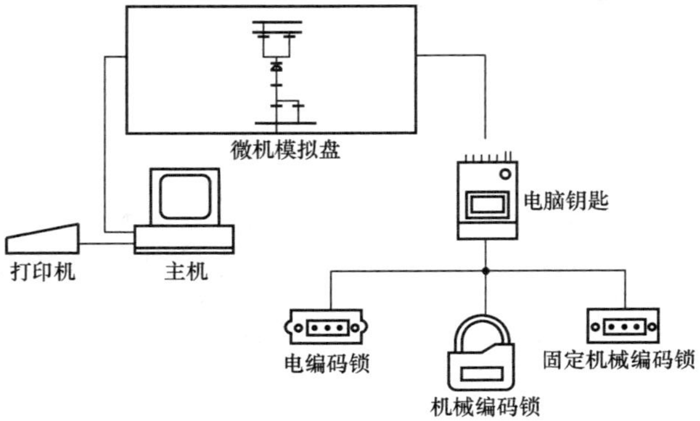

图 2-23　微机防误闭锁装置示意图

第三章　互感器及同步系统

第一节　电流互感器二次回路

在电气测量和继电保护回路中，电流互感器的作用是将供给测量和继电保护用的二次电流回路与一次电流的高压系统隔离，并按电流互感器的变比将系统的一次电流缩小为一定的二次电流。电流互感器二次侧的额定电流统一规定为5A或1A，原理接线如图3-1所示，图中 I_1 为一次电流，W_1 为一次绕组匝数，I_2 为二次电流，W_2 为二次绕组匝数。

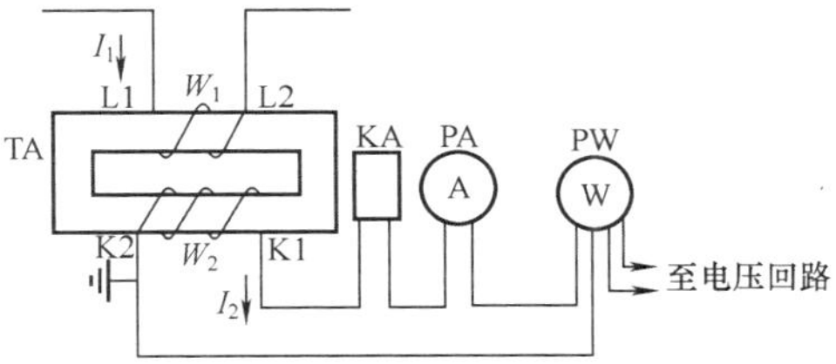

图3-1　电流互感器原理接线

TA—电流互感器；KA—电流继电器；PA—电流表；PW—有功功率表

一、电流互感器的极性和相量图

电流互感器一次和二次绕组间的极性定义为：即当一、二次绕组中，同时由同极性端子通入电流时，它们在铁芯中所产生磁通的方向应相同。如在图3-1所示的接线中，L1和K1为同极性端子（L2和K2也为同极性端子）。标注电流互感器极性的方法是用不同符号和相同注脚表示同极性端子，当只需标出相对极性关系时，也可在同极性端子上注以星号“*”。由楞次定律可知，当系统一次电流从极性端子 L1 流入时，在二次绕组中感应出的电流应从极性端子 K1 流出。

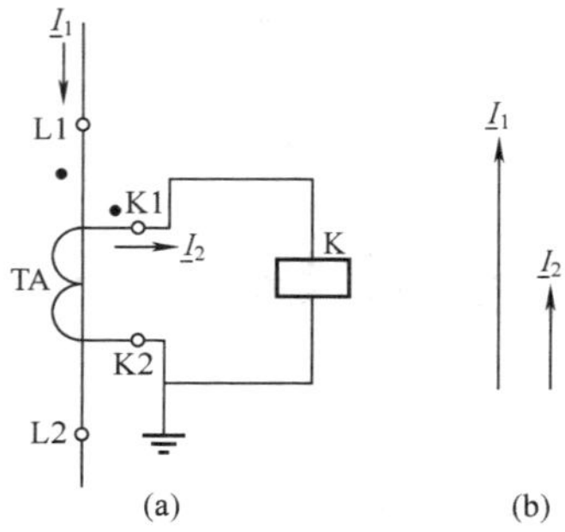

图 3-2　电流互感器的相量图

电流互感器一、二次电流的相量图如图 3-2 所示，一般是在忽略励磁电流，并将一次电流换算至二次侧以后绘制的。由于一、二次电流的正方向可以任意选取，所以相量图有两种绘制方法，在继电保护中通常选取一次绕组中的电流从 L1 流向 L2 为正，而二次绕组中的电流从 K2 流向 K1 为正。这时铁芯中的合成磁势应为一次绕组和二次绕组磁势的相量之差，即

$$\underline{I}_1 W_1 - \underline{I}_2 W_2 = 0 \tag{3-1}$$

$$\underline{I}_2 = \underline{I}_1 / n_{TA} \tag{3-2}$$

所以 $\underline{I}_1$ 与 $\underline{I}_2$ 同相位。

式中　n_{TA}——电流互感器的变比，$n_{TA}=W_2/W_1$，也等于一、二次额定相电流之比。

二、电流互感器的常用接线方式及二次负载

1. 电流互感器的常用接线方式

对于不同测量和保护回路要求，电流互感器有多种接线方式，常用接线方式有：

（1）一个电流互感器的单相式接线。如图 3-3（a）所示，该电流互感器可接在任一相上，这种接线主要用于测量三相对称负载的一相电流、变压器中性点的零序电流。

（2）两个电流互感器的不完全星形接线。如图 3-3（b）所示，两个电流互感器分别接在 U 相和 W 相。这种接线方式广泛应用于中性点不直接接地系统中的测量和保护回路，可以测量三相电流、有功功率、无功功率、电能等，能反映相间故障电流，不能完全反映接地故障。

（3）三个电流互感器的完全星形接线。如图 3-3（c）所示，三个电流互感器分别接在 U、V、W 相上，二次绕组按星形连接。这种接线可以测量三相电流、有功功率、无功功率、电能等。在保护回路中，常用于 110～500kV 中性

点直接接地系统，能反映相间及接地故障电流；在中性点不直接接地的系统中，常用于容量较大的发电机和变压器的保护回路。

（4）三个电流互感器的三角形接线。如图 3-3（d）所示，三个电流互感器分别接在 U、V、W 相上，二次绕组按三角形连接。这种接线很少应用于测量回路，主要应用于变压器差动保护回路。

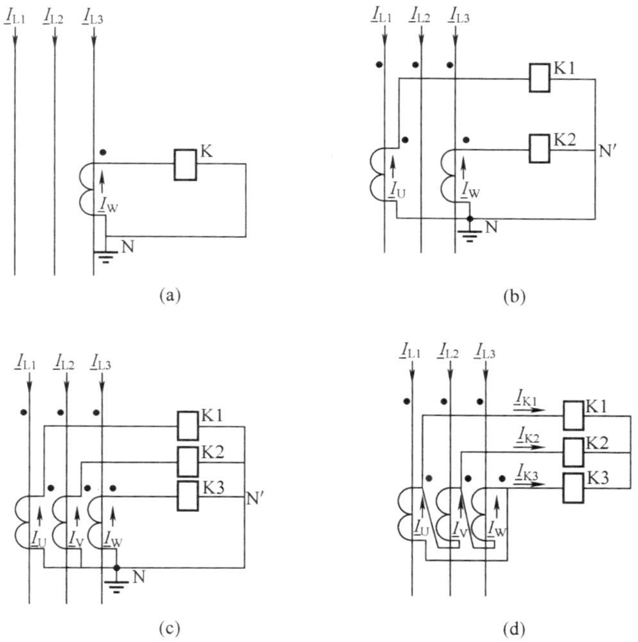

图 3-3　电流互感器常用接线方式

（a）一个电流互感器的单相式接线；（b）两个电流互感器的不完全星形接线；
（c）三个电流互感器的完全星形接线；（d）三个电流互感器的三角形接线

2. 电流互感器的二次负载

电流互感器的二次负载指的是二次绕组所承担的容量，即负载功率，可表示为

$$S_2=U_2I_2=I_2^2Z_2 \tag{3-3}$$

式中　S_2——电流互感器二次负载功率，VA；

U_2——电流互感器二次电压，V；

I_2——电流互感器二次电流，A；

Z_2——电流互感器二次负载阻抗，Ω。

由于电流互感器二次电流 I_2 只随一次电流变化，而不随二次负载阻抗变化。因此，其容量 S_2 取决于 Z_2 的大小，通常把 Z_2 作为电流互感器的二次负载阻抗。Z_2 是二次绕组负担的总阻抗，包括测量仪表或继电保护（或远动及自动装置）电流线圈的阻抗 Z_{22}、连接导线阻抗 Z_{21} 和接触电阻 R 三部分。为了保证电流互感器能够在要求的准确级下运行，必须校验其实际二次负载阻抗是否小于允许值。校验的方法有在设计阶段用计算法、在电流互感器投入运行前用实测法两种。

电流互感器二次负载阻抗可用下式计算

$$Z_2=U_2/I_2=K_1Z_{21}+K_2Z_{22}+R \tag{3-4}$$

式中 Z_{21}——电流互感器二次侧至测量仪表或继电器之间的连接导线阻抗，Ω；

Z_{22}——测量仪表或继电器线圈阻抗，Ω；

R——接触电阻，一般为 0.05～0.1Ω；

K_1、K_2——连接导线、继电器或测量仪表线圈阻抗换算系数。

阻抗换算系数值取决于电流互感器的接线方式和一次回路的短路型式，详见表 3-1。

表 3-1　　电流互感器在各种接线方式下的阻抗换算系数

电流互感器接线方式	接线系数					
	三相短路		两相短路		单相短路	
	K_1	K_2	K_1	K_2	K_1	K_2
单相	2	1	2	1	2	1
三相星形	1	1	1	1	1	1*
两相星形 $Z_{22.0}=Z_{22}$	$\sqrt{3}$	$\sqrt{2}$	2	2	2	2
两相星形 $Z_{22.0}=0$	$\sqrt{3}$	1	2	1**	2	1
三角形	3	3	3	3	2	2

* 单相短路情况下 $Z_{22.0}+Z_{22}$ 视为 Z_{22}，$Z_{22.0}$ 为中性线上测量仪表或继电器线圈阻抗。

** U、W 两相短路时，$K_1=K_2=1$；U、V 或 V、W 两相短路时，$K_1=2$、$K_1=1$。

三、电流互感器的误差及准确级

1. 电流互感器的误差

为分析方便起见，电流互感器及连接到二次侧的负载 Z_2 可用如图 3-4 所示的等值电路和相量图来表示。当所有参数都换算到二次侧后相量图作法如下：以 $\underline{I}_2$ 为参考相量，作励磁阻抗 Z'_{1c}上电压 $\underline{U}'_{1c}$超前于 $\underline{I}_2$ 二次侧总阻抗 $Z_{\mathrm{II}}+Z_2$ 的阻抗角 φ_2，励磁电流 $\underline{I}'_{1c}$滞后电压 $\underline{U}'_{1c}$一个角度 ψ，ψ 为励磁阻抗 Z'_{1c}的阻抗角，作 $\underline{I}_2$ 加 $\underline{I}'_{1c}$得到 $\underline{I}'_1$。

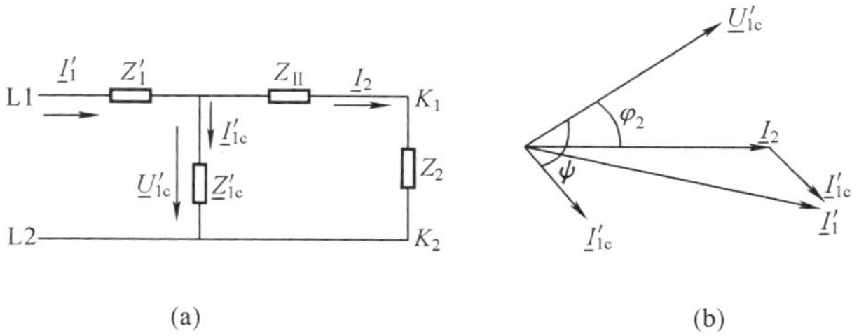

图 3-4　电流互感器等值电路及相量图

（a）等值电路；（b）相量图

从相量图可以看出，由于励磁电流 $\underline{I}'_{1c}$的存在，$\underline{I}_2$ 和 $\underline{I}'_1$不仅大小不等，而且相位也不相同，这就造成了电流互感器的误差。电流误差（也称变比误差）表示为

$$f_{\mathrm{er}}=\frac{I_2-I'_1}{I'_1}\times 100\%=\frac{n_{\mathrm{TA}}I_2-I_1}{I_1}\times 100\% \tag{3-5}$$

电流误差与电流互感器的制造工艺、铁芯结构与质量、一次电流倍数 $m(=I_1/I_{1\mathrm{N}})$ 以及二次负载的大小有关。从使用角度来讲，一次电流倍数及二次负载的大小是影响误差的主要因素。继电保护用的电流互感器电流误差一般要求不超过 10%，在 $f_{\mathrm{er}}=10\%$条件下，一次电流倍数 m 与二次允许负载阻抗 $Z_{2\mathrm{en}}$ 的关系曲线称为电流互感器的 10%误差曲线，电流互感器生产厂家制作的 10%误差曲线如图 3-5 所示。从图 3-5 中可见，2000/5 的电流互感器在一次电流倍数 $m=10$ 时，二次允许负载阻抗 $Z_{2\mathrm{en}}=7\Omega$。这就是说，当该电流互感器在实际一次

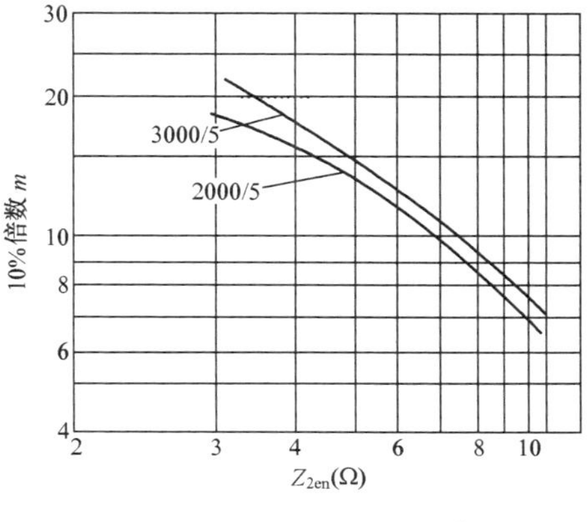

图 3-5　LMZJ$_{1\text{-}10}$ 型电流互感器 10%倍数曲线

电流倍数 m 为 10 或者实际二次负载阻抗 Z_2 为 7Ω 时，该电流互感器误差为 10%。为了减小电流互感器的误差，可以采取如下措施：

（1）增加连接导线的有效截面；

（2）适当增加电流互感器变比；

（3）将两个同型号同变比的电流互感器串联使用；

（4）改变电流互感器的接线方式。

2. 电流互感器的准确级

电流互感器的准确级是指在规定的二次负载范围内，一次电流为额定值时，电流的最大误差，用百分数“%”表示。

准确级分为 0.2，0.5，1，3，10（10P 或 10P10 或 10P20）五级。其中 0.2，0.5，1 级为测量级；3，10（10P、10P10、10P20）为保护级，括号内为国际电工委员会 IEC 规定，10P 中的“P”表示保护，10P10、10P20 后边的 10 和 20 表示一次电流与额定电流的倍数。表 3-2 是我国电流互感器每一个准确级的误差限值。

表 3-2　　电流互感器的准确级和误差限值

准确级	一次电流占额定电流的百分比（%）	误差限值	
		电流误差（±%）	角误差（′）
0.2	10	±0.5	±20
	20	±0.35	±15
	100～120	±0.2	±10
0.5	10	±1.0	±60
	20	±0.75	±150
	100～120	±0.5	±40
1	10	±2.0	±120
	20	±1.5	±100
	100～120	±1.0	±80
3	50～120	±3.0	无规定
10	50～120	±10.0	无规定

四、电流互感器的二次回路

1. 对电流互感器的二次回路的基本要求

配置电流互感器和设计电流互感器的二次回路时应满足以下基本要求：

（1）电流互感器的接线方式应满足测量仪表、远动装置、继电保护和自动装置检测回路的具体要求。

（2）为防止电流互感器一、二次绕组之间绝缘损坏而被击穿时，高电压侵入二次回路危及人身和二次设备安全，应有且只能一个可靠的接地点，不允许有多个接地点，否则会使继电保护拒绝动作或仪表测量不准确。由几组电流互感器二次组合的电流回路，如差动保护、各种双断路器主结线的保护电流回路，其接地点宜选在控制室。

（3）电流互感器二次回路开路时将产生危险的高电压，为此应采取如下防止二次回路开路的措施：

1）电流互感器二次回路不允许装设熔断器。

2）电流互感器二次回路一般不进行切换。当必须切换时，应有可靠的防止开路措施。

3）继电保护与测量仪表一般不合用电流互感器。当必须合用时，测量仪表要经过中间变流器接入。

4）对于已安装而尚不使用的电流互感器，必须将其二次绕组的端子短接并接地。

5）电流互感器二次回路的端子应使用试验端子。

6）电流互感器二次回路的连接导线应保证有足够的机械强度。

（4）为保证电流互感器能在要求的准确级下运行，其二次负载阻抗不应大于允许值。

（5）保证极性连接正确。

2. 电流互感器二次回路图举例

图 3-6 为 35kV 馈线电流互感器二次回路图，图 3-6（a）为 35kV 一次系统图，在三相上装有三组电流互感器，TA1、TA2、TA3 三组电流互感器分别供线路保护、测量和计量使用。电流互感器二次回路图如图 3-6（b）所示，三组都为三相星形接线，每组电流互感器二次侧都设有一个保安接地点。

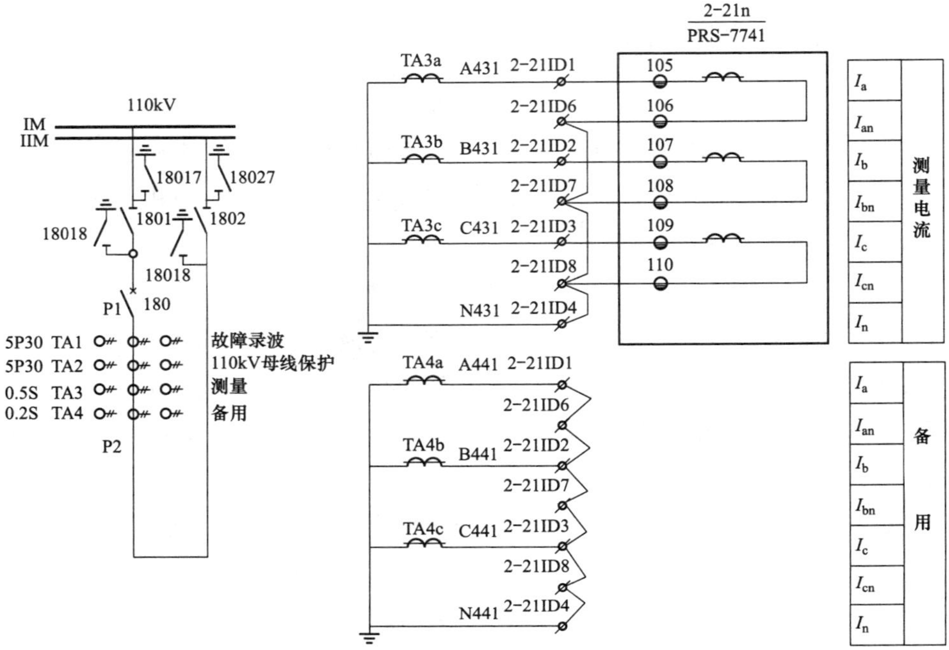

(a) (b)

图 3-6 35kV 馈线电流互感器二次回路图

(a) 35kV 一次系统图；(b) 电流互感器二次回路图

第二节 电压互感器二次回路

在电气测量和继电保护回路中，电压互感器的作用是将供给测量和继电保护用的二次电压回路，与一次电压的高压系统隔离和按电压互感器的变比将系统的一次电压降低为一定的二次电压，电压互感器二次侧的额定相间电压为100V。原理接线如图 3-7 所示，U_1 为一次电压，W_1 为一次绕组匝数，U_2 为二次电压，W_2 为二次绕组匝数。电压互感器实际上就是一种小容量变压器，其变比为

$$n_{TV}=W_2/W_1=U_1/U_2 \tag{3-6}$$

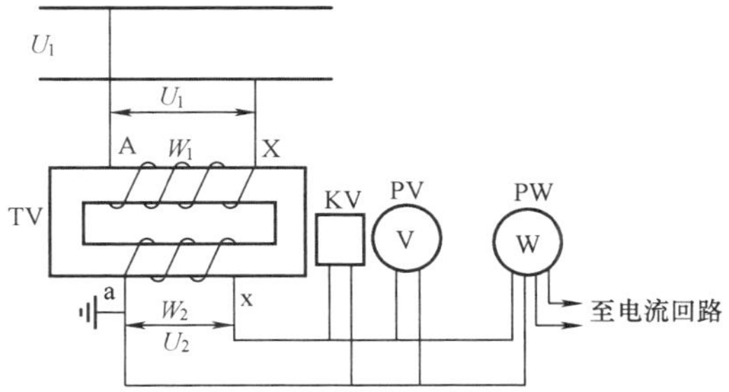

图 3-7　电压互感器回路原理接线图

TV—电压互感器；KV—电压继电器；PV—电压表；PW—有功功率表

一、电压互感器的极性和相量图

电压互感器一次和二次绕组间的极性定义为：即当一、二次绕组中，同时由同极性端子通入电流时，它们在铁芯中所产生磁通的方向应相同。如在图 3-7 所示的接线中，A 和 a 为同极性端子（X 和 x 也为同极性端子）。标注电压互感器极性的方法是用 A（X）和 a（x）表示同极性端子，当只需标出相对极性关系时，也可在同极性端子上注以星号“*”。由楞次定律可知，当一次电流从极性端子 A 流入时，在二次绕组中感应出的电流应从极性端子 a 流出。

电压互感器一、二次电压的假定正方向，一般均由极性端指向非极性端，这种标注方法，使一、二次电压同相位，相量图如图 3-8（c）所示。

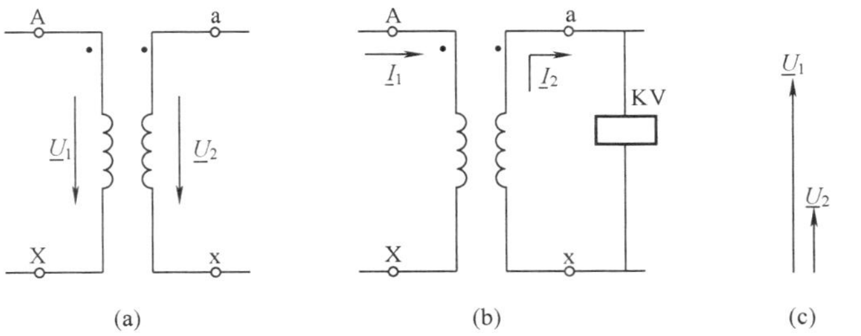

图 3-8　电压互感器的极性标注

（a）极性与电压；（b）极性与电流；（c）相量图

二、电压互感器的常用接线方式及变比

电压互感器的接线方式是指一、二次绕组的接线组别及二次绕组与负载的

连接形式。

（1）单相式接线方式。单相式接线方式使用一台单相电压互感器，一般用在大接地电流电网中测量一相对地电压，或在小接地电流电网中测量某一相间电压，如图 3-9 所示，变比 $U_N/0.1$kV，其中 U_N 为一次额定线电压。

（2）V/v 式接线方式。V/v 式接线方式及相量图如图 3-10 所示，由两个单相电压互感器分别接相间电压 U_{UV} 和 U_{VW}，互感器的一次绕组不接地，二次绕组采用 V 相接地。二次绕组可输出对应于一次绕组的三相的相间电压和三相对系统中性点的相电压，主要使用在小接地电流电网不需要测量相对地电压的场合，变比为 $U_N/0.1$kV。

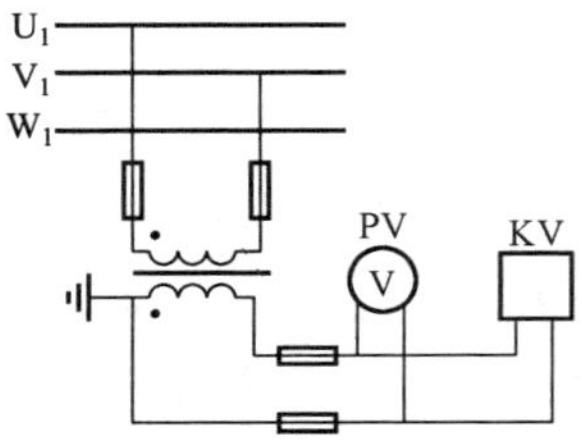

图 3-9　单相式接线方式

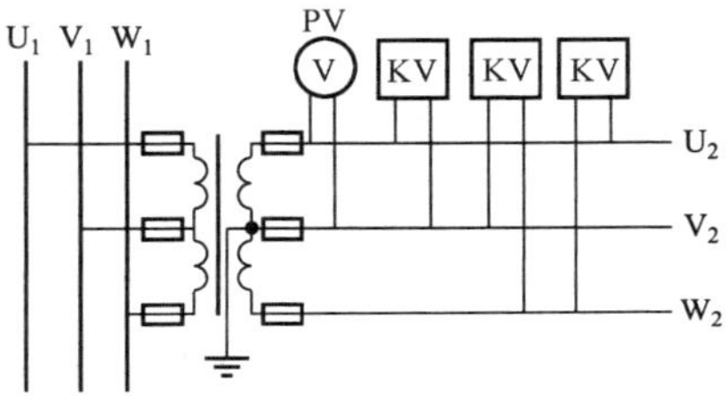

图 3-10　V/v 式接线方式及相量图

（3）YNyn 式接线。YNyn 式接线由三个单相电压互感器组合而成，也可是一个具有五柱式铁芯的三相电压互感器。一、二次绕组的中性点均接地，二次绕组可输出三相的相间电压、三相对地电压和三相对系统中性点的相电压，图 3-11 所示，变比为 $\frac{U_N}{\sqrt{3}}\Big/\frac{0.1}{\sqrt{3}}$。

（4）YN、开口三角形式接线。用三个单相电压互感器或一个三相五柱铁芯式电压互感器，一次绕组中性点接地。二次绕组顺极性连接成开口三角形，如图 3-12 所示。从 m、n 开口处可输出零序电压

$$\underline{U}_{mn}=\underline{U}'_U+\underline{U}'_V+\underline{U}'_W=\frac{\underline{U}_U+\underline{U}_V+\underline{U}_W}{n_{TV}}=\frac{3\underline{U}_0}{n_{TV}} \tag{3-7}$$

式中　U_0——电压互感器一次侧每相零序电压，kV。

为使输出的最大二次电压 $U_{mn.max}$ 不超过 100V，其变比为

$$n_{TV}=\frac{3U_0}{0.1} \tag{3-8}$$

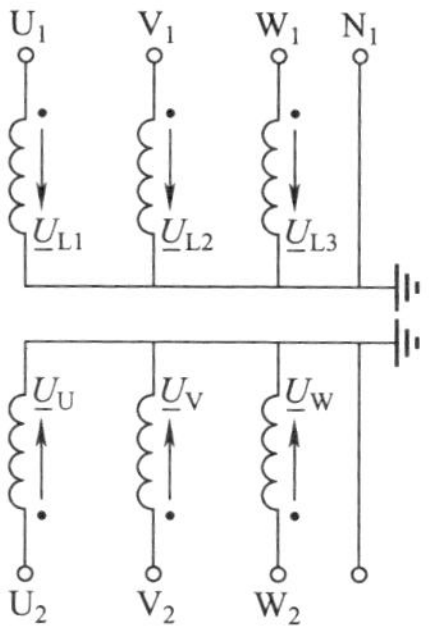

图 3-11　YNyn 接线

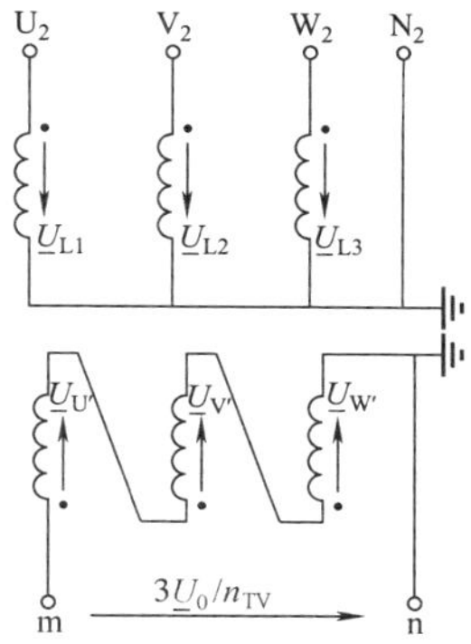

图 3-12　YN、开口三角形式接线

对于大接地电流系统，单相接地时每相最大零序电压为$\frac{U_N}{3\sqrt{3}}$（U_N 为一次线电压），则变比应选为$\frac{U_N}{\sqrt{3}}\Big/0.1$；对于小接地电流系统，单相接地时每相零序电压为$\frac{U_N}{\sqrt{3}}$，则变比应选为$\frac{U_N}{\sqrt{3}}\Big/\frac{0.1}{3}$。

（5）消谐式接线。消谐式接线主要用于 10kV 及其以下电压等级，由 4 台同型同参数电压互感器构成，如图 3-13 所示。可测量线电压、相对地电压，在 M、N 端子之间可获得单相接地时的零序电压，同时可以起到消谐作用。每台电压互感器变比为$\frac{U_N}{\sqrt{3}}\Big/\frac{0.1}{\sqrt{3}}\Big/0.1$kV。

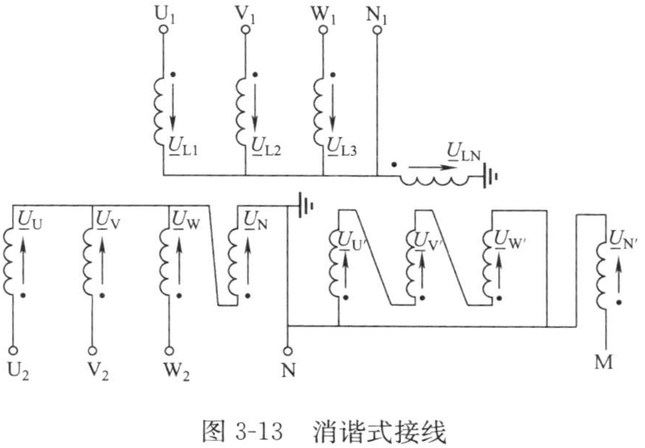

图 3-13　消谐式接线

三、电压互感器的误差及准确级

1. 电压互感器的误差

电压互感器及连接到二次侧的负载 Z_2 可用如图 3-14 所示的等值电路来表示。当所有参数都换算到二次侧后相量图作法如下：以 $\underline{I}_2$ 为参考相量，作负载阻抗 Z_2 上电压 $\underline{U}_2$ 超前于 $\underline{I}_2$ 负载阻抗角 φ_2，作 $\underline{U}'_{1c}$等于 $\underline{U}_2$ 加上 $\underline{I}_2$ 在二次绕组阻抗 Z_{II} 上的压降 $\underline{I}_2 Z_{\text{II}}$，作励磁电流 $\underline{I}'_{1c}$滞后电压 $\underline{U}'_{1c}$一个角度 ψ，ψ 为励磁阻抗 Z'_{1c}的阻抗角，作 $\underline{I}_2$ 加 $\underline{I}'_{1c}$得到 $\underline{I}'_1$，最后作 $\underline{U}'_1$，它等于 $\underline{U}'_{1c}$加上 $\underline{I}'_1$在一次绕组阻抗 Z'_{I}上的压降 $\underline{I}'_1 Z'_{\text{I}}$。

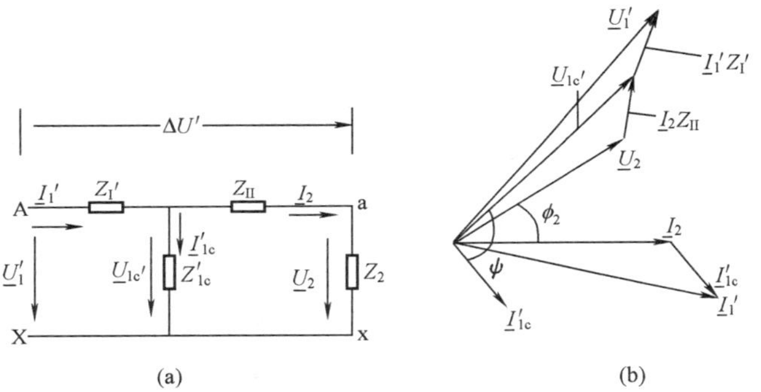

图 3-14　电压互感器等值电路及相量图

（a）等值电路；（b）相量图

从相量图可以看出，由于一、二次绕组阻抗的存在，产生了电压降落 ΔU，使得 $\underline{U}_2$和 $\underline{U}'_1$不仅大小不等，而且相位也不相同，这就造成了电压互感器的误差。电压误差表示为

$$\Delta U\% = \frac{U_2 - U'_1}{U'_1} \times 100\% = \frac{n_{\text{TV}} U_2 - U_1}{U_1} \times 100\% \quad (3\text{-}9)$$

电压误差与电压互感器的制造工艺、铁芯结构与质量以及二次负载的大小有关。从使用角度来讲，二次负载的大小是影响误差的主要因素。为了减小电压互感器的误差，应尽可能减小二次电流 I_2。

2. 电压互感器的准确级

电压互感器的准确度等级，是根据在规定的一次电压和二次负载条件下，产生的最大误差的不同划分的。我国将电压互感器分为 0.2、0.5、1、3 四个准确度等级，其相应的允许误差值见表 3-3。

表 3-3　　　　电压互感器的准确级和误差限值

准确级	误差限值		一次电压变化范围	二次负荷变化范围
	电压误差（±%）	角误差（±′）		
0.2 级	0.2	10	$(0.85\sim1.15)\ U_{1N}$	$(0.25\sim1)\ S_{2N}$
0.5 级	0.5	20		
1 级	1	40		
3 级	3	不规定		

注　表中 U_{1N} 为额定一次电压；S_{2N} 为二次绕组最高准确级时的额定容量。

电压互感器的准确度，只有在满足规定的使用条件时才能达到。因此，在选用电压互感器时，除了考虑使用环境、工作电压、接线方式等一般条件外，还必须满足容量的要求，即保证负载功率不超过额定功率。额定功率就是保证规定的准确度允许的最大输出功率。为了保证电压互感器对负载功率的要求，就必须进行实际二次负载的计算，可以采用功率计算法，也可以采用阻抗计算法。例如，JDZJ-10 型电压互感，在 $\cos\varphi=0.8$、准确度为 0.5 级时，额定容量为 40VA；准确度为 1 级时，额定容量为 60VA；准确度为 3 级时，额定容量为 150VA。这就表明，电压互感器的准确度，随着输出功率的减小而提高，二次负载阻抗越大，负载功率越小，准确度越高。

四、电压互感器的二次回路

1. 对电压互感器的二次回路的基本要求

电压互感器二次回路接线的合理与可靠，是测量仪表、继电保护及自动装置正确工作不可缺少的条件。为此，电压互感器二次回路应满足以下要求：

（1）电压互感器接线方式应满足测量仪表、远动装置、继电保护和自动装置的要求。

（2）二次回路应有且只能有一点可靠的保安接地。

（3）二次回路应装设短路保护。

（4）应有防止从二次回路向一次回路反馈电压的措施。

2. 电压互感器二次回路实用典型接线

用于小接地电流系统的电压互感器二次回路典型接线如图 3-15 所示，图 3-16 给出了用于大接地电流系统的电压互感器二次回路的典型接线。这两种接线应用广泛，每台电压互感器有两个二次绕组，一个称为主二次绕组，一、二次之间按 YNyn 接线；另一个称为辅助二次绕组，一、二次之间按 YN、开口三角形式接线。它们都可以测量三个线电压、三相对地电压及零序电压。用于小接地电流系统的电压互感器变比为$\frac{U_N}{\sqrt{3}}\Big/\frac{0.1}{\sqrt{3}}\Big/\frac{0.1}{3}$，用于大接地电流系统的电压互感器变比为$\frac{U_N}{\sqrt{3}}\Big/\frac{0.1}{\sqrt{3}}\Big/0.1$。

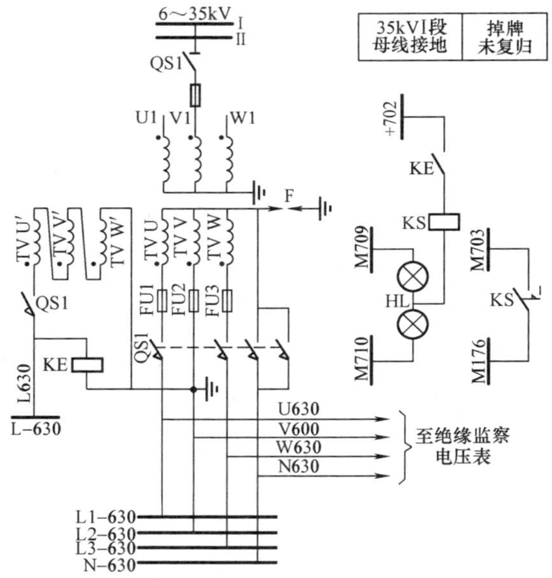

图 3-15　V 相接地的电压互感器二次电路图

（1）电压互感器二次回路的安全接地。电压互感器具有电气隔离作用，在正常情况下，一次绕组和二次绕组间是绝缘的。但当一次绕组与二次绕组间的绝缘损坏后，一次侧高电压将侵入二次回路将危及人身和设备安全。所以，电压互感器的二次回路必须设置接地点，该种接地通常称为安全接地。

图 3-15 中的电压互感器是采用 V 相接地的电压互感器二次电路，接地点

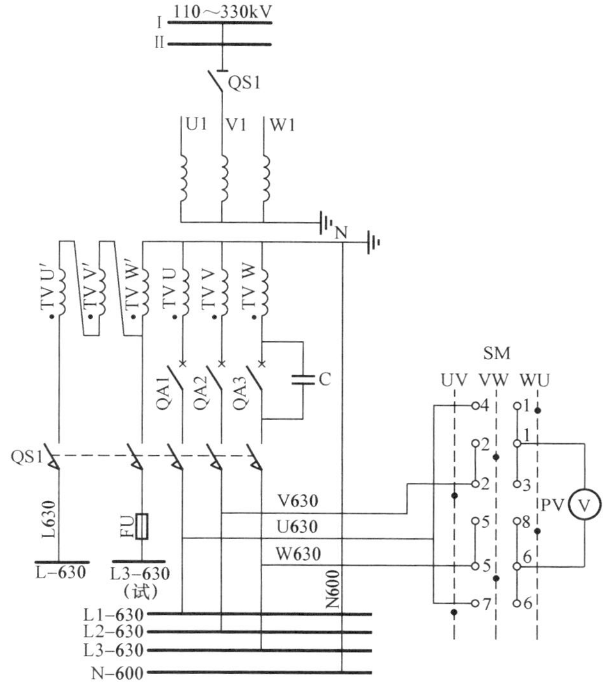

SM:LW2-5.5/F4-X

触点盒型式			5			5		
触点号			1-2	2-3	1-4	5-6	6-7	5-8
位置	UV	←	—	•	—	—	•	—
	VW	↑	•	—	—	•	—	—
	WU	→	—	—	•	—	—	•

图 3-16　中性点 N 接地的电压互感器二次电路图

设在电压互感器 V 相，并设在熔断器 FU2 后，以保证在电压互感器二次侧中性线上发生接地故障时，FU2 对 V 相绕组起保护作用。但是接地点设在 FU2 之后也有缺点，当熔断器 FU2 熔断后，电压互感器二次绕组将失去安全接地点。为防止在这种情况下，有高电压侵入二次侧，在二次侧中性点与地之间装设一个击穿保险器 F。击穿保险器实际上是一个放电间隙，当二次侧中性点对地电压超过一定数值后，间隙被击穿，变为一个新的安全接地点。电压值恢复正常后，击穿保险器自动复归，处于开路状态。正常运行时中性点对地电压等于零（或很小），击穿保险器处于开路状态，对电压互感器二次回路的工作无任何影响，是一个后备的安全接地点。V 相接地主要用于发电厂小接地电流系统，因为发生单相接地时，相电压的大小和相位都要发生变化，所以同步系统不能用相电压，只能用线电压，采用 V 相接地以简化二次回路。

中性点接地的电压互感器二次电路如图 3-16 所示，星形接线的中性点与地直接相连，中性点电位为零。

需要注意的是：对于同一个发电厂或变电站要采用统一的保安接地方案，以避免出现因接地方式不一致而造成电压互感器二次绕组短路现象；电压互感器二次回路，无论采用零相接地或 V 相接地方式，从开关场地引至控制室的二次电缆，星形侧的零相或 V 相必须同开口三角形的零相或 V 相接地点分开，即接地线的零相或 V 相必须用两根电缆芯线分别引至控制屏再一点接地，不能在电压互感器端子箱处接地后，零线或 V 相使用一根电缆芯在控制室再接地。

（2）电压互感器二次侧短路保护。电压互感器是一个小容量变压器，二次回路不允许短路，必须在二次侧装设短路保护设备。电压互感器二次回路的短路保护设备有熔断器和自动断路器两种。采用哪种保护主要取决于二次回路所接的继电保护和自动装置的特性。当电压回路故障不会引起继电保护和自动装置误动作的情况下，应首先采用简单方便的熔断器作为短路保护（图 3-15 中的 FU1～FU3）。当有可能造成继电保护和自动装置不正确动作的场合，应采用自动断路器作为短路保护，以便在切除短路故障的同时，也闭锁有关的继电保护和自动装置（图 3-16 中的 QA1～QA3）。35kV 及以下电压等级的电网是中性点非直接接地的系统，一般不装设距离保护。即使二次回路末端发生短路，熔断器熔断较慢，也无距离保护误动作的问题。因此，35kV 及以下的电压互感器宜采用快速熔断器作为其短路保护设备。110kV 及以上电压等级的电网是中性点直接接地的系统，一般装有距离保护。如果在远离电压互感器的二次回路上发生短路故障，由于二次回路阻抗较大，短路电流较小，则熔断器不能快速熔断，但在距离保护装置处电压比较低或等于零，可能引起距离保护的误动作。所以，对于 110kV 及以上的电压互感器多采用自动断路器作为其短路保护设备。

电压互感器二次绕组各相引出端和辅助二次绕组（开口三角绕组）的试验芯上应配置保护用的熔断器或自动断路器，熔断器或自动断路器应尽可能靠近二次绕组的出口处装设，以减小保护死区。保护设备通常安装在电压互感器端子箱内，端子箱应尽可能靠近电压互感器布置。

在电压互感器中性线和辅助二次绕组回路中，均不装设保护设备。因为正常运行时，在中性线和辅助二次绕组回路中，没有电压或只有很小的不平衡电压，即使发生短路故障，也只有很小的电流产生；同时此回路也难以实现对熔断器和自动断路器的监视。

分支电压回路中的短路保护需根据分支电压回路性质进行配置。在引到继电保护和自动装置的分支电压回路上，为提高继电保护和自动装置工作的可靠性，减少电压回路断开的概率，不装设分支熔断器或自动断路器；在测量仪表的分支电压回路上，可装设熔断器或自动断路器作为保护和回路断开之用，一般布置在控制屏或电度表屏。分支回路的保护设备与主回路的保护设备在动作时限上应相互配合，以便保证在测量回路上发生短路故障时，首先断开分支回路。对主回路和分支回路的熔断器和自动断路器都应设有监视措施，当这些保护设备动作断开电压回路时，应发出预告信号。

（3）反馈电压的防范措施。在电压互感器停用或检修时，既需要断开电压互感器一次侧隔离开关，同时又要切断电压互感器二次回路。否则，当在测量或保护回路加电压试验时，有可能二次侧向一次侧反送电，即反馈电压，在一次侧引起高电压，造成人身和设备事故。

对于V相接地的电压互感器，除接地的V相外，其他各相引出端都由该电压互感器隔离开关QS1辅助动合触点控制，如图3-15所示。从图3-15中可看出，当电压互感器停电检修时，断开一次侧隔离开关QS1的同时，二次回路也自动断开。中性线采用了两对辅助触点QS1并联，是为了避免隔离开关辅助触点接触不良，造成中性线断开（因为中性线上的触点接触不良难以发现）。

对于中性点接地的电压互感器，除接地的中性线外，其他各相引出端都串接了该电压互感器隔离开关QS1辅助动合触点，如图3-16所示。

（4）电压小母线的设置。母线上的电压互感器是同一母线上的所有电气元件（发电机、变压器、线路等）的公用设备。为了减少联系电缆，设置了电压小母线，对于V相接地的电压互感器设为L1-630、L2-600、L3-630、N-630和L-630，如图3-15所示；对于中性点接地的电压互感器设为L1-630、L2-630、L3-630、N-600、L-630和L3-630（试），如图3-16所示。

电压互感器二次引出端最终引到电压小母线上，而这组母线上的各电气元件的测量仪表、远动装置、继电保护及自动装置等所需的二次电压均从小母线取得。根据具体情况，电压小母线可布置在配电装置内或布置在保护和控制屏顶部。

3. 消谐式接线电压互感器二次回路及其断线信号回路

6～10kV 电压系统常用消谐式接线，如图 3-17 所示，该电压互感器安装在高压开关柜里。图 3-17（a）为一次示意图，该电压互感器配置有三个二次绕组，两个主二次绕组，一个辅助二次绕组，图 3-17（b）为 TV 二次回路图，可见，其中一个 0.5 级主二次绕组作保护及测量使用，另一个 0.2 级主二次绕组作计量使用，辅助二次绕组获取 $3U_0$，反应母线接地。图 3-17 中配置了一套母线电压并列装置，用于单母线分段接线，当一组母线 TV 检修时将两组 TV 二次电压回路并列。还配置了一套微机母线测控装置，模拟量回路接入母线三个相电压和一个 $3U_0$，采集并传送至变电站综合自动化系统，监视母线电压质量，当 TV 二次回路断线或母线接地时报“TV 二次回路断线”“母线接地”信号，TV 二次回路断线也可以用图 3-17（c）TV 断线信号监视回路，把 TV 二次空气断路器 ZKK1～ZKK6 的辅助触点接入母线测控装置的开入输入，当某个空气断路器跳闸时，其状态发生变化，报“TV 二次回路断线”。图 3-17 中击穿保险器 BJ1、BJ2、BJ3 应采用 F-M25-PVT/FM 中性点保护器，保护器永久性击穿后送出一对动合触点发“中性点保护器故障”告警信号，避免 TV 二次回路多点接地。TV 的三组二次绕组，两组二次绕组各 4 根导线、辅助二次绕组两根导线应分别采用二次电缆送至继电保护室，两组母线 TV 的公共地 N600 应在保护屏一点接地，这是反事故措施要求的。

4. 交流电网的绝缘监察装置

中性点不直接接地的电力系统，当发生单相接地短路故障时，由于短路电流很小，且三个线电压仍三相对称，不会影响到负载的正常工作，故允许系统持续运行一定时间，保护无需动作于断路器的跳闸，即不切断供电系统。但此时，保护必须发出预告信号，通知运行人员，及时查找故障点及故障原因，并迅速消除故障，以免发展成相间短路故障。所以，在中性点不直接接地的电力系统中，电压互感器二次回路必须设置交流电网的绝缘监察装置，如图 3-15 和图 3-18 所示，图 3-15 中绝缘监察装置由绝缘监察继电器（过电压继电器）KE、信号继电器 KS、绝缘监察电压表和光字牌 HL 组成。交流电网正常运行时，电压互感器的辅助二次绕组的开口电压很小（不平衡电压），KE 不动作。当交流电网发生单相金属性接地故障时，辅助二次绕组的开口电压为 100V，使 KE 动作，其动合触点闭合，接通光字牌 HL 回路，显示“第 1 组母线接地”字样，并发出预告信号，同时启动信号继电器 KS，KS 动作后掉牌落下，将 KE 动作记录下来，并点亮“掉牌未复归”光字牌。

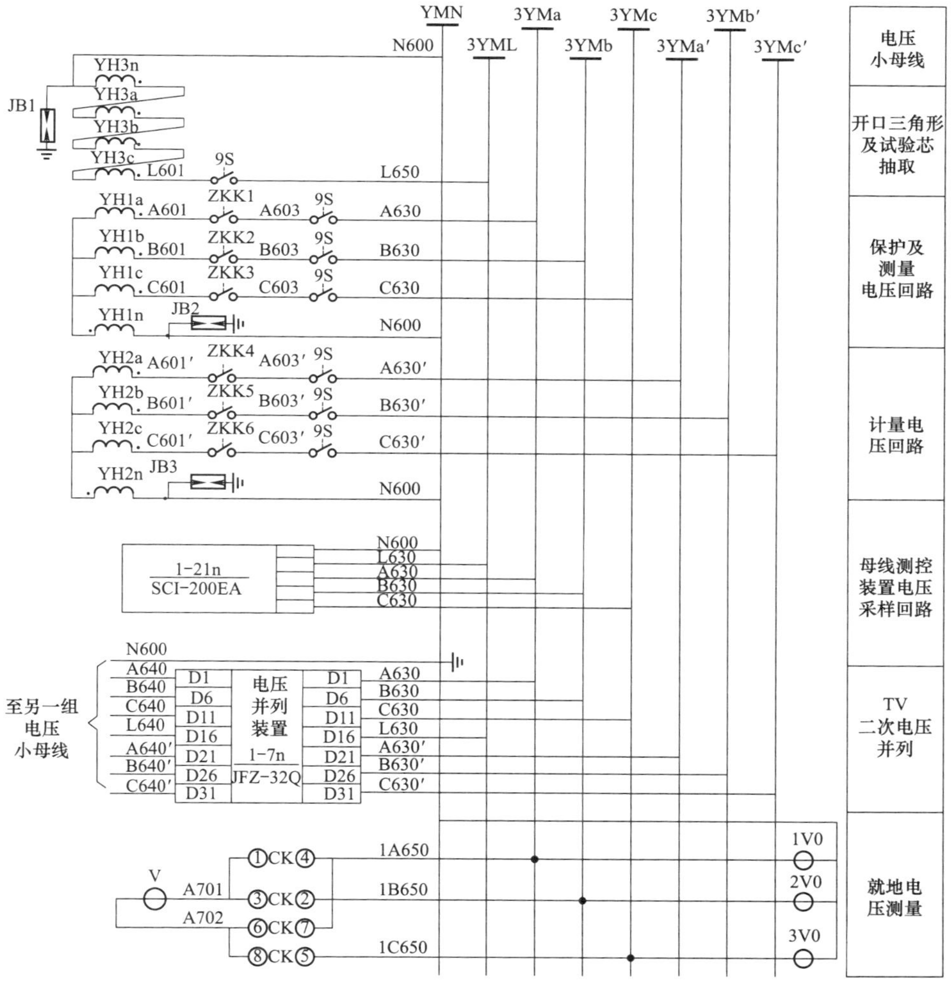

(a)

图 3-17　消谐式接线电压互感器二次回路图（一）

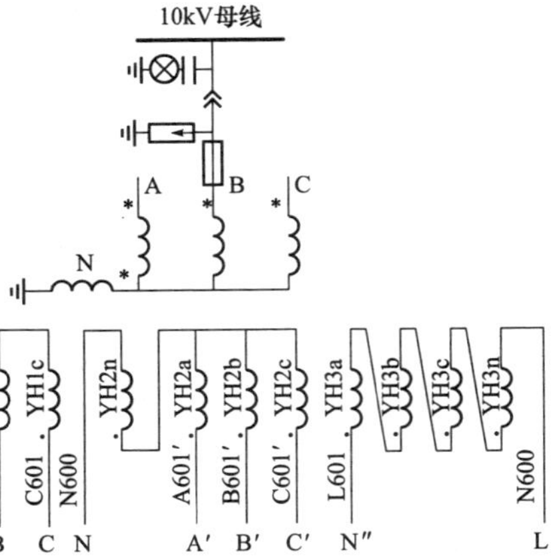

(b)

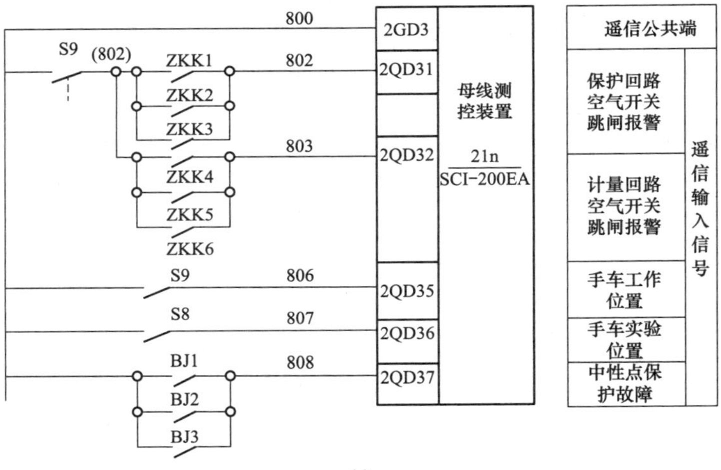

(c)

图 3-17　消谐式接线电压互感器二次回路图（二）

（a）一次示意图；（b）TV 二次回路图；（c）TV 断线信号回路

当运行人员通过“接地”预告信号得知哪一级电网发生接地故障后，再通过 PV1、PV2、PV3 判断接地相及接地程度。当 U 相电压表 PV1 指示为零，而 V 相和 W 相电压表 PV2 和 PV3 指示为线电压时，则表明此系统 U 相发生了金属性接地。但不知哪条线路接地，这时可采用依次拉开线路的办法寻找。如拉开某条线路时，“接地”信号消失，同时三只电压表指示相同都为相电压，则被拉开的线路就是故障线路。

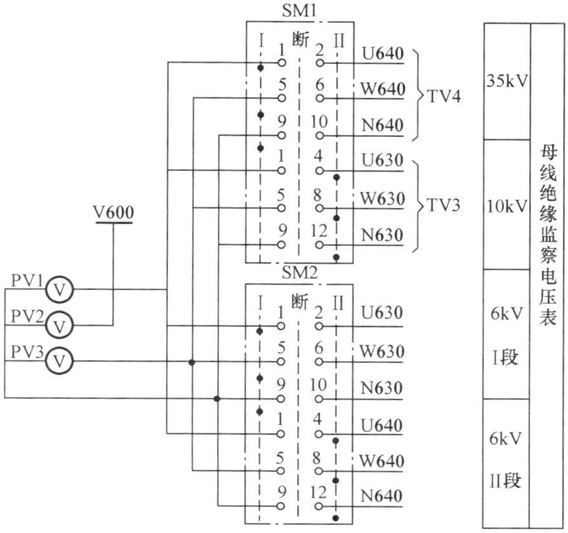

在“断开”位置手把(正面)样式和触点盒(背面)接线							
手把和触点盒的型式	F7–8X	4		4		4	
位置 \ 触点号	—	1–2	1–4	5–6	5–8	9–10	9–12
断开		—	—	—	—	—	—
第I段		•	—	•	—	•	—
第II段		—	•	—	•	—	•

图 3-18 母线绝缘监察电压表电路

图 3-18 中所有电压互感器二次侧采用 V 相接地；三只电压表是全厂（站）各段母线公用的绝缘监察电压表，通过切换开关 SM1 和 SM2 进行选测，SM1 和 SM2 采用 LW2-H-4、4、4/F7-8X 型转换开关。

对于中性点直接接地的电力系统，当发生单相接地短路故障时，保护动作使断路器跳闸，切除接地故障，故该系统的电压互感器二次回路不装设绝缘监察装置，而是通过切换开关和电压表 PV 选测三相线电压，如图 3-16 所示。

5. 电压互感器二次电压切换及并列电路

（1）双母线二次电压的切换。对于双母线上所连接的各电气元件，其测量仪表、远动装置、继电保护及自动装置等所需的二次电压是由两组母线的电压互感器供给。其二次电压应随同一次回路进行切换，即电气元件的一次回路连接在哪组母线上，其二次电压也应由该母线上的电压互感器供给。否则，可能出现二次回路与一次回路不对应的情况。所以电压互感器应具有二次电压切换回路。其切换方法通常是利用隔离开关辅助触点和中间继电器实现，其电路如图 3-19 所示。

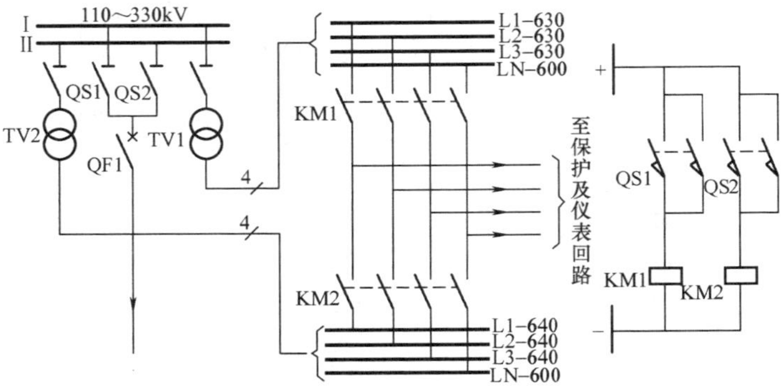

图 3-19　电压互感器二次电压切换回路

图 3-19 中只画出了一个电气元件（一条引出馈线）。两组电压互感器为 TV1、TV2 的二次侧上两组电压小母线（回路标号分别为 630、640），利用隔离开关的辅助触点 QS1、QS2 控制中间继电器 KM1、KM2，由中间继电器的动合辅助触点进行切换。若馈线原运行在 I 母线上，QS1 闭合、Q2 断开，KM1 的动合辅助触点闭合、KM2 辅助触点断开，保护及仪表等回路的二次电压由母线Ⅰ的电压互感器 TV1 供给。当需要将馈线从Ⅰ母线切换到Ⅱ母线运行时，QS2 闭合、QS1 断开，KM2 动作、KM1 返回，馈线的保护及仪表等二次回路由Ⅰ母线的 TV1 供电自动切换为Ⅱ母线的 TV2 供电。

（2）单母线分段的电压互感器二次电压并列。对于单母线分段的主接线方式，每段母线上接有一组电压互感器，当其中一段母线上的电压互感器停用时，为保证其二次电压小母线上的电压不间断，两段母线的电压互感器二次电压应并列。为防止非同期并列，并列操作必须在分段断路器及其两侧隔离开关处于合闸状态时才能进行。

图 3-20 所示为单母线分段的电压互感器二次电压并列电路，M880 为分段隔离开关操作闭锁小母线，在分段断路器及其隔离开关为合闸状态时，M880 接通负电源。并列投退开关 S 为“W”位置，触点 1-3 接通，继电器 K 启动，其动合触点闭合，接通两组电压互感器二次电压回路，实现电压互感器二次电压并列。与此同时，点亮对应光字牌，显示“电压互感器并列”字样。

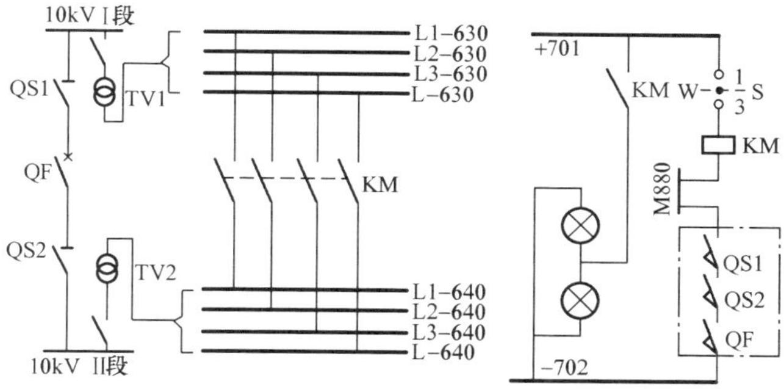

图 3-20　电压互感器二次回路并列电路图

第三节　同　步　系　统

将两个独立的交流电源通过断路器连接起来并列运行的操作称为同步（并列）操作。例如，在发电厂中将一台单独运行的发电机投入到运行中的电力系统参加并列运行的操作，称为发电机的同步操作；在发电厂和枢纽变电站中将两个独立的电力系统通过断路器连接起来并列运行的操作称为并网同步操作。同步操作的断路器称为同步点。发电厂的同期点，除了发电机的出口断路器之外，在一次电路中凡有可能与发电机主回路串联后与系统（或另一电源）之间构成唯一断路点的断路器，均可作为同步点。例如，发电机双绕组变压器组的高压侧断路器，发电机三绕组变压器组的各侧断路器，高压母线联络断路器及旁路断器，都可作为同步点。

发电机的同步操作必须按照准同步方法或自同步方法进行。否则，盲目地同步操作将会出现冲击电流，引起系统振荡，甚至会发生事故、造成设备损坏。

准同步并列操作，就是将待并发电机升至额定转速和额定电压后，满足以下三项准同步条件时，操作同步点断路器合闸，使发电机并网。

（1）发电机电压与并列点系统电压相等，即电压差 $\Delta U=0$；

（2）发电机的频率与系统的频率相等，频率差 $\Delta f=0$；

（3）合闸瞬间发电机电压相位与系统电压相位相同，$\delta=0$。

但是，上述三个理想条件很难同时满足。而实际上也没有这样苛求的必要，只要能满足同步并列的基本要求就可以了，其实际并列条件为：

（1）电压差：$\Delta U \leqslant \pm 10\% U_N$。

（2）频率差：$\Delta f \leqslant \pm$（0.05，0.25Hz）。

（3）并列合闸瞬间相角差：$\delta \leqslant \delta_{en}$（允许值）。

需要指出的是，同步并列的前提条件是同步点两侧电压的相序必须相同。由于这个条件在安装和检修后的调试中已经满足，因此，在并列操作时，只要满足上述三个条件就可以了。

自同期并列操作，就是将发电机升速至额定转速后，在未加励磁的情况下合闸，将发电机并入系统，随即供给励磁电流，由系统将发电机拉入同步。

准同步并列操作可以通过带非同期闭锁的手动准同期装置和自动准同期装置完成。前者是由操作员操作断路器控制开关借助于手动准同期装置观察判断准同步条件满足时进行断路器手动合闸，后者是由自动准同期装置自动判断准同步条件满足时进行断路器自动合闸，完成准同步并列操作。

一、同步电压的引入

1. 同步电压的取得方式

同步电压是同步点（断路器）两侧电压经过电压互感器变换和二次回路切换后的交流电压。在过去很多设计中，由于受电压互感器二次绕组接地方式及同步装置的影响，同步电压多数采用三相方式，即同步电压取代并侧的三相电压。对于发电机变压器组，当同步并列点设置在变压器高压侧，即主断路器作为同步并列断路器时，为了节省投资，在变压器高压侧不装设电压互感器，同步电压取发电机出口电压互感器二次电压来代替变压器高压侧电压。因受变压器接线组别（YNd11）的影响，变压器两侧电压便相差一个角度。于是在发电机出口电压互感器二次回路中，加装一个接线组别为Dy1的转角变压器，从而使引接到同步装置上的电压正确反映变压器高压侧一次电压的相位。近年来，由于同步装置发展成单相形式，把过去引入三相同步电压简化为引入单相同步电压，使得同步系统接线得到简化。

单相同步电压取得方式如下：

（1）110kV及以上电压的中性点直接接地系统同步电压的取得方式。直接接地系统通常采用的电压互感器各相有两组二次绕组，其主二次绕组的相电压为$100/\sqrt{3}$V，一般三相为星形连接，且星形中性点接地。辅助二次绕组的相电压为 100V，三相构成开口三角形连接，尾端接地。同步电压取辅助二次绕组电压 $\underline{U}_{W'N}$ 和 $\underline{U}_{WN}$。

（2）中性点不接地或经高阻接地系统同步电压的取得方式。这种系统通常采用两种电压互感器，一种具有两个二次绕组，其中主二次绕组相电压为 $100/\sqrt{3}$ V，辅助二次绕组为 100/3V；另一种只有一个二次绕组，其相电压为 $100/\sqrt{3}$ V。这两种电压互感器的三相主二次绕组接成星形，b 相接地。同步电压取主二次绕组 100V 线电压。

（3）主变压器高低压侧同步电压的取得方式。因主变压器多为 Yd11 组别接线，高压侧电压滞后于低压侧电压为 30°。为使这个 30°角差得到补偿，高压侧取主变压器高压侧母线电压互感器的辅助二次绕组电压 $\underline{U}_{W'N}$，低压侧取发电机出口电压互感器主二次绕组电压 $\underline{U}_{WN}$，见表 3-4。

表 3-4　单相接线同步电压的引入方式及相量图

同步点	运行系统	待并系统	说明
中性点直接接地系统间母线联络断路器	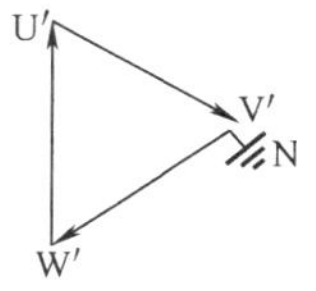	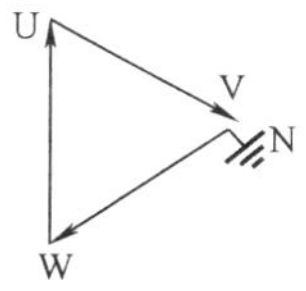	利用电压互感器辅助二次绕组（开口三角形绕组）的 W 相电压 $\underline{U}_{W'N}$ 和 $\underline{U}_{WN}$
中性点直接接地系统线路间断路器	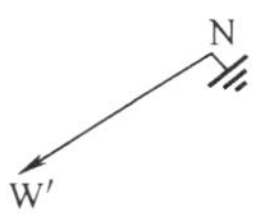	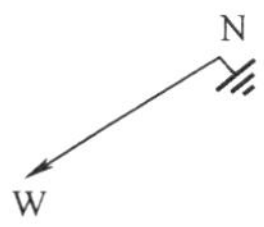	利用电压互感器辅助二次绕组（开口三角形绕组）的 W 相电压 $\underline{U}_{W'N}$ 和 $\underline{U}_{WN}$
YNd11 变压器两侧断路器	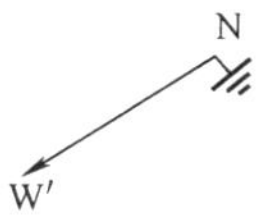	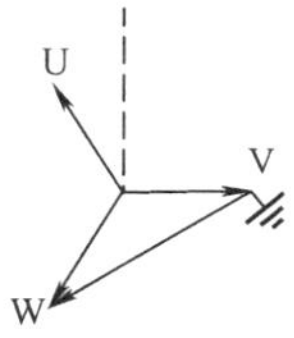	运行系统（一次高压星形侧）取母线电压互感器辅助二次绕组的 W 相电压 $\underline{U}_{W'N}$；待并系统（二次低压三角形侧）取电压互感器二次绕组线电压 $\underline{U}_{WV}$
中性点非直接接地系统线路断路器	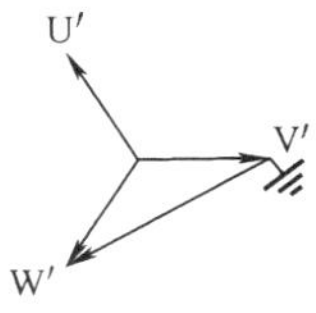	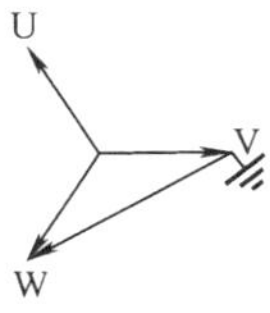	运行系统取线路侧接在相间的电压互感器二次绕组线电压 $\underline{U}_{W'V'}$，V 相接地；待并系统取母线电压互感器二次绕组线电压 $\underline{U}_{WV}$ 并经隔离变压器后 V 相接地

2. 同步系统交流电压回路

运行系统和待并列系统进行同步并列时，需要将两系统的电压互感器选取的二次同步电压通过同步开关 SS 送到同步电压小母线上来。同步小母线是一组公用小母线，而同步开关 SS 起到一个选择作用。这样设计的目的是使一套同步装置可供用于不同的同步并列点。各个同步点进行同步操作时，由各自对应的同步开关 SS 将各自的同步电压引入到同步小母线上，这样必须注意同一时间只可进行某一个同步操作，而不能同时进行两个及以上同步操作。为此，全厂（站）共用一个同步开关手柄，在同步并列操作完成后，置于“断开”位置将同步电压解除后才能取出手柄。

图 3-21 所示为发电机出口断路器与母联断路器同步系统交流电压回路。图中Ⅰ、Ⅱ母线为 6～35kV 系统，此系统是属于中性点不直接接地系统，其电压互感器二次绕组均采用 V 相接地方式。

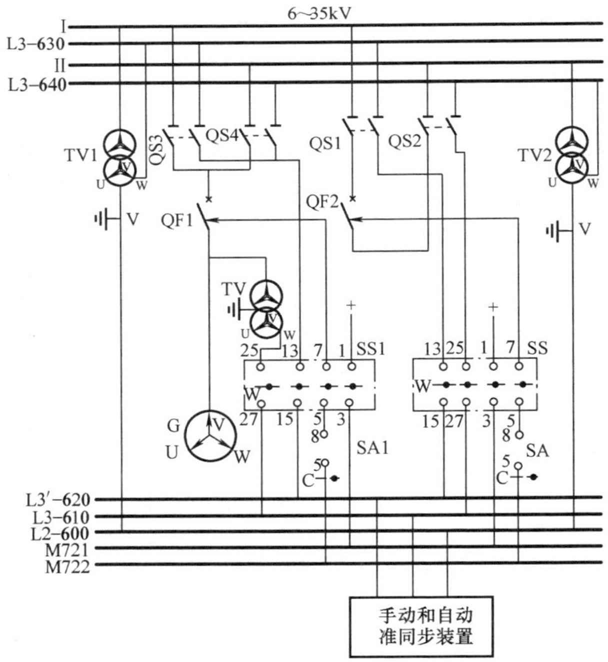

图 3-21　发电机出口断路器和母联断路器同步电压的引入

当发电机出口断路器 QF1 并列时，待并发电机侧同步电压是电压互感器 TV 的二次 W 相电压，经同步开关 SS1 的触点 25-27 引至同步电压小母线 L3-610

上。而系统侧同步电压，是母线电压互感器 TV1（或 TV2）的二次 W 相电压，经隔离开关 QS3（或 QS4）辅助触点，再经同步开关 SS1 的触点 13-15 引至同步电压小母线 L3′-620 上。

当利用母联断路器 QF2 进行并列时，其两侧同步电压都是由母线电压互感器 TV1 和 TV2 的电压小母线，经隔离开关 QS1 和 QS2 的辅助触点及其同步开关 SS 的触点，引至同步电压小母线上的，即Ⅰ母线的电压互感器 TV1 的二次 W 相电压从其小母线 L3-630，经 QS1 的辅助触点，再经 SS 的触点 13-15 引至 L3′-620 上；Ⅱ母线的电压互感器 TV2 的二次 W 相电压，从其小母线 L3-640，经 SS 的触点 25-27 引至 L3-610 上。此时Ⅱ母线侧为待并系统，而Ⅰ母线侧为运行系统。

二、准同步装置

用来判断准同步三个条件的装置称为断准同步装置，按操作方式可分为手动准同步装置和自动准同步装置。

1. 手动准同步装置

手动准同步装置如图 3-24 所示，由 MZ-10 同步表、KY 同步检查继电器及转换开关 SSM1、SSM 组成。

（1）MZ-10 型组合式同步表。目前广泛应用的 MZ-10 型组合式单相同步表外形及内部电路如图 3-22 及图 3-23 所示。该同步表由频率差表、电压差表和同步表三部分组成。

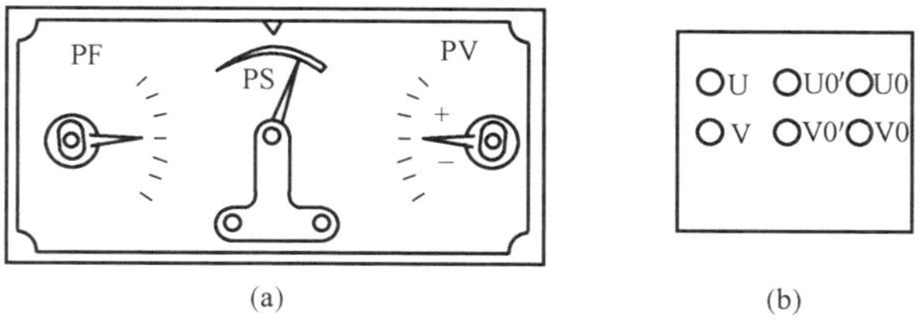

图 3-22　MZ-10 型组合式同步表外形布置图

（a）正面布置图；（b）背面接线端子图

频率差表 PF 的表头为双向指示的电磁式微安表。利用稳压管 VS1 将输入的正弦电压波削波后形成方波电压，再由电容器 C1 和电阻 R1 组成微分电路和

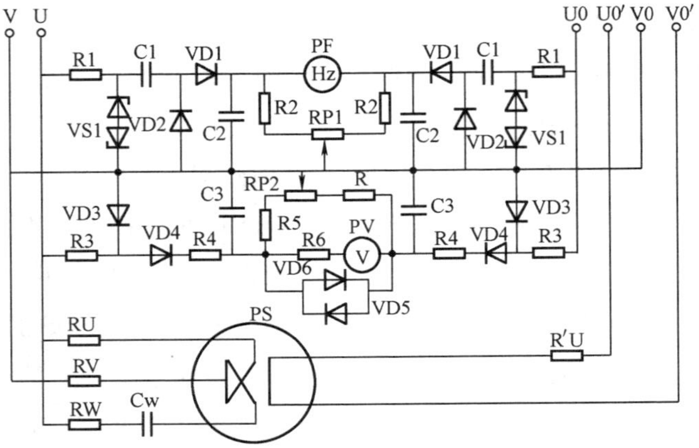

图 3-23　MZ-10 型组合式单相同步表内部接线图

整流电路将交流电压转换成与电路频率成正比的直流电流。C2 为滤波电容器。待并发电机侧的电流与系统侧的电流反方向流经 PF 表头线圈。当待并发电机与运行系统的频率相同时，两电流大小相等，方向相反，PF 表头线圈内电流为零，表针指示在中间的零位置。因电容器的容抗与频率成反比所以当待并发电机频率大于系统频率时，左侧电容器 C1 的容抗值小于右侧 C1 的容抗值，经左侧整流管 VD1 流入 PF 表头线圈的电流大于经右侧整流管 VD1 流入 PF 表头的电流，则指针向正方向偏移。反之则指针向反方向偏转。

电压差表 PV 的测量机构也是双向指示的电磁式微安表。由整流管 VD4 分别将待并发电机和运行系统的交流电压整流后反极性流入电压差表头线圈，若两侧电压相等，则整流后的电流也相等，表头线圈内电流为零，表针指示在零位置。当待并发电机电压大于系统电压时，指针向正方向偏转，反之向反方向偏转。

同步表 PS 为电磁式无机械力矩的流比计结构，它有两个交叉的空间夹角为 60°固定线圈和一个带指针的单相可动线圈。U、V 两相电压引入同步表线圈前，先经外电路电容和电阻裂相，将 U、V 两相电压分裂成三相电压，通过适当选择 RU、RV、RW 的数值，使其产生一个椭圆的旋转磁场，可动的单相励磁线圈接入运行系统线电压，产生一个正弦的脉动磁场。当单相线圈在磁性最强时（脉动磁场幅值达最大值），总是力图与旋转磁场的磁极轴线方向保持一致，带动指针转动，指示运行系统和待并系统电压间的相角差，当表针指示在 0 点钟位置（以钟表刻度为参照）时，表示相角差为零，即同步点；当表针指示在 6 点钟位置，表示相角差为 180°；当表针指示在 3 点钟位置，表示相角差为 90°；当表针指示在 9 点钟位置，表示相角差为 270°，其他位置可类推。同步表针既可顺时针转动也可逆时针转动，顺时针转动表示待并系统频率高于运行系统频率，而逆时针转动表示待并系统频率低于运行系统频率，且转动越快表示频率差越大。

当频率差太大时同步表针将振动，为避免损坏同步表，通过手动准同步开关 SSM1 进行切换（见图 3-24）。SSM1 开关有“断开”“粗同步”“精同步”三个位置。在“断开”位置时，所有触点全部断开，在“粗同步”位置时，其触点 SSM1（2-4）、SSM1（6-8）、SSM1（10-12）、SSM1（14-16）接通，将同步小母线上的同步电压接入压差表和频差表上，而此时同步指示器可动线圈未带电。根据压差和频差的大小，手动调整待并发电机的电压和频率，使待并系统与运行系统的电压、频率基本接近。当粗同步调整完毕后，SSM1 转换到“精同步”位置，其触点 SSM1（1-3）、SSM1（5-7）、SSM1（9-11）、SSM1（17-19）、SSM1（21-23）接通，此时电压差、频率差、同步指示器及同步检查继电器均

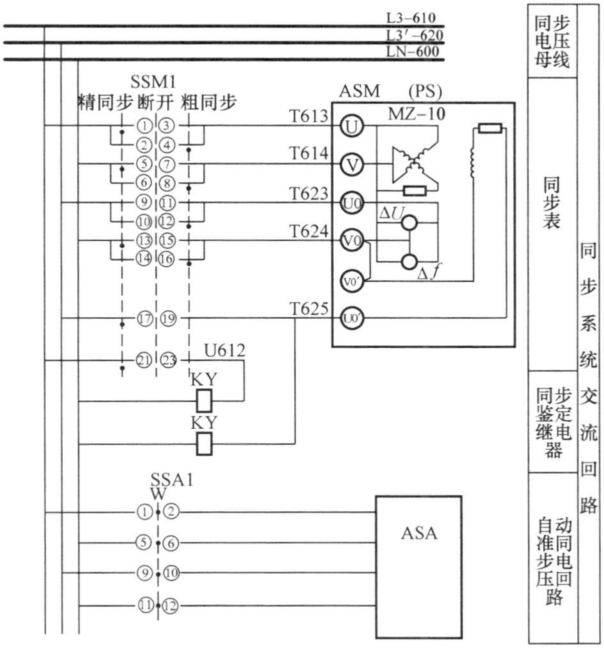

图 3-24　同步交流电压回路

带电，这时可进行精同步调整及同步并列操作。同步并列完成后，将 SSM1 转换到“断开”位置，使同步表退出工作状态。

（2）同步检查继电器。为了保证同期点在满足准同期条件时合闸，在同期系统中装设有同步检查继电器 KY，以便在不满足同期条件时闭锁合闸回路。其作用主要是防止同期点两侧电压相位差过大时非同步合闸。

同步检查继电器构成的闭锁回路如图 3-25 同步合闸回路中所示。在同期合闸小母线 M721 与 M722 之间串入了同步检查继电器 KY 的动断触点，当同期点两侧电压的相位差大于整定值时，该继电器动作，其动断触点断开，切断合闸回路，以免发生非同期合闸。同步检查继电器 KY 的触点由手动准同步开关

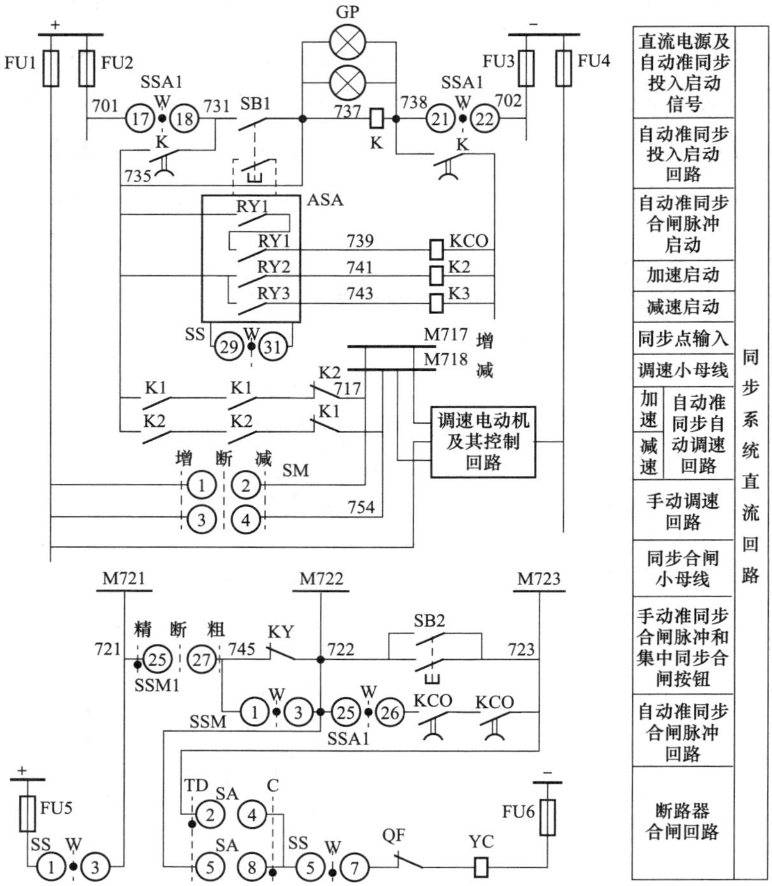

图 3-25　同步系统直流回路

SSM1 控制。只有在 SSM1 置于“精同步”位置时，同期合闸回路才能经过 SSM1（25-27）触点接通同步合闸小母线。

在 KY 闭锁回路中，KY 的触点两端并联着同步闭锁开关 SSM 的触点 1-3，它是为了在特殊情况下解除闭锁作用而设置的。例如，在系统侧无电压的情况下，需要同期点断路器合闸向母线及馈电线路送电，就需要将 SSM 切换至“退出”位置，SSM 的 1-3 闭合，将 KY 的触点短接。

2. 自动准同步装置

自动准同期装置的作用是代替准同期并列过程中的手动操作，以实现迅速、准确的准同期并列。自动准同期装置的基本功能是：

（1）自动检查待并发电机与运行系统之间的电压差及频率差，并在满足准同期合闸条件时，自动提前发出合闸脉冲，使同期点断路器主触头在两侧电压相位差为零的瞬间闭合。

（2）当电压差和频率差过大时，对待并发电机进行调压或调频，以加快并列过程。

图 3-26 右侧所示为微机自动准同步装置原理接线，其交流回路和直流回路展开图示于图 3-24 和图 3-25 中。

自动准同步开关 SSA1 有“投入（W）”“断开”和“试验”三个位置，置于“断开”位置时，所有触点都断开；置于“投入”位置时，所有触点都闭合，这时同步电压小母线上的电压经自动准同步开关 SSA1 的 1-2、5-6、9-10、11-12 引入自动准同步装置 ASA 上；SSA1 的 17-18、21-22 接通自动准同步装置 ASA 的操作电源；SSA1 的 25-26 为 KCO 沟通同期合闸小母线 M722 和 M723 作好准备。置于“试验”位置时，除 SSA1 的 25-26 触点外所有触点都闭合，试验时用 SSA1 的 25-26 触点断开合闸回路。

对象选择信号经同步开关 SS 的 29-31 触点引入，以便 ASA 取用该同步点对应的整定值。当置 SSA1 于“投入”位置，按下 ASA 的启动按钮 SB1 时，电源指示灯 GP（光字牌）点亮，中间继电器 K 动作，给出口继电器 KCO、K1、K2 加上操作电源；另一对触点启动 ASA 开始工作。当压差不满足时驱动出口继电器自动调压（图 3-24 中未表示），当频差不满足时驱动出口继电器 K1、K2 自动调频，当准同步三个条件满足时到前一个断路器合闸时间驱动出口继电器 RY1 动作，从而使同步合闸继电器 KCO 动作实现自动准同步合闸。

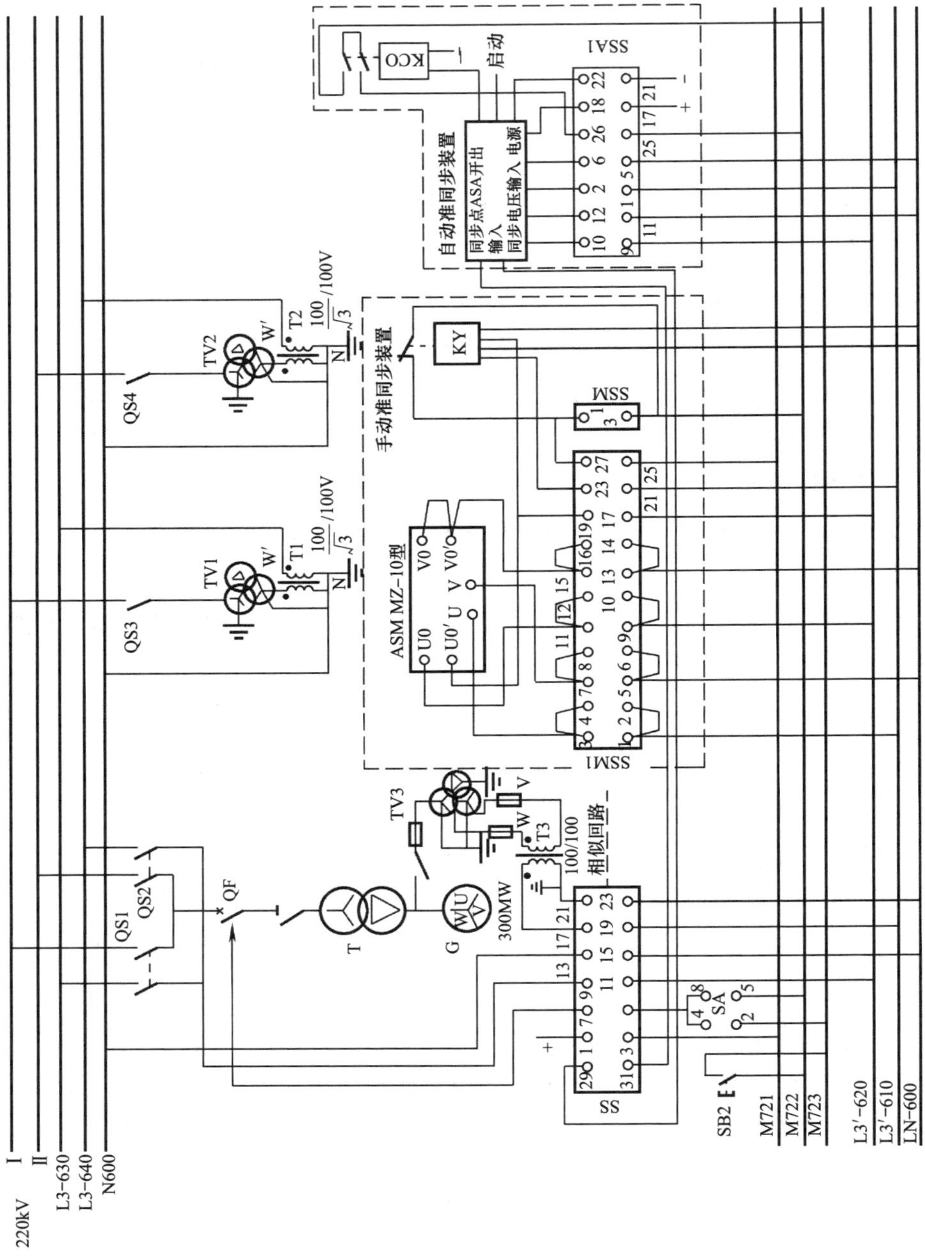

图 3-26　同步系统原理接线图

三、准同步并列操作

图 3-24～图 3-26 所示为发电厂同步系统原理接线图，各同步点可通过自动准同步装置 ASA 自动准同步合闸，也可通过为手动准同步装置 ASM 用断路器控制开关 SA 或集中合闸按钮 SB2 手动准同步合闸。

图 3-26 中发电机 G 通过变压器 T 经断路器 QF 与母线Ⅰ或母线Ⅱ并列。Ⅰ、Ⅱ母线电压分别通过电压互感器 TV1、TV2 和隔离变压器 TI、T2 将相应的二次电压引到电压小母线 L3-630、L3-640 上。因Ⅰ、Ⅱ母线为中性点直接接地，所以 TV1、TV2 的二次同步电压取 Y 形绕组 W 相电压，其值为 $100/\sqrt{3}$ V，经隔离变压器升压至 100V。Ⅰ（或Ⅱ）母线的同步电压经隔离开关 QS1（或 QS2）辅助触点，再经同步开关 SS 的 9-11 触点引入同步电压小母线 L3′-620 上。小母线 N600（接地电位）经同步开关 SS 的 13-15 引到同步电压小母线 LN-600 上。

发电机 G 的端电压通过电压互感器 TV3（二次 Y 形绕组中性点接地）、隔离变压器 T3 将 WV 相间电压经 SS 的触点 17-19、21-23 引到待并发电机同步电压小母线 L3-610、LN-600 上。

1. 手动准同步并列操作

（1）分散手动准同步并列。分散手动准同步并列指的是在待并发电机的控制台处通过手动准同步装置和发电机控制开关实现准同步并列。从图 3-26 中可看出，分散手动准同步并列的步骤如下：

1）合上与待并断路器相关的隔离开关。

2）检查自动准同步开关 SSA1、手动准同步开关 SSM1、手动调速开关 SM 在“断开”位置、同步闭锁开关 SSM 在“投入（W）”位置。

3）将待并断路器的同步开关 SS 置于“投入（W）”位置，其触点 1-3、5-7 接通，使合闸小母线 M721 从控制小母线正极取得正的操作电源，同步电压小母线获得同步电压。

4）将手动准同步开关 SSM1 置于“粗同步”位置，其触点 2-4、6-8、10-12、14-16 接通。观察压差、频差表，判别压差、频差是否满足并列条件。若不满足条件时，在待并发电机控制屏上，调整待并发电机的电压；利用分散调速开关（在调速电动机及其控制回路中）调整待并发电机的转速。当压差、频差都满足并列条件时，停止上述调整。

5）将 SSM1 置于“精同步”位置，其触点 1-3、5-7、9-11、13-15、17-19、21-23、25-27 接通。在同步监察继电器 KY 处于返回状态其触点闭合时，合闸小母线 M722 取得正的操作电源。

6）根据同步表 PS 的指示，选择合适的超前相角，将控制开关 SA 置于“合闸（C）”位置，其触点 5-8 接通，即发出了合闸脉冲，其合闸脉冲回路是：+→FU5→SS 的 1-3→SSM1 的 25-27→KY→SA 的 5-8→SS 的 5-7→QF→YC→FU6→－。

7）合闸成功后红灯闪光，再将 SA 置于“合闸后（CD）”位置，使 SA 与断路器位置相符，红灯停止闪光而发平光。

8）将 SS、SSM1 置于“断开”位置。

（2）集中手动准同步并列。所谓集中是指各同步点的并列操作均在集中同步屏上进行，其操作步骤与分散手动准同步并列不同的是：集中手动准同步并列通过集中同步屏上的手动准同步装置和集中合闸按钮 SB2 实现准同步并列、用集中手动调速开关 SM 调速。此屏能对任一台待并发电机进行调速调压和并列操作。其合闸脉冲回路是：+→FU5→SS 的 1-3→SSM1 的 25-27→KY→SB2→SA 的 2-4→SS 的 5-7→QF→YC→FU6→－。

2. 自动准同步并列操作

自动准同步并列操作操作步骤如下：

（1）合上与待并断路器相关的隔离开关。

（2）检查、手动准同步开关 SSM1、手动调速开关 SM 在“断开”位置、同步闭锁开关 SSM 在“投入（W）”位置（也可在“退出”位置）。

（3）将待并断路器的同步开关 SS 置于“投入（W）”位置，其触点 1-3、5-7 接通，使合闸小母线 M721 从控制小母线正极取得正的操作电源，同步电压小母线获得同步电压。

（4）将手动准同步开关 SSMI 置于“精同步”位置。

（5）将自动准同步开关 SSA1 置于“投入”位置。

（6）按下 SB1 按钮自动准同步装置自动调速调压和并列操作。其合闸脉冲回路是：+→FU5→SS 的 1-3→SSM1 的 25-27→KY→SSA1 的 25-26→KCO→KCO→SA 的 2-4→SS 的 5-7→QF→YC→FU6→－。

（7）合闸成功后红灯闪光，再将 SA 置于“合闸后（CD）”位置，使 SA 与断路器位置相符，红灯停止闪光而发平光。

（8）将 SS、SSA1 置于“断开”位置。

四、同步系统的闭锁措施

（1）被并列设备之间应相互闭锁，每次只允许对一个被并列设备进行同步操作。为此，所有并列设备的同步转换开关应共用一个可抽出的手柄，此手柄只有在“断开”位置时才可取出。

（2）各同步装置之间应闭锁，只允许一套同步装置工作。当分散手动准同步装置为两块时，应合用一个可抽出的手柄。

（3）进行手动调速（调压）时，应切除自动准同步装置的调速（调压）回路。当在发电机控制屏上进行手动调速（调压）时，应切除集中同步屏上的手动调速（调压）回路。自动准同步装置上的自动调速（调压）装置和集中同步屏上的手动调速（调压）装置，每次只对一台发电机进行调速（调压）。

（4）自动准同步装置的同步转换开关，一般具有“工作”“断开”和“试验”三个位置，“试验”位置时，应切除出口回路。

五、变电站同步点同期回路

变电站同步点两侧电压的幅值和频率是不可调的，同步点的同期并列通常采用不同期操作。微机测控装置通常配置有同期捕捉功能模块，以判断准同期条件满足自动同期合闸。

1. 微机测控装置同期模块功能

测控装置同期逻辑框图如图 3-27 所示，有三个开入量 IN1、IN2 及 IN3，两个同期合闸开出量 YH1 和 YH2。装置可接任意相电压和线电压，同期相别可设置为 A 相 60V、B 相 60V、C 相 60V、AB 相、BC 相、CA 相 100V。检同期合闸具有频差闭锁，压差闭锁，角差闭锁、频差加速度闭锁功能。其中角差需要考虑导前合闸，根据断路器合闸时间计算导前合闸角；将同期点母线侧三相电压和线路侧单相电压作为模拟量接入微机测控装置，计算它们的幅值、频率和相位。

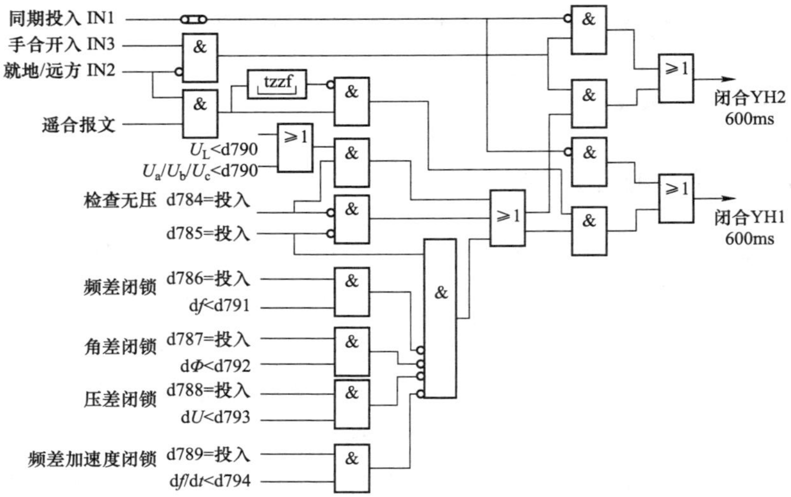

图 3-27　测控装置同期逻辑框图

有以下两种同期合闸方式：

（1）遥控同期合闸。由图 3-27 可见，“同期投入”IN1＝“1”，“就地/远方”IN2＝“1”，收到远方同期合闸令“遥合报文”＝“1”，且满足闭锁条件（检同期/检无压/不检），YH1 动作完成遥控同期合闸。

（2）同期手合。由图 3-27 可见，“同期投入”IN1＝“1”，“就地/远方”IN2＝“0”，“同期手合”＝“1”，且满足闭锁条件（检同期/检无压/不检），YH2 动作完成就地同期合闸。

2. 变电站同步点同期回路

变电站同步点同期回路如图 3-28 所示。在图 3-28（a）中，装置接入同步点母线侧电压 U_a、U_b、U_c 和线路侧电压 U_x。图 3-28（b）是直流回路，微机测控装置的三个开入量：其一，IN1 是“同期功能投入”硬压板 LP16 的开、合来赋值，当“同期功能投入”硬压板 LP16 投入时 IN1＝“1”；其二，IN2 是切换开关 QK5-6 触点接入的开入量，“就地/远方”位置切换开关 QK 置于“远方”位置时，IN2＝“1”，第三个开入量就是“同期手合开入”IN3，当切换开关 QK 置于“同期手合”位置且控制开关 KK 置于“合闸”位置时，IN3＝“1”。开出量 YH1 用于遥控同期合闸出口，YH2 用于同期手合出口。同期合闸过程如下：

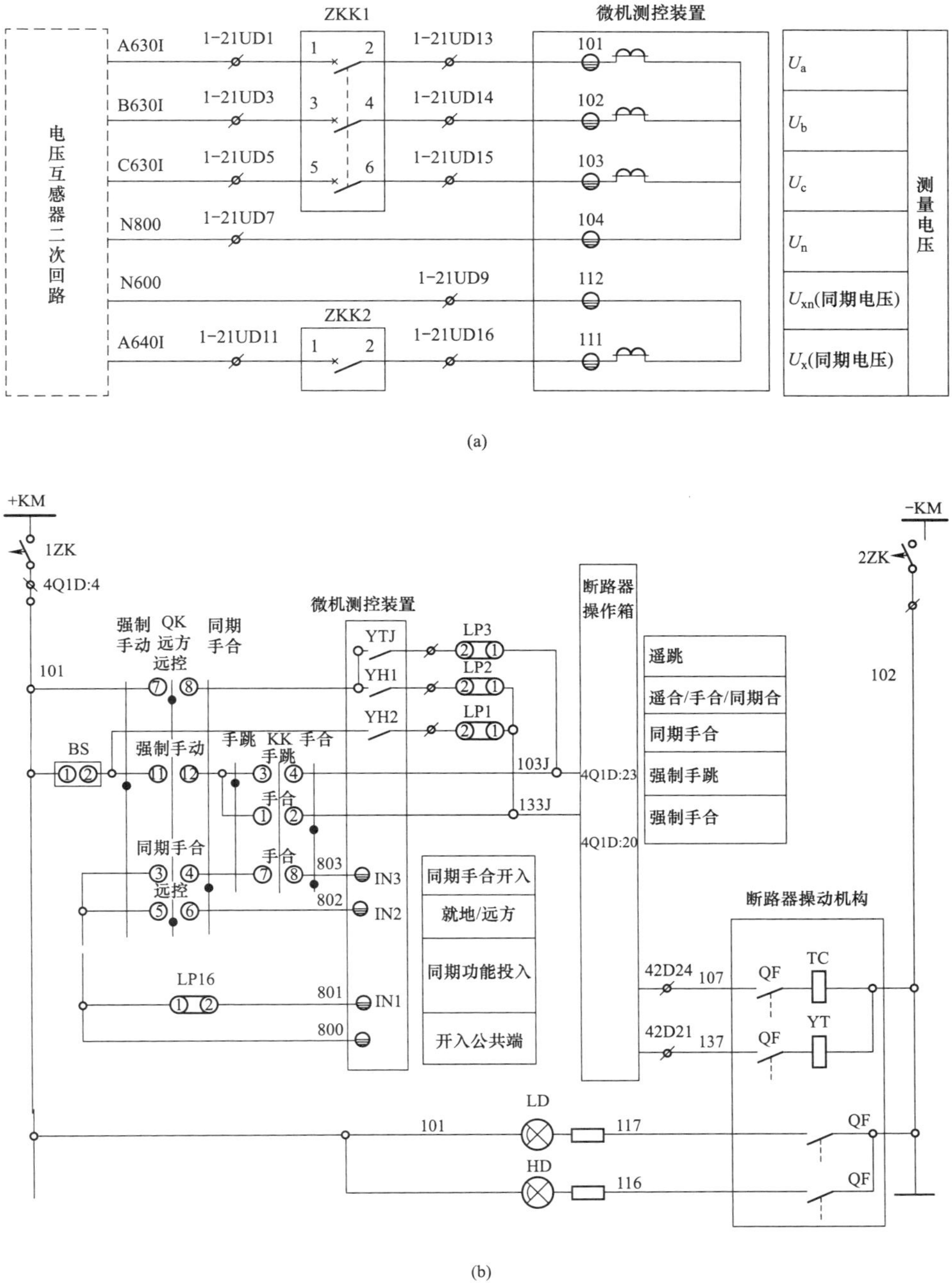

图 3-28　变电站同步点同期回路

（a）交流电压回路；（b）直流回路

（1）遥控同期合闸过程。合上硬压板 PL16，“同期投入”IN1＝“1”，此时启动同期功能，不响应普通合闸令。切换开关 QK 置“远方”位置，IN2＝“1”，收到远方同期合闸令“遥合报文”＝“1”，闭锁条件满足，YH1 动作经压板 LP2 完成遥控同期合闸。

（2）同期手合过程。合上硬压板 PL16，“同期投入”IN1＝“1”，将切换开关 QK 置于“同期手合”位置，IN2＝“0”，置控制开关 KK 于“同期手合”位置，QK3-4、KK7-8 接通 IN3＝“1”，满足闭锁条件满足，YH2 动作经压板 LP1 完成同期手合（须经微机五防解锁 BS），即：＋KM→BS→YH2→LP1→操作箱→QF→YC→KM。

当同步点断路器某侧无压或两侧均无压，该控制回路可强制手动分、合闸。首先将切换开关 QK 置于“强制手动”位置，QK9-10 接通，再操作 KK 手合、手跳即可。

第四章　信　号　回　路

第一节　概　　述

一、信号回路的作用和基本要求

在发电厂及变电站中，除了运用各种仪表监视电气设备的运行状况外，还要借助灯光和音响信号装置反映设备的正常和非正常运行状况，并作为主控室与生产车间、调度中心联络、传送信息的工具。运行值班员根据信号的性质进行正确的分析、判断和处理，以保证发、供电系统的正常运行。

发电厂及变电站的信号回路应简单、可靠，对信号装置的基本要求有：

(1) 断路器事故跳闸时能及时发出音响信号（蜂鸣器声 HAU)，同时相应断路器位置指示灯闪光，并伴有光字牌显示事故的性质。

(2) 系统或某个电气设备发生异常情况时能发出区别于事故音响的信号（警铃 HAB)，即瞬时或延时发出预告音响，并伴有光字牌显示异常的种类、区域。

(3) 能手动或自动复归音响信号，而保留光字牌信号。

(4) 能对该装置进行监视和试验，能进行事故和预告信号及光字牌完好性的试验，以证明其状态完好。

(5) 设备检修试验时，测控保护装置应有投“置检修状态”开入，避免上传位置信号及中央信号。

二、信号回路的类型

信号回路按其用途可分为以下几类：

(1) 位置信号。位置信号包括断路器位置信号、隔离开关位置信号和有载调压变压器调压分接头位置信号。为便于识别，不同的位置信号要采用不同的形式。

（2）事故信号。事故信号表示设备或系统发生故障，造成断路器事故跳闸的信号。当断路器事故跳闸时，继电保护动作启动蜂鸣器发出较强的音响，以引起运行人员注意，同时断路器位置指示灯发出闪光，指明事故对象及性质。

（3）预告信号。预告信号表示系统或一、二次设备偏离正常运行状态的信号。当一次设备出现异常情况时，继电保护动作启动警铃发出音响，同时光字牌亮，帮助运行人员发现隐患，以便及时处理。发电厂和变电站可能发生的异常状态很多，如发电机、变压器过负荷；变压器轻瓦斯动作；变压器油温过高；电压互感器二次回路断线；交、直流回路绝缘损坏；汽轮发电机转子回路一点接地；控制回路断线等。

（4）指挥信号和联系信号。指挥信号是用于主控制室向各控制室发出操作命令的。如主控制室向机炉控制室发“注意”“增负载”“减负载”“发电机已合闸”等命令。联系信号用于各控制室之间的联系。通常，将事故信号、预告信号回路及其他一些公用信号回路集中在一起称为中央信号。

第二节 位 置 信 号

在发电厂和变电站中，常见的位置信号主要有断路器的位置信号、隔离开关的位置信号以及电力变压器的有载调压分接头的位置信号。

一、断路器、隔离开关的位置信号

在发电厂及变电站中，为了便于运行人员随时了解断路器、隔离开关的位置，并监视其断合是否良好，需要设置位置信号。在综合自动化系统中，断路器及隔离开关位置信号流如图 4-1 所示。断路器及隔离开关开入电路图如图 4-2 所示，各电气间隔断路器、隔离开关的辅助触点作为开关量输入接入到如图 4-2 所示微机测控保护装置，通过变电站通信网络上传远动主机，再由远动主机上传给操作员工作站，在操作员工作站屏幕上显示如所示。断路器、隔离开关的断、合位置用相应的图形符号表示，图 4-3（a）为该 10kV 出线间隔投运前的断路器及隔离开关位置信号在操作员站的图形显示，断路器、隔离开关均在分位，图 4-3（b）为该 10kV 出线间隔投运后的断路器及隔离开关位置信号在操作员站的图形显示，断路器、隔离开关均在合位。开关变位时，监控系统会语音报警“注意：开关变位，由分到合”。

图 4-1　断路器及隔离开关位置信号流

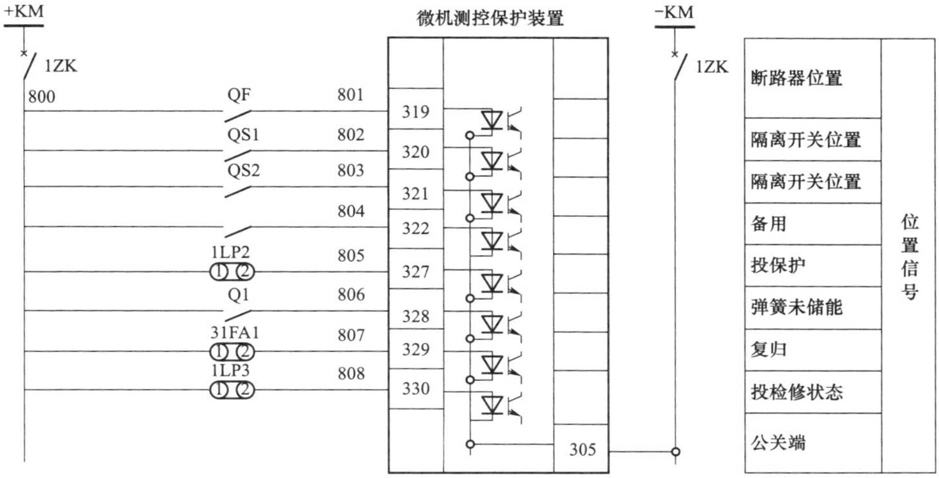

图 4-2　断路器及隔离开关开入电路图

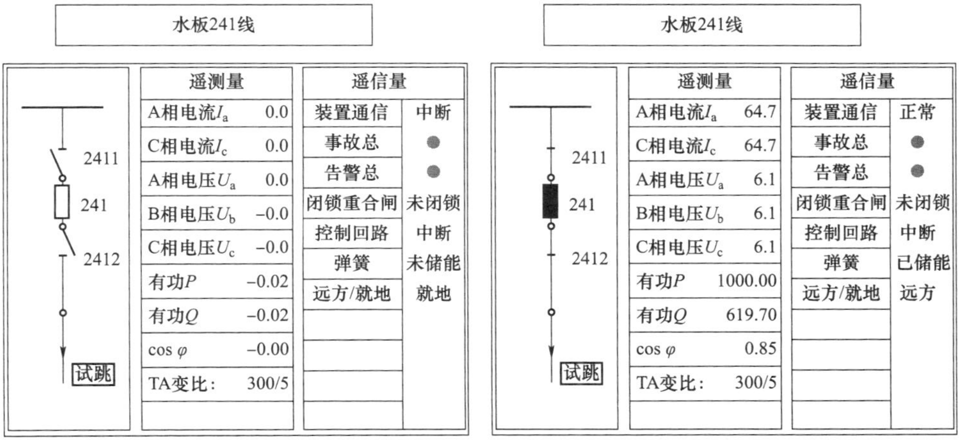

(a)　　(b)

图 4-3　断路器及隔离开关位置信号在操作员站的图形显示

（a）投运前位置信号显示；（b）投运后位置信号显示

二、有载调压变压器调压分接头控制和位置信号

电力系统的电压是随运行方式及负荷大小的变化而变化的，电压过高或过低都会影响设备的使用寿命。因此，为保证供电质量，变压器调压分接头必须根据系统电压变化情况进行调节。改变分接头就是改变线圈匝数，既改变变压器的变比，也改变了电压，故起到调压作用。

变压器的分接开关是起调压作用的。当电网电压高于或低于额定电压时，通过调节分接开关，可以使变压器的输出电压达到额定值。变压器分接开关的调压原理就是通过改变一、二次绕组的匝数比来改变电压的变比，从而达到改变输出电压的目的。有载调压变压器高低压绕组接线图如图 4-4 所示，电压组合是（35±3×2.5%）/10.5kV，共有 7 个挡位。向高挡位方向调节，挡位越高时一次绕组匝数就越多，变比 n_B 就越大，高压侧电压不变的情况下低压侧电压就越低（$U_2=U_1/n_B$），反之则反。

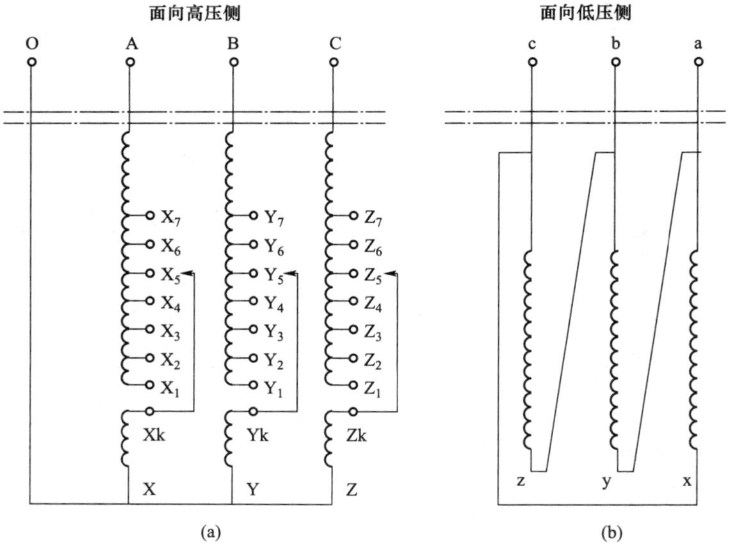

图 4-4　有载调压变压器高低压绕组接线图

（a）高压绕组接线图；（b）低压绕组接线图

变压器的有载调压是指变压器在带负荷的情况下，进行变压器主线圈分接头位置的切换。变压器线圈的分接头装于油箱内，经联动轴与外部操作箱内的电动机构连接。对操作箱内控制设备的操作，可方便地改变变压器分接头位

置。控制装置采用按逐级操作原理构成的电动机构，当按下升或降的按钮，接通电源后由凸轮控制转动时间，按动按钮每变换一级凸轮转一周，在驱动电动机转动时间内不停地完成一次切换，而不受升降按钮是否撤按的影响。只有当控制系统处于静止状态时，方可进行下一次操作。在操作时只需瞬间撤按一下升或降的按钮，即可完成一次相邻分接头间的切换，中途不得改变撤按指令，以防分接头转换过程中造成变压器线圈回路断开。当完成一次分接头切换后，控制回路自动停止电动机转动，以防发生过调。

变压器有载调压驱动电路原理接线图如图 4-5 所示，电机 M 端子 U、V、W 经控制器 ZDK 电机驱动控制开关。

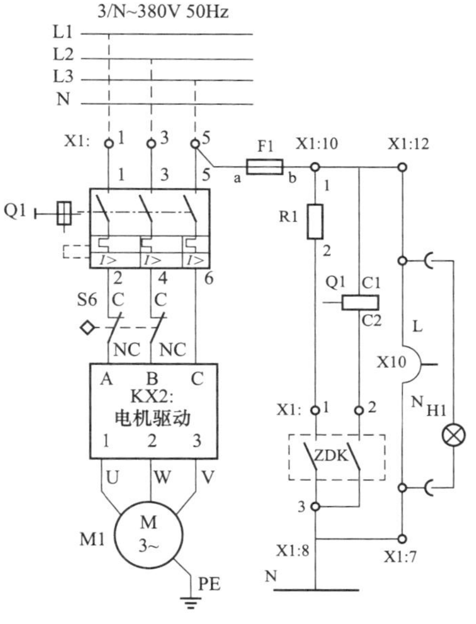

图 4-5　变压器有载调压驱动电路接线图

手动保护开关 S6、电机保护开关 Q1 接至交流电源 L1、L2、L3 的端子 1、3、5 上。电机在图 4-8 所示的微机控制器 ZDK 驱动继电器作用下，控制电机转动方向，电机顺时针转，传动变压器分接头“降压”（向位置 N 方向）；电机逆时针转，传动变压器分接头“升压”（向位置 1 方向）。电机保护开关 Q1 带有分励跳闸线圈 Q1：C1-C2，CPU 控制 ZDK 驱动继电器动作“急停”。需要加热时，加热电阻 R1 被 ZDK 驱动继电器接通加热器回路加热。变压器有载调压分接开关微机控制器 ZDK 接线图如图 4-6 所示，微机 ZDK 控制器安装在变压器本体上，可就地通过按钮 S1、S2、S3 或“升”“降”“停”操作，当“就地/远方”切换开关 S4 切换至“远方”位置时，微机 ZDK 控制器接受远方控制信号（从端子 X1：19、20、21、17 接入）做“升”“降”“停”操作。

分接开关编码盘 S21 将一一对应的分接头位置信号经 CX1 航空插头接入微机 ZDK 控制器，进行分接位置信号变换，输出 BCD 码开出量（端子 X2：1 至 X2：7）及 1～5V 或 4～20mA 模拟量的位置信号，在 ZDK 控制器显示器上显示，也提供给上一级智能监控器，CY40 分接位置监控器与 ZD 电动机构如图 4-7 所示。

CY40 系列智能分接位置监控器安装在远离分接开关和电动机构的控制室

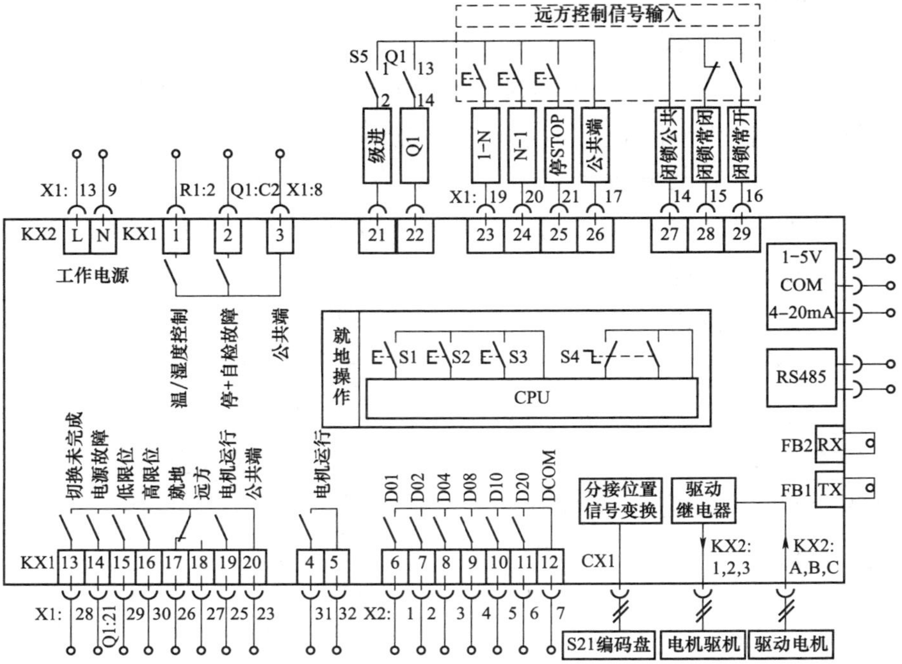

图 4-6　变压器有载调压分接开关微机控制器 ZDK 接线图

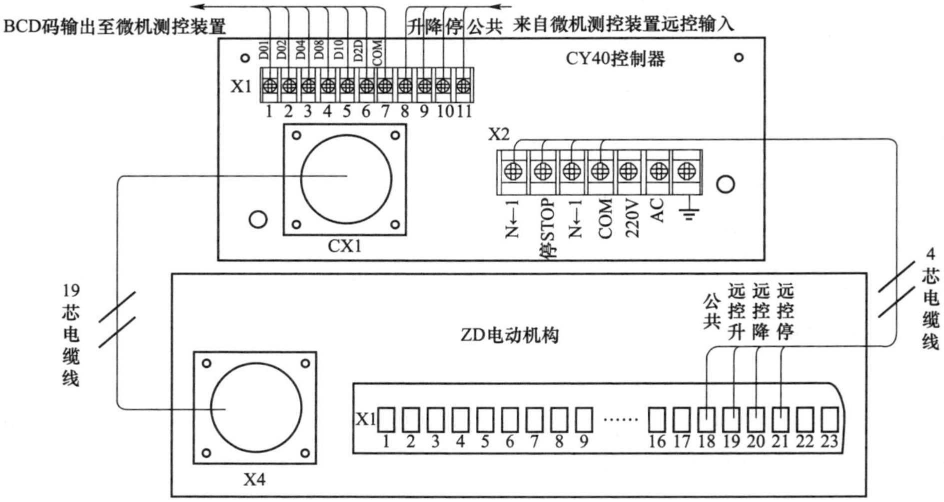

图 4-7　CY40 分接位置监控器与 ZD 电动机构

测控柜上，显示分接开关的分接位置、中间位置、动作状态等，并能在面板上直接进行分接开关的升压、降压及紧急跳闸操作；同时还能向微机测控装置输出无源 BCD 码分接位置开出信号，并接收微机测控装置“升”“降”“停”操作开入信号，CY40 微机监控器开出与微机测控装置开入接线图如图 4-8 所示，在综合自动化系统操作员工作站远方显示位置信号及控制分接开关，变压器有载调压分接头位置在操作员工作站上显示图如图 4-9 所示（当前挡位：“9”）。

图 4-8　CY40 微机监控器开出与微机监控装置开入接线图

图 4-9　变压器有载调压分接头位置在操作员工作站上显示图

需要指出的是，变压器有载调压分接开关在变压器过负荷时是不允许切换的，应将变压器过负荷保护出口触点接入 ZDK 控制器的 x1：14、16 号端子“闭锁常开”。

第三节　中　央　信　号

中央信号由中央事故信号、中央预告信号、中央光字牌信号和其他一些公用信号构成。

一、中央事故信号

事故信号的级别高于预告信号，它只有当系统或变电站内设备发生故障引起断路器跳闸时才动作。断路器跳闸具体可以由以下原因引起：

（1）线路或电气设备发生事故，由继电保护装置动作跳闸；

（2）自动无功优化、备用电源自投等自动装置来跳闸；

（3）继电保护或自动装置误动作、二次回路故障误跳闸或断路器自动脱扣等非正常跳闸。

以上断路器跳闸无论是何种原因引起的，运行人员都应当立即知道，并迅速采取措施，所以事故信号装置应具有以下功能：

（1）发生断路器跳闸时应无延时发出事故音响信号（蜂鸣器声 HAU），同时有相应的灯光信号（一般为相应断路器绿灯闪光）指出发生跳闸的断路器位置；

（2）应立即通过远动装置，向调度系统及远方的监控系统发出遥信信号；

（3）能手动或自动复归音响信号，能进行定期切换对声光信号进行试验，但在试验时不发遥信信号；

（4）事故时应有光指示信号，指明继电保护和自动装置的动作情况；

（5）能重复动作，当一台断路器事故跳闸后，在运行人员还没来得及确认事故及复位之前又发生了新的事故跳闸时，事故信号装置还能发出音响和灯光信号；

（6）能手动对事故信号装置进行定期切换试验。

二、预告信号

预告信号是系统或变电站中电气设备运行状态发生变化或不正常的信号，在一般发电厂、变电站中，预告信号应包括以下内容：

（1）系统中发生各种参数的越限，如系统过电压、欠电压，系统频率异常以及各种电力设备的过负荷等；

（2）系统出现异常的运行方式，如交流小电流接地系统的接地故障；

（3）设备损坏但还不致造成故障跳闸，如电流互感器一次熔丝熔断造成二次电压异常，轻瓦斯动作告警等；

（4）各种设备的运行参数超过报警值但还不至于造成故障时，如带油设备的油温升高超过极限、各种液压或气压机构的压力异常等，用 SF_6 气体绝缘设备的 SF_6 气体密度或压力异常；

（5）各种设备的回路、压力等状态与运行要求不符，可能存在缺陷会危及设备安全运行时，如弹簧机构的弹簧没有拉紧、三相断路器的三相位置不一致、有载调压变压器的三相分接头位置不一致、断路器的控制回路断线等；

（6）继电保护装置或回路发生异常，可能影响其正常运行的，继电保护和自动装置的交、直流电源消失，装置故障信号等；

（7）电流或电压互感器的二次回路断线、失压，产生差流、零流、差压、低压等越限告警或闭锁保护的；

（8）变电站中有继电保护或其他信号继电器动作没有复归的；

（9）变电站公用设备发生故障或异常，如直流系统的接地或电压异常，所用电等缺相或失压等；

（10）动作信号的继电保护和自动装置的动作；

（11）一些设备的切换或动作，如断路器油泵启动、变压器辅助冷却器启动等。

其他一些运行人员需要了解的运行状态，也可以发出预告信号。当预告信号动作时，即发生了电气设备或系统运行状态的不正常，这时运行人员应立即通过预告信号装置掌握异常情况，及时进行处理并做好记录，防止事故发生。因此对预告信号装置应具有以下功能：

（1）预告信号出现时，应能与事故信号有区别的音响信号（警铃 HAB），同时有灯光信号指出预告信号的内容；

（2）能手动或自动地复归音响信号，在预告信号消除以前，应能保留相应的灯光信号；

（3）能重复动作，即在一个预告信号没有消除前，再出现新的预告信号时，仍能发出音响和灯光信号；

（4）当保护装置或信号装置的直流电源因故消失重新恢复后，信号装置应保证其动作状态不便，便于运行人员查找；

（5）预告信号可以有选择地通过远动装置发给调度或集控中心；

（6）能手动对预告信号进行定期切换试验。

三、中央信号的实现

（1）事故信号的实现。对于事故信号，一般由“控制开关位置与断路器位置不对应”原理或断路器变位信号与对应的保护动作信号同时出现来判断。中央信号及其实现流程分别如图 4-10 及图 4-11 所示，将本间隔的合后继电器 KKJ 与跳位继电器 TWJ 触点串联，得到“事故总”开入，接入微机测控装置，通过通信网络上传给远动主机，再由远动主机上传监控主机运行“蜂鸣器”声音文件，多媒体音箱发出事故音响并推事故场站的主接线图画面、断路器闪光、亮保护动作光字牌、显示事件记录。

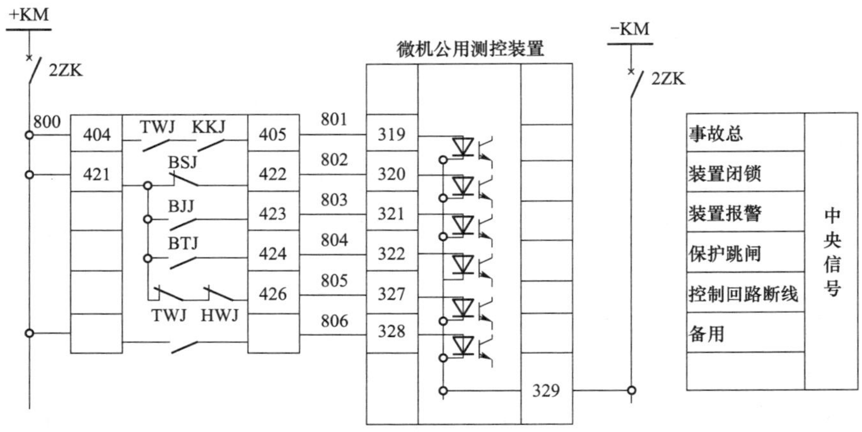

图 4-10　中央信号

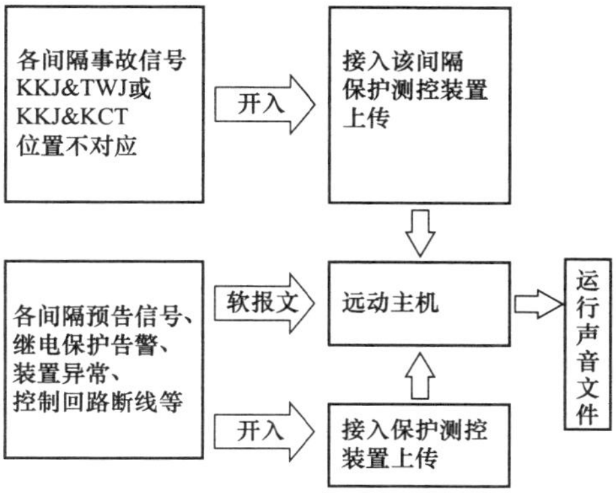

图 4-11　中央信号实现流程

（2）预告信号的实现。对于发生不正常工作状态经继电保护判据而动作的，如过负荷保护动作，可以通过软报文上传至远动主机，也可以通过开出量接入微机测控装置，上传远动主机；对于“弹簧未储能”（见图 4-2）等信号只能通过开出量方式接入微机测控装置，上传至远动主机，再由远动主机上传监控主机运行“警铃”声音文件，多媒体音箱发出预告信号音响并亮光字牌、显示事件记录。每个光字牌有两个状态，如“弹簧未储能”光字牌，弹簧在储能的状态时，显示“弹簧已储能”，储能释放后显示“弹簧未储能”。

第五章　变电站综合自动化系统

第一节　概　　述

一、变电站综合自动化的基本概念和发展过程

变电站综合自动化系统是利用先进的计算机技术、现代电子技术、通信技术和信息处理技术等对变电站二次设备（包括测量仪表、信号系统、继电保护、自动装置和远动装置等）经过功能的重新组合和优化设计，实现对全变电站全部设备的运行情况执行监视、测量、控制和谐调的一种综合性的自动化系统。通过变电站综合自动化系统内各设备间相互交换信息，数据共享，完成变电站运行监视和控制任务。变电站综合自动化替代了变电站常规二次设备，简化了变电站二次接线。

变电站综合自动化是提高变电站安全稳定运行水平、降低运行维护成本、提高经济效益、向用户提供高质量的一种重要技术措施。

1. 发展变电站综合自动化的必然性

变电站作为整个电网中的一个节点，担负着电能传输、分配的监测、控制和管理的任务。变电站继电保护、监控自动化系统是保证上述任务完成的基础。在电网统一指挥和协调下，电网各节点（如变电站、发电厂）具体实施和保障电网的安全、稳定、可靠运行。因此，变电站自动化是电网自动系统的一个重要组成部分。作为变电站自动化系统，它应确保实现以下要求：

（1）检测电网故障，尽快隔离故障部分。

（2）采集变电站运行实时信息，对变电站运行进行监视、计量和控制。

（3）采集一次设备状态数据，供维护一次设备参考。

（4）实现当地后备控制和紧急控制。

（5）确保通信要求。

因此，要求变电站综合自动化系统运行高效、实时、可靠，对变电站内设备进行统一监测、管理、协调和控制。同时，又必须与电网系统进行实时、有效的信息交换、共享，优化电网操作，提高电网安全稳定运行水平，提高经济效益，并为电网自动化的进一步发展留下空间。

传统变电站存在诸多缺点，难以满足上述要求。主要体现在以下几方面：

（1）安全性、可靠性不能满足现代电力系统可靠性高的要求。传统变电站大多采用常规的设备，尤其是其中的继电保护、自动和远动装置等，缺乏自检和自诊断能力，其结构复杂、可靠性低。二次设备又主要依赖大量电缆，通过触点、模拟信号来交换信息，信息量小、灵活性差、可靠性低。

（2）占地面积大，增加了征地投资。传统变电站的二次设备大多采取电磁型或小规模集成电路，体积大、笨重，因此，主控室、继电保护室占地面积大。

（3）不适应电力系统快速计算和实时控制的要求。由于远动功能不够完善，提供给调度控制中心的信息量少、精度差，且变电站内自动控制和调节手段不全，缺乏协调和配合力量，难以满足电网实时监测和控制的要求，不利于电力系统的安全、稳定运行。

（4）维护工作量大，设备可靠性差，不利于运行管理水平和自动化水平。电磁型或小规模集成电路调试和维护工作量大，自动化程度低，不能远方修改保护及自动装置的定值和检查其工作状态。有些设备易受环境的影响，如晶体管型二次设备，其工作点会受到环境温度的影响。

传统的二次系统中，各设备按设备功能配置，彼此之间相关性甚少，相互之间协调困难，需要值班人员比较多的干预，难以适应现代化电网的控制要求。另外需要对设备进行定期的试验和维修，即便如此，仍然存在设备故障（异常运行）不能及时发现的现象，甚至这种定期检修也可能引起新的问题，发生和出现由试验人员过失引起的故障。

由于传统变电站存在上述缺点，采用更先进的技术改造变电站是一种必然趋势。实现变电站综合自动化的优越性主要有以下几方面。

（1）提高供电质量。由于变电站综合自动化系统的功能中包括电压、无功自动控制功能，故对于具备有载调压变压器和无功补偿电容器的变电站，可根据实际运行工况进行实时调整与控制，大大提高电压合格率，且可使无功潮流更合理，降低网络中的电能损耗。

（2）提高变电站的安全、可靠运行水平。变电站综合自动化系统打破了传统的专业框框，利用计算机对统一收集到的数据和信号进行全面的分析与处理，这样可以尽早地发现问题和处理事故，尽快地恢复供电。变电站综合自动化装置都是由微机组成的，其配置灵活，灵敏度和可靠性高，调试方便，可用计算机在线监视继电保护运行参数及其工作状况，必要时可以从远方对某套保护参数重新进行整定。微机保护除了能迅速发现被保护对象的故障并将其切除外，还具有故障自诊断功能，使变电站一、二次设备工作的可靠性大大提高。

（3）提高电力系统的运行管理水平。变电站实现综合自动化后，监视、测量记录等工作都由计算机自动进行，既提高了测量的精度，又避免了人为的主观干预，运行人员通过观看 CRT 屏幕便可掌握变电站主要设备和各输、配电线路的运行工况和运行参数。变电站综合自动化系统可以收集众多的数据和信号，利用微机的高速计算和逻辑判断能力，及时将综合结果反映给值班人员并送往调度中心，各种实时数据与历史数据均可在计算机上随时查阅，各种操作都有事件顺序记录，调度员不仅能及时掌握各变电站的运行情况，还可对它进行必要的远距离调节和控制，大大提高了运行管理水平。

（4）降低造价，减少总投资。由于采用微机及通信技术，可以实现资源共享和信息共享，同时由于硬件电路多采用大规模集成电路，结构紧凑，体积小，与常规二次设备相比占用空间减少数倍，可以大大缩小变电站的占地面积。随着技术水平的不断进步，微机的性能价格比不断上升，综合自动化系统的功能和性能会逐渐更加完善和提高，造价会越来越低，最终可以大大减少变电站的总投资。

（5）减少维护工作量，减少值班员劳动，实现减人增效。变电站综合自动化装置均有故障自诊断能力，系统内部有故障时能自检出故障部位；微机保护和自动装置的定值可在线读出检查，或远距离重新整定；监控系统的抄表、记录等工作自动化进行。因此，变电站实现综合自动化减少了许多维护工作量和维修时间以及值班人员的劳动，为实现无人值班提供了可靠的技术条件。

正是由于有上述优点，实现变电站综合自动化系统是一种必然。

2. 变电站综合自动化系统的发展过程

变电站综合自动化的发展大致可分为以下三个阶段。

（1）分立元件的自动装置阶段。20 世纪 70 年代以前，为了提高电力系统的安全与经济运行水平，各种功能的自动装置被陆续研制出来。如自动重合闸装置、低频自动减载装置、备用电源自投装置和各种继电保护装置等。这些装置主要采用模拟电路，由晶体管等分立元件组成。各装置独立运行，互不相干，且体积大、耗电多、维修工作量大、缺乏智能性，没有故障自诊断能力，运行中若自身出现故障，不能提供告警信息，有的甚至会影响电网的安全。因此，需要有更高性能的装置来代替。

（2）微机型智能自动装置阶段。1971 年，世界上第一片微处理器在美国 Intel 公司问世之后，许多厂家纷纷开始研制，逐渐形成了以 Intel、Motorola、Zilog 公司为代表的三大系列微处理器。20 世纪 80 年代，微处理器技术开始引入我国，并很快被应用于电力系统的各个领域，用大规模集成电路或微处理器代替原来晶体管等分立元件组成的自动装置，出现了微机型继电保护装置、微机监控和微机远动装置等。由微处理器构成的自动装置具有智能化和计算能力强的显著优点，且装置本身具有故障自诊断能力，大大提高了测量的准确性、监控的可靠性和自动化水平。由于采用了数字式电路，统一数字信号电平，缩小了体积等，其优越性是明显的。

由于这些微机型的自动装置，只是硬件结构由微处理器及其接口电路代替，并扩展了一些简单的功能，虽然提高了变电站自动控制的能力和可靠性，但基本上还是维持着原有的功能和逻辑关系，在工作方式上多数仍然是各自独立运行，不能互相通信，不能共享资源，变电站设计和运行中存在的问题没有得到根本的解决。

（3）变电站综合自动化装置阶段。国际上对于变电站综合自动化的研究，已经进行了多年，并取得了令人瞩目的进展。早在 20 世纪 70 年代末，日本就研制出了世界上第一套综合数字式保护和控制系统 SDCS-I。此后，美国、英国、法国、德国等一些发达国家也相继在此领域内取得不同程度的进展。在 20 世纪 80 年代初，美国一家电力公司研制了 IMPac 模块化保护和控统。美国西屋公司和 EPRI 联合研制出了 SPCS 变电站保护和控制综合自动化系统。到 1984 年，瑞士的 BBC 公司首次推出了他们的变电站综合自动化系统。1985 年，德国的西门子公司又推出了第一套变电站综合自动化系统 LSA678。变电站综合自动化目前在美国、德国、法国、意大利等国家已得到了较普遍的应用。

我国是从 20 世纪 60 年代开始研制变电站自动化技术。到 70 年代初，便先后研制出了电气集中控制装置和集保护、控制、信号为一体的装置。在 80 年代中期，由清华大学研制的 35kV 变电站微机保护、监测自动化系统在威海望岛变电站投入运行。与此同时，南京自动化研究院也开发出了 220kV 梅河口变电站综合自动化系统。此外，国内许多高等院校及科研单位也在这方面做了大量的工作，推出一些不同类型、功能各异的自动化系统。为国内的变电站自动化技术的发展起到了卓有成效的推动作用。进入 90 年代，变电站综合自动化已成为热门话题，研究单位和产品如雨后春笋般的发展，具有代表性的有公司和产品有：北京四方公司的 CSC 2000 系列综合自动化系统，南京南瑞集团公司的 BSJ—2200 计算机监控系统，南京南瑞继电保护电气有限公司的 RCS—9000 系列综合自动化系统，上海惠安 PowerComm 2000 变电站自动化监控系统，国电南自 PS 6000 系列综合自动化系统，许昌继电器自动化公司的 CBZ—8000 系列综合自动化系统等。

目前变电站综合自动化技术在我国的应用范围，由电力系统的主干网、城市供电网、农村供电网扩展到企业供电网；其电压等级，由当初的 35～110kV 变电站，向上扩展到 220～500kV 变电站，向下延伸到 10kV 乃至 0.4kV 配电网络，几乎覆盖到全部供电网络。其技术涉及到自动控制、远动、通信、继电保护、测量、计量、在线监测、信号及控制等二次系统；专业涉及到自动化、继电保护、变电运行等。实际上变电站综合自动化技术，是由现代科学技术进步而催生的一门新型交叉学科。

二、变电站综合自动化系统的基本结构和模式

自 1987 年我国自行设计、制造的第一个变电站综合自动化系统投运以来，变电站综合自动化技术已得到了突飞猛进的发展，其结构体系也在不断的完善。现介绍几种常见的结构和配置。

1. 变电站综合自动化的基本结构

变电站综合自动化采用自动控制和计算机技术实现变电站二次系统的部分或全部功能。为达到这一目的，满足电网运行对变电站的要求，变电站综合自

动化系统基本结构如图 5-1 所示。

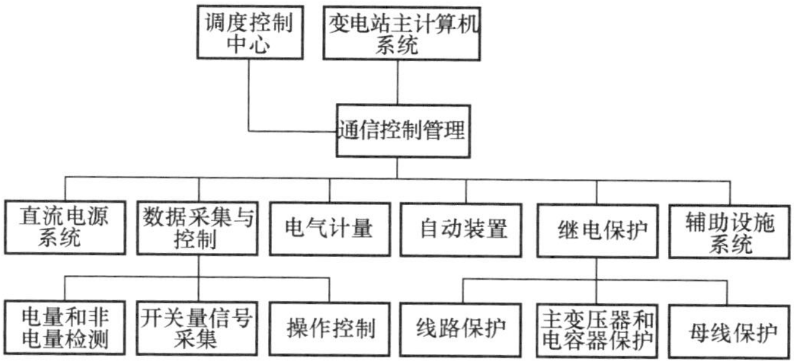

图 5-1　变电站综合自动化结构图

“数据采集和控制”“继电保护”“直流电源系统”三大块构成变电站自动化基础。

“通信控制管理”是桥梁，联系变电站内部各部分、变电站与调度控制中心，负责数据和命令的传送，并对这一过程进行协调、管理和控制。

“变电站主计算机系统”对整个综合自动化系统进行协调、管理和控制，并向运行人员提供变电站运行的各种数据、接线图、表格等画面，使运行人员可远方控制断路器分、合闸操作，还提供运行和维护人员对自动化系统进行监控和干预的手段。该系统代替了很多过去由运行人员完成的简单、重复和繁琐的工作，如收集、处理、记录、统计变电站运行数据和变电站运行过程中所发生的保护动作，断路器分、合闸等重要事件，还可按运行人员的操作命令或预先设定执行各种复杂的工作。

与传统的变电站二次系统相比，在体系结构上，变电站综合自动化系统增添了“变电站主计算机系统”和“通信控制管理”两部分；在二次系统具体装置和功能实现上，计算机化的二次设备代替和简化了非计算机设备，数字化的处理和逻辑运算代替了模拟运算和继电器逻辑；在信号传递上，数字化信号传递代替了电压、电流模拟信号传递。

数字化使变电站自动化系统与传统变电站二次系统相比，数据采集更精确、传递更方便、处理更灵活、运行维护更可靠、扩展更容易。

实际的变电站综合自动化系统，常根据具体情况和技术经济的比较，对图 5-1 所示的变电站综合自动化系统结构体系进行剪裁，以获得最佳性能价格比。较为典型的是：

（1）在低压无人值班变电站里，取消变电站主计算机系统或者简化变电站主计算机系统。

（2）在实际的系统中，更为常见的是将部分变电站自动化设备，如微机保护、RTU 与变电站二次系统中电磁式设备（如模拟式指针仪表、中央信号系统）糅和在一起，组成一个系统运行。这样，既提高了变电站二次系统的自动化水平，改进了常规系统的性能，又无需投入更多的物力和财力。

2. 变电站综合自动化的结构模式

变电站综合自动化系统的结构模式主要有集中式、集中分布式和分散分布式三种。

（1）集中式结构。集中式一般采用功能较强的计算机并扩展其 I/O 接口，集中采集变电站的模拟量和数字量等信息，集中进行计算和处理，分别完成微机监控、微机保护和自动控制等功能。集中式结构也并非指只由一台计算机完成保护、监控等全部功能。多数集中式结构的微机保护、微机监控和与调度等通信的功能也是由不同的微型计算机完成的，只是每台微型计算机承担的任务多些。例如监控子系统要担负数据采集、数据处理、断路器操作、人机联系等多项任务；保护子系统负责变压器、线路、母线和电容器等的保护及一些自动控制。担负微机保护的计算，可能一台微机要负责多回低压线路的保护等。这种结构形式主要出现在问世的初期，如图 5-2 所示。

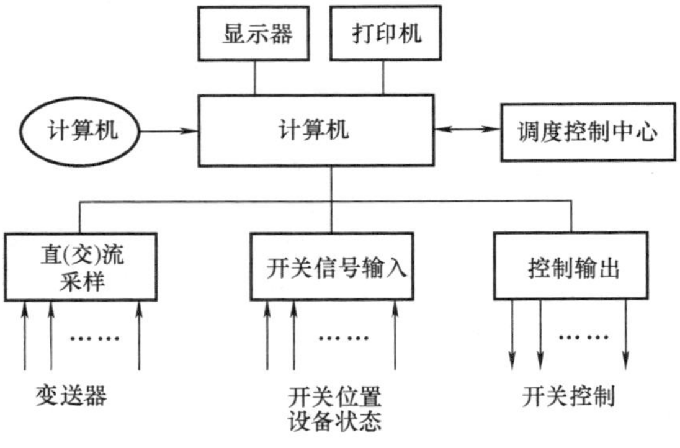

图 5-2　集中式结构框图

集中式结构综合自动化系统的主要功能和特点如下：

1）实时采集变电站各种模拟量、开关量，完成对变电站的数据采集和实时监控、制表、打印、事件顺序记录等功能。

2）完成对变电站主要设备和进、出线的保护任务。

3）系统具有自诊断和自恢复功能。

4）结构紧凑、体积小，可大大减少占地面积。

5）造价低，实用性强，尤其是对 35kV 或规模较小的变电站更为有利。

集中式结构的主要缺点如下：

1）每台计算机的功能较集中，若一台计算机出故障，影响面大，因此，必须采用双机并联运行的结构才能提高可靠性。

2）软件复杂，修改工作量大，系统调试繁琐。

3）组态不灵活，对不同主接线或规模不同的变电站，软、硬件都必须另行设计，工作量大。

4）集中式保护与传统式保护相比，不直观，调试和维护不方便，程序设计麻烦，只适合于保护算法比较简单的情况。

（2）分布式结构。该系统结构的最大特点是将变电站自动化系统的功能分散给多台计算机来完成。所谓分布结构，是指在结构上采用主、从 CPU 协同工作方式，各功能模块（通常是多个 CPU）之间采用网络技术或串行方式实现数据通信的结构模式。多 CPU 系统提高了处理并行多发事件的能力，解决了 CPU 运算处理的瓶颈问题，提高了系统的实时性。分布式结构方便系统扩展和维护，局部故障不影响其他模块正常运行。该模式在安装上可以形成集中组屏或分层组屏两种系统组态结构，较多地使用于中、低压变电站，分布式结构如图 5-3 所示。

（3）分布分散（层）式结构。分布分散式结构系统从逻辑上将变电站自动化系统划分为三层，即变电站层、通信层和间隔层。

该系统的主要特点是按照变电站的电气间隔进行设计。将变电站一个电气间隔所需要的全部数据采集、保护和控制等功能集中由一个或几个智能化的测控保护单元完成。测控单元可直接放在断路器柜上或安装在断路器间隔附近，相互之间用通信电缆连接。这种系统代表了现代变电站自动化技术发展的趋势，大幅度地减少了连接电缆，减少了电缆传送信息的电磁干扰，且具有很高的可靠性，比较好的实现了部分故障不相互影响，方便维护和扩展，大量现场工作可一次性地在设备制造厂家完成。

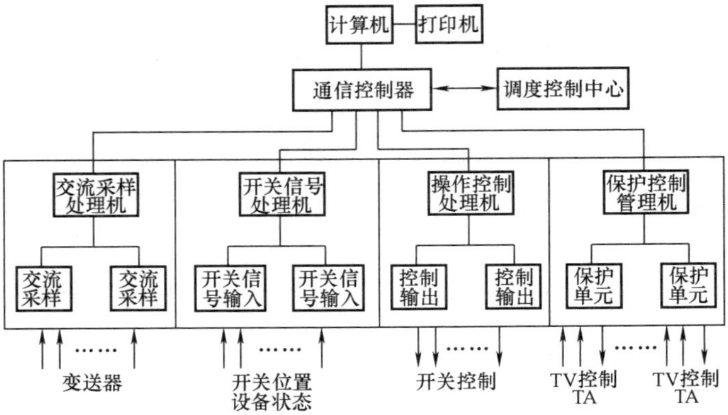

图 5-3　分布式结构框图

分布分散式结构框图如图 5-4 所示。

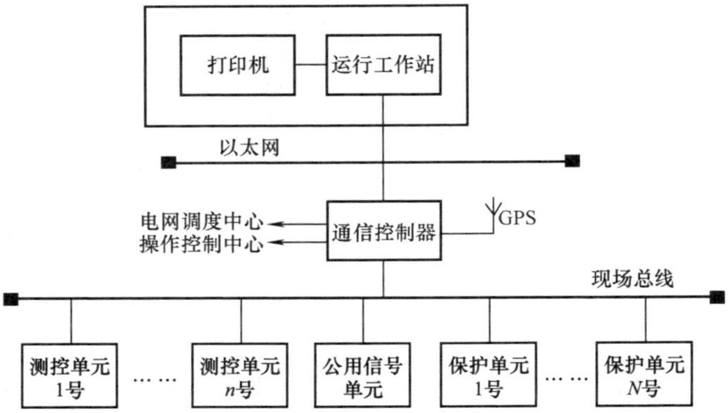

图 5-4　分布分散式系统框图

分布分散式结构的主要优点如下：

1）间隔级控制单元的自动化、标准化使系统适用率较高。

2）包含间隔级功能的单元直接定位在变电站的间隔上。

3）逻辑连接到组态指示均可由软件控制。

4）简化了变电站二次部分的配置，大大缩小了控制室的面积。

5）简化了变电站二次设备之间的互连线，节省了大量连接电缆。

6）分布分散式结构可靠性高，组态灵活，检修方便。

第二节　变电站综合自动化系统的功能

变电站综合自动化系统功能主要包括监控子系统功能、微机继电保护功能、后备控制、紧急控制功能和远动及数据通信功能。

一、监控子系统功能

监控子系统应取代常规的测量系统，取代针式仪表；改变常规的操动机构和模拟盘，取代常规的告警、报警、中央信号、光字牌等；取代常规的远动装置等。监控子系统功能如下。

1. 数据采集

数据采集有两种。一种是变电站原始数据采集。原始数据直接来自一次设备，如电压互感器、电流互感器的电压和电流信号、变压器温度以及断路器辅助触点、一次设备状态信号。变电站的原始数据包括模拟量和开关量。另一种是变电站自动化系统内部数据交换或采集，典型的如电能量数据、直流母线电压信号、保护动作信号等。

变电站的数据包括模拟量、开关量和电能量。

（1）模拟量的采集。各段母线电压、母联及分段断路器的电流、线路及馈线电压、电流、有功功率、无功功率，主变压器电流、有功功率和无功功率，电容器和并联电抗器电流，直流系统电压，站用电电压、电流、无功功率以及频率、相位、功率因素等。另外还有少数非电量，如变压器的温度保护、气体保护等。

模拟量的采集有交流和直流两种形式。交流采样是将电压、电流信号不经过变送器直接接入数据采集单元。直流采样是将外部信号，如交流电压、电流，经变送器转换成适合数据采集单元处理的直流电压信号后，再接入数据采集单元。在变电站综合自动化系统中，直流采样主要用于温度、气体压力等非电气量数据的采集。

（2）开关量的采集。断路器、隔离开关和接地开关的状态，有载调压变压器分接头的位置，同期检测状态、继电保护动作信号、运行告警信号等，这些信号都以开关量的形式，通过光电隔离电路输入计算机。

（3）电能计量。电能计量指对电能（包括有功和无功电能）的采集，并能实现分时累加、电能平衡等功能。

数据采集及处理是变电站综合自动化得以执行其他功能的基础。

2. 数据库的建立与维护

监控子系统建立实时数据库，存储并不断更新来自 I/O 单元及通信接口的全部实时数据；建立历史数据库，存储并定期更新需要保存的历史数据和运行报表数据。

3. 顺序事件记录及事故追忆

顺序事件记录包括：断路器跳、合闸记录，保护及自动装置的动作顺序记录，断路器、隔离开关、接地开关、变压器分接头等操作顺序记录，模拟量输入信号超出正常范围等。

事故追忆功能。事故追忆范围为事故前 1min 到事故后 2min 的所有相关模拟量值，采样周期与实时系统周期一致。

4. 故障记录、录波和测距功能

变电站的故障录波和测距采用两种方法：一是由微机保护装置兼作故障记录和测距，再将记录和测距的结果送监控系统存储及打印输出或直接送调度主站；另一种方法是采用专用的微机故障录波器，并且故障录波器应具有串行通信功能，可以与监控系统通信。

对 35kV 及以下的配电线路很少设置专门的故障录波器，为了分析故障的方便，可设置简单故障记录功能。对于大量中、低压变电站，没有配置专门的故障装置。而对 10kV 出线数量大、故障率高的，在监控系统中设置了故障记录功能，这对正确判断保护的动作情况及正确分析和处理事故是非常必要的。

5. 操作控制功能

操作控制功能。无论是无人还是少人值班的变电站，运行人员都可通过 CRT 屏幕对断路器、允许远方电动操作的隔离开关和接地开关进行分、合闸操作；对变压器及站用变压器分接头位置进行调节控制；对补偿装置进行投、切控制，同时，要能接受遥控操作命令，进行远方操作；为了防止计算机系统故障时无法操作被控设备，在设计时，应保留人工直接跳、合闸方式。

操作控制有手动和自动控制两种方式。手动控制包括调度通信中心控制、站内主控制室和就地控制，并且具备调度通信中心/站内主控制、站内主控制室/就地手动的控制切换功能；自动控制包括顺序控制和调节控制。

6. 安全监视功能

监控系统在运行过程中，对采集的电流、电压、主变压器温度、频率等量要不断进行越限监视，如发现越限，立刻发出告警信号，同时记录和显示越限时限值，另外，还要监视保护装置是否失电，自动装置是否正常等。

7. 人机联系功能

（1）CRT 显示器、鼠标和键盘是人机联系桥梁。变电站采用微机监控系统后，无论是有人值班还是无人值班，最大的特点之一是操作人员或调度员只要面对 CRT 显示器的屏幕，通过操作鼠标或键盘，就可以对全站的运行工况、运行参数一目了然，可对全站断路器和隔离开关等进行分、合操作，彻底改变了传统依靠指针式仪表和模拟屏等进行操作。

（2）CRT 显示画面。作为变电站人机联系的主要桥梁手段的 CRT 显示器，不仅可以取代常规的仪器、仪表，而且可实现许多常规仪表无法完成的功能。其可显示采样和计算的实时运行参数（U、I、P、Q、$\cos\varphi$、有功电能、无功电能及主变压器温度 T、系统频率 f 等）、实时主接线图、事件顺序记录、越限报警、值班记录、历史趋势、保护定值和自控装置的设定值、故障记录和设备运行状态等。

（3）输入数据。指输入电流互感器和电压互感器变比、保护定值和越限报警定值、自控装置的设定值、运行人员密码等。

8. 打印功能

定时打印报表和运行日志；断路器、隔离开关操作记录；事件顺序记录；越限；召唤；抄屏；事故追忆等。

9. 数据处理与记录功能

在监控系统中，数据处理和记录也是很重要的环节。历史数据的形式和存储是数据处理的主要内容。此外，为了满足继电保护专业人员和变电站管理的需要必须进行一些数据统计，主要有记录母线电压日最高值和最低值以及相应的时间；主变压器及各条线路的功率、功率因数及电能的计算和统计；计算配电电能的平衡率；统计断路器、避雷器、重合闸的动作次数；统计断路器切除故障电流和跳闸次数的累计数；记录控制操作和定值的修改；事件顺序记录及事故追忆等。

10. 谐波的分析与监视

电能质量的一个重要指标是其谐波要限制在国标规定的范围内。随着非线性元件和设备的广泛使用，使电力系统的谐波成分明显增加，并且其影响程度越来越严重，目前，谐波“污染”已成为电力系统的公害之一。因此，在综合自动化系统中，必须重视对谐波含量的分析和监视。对谐波“污染”严重的变电站，要采取适当的抑制措施，降低谐波含量。

11. 报警处理

报警处理内容包括设备状态异常、故障；测量值越限及计算机监控系统的软/硬件、通信接口及网络故障等。

12. 画面生成及显示

画面显示的信息包括日历时间、经编号的测点、表示该点的文字或图形、该点实时数据或历史数据、经运算或组合后的各种参数等。由画面显示的内容包括全站生产运行需要的电气接线图、设备配置图、运行工况图、电压棒形图、实时参数曲线图、各种信息报告、操作票、工作票及各种运行报表等。

13. 在线计算及制表功能

（1）对变电站运行的各种常规参数进行统计及计算，如日、月、年中的最大值、最小值及出现的时间、电压合格率、变压器负荷率、全站负荷及电能平衡率等。

（2）对变电站主要设备的运行状况进行统计及计算，如断路器正常操作及事故跳闸次数、变压器分接头调节的档次、次数、停运时间等。

（3）利用以上数据生成不同格式的生产运行报表，并按要求方式打印输出。

14. 电能量处理

电能量处理包括对变电站各种方式采集到的电能量进行处理、对电能量进行分时段的统计计算以及当运行方式的改变而自动改变计算方法并在输出报表上予以说明等。

15. 运行管理功能

运行管理功能包括运行操作指导、事故记录检索、在线设备管理、操作票开列、模拟操作、运行记录及交接班记录等。

除上述功能外还具有：时钟同步、防误闭锁、同步系统自诊断与恢复以及与其他设备接口等功能。

二、微机保护系统功能

微机保护系统功能是变电站综合自动化系统的最基本、最重要的功能，它包括变电站的主要设备和输电线路的全套保护：高压输电线路保护和后备保护；变压器的主保护、后备保护以及非电量保护；母线保护；低压配电线路保护；无功补偿装置保护；站用变保护等。

各保护单元，除应具备独立完整的保护功能外，还应具备以下附加功能：

（1）具有事件记录功能。事件记录包括发生故障、保护动作出口、保护设备状态等重要事项的记录。

（2）具有与系统对时功能。以便准确记录发生事故和保护动作时间。

（3）具有存储多种保护定值功能。

（4）具备当地人机接口功能。不仅可以显示保护单元各种信息，还可通过它修改保护定值。

（5）具备通信功能。提供必要的通信接口，支持保护单元与计算机系统通信协议。

（6）具备故障自诊断功能。通过自诊断，及时发现保护单元内部故障并报警。对与严重故障，在报警的同时，应可靠闭锁保护出口。

（7）各保护单元满足上述功能要求的同时，还应满足保护装置的快速性、选择性和灵敏性要求。

三、后备控制和紧急控制功能

当地后备控制和紧急控制功能包括人工操作控制、低频减负荷、备用电源自投和电压、无功综合控制等。

1. 低频减负荷控制

电力系统的频率是电能质量的重要指标之一。当发生有功功率严重缺额的事故时，综合自动化系统应能够迅速断开部分负荷，减少系统的有功缺额，使系统频率维持在正常水平或允许范围内；同时，应尽可能做到有次序、有计划地切除负荷，以尽量减少切除负荷后造成的经济损失。

2. 备用电源自投控制

当工作电源因故障不能供电时，自动装置应能迅速将备用电源自动投入使用或将用户切换到备用电源上去。典型的备用自投有单母线进线备投、分段断路器备投、变压器备投、进线及桥路器备投、旁跳断路器备投。

3. 电压、无功综合控制

变电站电压、无功综合控制是利用有载调压变压器和母线无功补偿电容器及电抗器进行局部的电压及无功补偿的自动调节，使负荷侧母线电压偏差在规定范围以内。在调度（控制）中心直接控制时，变压器的分接头开关调整和电容器组的投切直接接受远方控制，当调度（控制）中心给定电压曲线或无功曲线的情况下，则由变电站综合自动化系统就地进行控制。

四、远动及数据通信功能

变电站综合自动化的通信功能包括系统内部的现场级间的通信和自动化系统与上级调度的通信两部分。

（1）综合自动化系统的现场级通信，主要解决自动化系统内部各子系统与上位机（监控主机）和各子系统间的数据和信息交换问题，它们的通信范围是变电站内部。对于集中组屏的综合自动化系统来说，实际是在主控室内部；对于分散安装的自动化系统来说，其通信范围扩大至主控室与子系统的安装地，最大的可能是开关柜间，即通信距离加长了。

（2）综合自动化系统必须兼有 RTU 的全部功能，应该能够将所采集的模拟量和状态量信息，以及事件顺序记录等远传至调度端；同时应该能够接收调度端下达的各种操作、控制、修改定值等命令，即完成新型 RTU 等全部四遥功能。

第三节　测量回路及测控装置

变电站综合自动化系统通过数字式综合测量控制装置或者智能仪表完成模拟量、开关量的采集、电能的计量、断路器和隔离开关的遥控以及变压器分接头的遥调等等“四遥”功能。本节主要介绍变电站综合自动化系统的基本测量回路和测控装置的基本原理。

一、测量回路

电气测量是变电站综合自动化系统的重要组成部分，它反映电气测量仪表电压、电流的接入方式。电气测量仪表的配置应符合“电气测量仪表装置设计技术规程”的规定、以满足电力系统和电气设备安全运行的需要。

在电力系统中，运行人员必须依靠测量仪表了解电力系统的运行状态，监视电气设备的运行参数。电气设备和线路的运行参数主要有电流、电压、频率、电能、温度、绝缘电阻等。传统的测量仪表有电流表（PA）、电压表（PV1）、频率表（PF）、同步表、有功功率表（PW）、无功功率表（PV2）、有功电能表（PJ1）、无功电能表（PJ2）等。在变电站综合自动化系统中，数字式综合测量控制装置或智能仪表已经将上述传统仪表集成到一个装置内部，因此测量回路大大简化。下面将介绍基本测量回路的原理。

基本的测量回路有“两表法”和“三表法”，其接线原理图如图 5-5 所示。

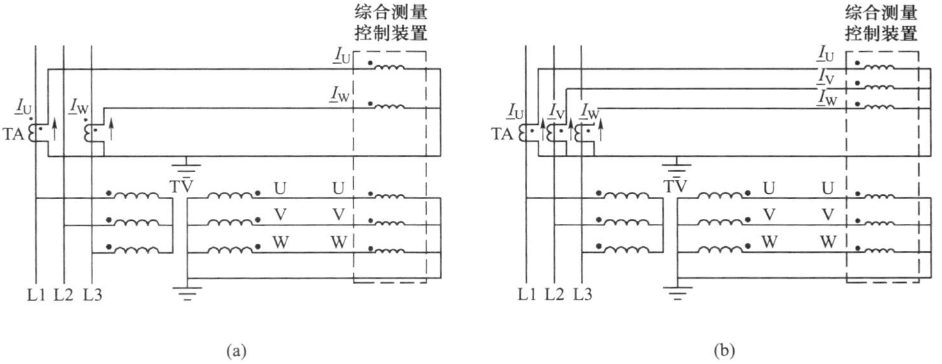

图 5-5　基本测量回路

（a）两表法；（b）三表法

图 5-5 中，两表法主要用于三相三线制系统，即采用有两相式电流互感器的系统；而三表法主要用于三相四线制系统，即采用三相式电流互感器的系统。

对于二表法测量，电压输入为 U_U、U_V、U_W，但所采用的计算量为 U_{UV} 和 U_{WV}，电流输入为 I_U、I_W，计算公式如下

$$U=\sqrt{\frac{1}{N}\sum_{n=1}^{N}U^2(n)}$$

$$I=\sqrt{\frac{1}{N}\sum_{n=1}^{N}I^2(n)}$$

$$P=\frac{1}{N}\sum_{n=1}^{N}[U_{UV}(n)I_U(n)+U_{WV}(n)I_W(n)]$$

$$Q=\frac{1}{N}\sum_{n=1}^{N}\left[\left[U_{UV}(n)I_{U}\left(n-\frac{3}{4}N\right)+U_{WV}(n)I_{W}\left(n-\frac{3}{4}N\right)\right]\right.$$

$$\cos\varphi=\frac{P}{\sqrt{P^{2}+Q^{2}}}$$

式中 $U(n)$——n 时刻的电压采样值；

U——电压有效值；

$I(n)$——n 时刻的电流采样值；

I——电流有效值；

P——三相有功功率；

Q——三相无功功率；

N——数字式测量装置在一个工频周期内数字式测量装置的采样点数。

对于三表法测量，电压输入为 U_U、U_V、U_W，电流输入为 I_U、I_V、I_W，计算公式如下

$$U=\sqrt{\frac{1}{N}\sum_{n=1}^{N}U^{2}(n)}$$

$$I=\sqrt{\frac{1}{N}\sum_{n=1}^{N}I^{2}(n)}$$

$$P=\frac{1}{N}\sum_{n=1}^{N}[U_{U}(n)I_{U}(n)+U_{V}(n)I_{V}(n)+U_{W}(n)I_{W}(n)]$$

$$Q=\frac{1}{N}\sum_{n=1}^{N}[U_{U}(n)I_{U}(n-\frac{3}{4}N)+U_{V}(n)I_{V}(n-\frac{3}{4}N)$$

$$+U_{W}(n)I_{W}(n-\frac{3}{4}N)]$$

$$\cos\varphi=\frac{P}{\sqrt{P^{2}+Q^{2}}}$$

二、测控装置

数字式综合测量控制装置在变电站综合自动化系统中主要作用是完成模拟量、开关量的采集、电能的计量、断路器和隔离开关的遥控以及变压器分接头的遥调等“四遥”功能。

数字式综合测量控制装置综合考虑变电站对数据采集、处理的要求，以计

算机技术实现数据采集、控制、信号等功能。其综合分析变电站对信息采集的要求，在信息源点安装小型的高可靠性的单元测控装置，采用现场测控网络与安装于控制室的中心设备相连接，实现全变电站的监控。该装置除完成常规的数据采集外，还可实现丰富的测量、记录、监视、控制功能，取代了其他常规的专门测量仪表。因此，这种装置充分满足各种电压等级的变电站对实现综合自动化和无人值班的要求。

数字式综合测量控制装置主要监控对象为变电站内的开关单元，主要功能有：①多路开关量变位遥信，开关量输入为220/110V通过光电隔离输入；②电压或电流的模拟量输入，其基本内容有电流、电压、电能计算、频率、功率及功率因素；③断路器遥控分合，空接点输出，出口动作保持时间可程序设定；④脉冲累加单元，空接点开入；⑤遥控事件记录及事件SOE；⑥检同期合闸；⑦支持DL/T 667—1999（IEC 60870-5-103标准）《远动设备及系统　第5部分：传输规约　第103篇：继电保护设备信息接口配套标准》的通信规约，配有通信网络接口，支持变压器隔离的双绞线或光纤通信接口；⑧逻辑闭锁功能，闭锁逻辑可编程。

1. 数字式综合测量控制装置的基本结构

数字式综合测量控制装置主要包括交直流测量单元、独立遥控单元、状态量采集单元、脉冲累计计算单元、网络接口。其结构框图如图5-6所示。

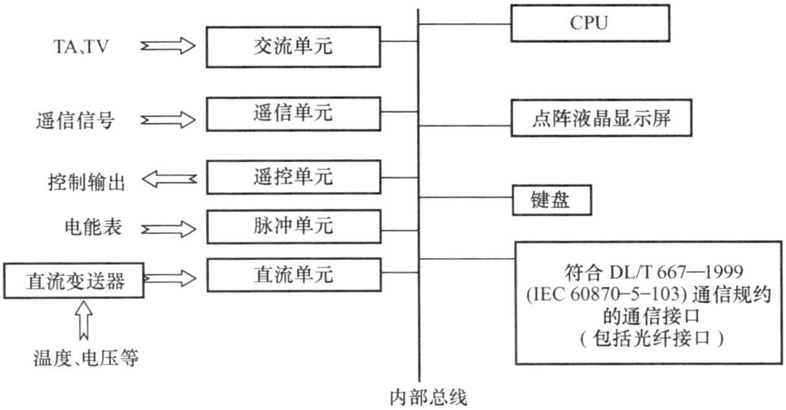

图5-6　数字式综合测量控制装置结构框图

（1）测量单元。现场TA、TV来的5A/1A、100V的交变波形经高精度的变换器转换成适合计算机采集的小信号，经滤波后送入 A/D 变换成数字信号，最后进入 CPU 进行计算。装置按每个周波采集 N 点，以三表法或两表法对 TA、TV 和直流变送器进行交直流采样，并按 N 次等间隔采样的离散表达式计算电流、电压、有功、无功、有功电能、无功电能、功率因数、频率等交流测量值和温度、电压、电流等直流测量值。

交流量输入、输出如下：

1）三表法。

输入：U_U，U_V，U_W，U_0，I_U，I_V，I_W

输出：U_U，U_V，U_W，U_{UV}，U_{VW}，U_{WU}，U_0，I_U，I_V，I_W，P_U，Q_U，S_U，$\cos\varphi_U$，P_V，Q_V，S_V，$\cos\varphi_V$，P_W，Q_W，S_W，$\cos\varphi_W$，P，Q，S，$\cos\varphi$，±kWh，±kvarh，f。

2）两表法。

输入：U_U，U_V，U_W，U_0，I_U，I_W

输出：U_U，U_V，U_W，U_{UV}，U_{VW}，U_{WU}，U_0，I_U，I_V，I_W，P_{UV}，Q_{UV}，S_{UV}，$\cos\varphi_{UV}$，P_{WV}，Q_{WV}，S_{WV}，$\cos\varphi_{WV}$，P，Q，S，$\cos\varphi$，±kWh，±kvarh，f。

（2）遥信单元。信号以空结点方式引入，经过光电隔离后转换成数字信号进入装置，从而取得状态信号、变位信号。信号量的采集带有滤波回路，装置每 0.625ms 查询一次信号状态，有变位即进行记录，信号采集具有防止接点抖动的能力。此外每一信号的采集带有现场可整定的时限，以确保信号功能的准确性。

（3）控制单元。控制操作由调度或当地监控下达命令，装置接收此命令并返回校核无误，即输出此命令对开关进行跳/合操作。该控制受开放控制电路的限制，每一对象的遥控输出都受双 CPU 的控制，这保证了遥控能安全、可靠地执行。

（4）脉冲记数功能。脉冲电能表发出的脉冲信号经光电隔离转换成数字信号，经去抖过程后进入脉冲记数功能。

（5）通信接口。装置支持 DL/T 667—1999（IEC 60870-5-103 标准）的通信规约，配有通信接口，支持变压器隔离的双绞线或光纤通信接口。

（6）人机接口。支持点阵液晶显示及薄膜式键盘，能方便地实行人机对话。

（7）当地操作。可就地进行各种维护功能。

(8) 逻辑闭锁功能。当装置逻辑闭锁功能投入时，装置能够接受逻辑闭锁编程，当远方遥控或就地操作时，装置自动启动逻辑闭锁程序，以决定开放或闭锁逻辑闭锁继电器。

2. 数字式综合测量控制装置的交流测量单元数据采集原理

遥测量通过 TV/TA 将强电压、电流量转换成相应的弱电电压信号后，经过 A/D 转换为数字量后，送入主 CPU 再进行处理。

交流采样的原理即对一个连续的波形进行等间隔的采样，根据采样定理，对一个正弦波采样两点既可完整地描述出该正弦波的特征。实际上的电压、电流不可能是纯正弦波，其中必定包含高次谐波分量。因此采样点越多越准确，但受硬件实际条件的限制，不可能无限地增加采样点数，一般数字式综合测量控制装置测量采用 32 点采样。

遥测信号的采集结构图如图 5-7 所示。

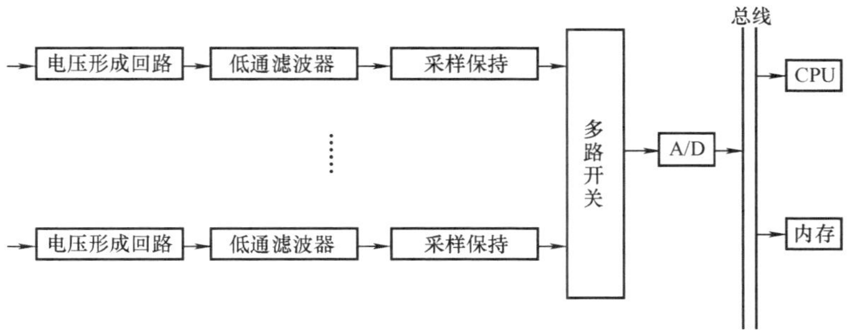

图 5-7　遥测信号的采集系统结构图

(1) 电压形成回路。综合自动化测控装置要从被保护的电力线路或设备的电流互感器（TA）、电压互感器（TV）或其他变换器上取得信息。但这些互感器或变换器的二次数值、输入范围对典型的微机的数据采集系统却不适用，需要降低和变换，具体决定所用的 A/D 转换器的电压等级。通常 A/D 转换器的输入有以下几种电压等级：双极性的为 0～±2.5V、0～±5V、0～±10V；单极性为 0～5V、0～10V、0～20V 等。

交流电压的变换一般采用电压变换器；交流电流的变换一般采用电流变换器。采用电流变换器的优点在于，只要铁芯不饱和，则其二次电流及并联电阻上的二次电压的波形可基本保持与一次电流波形相同且同相，即它的传变可使原信号不失真，这对测控装置测量的精确度尤为重要。

电压形成回路除了起电量变换作用外，另一作用是将一次设备的 TA、TV 的二次回路与微机 A/D 转换系统完全隔离，提高抗干扰能力。

（2）模拟低通滤波器（ALF）。前置模拟低通滤波器一般由 R、C 元件组成，其作用是阻止频率高于 $f_s/2$（f_s 为采样频率）的信号进入 A/D 转换系统，防止采样时造成频率混叠现象，使采样后信号失真。

（3）采样保持器。由于输入的模拟信号是连续变化的，而 A/D 转换器要完成一次转换是需要时间的。采样保持电路的作用就是在 A/D 转换器进行 A/D 转换期间，在一个极短时间内测量模拟信号在该时刻的瞬时值，并在 A/D 转换过程中保持不变，以保证转换精度。

（4）多路转换开关。在变电站中，要监测或控制的模拟量不止一个，例如变电站有多条线路要采集电流、电压信号，节省投资，可以用多路转换开关，使多路模拟信号共用一个 A/D 转换器进行转换。

（5）A/D 转换器。A/D 转换器是模拟量输入通道的核心环节，其作用是将模拟输入量转换成数字量，以便计算机进行读取。

3. 数字式综合测量控制装置的遥信测量单元原理

变电站综合自动化系统中，检测断路器、隔离开关的工作（开、合状态）和有载调压变压器的分接头位置，是其基本功能之一。断路器、隔离开关的开、合状态可通过检测其辅助触点的位置得知，但是这些开关量信号需要专门的输入接口电路才能输入到综合测量控制装置中。遥信单元的主要作用就是采集这类开关量的输入接口电路。

遥信单元的开关量输入电路包括断路器和隔离开关的辅助触点、跳合闸位置继电器触点、有载调压变压器的分接头位置等输入，外部装置闭锁重合闸触点输入，装置上连接片位置输入等回路，这些输入可分为两大类：

（1）装在装置面板上的触点。这类触点包括在装置调试时用的或运行中定期检查装置用的键盘触点，以及切换装置工作方式用的转换开关等。

（2）从装置外部经过端子排引入装置的触点。例如需要由运行人员不打开装置外盖而在运行中切换的各种压板、连接片、转换开关以及其他装置合操作继电器等。

对于装在装置面板上的触点，可直接接至微机的并行口，如图 5-8（a）所示。只要在可初始化时规定图中可编程的并行口的 PA0 为输入端，则 CPU 就可以通过软件查询，随时知道图 5-8（a）中外部触点 K1 的状态。

对于从装置外部引入的触点，则按图 5-8（b）所示电路引入。图中虚线框内是一个光电耦合器件，其作用是增加综合测量控制装置的抗干扰能力。

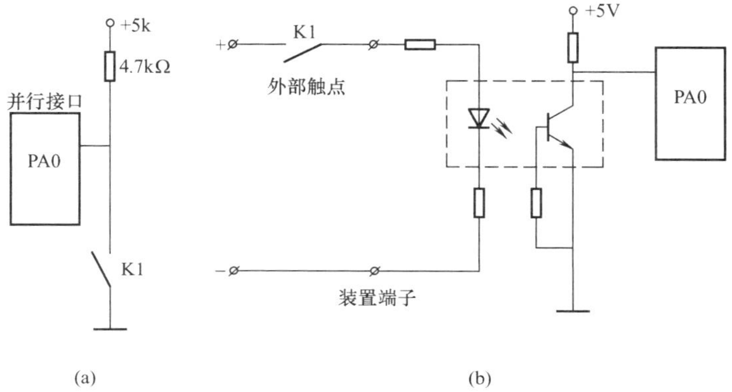

图 5-8　遥信量输入电路原理图

（a）装置内触点输入回路；（b）装置外触点输入回路

4. 数字式综合测量控制装置的遥控输出单元原理

在变电站中，计算机对断路器、隔离开关的分、合闸控制和对主变压器分接开关位置的调节命令都是通过遥控输出单元来完成。因此遥控单元主要负责完成接受命令并根据命令输出相应的控制信息。

装置遥控量输出回路如图 5-9 所示。一般都采用并行接口的输出来控制有触点继电器的方法，但为了提高抗干扰的能力，输出要经过一级光电隔离，只有通过软件使并行口的 PB0 输出“0”，PB1 输出“1”，则可使与非门 H1 输出低电平，光敏三极管导通，继电器 K 动作。在初始化和需要继电器 K 返回时，应使 PB0 输出“1”，PB1 输出“0”。

设置反相器 B1 及与非门 H1，而不将发光二极管直接与并行口相连，其目的在于：一方面是因为并行口带负荷能力有限，不足以驱动发光二极管；另一方面是因为采用与非门后要满足两个条件才能使继电器 K 动作，增加了抗干扰能力。为了防止拉合直流电源的过程中继电器 K 的短时误动，将 PB0 经一反相器输出，而 PB1 口不经反相器输出。因为在拉合直流电源过程中，当 5V 电

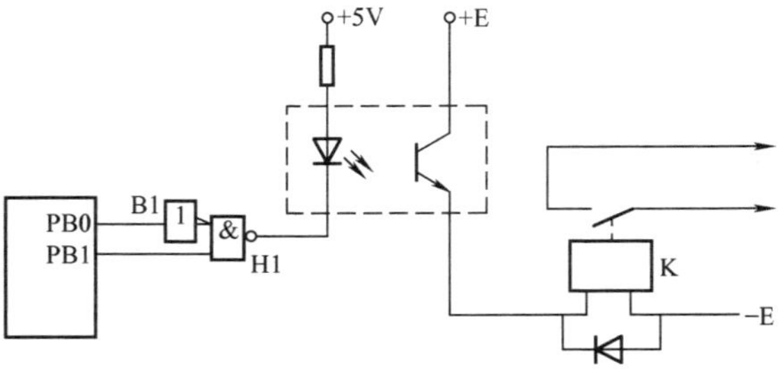

图 5-9　装置遥控量输出回路

源处于一个临界电压值时，可能由于逻辑电路的工作紊乱而造成装置误动作。特别是装置的电源往往接有大量的电容器，所以拉合直流电源时，无论是 5V 电源还是驱动继电器 K 的电源 E，都可能相当缓慢上升或下降，从而完全可能来得及使继电器 K 的触点短时闭合。由于采用上述接法，两个反相条件的互相制约，可以可靠地防止误动作。

图 5-10 为 8255B 口驱动的六路遥控开关量输出驱动电路，其特点如下：

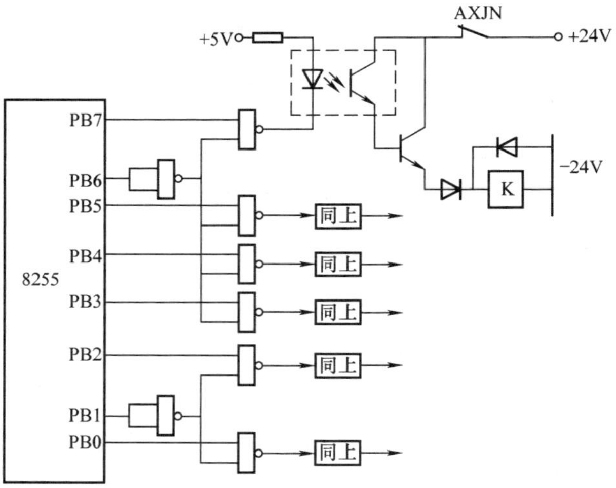

图 5-10　8255B 口驱动六路遥控开关量输出驱动电路

（1）采用编码方案，即每一路开关量输出驱动都由两根口线控制。

（2）设有光—电隔离芯片，以提高抗干扰能力。

（3）光隔芯片的输出驱动一个 NPN 三极管，以增加电路的负载能力。

（4）设有自检反馈电路，在正常运行时，可以对开关量输出电路的状态进行监视，一旦发现问题立即报警，且由报警继电器动断触点断开开关量驱动电路的正电源，防止出口继电器误动。

5. 数字式综合测量控制装置的脉冲单元原理

(1) 电能脉冲计量法。对于电能量的计量，可以采用电能脉冲计量法、软件计算法或采用专门的微机电能计量仪表。电能脉冲计量法有两种常用仪表可供选用：①脉冲电能表；②机电一体化电能计量仪表。

电能脉冲计量法，使电能表转盘每转动一圈便输出一个或两个脉冲，用输出的脉冲量代替转盘转动的圈数，并将脉冲量通过计数器计数后输入微机系统，由 CPU 进行存储、计算。

转盘式脉冲电能表发送的脉冲数与转盘所转的圈数（即电能量）成正比，将脉冲量累计，再乘以系数就得到相应的电能量。为了对脉冲量进行累计，综合测量控制装置设有计数器，每收到一个脉冲，计数值加 1。由于电能脉冲的到来是随机的，计数器可能随时要计数。读取计数器的累计值时不应妨碍正常的计数工作，因而一般采用两套计数器。主计数器对输入的脉冲进行计数；副计数器平时随主计数器更新，两者的数据保持一致。在收到统一读数的“电能冻结”命令时，副计数器就停止更新，保持当时的数据不变，而主计数器照常计数。因此，数据可从副计数器读取，反映的是“冻结”时的数据。等“解冻”命令到达时，副计数器又重新计数，保持与主计数器的数据一致。

(2) 脉冲单元的电路原理。数字式综合测量控制装置的脉冲量计数单元电路原理图如图 5-11 所示，其工作原理如下：

脉冲电能表所产生的脉冲上升沿，使脉冲电能表内部的光电隔离器的二极管发光，三极管导通。此时，电能表＋24V 电源通过该三极管及数字式综合测量控制装置的脉冲量单元中的电阻 R45 使光电隔离器 U38 的二极管发光，三极管饱和导通，A 点由高电平变为低电平。在脉冲电能表输出过去以后，U38 中无电流通过，A 点由低电平变为高电平。在这一过程中 A 点得到一个低电位脉冲，该脉冲通过 U34（MC14584）整形并反相输出，B 点的脉冲波形与电能表的相一致。此脉冲接入计数器 U33（MC14020），在 MC14020 的输出端得到脉冲累计数。CPU 控制 U24（74LS244）的选通端，将计数值开放到数据总线，CPU 读入计数值后进行记录、计算和存储。

U33、U34 及 U38 三个芯片的电源可由电池 BT 供给，保证在系统失去＋5V

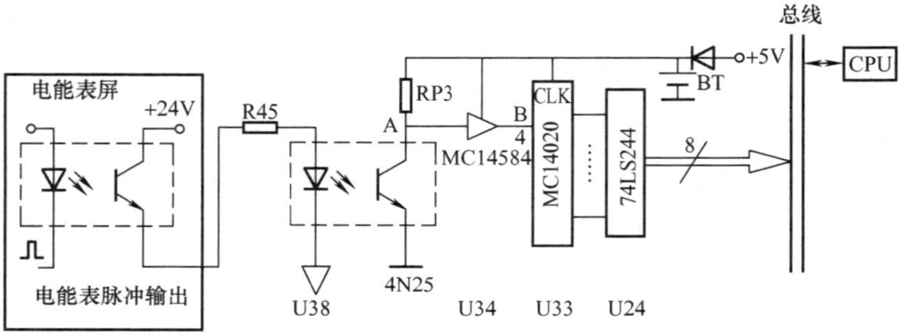

图 5-11　脉冲量计数电路原理图

电源时电能表计数值不丢失，而且还可继续对脉冲电能表的脉冲进行计数。

6. 数字式综合测量控制装置的直流测量单元原理

在变电站综合自动化系统中，需要测量一些直流量或温度。一般将待测的直流或测温电阻先接到变送器端子，变送器的输出为 0～5V 直流电压或 4～20mA 直流电流信号，再将变送器的输出信号接入数字式综合测量控制装置的直流测量单元进行采集，这样就可完成对直流量或温度量的测量。

图 5-12 是直流测量单元的输入采集原理框图。

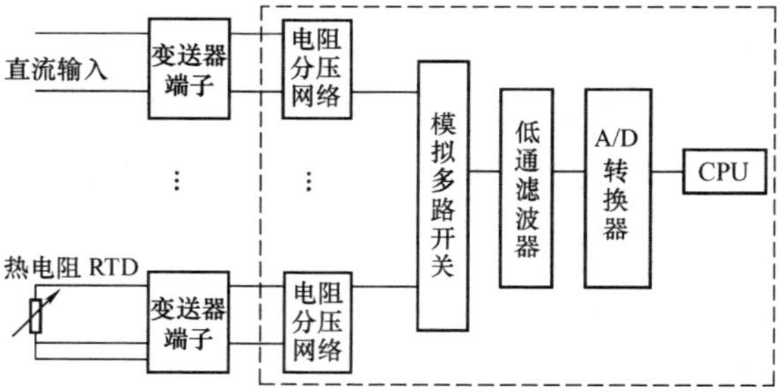

图 5-12　直流单元的输入采集原理框图

第四节　变电站综合自动化系统的数据通信系统

本节介绍变电站内部和变电站与控制中心间两类通信有关的基本概念和主要技术问题，主要包括综合自动化系统数据通信的基本概念和原理，数字信号的调制与解调、同步，差错控制，变电站综合自动化系统的通信，变电站信息传输规约，综合自动化系统的通信网络。

一、综合自动化系统数据通信的基本概念

（一）并行数据通信和串行数据通信

1. 并行数据通信

并行数据通信是指数据的各位同时传送，可以字节为单位（8 位数据总线）并行传送，也可以字为单位（16 位数据总线）通过专用或通用的并行接口电路传送，各位数据同时发送，同时接收。

并行传输速度快，有时可高达几十、几百兆字节每秒，而且软件简单，通信规约简单。

但是在并行传输系统中，除了需要数据线外，往往还需要一组状态信号线和控制信号线，数据线的根数等于并行传输信号的位数。显然并行传输需要的传输信号线多、成本高，因此常用在传输的距离短（通常小于 10m），要求传输速度高的场合。

2. 串行数据通信

串行数据通信是数据一位一位顺序地传送。显而易见，串行通信数据的各个不同位，可以分时使用同一传输线，故其最大的优点是可以节约传输线，特别是当位数很多和远距离传送时，这个优点更为明显，这不仅可以降低传输线的投资。而且简化接线。但串行通信的缺点是传输速度慢，且通信软件相对复杂些，因此适合于远距离的传输，数据串行传输的距离可达数千千米。

在变电站综合自动化系统内部，为了减少连接电缆，降低成本，各种自动装置间或继电保护装置与监控系统间，常采用串行通信。

（二）数据通信的工作方式

通信是收发双方工作的，根据收发双方是否同时工作，可以分成双工、半双工和单工三种不同的方式。

单工通信方式是指信息只能按一个方向传送的工作方式。单工通信收和发是固定的，信号传送方向不变。

半双工通信方式是指信息可以双方向传输，但两个方向的传输不能同时进行，只能交替传送。

全双上通信方式是指通信双方可以同时进行双方向传送信息的工作方式。通信双方都有发送和接收设备，由一个控制器协调收发两者之间的工作，接收

和发送可以同时进行，故称为全双工。

三种通信方式中无论哪一种，数据的发送和接收原理都是基本相同的，只是收发控制上有所区别而已。

（三）远距离数据通信

通信的基本任务是将信息源要传送的信息传给发送设备，再由发送设备将待发送信息转换成适合在信道中传送的信号，并送入信道。信道中的噪声以及通信系统中其他各处噪声可等效用噪声源来表示。由于干扰，接收端收到的信号可能与发送端发出的信号不同，因此需要进行差错检查。接收设备把接收到的信号进行转换，并传给受信者，受信者再把接收到的信号转换成对应的信息。

为了传递信息，需要把信息转换成一定的信号。信息与信号之间应建立单一的对应关系，以便在接收端把信号恢复成原来的信息，通常用信号的某一参量来荷载信息。如果信号的参量对应于模拟信息而取连续值，这样的信号称为模拟信号；如果信号的参量携带离散信息，这样的信号就是数字信号。模拟信号可在模拟通信系统中传输，也可转换成数字信号以数字通信的方式传至对方，在接收端再进行数/模变换，还原为模拟信号。

数字通信系统模型如图 5-13 所示，包括以下几部分：

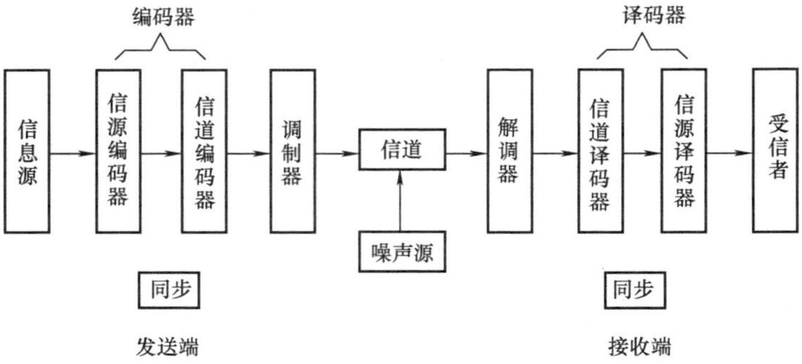

图 5-13　数字通信系统模型

（1）信源，即电网中的各种信息源，如电压 U、电流 I、有功功率 P、频率 f、电能脉冲量等，经过有关器件处理后转换成易于计算机接口元件处理的电平或其他量；另外还有各种指令、开关信号等。

（2）编码器，包括信源编码器和信道编码器。信源编码器是把各种信源送出的模拟信号或数字信号转换为符合要求的数码序列。信道编码器是给数码序列按一定规则加入监督码元，使接收端能发现或纠正错误码元，以提高传输的可靠性。这称为差错控制技术。

（3）调制器与解调器。调制器是将信道编码器输出的数码转换为适合于在信道上传送的调制信号后再送往信道。解调器则将收到的调制信号转换为数字序列，它是调制的逆变换。

（4）信道。它是信号远距离传输的载体，如载波通道、光纤通道、微波通道等。

（5）译码器，包括信道译码器和信源译码器。信道译码器是将收到的数码序列进行检错或纠错码；信源译码器是将信道译码器处理后的数字序列变换为相应的信号后进给受信者。

（6）受信者。指接收信息的人或设备。

（7）同步，用以保证收发两端步调一致，协调工作。它是数字通信系统中不可缺少的组成部分。如收发两端失去同步，数字通信系统会出现大量的错码，无法正常工作。

二、变电站综合自动化系统的通信内容

变电站综合自动化系统的通信内容包括变电站内的信息传输内容和综合自动化系统与控制中心的通信。

（一）变电站内的信息传输内容

目前变电站综合自动化系统一般都是分层分布式结构，需要传输的信息有以下几种。

1. 设备层与间隔层间的信息交换

间隔层的设备有控制测量装置或继电保护装置或两者都具有。设备层的高压断路器可能有智能传感器和执行器，可自由地与间隔层设备交换信息。间隔层设备大多需要从设备层的 TV、TA 采集正常情况和事故情况下的电压值和电流值，采集设备的状态信息和故障诊断信息。这些信息主要包括断路器、隔离开关位置，变压器的分接头位置，变压器、互感器、避雷器的诊断信息以及断路器操作信息。

2. 间隔层的信息交换

在一个间隔层内部相关的功能模块间，即继电保护和控制、监视、测量之

间的数据交换。这类信息包括测量数据、断路器状态、器件的运行状态、同步采样信息等。

同时，不同间隔层之间的数据交换有主、后备继电保护工作状态、互锁，相关保护动作闭锁，电压无功综合控制装置等信息。

3. 间隔层与变电站层的通信

（1）测量及状态信息，主要有正常及事故情况下的测量值和计算值，断路器、隔离开关、主变压器分接开关位置、各间隔层运行状态、保护动作信息等。

（2）操作信息，主要有断路器和隔离开关的分、合闸命令，主变压器分接头位置的调节，自动装置的投入与退出等。

（3）参数信息，如微机保护和自动装置的整定值等。

4. 变电站层的内部通信

变电站层的不同设备之间通信，要根据各设备的任务和功能的特点，传输所需的测量信息、状态信息和操作命令等。

（二）变电站远传信息的内容

由变电站向控制中心传送的信息，通常称为“上行信息”；而由控制中心向变电站发送的信息，称为“下行信息”。一般把变电站与控制中心之间相互传送的这两种信息统称“远传信息”，以便与变电站内部各子系统间或子系统与主系统间传输的“内部信息”相区别。

远传信息应保证控制中心能掌握变电站的运行状况和主要运行参数的情况。对于无人值班的变电站，远传信息更为重要。根据“四遥”的基本功能，远传信息可分为如下四种。

1. 遥测

遥测量包括以下内容：

（1）35kV及以上线路及旁路断路器的有功功率（或电流）及有功电能量。

（2）35kV及以上联络线的双向有功电能量，必要时测无功功率。

（3）三绕组变压器两侧有功功率、有功电能、电流及第三侧电流，双绕组变压器一侧的有功功率、有功电能、电流。计量分界点的变压器增测无功功率。

（4）各级母线电压（小电流接地系统应测3个相电压，而大电流接地系统只测1个相电压）。

（5）站用变压器低压侧电压，直流母线电压。

（6）10kV线路电流，母线分段、母联断路器电流，并联补偿装置的三相电流，消弧线圈电流。

（7）用遥测处理的主变压器有载调节的分接头位置。

（8）主变压器温度和保护设备的室温。

2. 遥信

遥信量包括以下内容：

（1）所有断路器位置信号，反映运行方式的隔离开关的位置信号，有载调压主变压器分接头的位置信号。

（2）变电站事故总信号，变压器冷却系统故障信号，继电保护、故障录波装置故障总信号。

（3）35kV及以上线路及旁路主保护信号和重合闸动作信号、母线保护动作信号、主变压器保护动作信号、高频保护收信总信号、距离保护闭锁总信号、轻瓦斯动作信号。

（4）变压器油温过高信号，小电流接地系统接地信号，TV断线信号。

（5）断路器控制回路断线总信号，断路器操动机构故障总信号。

（6）低频减负荷动作信号。

（7）直流系统异常信号。

（8）继电保护及自动装置电源中断总信号，遥控操作电源消失信号，远动及自动装置用UPS交流电源消失信号，通信系统电源中断信号。

（9）消防及保卫信号。

3. 遥控

遥控量包括以下内容：

（1）变电站全部断路器及能遥控的隔离开关。

（2）可进行电控的主变压器中性点接地开关。

（3）高频自发信启动。

（4）距离保护闭锁复归。

4. 遥调

遥调量包括以下内容：

（1）有载调压主变压器分头位置调节。

（2）消弧线圈抽头位置调节。

在实际上程中，变电站远传的信息应根据变电站的实际情况对上述内容进行增减。

三、变电站信息传输规约

变电站综合自动化系统中，为了保证通信双方能有效、可靠传输信息，必须有一套关于信息传输的顺序、信息格式（报文格式）和信息内容等约定，这种约定常称为“通信规约”，以约束双方进行正确、协调的工作。

目前，许多国际组织和权威机构（如 IEC、CIGRE、IEEE、EPRI 等）都在积极进行关于变电站自动化的标准化工作。目前在我国电力通信网中常用循环式远动规约和问答式传输规约两类。

（一）循环式远动规约（Cyclic Digital Transmit，CDT）

1. 循环式远动规约使用范围及特点

该规约规定了电网数据采集与监控系统中循环式远动规约的功能、帧结构、信息字结构和传输规则等，适用于点对点的远动通道结构及以循环字节同步方式传送远动信息的远动设备与系统，也适用于调度所间以循环式远动规约转发实时远动信息的系统。CDT 方式的主要缺点是完全不了解调度端的接收情况和要求，只适用于点对点通道结构，对总线形或环形通道，循环传输就不适用。

标准规定了主站和子站间可以进行遥信、遥测、事件顺序记录（SOE）、电能脉冲记数值、遥控命令、设定命令、对时、广播命令、复归命令、子站工作状态等信息的传送。

（1）发送端按预定规约，周期性地不断向调度端发送信息。

（2）为了满足电网调度安全监控系统对远动信息的实时性和可靠性的要求，按远动信息的特性划分为多种帧类别，分为 A、B、C、D、E 帧 5 种类别，接帧传送。

（3）帧的长度可变，多种帧类别循环传送，遥信变位优先传送，重要遥测量更新循环时间较短。

（4）区分循环量、随机量和插入量采用不同形式传送信息，以满足电网调度安全监控系统对远动信息的实时性和可靠性的要求。

（5）帧与帧相连，信道永无休止的循环传送。

（6）信息按其重要性有不同的优先级和循环时间。

为了满足实时性的要求，规约对各类远动信息的优先级和传送时间作如下安排。上行信息（子站到主站）的优先级排列顺序和传送时间如下：

（1）对时的子站时钟返回信息和遥控、升降命令的返校信息插入传送。

（2）变位遥信、子站工作状态变化信息插入传送，要求在1s内送到主站。

（3）遥控、升降命令的返校信息，插入传送。

（4）重要信息安排在A帧，循环时间≤3s。

（5）次要遥测安排在B帧传送，循环时间≤6s。

（6）一般遥测安排在C帧传送，循环时间≤20s。

（7）遥信状态信息和子站工作状态信息安排在D1帧，定时传送。

（8）电能脉冲计量安排在D2帧定时传送。

（9）E帧是随机信息，事件顺序记录安排在E帧，随时插入方式传送。

下行命令的优先级排列为：

（1）召唤子站时钟，设置子站时钟校正值，设置子站时钟。

（2）遥控选择、执行、撤消命令，升降选择、执行、撤消命令，设定命令。

（3）广播命令。

（4）复归命令。

2. 帧及帧结构

帧结构由同步字，控制字及信息字三部分组成，帧的结构如图5-14所示。每帧以同步字开头，并有控制字，除少数帧外，应有信息字。信息字的数量依实际需要设定，故帧长度可变。

同步字	控制字	信息字1	…	信息字 n	同步字	…

图5-14　帧结构

这三种字的排列规则是：字节自低B1到高Bn，上下排列；每个字节里的位又自高b7到低b0左右排列，字节排列如图5-15所示。每一帧向通道发码的规则是：低字节先送，高字节后发；字节内低位先发，高位后发。

（1）同步字。同步字用以同步各帧，故列于帧首。CDT循环式远动规约规定同步字为EB90H，同步字符连续发三个，共占6个字节，即3组1110，1011，1001，0000B。按上述发码规则，为了保证通道中传送的顺序，写入串行通信接口的同步字排列格式是3组D709H，同步字排列如图5-16所示。

图 5-16 中字节由 B1 至高 B6 上下排列，字节的位由高 b7 至低 b0 左右排列。

b7	b6	b5	b4	b3	b2	b1	b0	B1字节
b7	b6	b5	b4	b3	b2	b1	b0	B2字节
b7	b6	b5	b4	b3	b2	b1	b0	B3字节

图 5-15　字节排列

D7H(11010111)	B1字节
09H(00001001)	B2字节
D7H(11010111)	B3字节
09H(00001001)	B4字节
D7H(11010111)	B5字节
09H(00001001)	B6字节

图 5-16　同步字排列

（2）控制字。控制字是对本帧信息的说明，共六个字节，控制字如图 5-17 所示。

1）控制字节，格式见图 5-17（b），其中：

E：扩展位。E=0，表示使用本规约定义的帧类别如图 5-14 所示；E=1，表示帧类别另行定义，以便扩展功能。

控制字节	B7字节
帧类别	B8字节
信息子数 n	B9字节
源地址	B10字节
目的站址	B11字节
校验码	B12字节

(a)

E	L	S	D	0	0	0	1

(b)

图 5-17　控制字

（a）控制字组成；（b）控制字节定义

L：帧长定义位。L=0，表示本帧信息字数 n 为 0，即本帧无信息字；L=1，表示本帧有信息字。

S：源站址定义位。

D：目的站址定义位。

在上行信息中，S=1 表示控制字中源站址有内容，源站址字节内容即指子站号；D=1 表示控制字中目的站址有内容，目的站址字节内容即指主站号。

在下行信息中，S=1 表示源站址有内容，源站址字节内容即为主站号；D=1 表示目的站址有内容，目的站址字节内容为信息到达站号；D=0 表示目的站址字节内容为 FFH，即代表广播命令，所有子站同时接收并执行此命令。在上行或下行信息中，若 S=D=0，表示源站址和目的站址无意义。

2）帧类别。规约定义了各种帧类代号及其含义。例如，用代码 61H 表示上行，是送重要遥测，下行是送遥控选择命令。用代码 F4H 表示上行送遥测状态，下行送升降选择状态。

3）信息字数。信息字数 n 表示该帧中所含信息字数量。

4）校验码。CDT 循环式远动规约规定采用 CRC 校验。控制字和信息字都是（n，k）=（48，40）码，采用循环冗余校验。

（3）信息字结构。每个信息字由 Bn～（Bn+56）个字节组成，其通用格式如图 5-18 所示。功能码最多有 256 个（00～FFH），规定了信息的用途或同一用途中不同对象的编号。例如：00～7FH，共 128 个字，用于遥测，因为遥测占 16 个信息位数，所以最多可定义 256 个遥测量。F0～FFH，共 16 个字，用于遥信，因 1 个遥信状态用 1 位表示，所以最多可送 512 个遥信。详细内容可查阅功能码分配表。

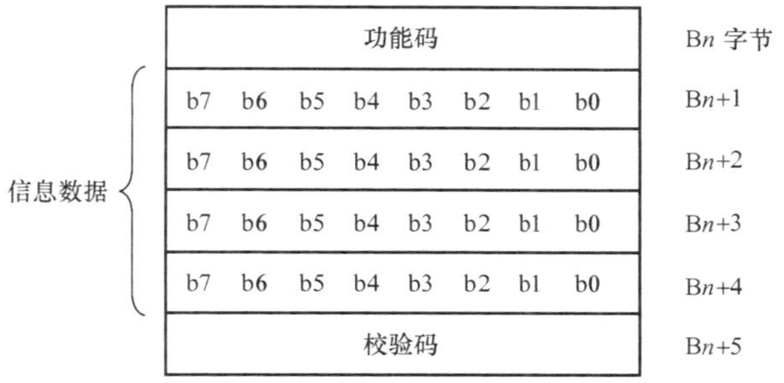

图 5-18　信息字通用格式

规约对遥测信息字格式、遥信信息字格式、遥控命令信息字结构都作了规定。在此不再详述。

3. 帧系列和信息字的传送顺序

帧系列和信息字的传送顺序，只要满足规定的循环时间和优先级的要求，可以任意组织。例如在没有插入信息时，若 A、B、C、D1 帧和 D2 帧都需要传送，A 帧的周期最短，其次为 B 帧、C 帧。D1 帧和 D2 帧的周期较长，它和

S1 的重复次数有关，可根据 D1 帧和 D2 帧要求的周期来决定 S1 重复次数，如图 5-19（a）所示。

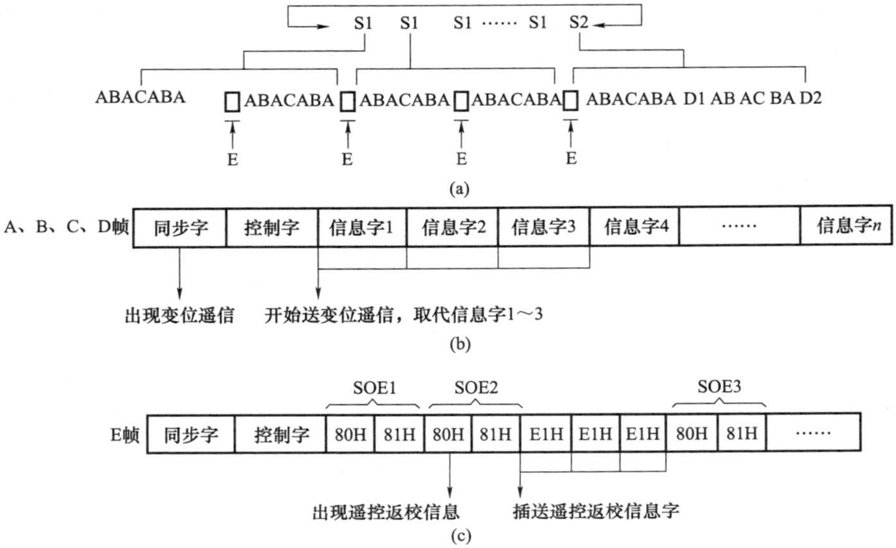

图 5-19 帧系列传送示例

（a）各帧均需传送，有 E 帧插入；（b）插入变位遥信；（c）插入遥控返校

当出现需要以帧方式插入 E 帧时，可在图 5-19（a）中箭头所指处插入，按规定连续传送 3 遍。当出现对时的子站时钟返回信息，变为遥信或遥控、升降命令的返回信息时，就以信息字为单位优先插入当前帧传送，对时的子站时钟返回信息传送 1 遍，其他信息则连送 3 遍。若本帧不够连续插送 3 遍，就全部安排至下帧插送。如被插帧为 A、B、C、D 帧，则原信息字被取代，帧长不变，如图 5-19（b）所示。如被插帧为 E 帧，则应在事件顺序记录完整的信息之间插入，帧的长度相应增加，如图 5-19（c）所示。

此外，在遥控、设定和升降命令的传送过程中，若出现遥信变位，则自动取消该命令，并通过子站上工作状态信息通知主站。

子站加电或重新复位后，帧系列应从 D1 帧开始传送，使主站能及时收到遥信状态信息。下行信道无命令发送时，则连续发送同步字。

（二）IEC 问答式远动规约

1. 问答式远动规约的特点及适用范围

问答式远动传输规约，简称 Polling 规约，或称查询式远动规约。

问答式传输方式的主要特点是：传输信息的主动权在主控端（主站）。主站（Master Station）主动地按顺序发出“查询”命令，受控端（分站 Sub Station）响应后才上送本站信息，即有问必答，当分站收到主站查询命令后，必须在规定的时间内应答，否则视为本次通信失败；无问不答，当分站未收到主站查询命令时，不允许主动上报信息。采用单工通道就可实现两端间问答式传递信息的功能。

该规约适用于网络拓扑结构为点对点、多个点对点、多点共线、多点环形和多点星形网络配置的远动系统中，可以是双工或半双工的通信。问答式远动规约规定了电网数据采集和监视控制系统（SCADA）中主站和子站（远动终端）之间以问答方式进行数据传输的帧的格式、链路层的传输规则、服务原语，应用数据结构、应用数据编码、应用功能和报文格式。

分站的远动数据种类不一，可按其特性和重要程度加以分类，对于重要的、变化快的数据，分站应勤加监视，采样扫描周期应短一些；对于不重要的变化缓慢的数据，采样扫描周期可以长些。分站可提供几种类别的扫描周期，主站在需要时可以向分站查询这些类别的数据。为了提高效率，通常遥信采用变位传送，遥测采用越阈值，即越死区传送，因此，对遥测量需要规定其死区范围；遥测量配有数字滤波，因此还要规定滤波系数，对扫描周期、死区范围也应规定。

2. 报文格式

约定采用异步通信方式，传送的报文以 8 位字节为单位，传送时增加起始位、停止位但不带奇偶校验位。上、下行报文格式如图 5-20 所示。

地址部分通常为一个字节，在下行信息中为目的站地址，在上行信息中为源站地址，地址范围为 00H～FFH。

报文类型用来说明报文的内容或类型，它用不同的代码来表示不同类型的报文。如主站传送的命令报文：扫描周期 SCAN，代码为 11（H）；类别查询 ENQ，代码为 05（H）等。

在分站给主站的响应报文中都有 E 和 R 两位以及一个字节的类别标志。E 用来报告事件记录情况，有事件记录时 E＝1，否则 E＝0。R 用来报告 RAM 自检情况，自检有错时 R＝1，否则 R＝0。分站给主站的响应报文中用“类别标志”来报告哪些类别的数据有了变化。类别标志中的每一位表示对应类别的

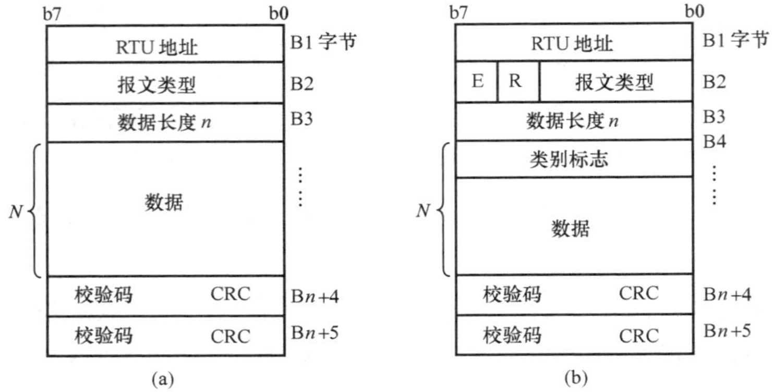

图 5-20 报文格式

（a）下行报文主站至分站的命令；（b）上行报文分站至主站的响应

情况，例如类别标志中的 b1 位为 1，就表示类别 1 中有数据变化。主站也可设置类别标志，指明查询某些类别的数据。

数据长度表明报文中数据段的字节数。

校验码部分有三种情况：对于重要的报文采用 16 位校验码；对于不太重要的报文只用 8 位校验码；分站给主站的“肯定性确认”和“否定性确认”报文不带校验码。

3. 问答式规约的优点及缺点

该规约的优点是：比较灵活，对各种类型的信息可区别对待，例如，对于缓慢变化的信号可以适当延长呼叫的周期，而对变化急剧的信号，又可以频繁地查询送数；通道适应性强，既可以采用全双工通道，也可以采用半双工通道，既可采用点对点方式，又可以采用一点多址或环形结构；节省了通道投资；采用变化信息传送策略，提高了数据传送速度。该规约的主要缺点是有时受控端的紧急信息不能及时传给主控端。因此，在实际应用中，要做一些灵活处理。例如对于遥信变位，子站 RTU 要主动上送；对通道的要求较高，因为一次通信失败虽然可以采用补发的方法，但补发次数有限，在通道质量较差时，仍会发生重要信息（如 SOE）丢失的现象；采用整帧校验的方式，由于一帧信息量较大，因此出错的概率较大，校验出错后必须整帧丢弃，并阻止重发帧，从而更加降低了实时性。

关于问答式传输规约的详细内容，请见 DL/T 634.5101—2022《远动设备

及系统 第5-101部分：传输规约基本远动任务配套标准》。

四、串行数据通信接口

在变电站综合自动化系统中，特别是微机保护、自动装置与监控系统相互通信电路中，主要是使用串行通信。串行数据通信主要是指数据终端设备（Data Terminal Equipment，DTE）和数据电路端接设备（Data Circuit-terminating Equipment，DCE）之间的通信。这里的DTE一般可认为是RTU、计量表、图像设备、计算机等，DCE一般指可直接发送和接收数据的通信设备，调制解调器也是DCE的一种。DTE和DCE之间传输信息时，必须有协调的接口，常用的有RS-232D和RS-422/RS-485。

（一）RS-232D接口标准

RS-232D是美国电子工业协会EIA制定的物理接口标准，也是目前数据通信与网络中应用最广泛的一种标准。它的前身是EIA在1969年制定的RS-232C标准。由于两者相差不大，因此RS-232D与RS-232C基本成为等同的接口标准，人们经常称它们为“RS-232标准”。RS-232D接口标准如图5-21所示。

1. RS-232D的特性

（1）RS-232D的机械特性。RS-232D的机械特性中，规定选择DB-25的结构作为其连接器，还规定了DB-25的机械尺寸及每根针排列的位置。DB-25是由一个25针的插头和一个25孔插座组成。DB-25型连接器图如图5-21（c）所示。

（2）RS-232D的电气特性。RS-232D标准接口电路采用非平衡型，每个信号用一根导线，所有信号回路公用一根地线，信号速率限于20kbit/s之内，电缆长度限于15m之内。由于是单线，线间干扰较大。其电性能用±12V标准脉冲。值得注意的是RS-232D采用负逻辑工作。

在数据线上：Mark（传号）为－5～－15V，逻辑“1”电平；

Space（空号）为＋5～＋15V，逻辑“0”电平。

在控制线上：On（通）为＋5～＋15V，逻辑“0”电平；

Off（断）为－5～－15V，逻辑“1”电平。

由于大部分设备内部使用TTL电平，RS-232D的逻辑电平与TTL电平不

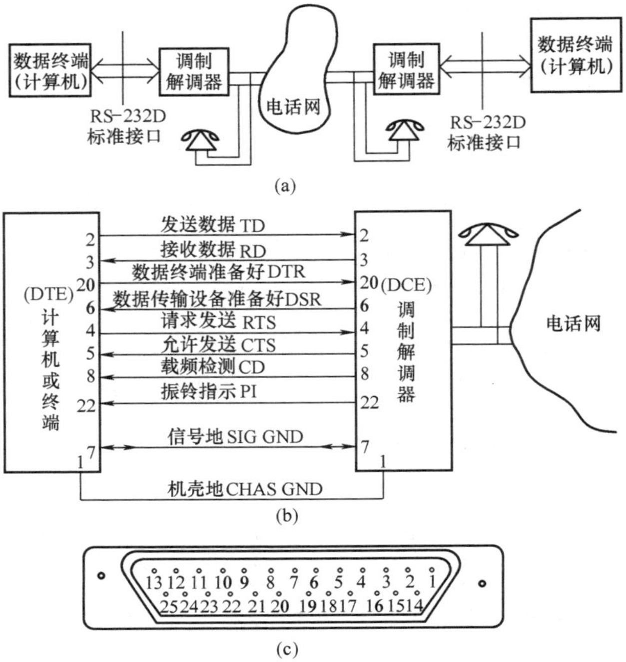

图 5-21　RS-232D 接口标准

（a）在电话网上的数据通信；（b）RS-232D 标准接口的数据线和控制线；（c）DB-25 型连接器

兼容，因此常利用专门的线路驱动器和线路接收器来完成 RS-232D 和 TTL 电平间的转换。现有成品组件 SN75188 驱动器和 SN75189 接收器即是 RS-232D 通用的集成电路转换器件。

（3）功能特性。功能特性规定了接口连接线的功能。RS-232D 的信号线可分为四类：数据线、控制线、定时线和地线。控制总线通常称为握手线，它们的主要功能是为了 DTE 和 DCE 间的互相联系，并表示它们的工作状态。定时线一般在同步通信方式时使用。

RS-232D 标准规定了各引脚信号的名称及功能。RS-232D 标准把调制解调器作为一般数据传输设备（DCE）看待，把计算机或终端作为数据终端设备（DTE）看待。图 5-21（a）表示电话网上的数据通信。如常用的大部分数据线、控制线，各引脚如图 5-21（b）所示，功能如下：1 是屏蔽地线，2 是发送数据线，3 是接收数据线，4 是请求发送控制线，5 是允许发送控制线，6 是数据设备准备好控制线，7 是信号地线，8 是接收载波检测控制线，20 是设备终端准备好控制线，22 是振铃指示控制线，15 是发送时钟定时线，17 是接收时钟定时线。

2. RS-232D 的优缺点

RS-232D 采用的是单端驱动和单端接收电路，特点是传送每种信号只用一根信号线，而它们的地线是使用一根公用的信号地线。其优点是传送数据的电路简单，不足表现在以下几方面：

（1）数据传输速率局限于 20kbit/s。

（2）理论传输距离局限于 15m（如果合理的选用电缆和驱动电路，这个距离可能增加）。

（3）每个信号只有一根信号线，接收和发送仅有一根公用地线，易受噪声干扰。

（4）接口使用不平衡的发送器和接收器，可能在各信号成分间产生干扰。

（二）RS-485 接口标准

适用于多个点之间共用一对线路进行总线式联网，用于多站互联非常方便，在 RS-485 互联中，某一时刻两个站种，只有一个站可以发送数据，而另一个站只能接收数据，因此其通信只能是半双工的，且其发送电路必须由使能端加以控制。当发送使能端为高电平时，发送器可以发送数据，为低电平时，发送器的每个输出端都呈现高阻态，此节点就从总线上脱离，好像断开一样。

使用 RS-485，可节约昂贵的信号线，同时可高速远距离传送。它的传输速率达到 93.75kbit/s，传送距离可达 1.2km。因此，在变电站综合自动化系统中，各个测量单元、自动装置和保护单元中，常配有 RS-485 总线接口，以便联网构成分布式系统。

（三）RS-232/RS-485 通信接口存在的问题

早期的变电站内部通信多采用 RS-232/RS-485 通信接口。这种方式的优点是通信设备简单，成本低，可实现监控系统与微机保护和自动装置间的相互交换数据和状态信息，可实现多个节点（设备）间的互联。变电站综合自动化系统中使用 RS-232/RS-485 通信接口存在的问题如下：

（1）相互连接的节点数一般不超过 32 个，在变电站规模稍大时，不易满足综合自动化系统的要求。

（2）一般通信方式多为查询方式，即由主计算机问，保护单元或自控装置答，通信效率低（一般在2400～9600b/s），难以满足较高的实时性要求。

(3) 整个通信网上只能有一个主节点对通信进行管理和控制，其余皆为从节点，受主节点管理和控制，这样主节点便成为系统的瓶颈，一旦主节点出现故障，整个系统的通信便无法进行。

(4) 接口的通信规约缺乏统一标准，使不同厂家生产的设备很难互联，给用户带来不便。

(5) 基于上述原因，国际上在20世纪80年代中期就提出了现场总线，并制定了相应的标准。

五、现场总线在变电站综合自动化系统中的应用

1. 现场总线简介

根据国际现场总线基金会（Foundation Field Bus，FF）的定义，现场总线（Field Bus）是一种全数字的双向多站点通信系统。

现场总线是基于微机化的智能现场仪表，实现现场仪表与控制系统和控制室之间的一种全分散、全数字化、智能、双向、多变量、多点、多站的通信网络。按国际标准化组织（ISO）和开放系统互联（OSI）提供的网络服务，支持多种通信介质，满足高速可靠的技术要求。简而言之，它把单个分散的测量控制设备变成网络节点，以现场总线为纽带，把它们连接成可以相互沟通信息、共同完成预定任务的网络系统与控制系统。

现场总线控制系统既是一个开放通信网络，又是一种全分布控制系统。它作为智能设备的联系纽带，把挂接在总线上、作为网络节点的智能设备连接成网络系统，并进一步构成自动化系统，实现基本控制、补偿计算、参数修改、报警、显示、监控、优化及控管一体化的综合自动化功能。这是一项以智能传感器、控制、计算机、数字通信、网络为主要内容的综合技术。

现场总线与一般的计算机局域网有些相似之处，但也有不少差别。局域网（LAN）适合于一般做数据处理的计算机网络，而现场总线是作为现场测控网络，要求方便地适应多个输入输出及各种类型的数据（突发性数据和周期性数据）的传输，要求通信的周期性、实时性、可确定性，并能适应工业现场的恶劣环境。

现场总线除了具有LAN的一些优点外，最主要的是它满足了工业过程控制所要求提供的互换操作，使不同厂家的设备可互联也可互换，并可统一组

态，使所组成的系统的适应性更广泛。现场总线的开放性，使用户可方便地实现数据共享，具有可靠性高、稳定性好、抗干扰能力强、通信速率快、造价低、维护成本低、互可操作性和互用性好等特点。

2. 变电站综合自动化系统采用现场总线的优越性

变电站综合自动化系统的体系结构从早期的面向功能（按保护、监控等若干个相对独立的子系统，每个子系统有自己的输入和输出设备）向着面向对象（一次设备）将保护、测量集成在一起的方向发展。变电站自动化系统需要在变电站各种二次设备及其他相关智能设备之间进行信息交换、共享，这就决定其信息传输的多元性和复杂性。这种多元性不但表现为信源各异、信息构成多变，传输要求也是多样的。从通信角度，变电站自动化系统应具有高度的开放性、可互操作件、现场适应性。现场总线在技术上满足上述要求。

建立在现场总线基础上的变电站自动化系统中，智能设备自身具备不依赖于主控或站级的独立测量控制能力，在完成测量控制功能上，它们是彻底分散的，而实时可靠的数据交换和信息共享，在更高的层次上将各种设备连接起来，促进了变电站信息的集中分析和综合处理。采用具有现场总线的变电站综合自动化系统有以下几方面明显的优越性：

（1）互可操作性与互用性好。互可操作性是指实现互连设备间、系统间的信息传送与沟通，而互用性意味着不同生产厂家的性能类似的设备可实现相互替换。具有现场总线接口的设备在硬件接口及软件上标准化。用户可优选不同厂家的产品集成为一个比较理想的自动化系统。

（2）开放式网络。开放是指对相关标准的一致性、公开性，强调对标准的共识与遵从。现场总线所有技术和标准全是公开的，制造商必须遵循，使用户可以自由组成不同制造商的通信网络，既可与同层网络相连，也可与不同层网络互联，因此现场总线给综合自动化系统带来更大的适应性。

（3）降低了成本、节省安装费用和维护费。由于现场总线完全采用数字通信，其控制功能也可下放到现场，减少了占地面积；现场总线系统的接线十分简单，一对双绞线或一条电缆上通常可挂接多个设备，因而电缆、端子、槽盒、桥架的用量大大减少，连线设计与接头校对的工作量也大大减少，节省安装费用；由于连线简单，使维护费用大为降低；接口简单、使用方便。

（4）系统配置灵活，可扩展性好。

3. LON WORKS 现场总线在变电站综合自动化系统的应用

几种有影响的现场总线有：基金会现场总线（FF），是现场总线基金会在1994年9月开发出的国际上统一的总线协议；LON WORKS（Local Operating Network）现场总线，由美国Echelon公司于1991推出。CAN总线（Control Area Network）是控制局域网络的简称，最早由德国BOCH公司推出的。

采用LON WORKS现场总线构成的通信系统如图5-22所示。CSC-2000型变电站综合自动化系统的通信系统就是采用这种结构。

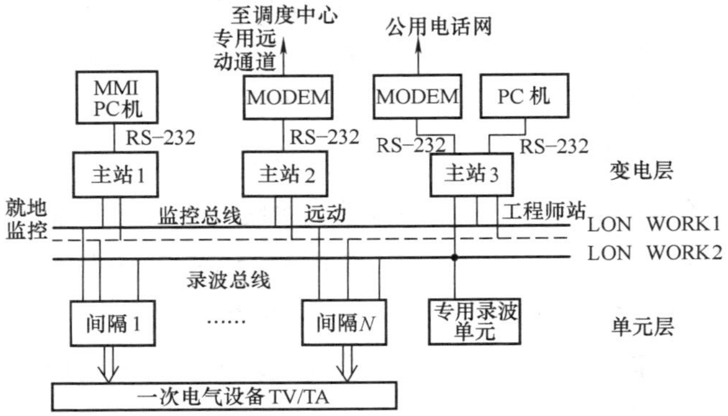

图5-22 采用LON WORKS现场总线构成的通信系统

（1）结构特点。它只分为两层：变电层和间隔层，LON WORKS网络取消了通信管理层，变电层有三个主站并相互独立，提高了系统的冗余度。图5-22中用两个独立的双绞线总线网：一个是监控总线；另一个是录波总线，各间隔层节点通过常规二次电缆同设备连接。变电层设备，包括主站1～3。总线型网所有节点往网上的连接方式都是一样的，但从功能上可分成变电层和单元层，单元层直接同开关设备连接，而变电层则通过通信网同各单元层通信，收集由单元层采集的各种信息和事件报文，以及下达控制命令，分层的概念由此而来。

变电层除了通用设备，例如PC机和MODEM外，专用设备是图5-22中的主站，主站1、2是完全相同的，称监控主站，其硬件示意图如图5-23所示。它包括了一个Neuron芯片和一个功能强大的微机系统（主站微机）。该系统同Neuron芯片之间用并行方式连接，并设有切换电路，可由主站微机的CPU控制，选择连接至网1或网2。主站微机还设有一个RS-232串行接口，可同就地监控PC机通信或经MODEM和通道连接远方控制中心。为了适应各种不同的通道，还可选供其他型式的通信接口，例如专用光纤，微波或光纤通信系统的PCM接口等。在软件方面，Neuron芯片仅用作LON WORKS网络接口，为主站微机同网络之间传递数据，监控主站的功能都由主站微机完成。它设有一个实时数据库，存放着全站各测点的模拟量和状态量。它一方面可以通过通信接口同当地或远方监控计算机通信；另一方面监控主站本身具有许多控制功能，可供选用。对于有人值班站，主站1和主站2可以安装在控制台下部的机箱内，无人值班站可不设控制台，则远动主站可装在相应的屏或柜上。就地监控主站1和远动主站2设计成完全一样，就地监控的PC机就如同远方控制中心的计算机一样。

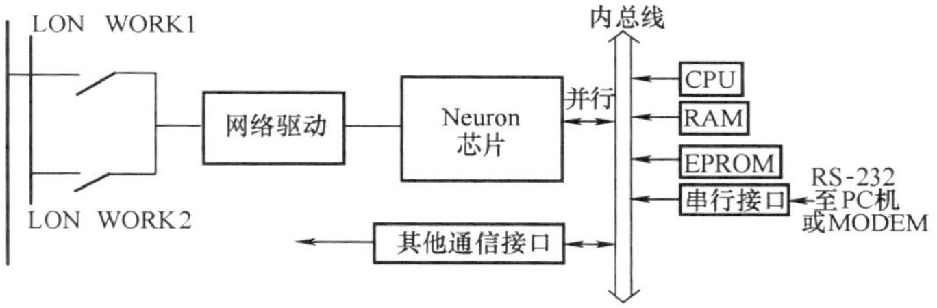

图5-23　监控主站硬件示意图

主站3是工程师站，它有两个RS-232串口，一个接就地PC机，另一个经MODEM接至公用电话网，传向具有电话通信功能的远方另一端。此外，它还有两个LON WORKS接口，分别接至监控专用网线和录波专用网线。就地PC机的主要用途是迅速将分散在各保护装置的录波插件，以及集中式的专用录波装置（如果装设）的记录数据存盘；此外，在需要时工程师还可以利用该PC机和本公司提供的配套软件工具进行多种工作。例如：录波数据的波形显示和分析计算；同监控网和录波网上任意元件通信，包括进行多种测试、读取定值等。如果工程师在利用就地PC机进行任何工作时，有录波装置启动，PC机将立即自动地退出正在执行的程序而进入在线工况，准备接收数据。

工程师站通过MODEM接至公用电话网，因而工程师还可以在有电话的地方如同就地PC机一样同网上任一元件通信，也可从就地PC机的磁盘中调取录波记录。当然，工程师站（就地和远方）的权限比监控主站小得多，工程师站不允许进行任何操作，也不允许修改定值；另外，还可设置口令，防止不相干的人员进入。

从 CSC-2000 的系统看，就地和远方监控相对独立，一个损坏，不影响另一个工作，它们共享网上的所有信息，对于重要的站，可能要求经过不同的通道，送往不同地点的上级部门，此时只要在网络上设一个监控主站，灵活方便。同样，为提高可靠性，也可设置两个就地监控主站，互为备用。

Neuron 芯片本身含有 CPU 微处理器，所有通信事务均由它独立处理，如网络媒介占有控制、通信同步、误码检测、优先级控制等，全部无需系统设计人员关心。而 LON WORKS 总线也有一个重要特点，它的应用层软件（例如微机保护软件）和网络部分完全相互独立；因而应用层软件不会因网络上的任何原因而改变。这两个特点使保护和监控单元的设计、使用、维护人员均不需考虑通信网络上的繁琐问题。这种总线方式组成的分散分布式监控网络今后有较大的发展前景。LON WORKS 总线网络在物理层上连接十分简单，只要用抗干扰性能强的双绞线电缆把所有节点连接在一起即可。

（2）单元层保护装置的监控特点。在 CSC-2000 监控系统的间隔层中省略了监控单元的测量功能。由于每一个保护装置都具有测量功能，可在保护不启动时，利用其闲余时间“顺便地”计算电压、电流、有功、无功、频率等，从而由保护单元取代了监控单元的测量功能（监控单元的开关量 I/O 功能是不可取代的），但是计费用电能表仍然接仪表 TA，所以可以保证计费的正确性，而保护装置的电流量仍然取自保护 TA，并不影响保护的正常工作。供 SCADA 用的量由保护 TA 和保护装置测量，能满足精度要求，但为了提高远动功率总计的精度，在某些汇总点装设专用测点并接仪表 TA，例如在主变压器的高、中、低压三侧增设测点。应指出的是这种装置的保护功能仍然是独立的，因为在保护启动后装置的遥测功能就停止了，CPU 集中处理保护功能，因此保护功能是独立而且可靠的。

六、变电站分层通信系统的发展

变电站综合自动化通信系统正在朝着网络化、互联的方向发展，它将是一个广域网、局域网、现场总线并存的网络结构。变电站的信息传输将呈现多层次、多局部交错互联的形态，并由此实现信息的沟通、汇集和共享。

在变电站内可设置局域网，不同智能设备以不同的形式接入变电站局域网。部分远动、保护装置可以通过现场总线（如 CANBUS、LON WORKS 等）

经微机综合数据处理后以 TCP/IP（计算机标准通信协议）接入站内的局域网，也可以用 RS-485、RS-232 等接入通信装置（如直流、交流、电量等智能装置），再由通信装置接入站内局域网。所有的工作站都挂在局域网上，实现数据共享。局域网通过网络交换机实现和国家电力数据网络 SPDnet 的互联。连接远方调度的可以是 ATM 网，也可以是站内局域网。ATM 技术采用异步分时复用的方法将信息流分成固定长度的信源进行高速空换，适合多媒体业务，能按需分配带宽，支持多优先级，提供多种带宽承载业务。变电站数据接入 SPDnet 的方法很多，典型的方法可以在变电站自动化系统中增加 V24 接口，由 ATM 网实现与 SPDnet 的连接。变电站原有的模拟接口（FSK）、数字接口可以作为备用通道予以保留。典型变电站分层通信系统如图 5-24 所示。

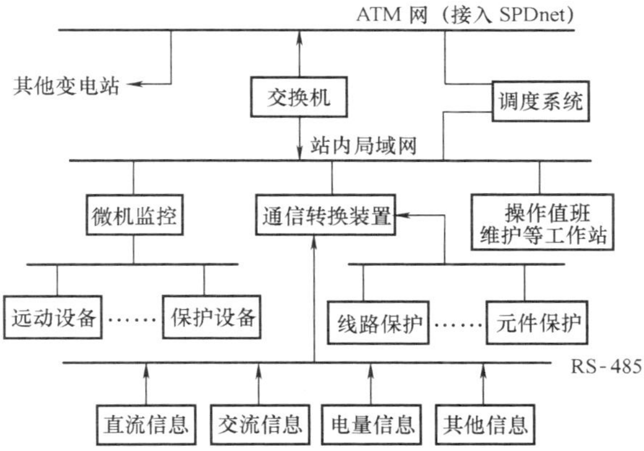

图 5-24 典型变电站分层通信系统

由图 5-24 可见，变电站内部的通信具有多个网段，每个网段的总线类型、通信介质、通信协议等可以各不相同。每个总线网段将所属的智能测控设备连接成一个子系统。这个子系统的基本功能与操作是不依赖于整个变电站自动化系统而独立实现的。对于实时性要求较高的信息共享与综合控制，也应优先考虑在子系统内部实现。对可靠性要求较高的子系统，还可以设置双网或多网冗余通信。不同总线网段的总线类型、数据传输方式、通信介质、传输规约的选取是按功能特点的不同而灵活选择的，因此它们之间不能直接通信。网段之间的信息传输与共享，可通过多种站级设备（主要指微机、当地监控、总控装置等）实现。目前站级设备只承担信息的汇总与分析，也就是一个规约转换器。

随着站级设备功能的扩展，它们还将成为不同网段间互联的网桥，从而使变电站的现场控制层在信息的综合与共享成为一个有机的整体。

随着变电站自动化水平的提高，现场控制层的信息将进一步扩展，视频、音频等信息采集设备也将成为变电站自动化系统的组成部分，因此要求站级设备的性能应对这种扩展做出准备，通信能力相应提高。站级设备之间的互联宜采用广域网，以适应站级设备间高速数据交换的要求。站级设备在信息汇总的基础上，可借助数据库、优化运算等手段对全站数据进行综合、分类、优化、存储、转发等。

将来的变电站自动化系统远传端口除应具备载波、微波等低频通信接口外，还应具有 AIM 接入的能力，以便充分利用广域网的能力，实现和调度及其他变电站的信息互联，从而实现电网互联的更多功能。建立在广域网、局域网、现场总线结构上的变电站自动化系统具有节约投资、简化安装、易于维护、组态灵活、高效可靠的特点，应在变电站自动化系统中推广使用。

第五节　SCADA 后台监控系统

变电站综合自动化系统如雨后春笋般地蓬勃发展，目前国内具有代表性的有公司和产品有北京四方继保自动化有限公司的 CSC-2000 系列综合自动化系统、南瑞集团有限公司的 BSJ-2200 计算机监控系统、南京南瑞继保电气有限公司的 RCS-9600 系列综合自动化系统、上海惠安系统控制有限公司 Power-Comm-2000 变电站自动化监控系统、国电南京自动化股份有限公司 PS 6000 系列综合自动化系统、许昌智能继电器股份有限公司的 CBZ-8000 系列综合自动化系统等。下面就以 RCS-9600 系列综合自动化系统来讲述一下变电站综合自动化系统中的重要组成部分——SCADA 后台监控系统的特点及功能。

RCS-9600 后台监控系统用于综合自动化变电站的计算机监视、管理和控制或用于集控中心对无人值班变电站进行远方监控。RCS-9600 后台监控系统通过测控装置、微机保护以及变电站内其他微机化设备（IED）采集和处理变电站运行的各种数据，对变电站运行参数自动监视，按照运行人员的控制命令和预先设定的控制条件对变电站进行控制，为变电站运行维护人员提供变电站运行监视所需要的各种功能，减轻运行维护人员的劳动强度，提高变电站运行的稳定性和可靠性。该计算机监控系统具有如下特点：

（1）系统解决方案。保护、监视和控制整体考虑，功能分布合理，设备之间无缝隙连接。

（2）分布式网络结构。系统组织方式多样，可选用单机、多机或网络方式，扩展方便。

（3）商用数据库。ANSI 标准 SQL 接口。数据管理方便可靠，有利于数据进一步处理。

（4）多媒体人机界面。画面完善明快、操作简单，电子表格方便使用、统计，语音报警清晰明了。

（5）Windows NT/2000 环境。全新 32 位多任务、多进程，实时性更强。

（6）系统开放。支持不同厂商的设备，适应各种规模要求，保护用户投资。

一、系统结构

采用双机配置的 RCS-9600 型变电站综合自动化系统结构图如图 5-25 所示，两个工作站用于变电站实时监控，相互备用。主计算机系统通过两台通信控制器与变电站内的保护、测控装置相连接，实现变电站数据采集和控制。两台通信控制器互为备用，任一台故障，可自动切换，接替故障设备工作。该配置主要用于中高压枢纽变电站。

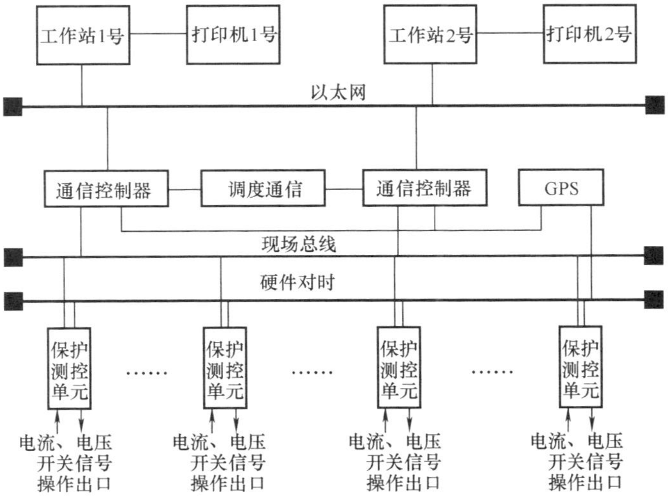

图 5-25　采用双机配置的 RCS-9600 型变电站综合自动化系统结构图

采用单机配置的 RCS-9600 型综合自动化系统结构图如图 5-26 所示，主要用于中低压变电站，完成变电站日常运行监视和控制工作。在中、低压变电站中正逐步实现无人值班，对于重要性较低的变电站可以配置测控装置和保护，不配置计算机系统，完全由变电站集控中心进行监测和控制。

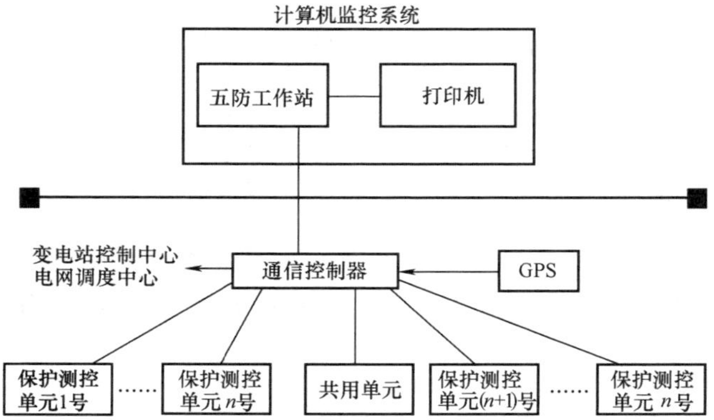

图 5-26　采用单机配置的 RCS-9600 型变电站综合自动化系统结构图

图 5-25、图 5-26 两种配置软硬件平台完全一样，用户可随着变电站规模的扩大，逐步发展扩充原有系统。

系统硬件平台支持 Pentium、PowerPC 等，软件可在多个厂家的硬件平台上运行，具有广泛的适应性。

软件平台为 Windows NT/2000 操作系统，提供数据库 ANSI 标准 SQL 接口，适用工业标准的 TCP/IP 网络构成分布网络结构，采用面向对象的 VC++语言编程，系统具有广泛的实用性和可移植性。

二、系统功能

（1）实时数据采集。

1）遥测。变电站运行各种实时数据，如母线电压、线路电流、功率、主变压器温度等。

2）遥信。断路器、隔离开关位置、各种设备状态、气体继电器信号、气压等信号。

3）电能量。脉冲电能量，计算电能。

4）保护数据。保护的状态、定值、动作记录等数据。

（2）数据统计和处理。

1）限值监视及报警处理。多种限值、多种报警级别（异常、紧急、事故、频繁告警抑制）、多种告警方式（声响、语音、闪光）告警闭锁和解除。

2）遥信信号监视和处理。人工置数功能、遥信信号逻辑运算、断路器事故跳闸监视及报警处理、自动化系统设备状态监视。

3）运行数据计算和统计。电能量累加、分时统计、运行日报统计、最大值、最小值、负荷率、合格率统计。

（3）操作控制。断路器及隔离开关的分合控制，变压器分接头调节，操作防误闭锁，特殊控制。

（4）运行记录。遥测越限记录，遥信变位记录，SOE事件记录，自动化设备投停记录，操作记录（如遥控、遥调、保护定值修改等记录）。

（5）报表和历史数据。变电站运行日报、月报；历史库数据显示和保存。

（6）人机界面。电气主接线图、实时数据画面显示，实时数据表格、曲线、棒图显示，多种画面调用方式（菜单、导航图），各种参数在线设置和修改，保护定值检查和修改，控制操作检查和闭锁，画面拷贝和报表打印，各种记录打印，画面和表格生成工具，语音告警（选配）。

（7）支持多种远动通信规约，与多调度中心通信。

（8）远程系统维护。

（9）事故追忆功能、追忆数据画面显示功能。

三、监控系统软件

监控系统软件包括 Windows NT/2000 操作系统、数据库、画面编辑和应用软件等几个部分，监控系统软件结构图如图 5-27 所示。

（一）数据库

数据库用于存放和管理实时数据以及对实时数据进行处理和运算的参数，它是在线监控系统数据显示、报表打印和界面操作等的数据来源，也是来自保护、测控单元数据的最终存放地点。数据库生成系统提供离线定义系统数据库工具，而在线监控系统运行时，由系统数据管理模块负责系统数据库的操作，如进行统计、计算、产生报警、处理用户命令（如遥控、遥调等）。

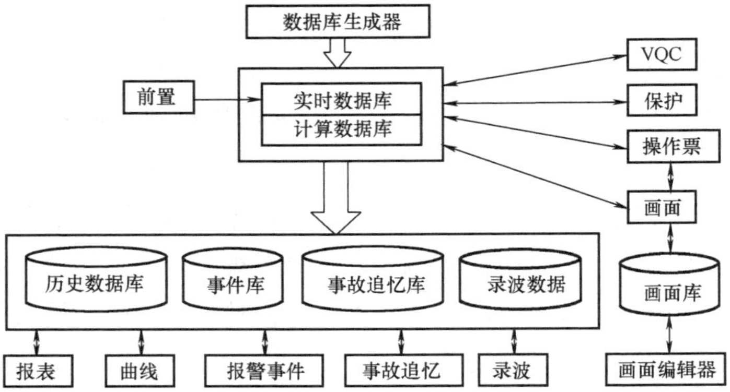

图 5-27　监控系统软件结构图

数据库的组织是层次加关系型的。数据分为三层，即由站（对应整个变电站）、数据类型（即遥测、遥信、电能等）、数据序号（又称之为“点”，对应具体的某一个数据）形成数据库的访问层次。层次体现在监控系统在线运行时系统对数据库的读写访问上，也体现在系统数据库的定义上。系统数据库的定义分为站定义、数据类型定义、点定义三级进行，站和点都有一系列属性。数据库的关系型结构体现在与系统中的点是相关的，如监控系统在线运行时，判断遥控是否成功要看其对应的遥信是否按要求变位。

系统数据库的数据可以分成两级，既基本级数据和高级数据。基本级数据指遥测、遥信、脉冲的基本属性（系统数据库的描述数据在 RCS-9600 中称为属性）；高级数据则是指在上述基本数据基础上的电压、电流、功率、断路器、隔离开关和电能的属性。基本数据可以在数据库生成系统中进行定义，而高级数据是监控系统在线运行时产生的。

数据库生成系统按数据库的层次关系定义基本数据，即站定义、数据类型定义、点定义。

1. 站定义

对每一个站分配一个 0～66535 之间的整数作为站号。

2. 数据类型定义

数据类型定义可以包含多个数据类型，各数据类型的类别可以相同，也可以不同。监控系统常用的数据类型如下：

（1）遥测。用来描述遥测量，如电压、电流、有功和无功。

（2）遥信。用来描述开关量，如断路器、隔离开关等。

（3）遥控。用来描述开关控制量，与遥信值对应。

（4）脉冲电能。用来描述脉冲计数值，如电能量。

3. 点定义

点是系统最基本的描述单位，它分属于各种数据类型。点属性描述是系统数据库描述的主要内容，各点属性依数据类型的不同而不同，有些用于定义常量数据，如站名、点名、类型、单位等；有些用于定义实时处理参数，如遥测报警的限值、脉冲电能的峰谷时段划分等；有些用于设置处理方式，如各种处理允许标志、存储标志（存储标志设置后，在线监控系统将按相应标志对该值进行历史存储）。另外，点还有一些属性是用于统计计算的，如电压合格率、最大值、最小值和电能峰谷平段的统计等，是系统数据库的在线属性，系统在线运行时按实际数值进行填写，离线数据管理生成中无需定义。

系统数据库和数据可分成两级，即基本数据和高级数据。基本数据指遥测、遥信、脉冲的基本属性（系统数据库的描述数据在 RCS-9600 中称为属性）；高级数据指在上述基本数据基础上的电压、电流、功率、断路器、隔离开关、电能的属性。基本数据可在数据库生成系统中进行定义，而高级数据是监控系统在线运行时产生的。

（1）基本数据处理。主要给出每一数据的基本属性和处理参数，其处理一般仅限于某一具体数据本身，不涉及其他数据。基本数据处理包括以下几点：

1）遥测点属性及处理。每一个遥测点有点名、单位类型、存储标记、系数、偏移量、预警限值、报警限值、有效值限值、允许标记、报警声音、计算公式及事故发生的相关有功、无功和电流等可以在数据生成系统中定义的属性，还有原始值、工程值、最大值、最小值等实时属性。在线运行时，系统数据管理模块根据原始值、变比及偏移计算工程值，如果工程值越过报警线，则产生报警；记录最大值、最小值及最大值、最小值发生的时刻；判断历史记录标记，记录历史数据。

2）遥信点属性处理。每一个遥信点有点名、类型、报警等级、允许标记、遥控点、报警声音等可以在数据库生成系统中定义的属性，还有原始值、变位次数等实时属性。在线运行时，系统数据库管理模块计算遥信工程值，如果遥信变位，则查看事故状态，判断是正常变位或事故变位，并产生相应报警信息；进行变位次数统计；双位置遥信等。

3）脉冲点属性处理。每一个脉冲点有点名、类型、变比、峰谷平时段系数、偏移量、存储标记、允许标记等可以在数据生成系统中定义的属性，还有原始脉冲数等实时属性：在线运行时，系统数据管理模块根据原始脉冲数，计算脉冲的各统计量；进行越限判断。

4）遥控点、遥调点属性及处理。每一个遥控点有点名、遥控条件等可以在数据库生成系统中定义的属性。在线运行时，调度员进行遥控选择、遥控执行时，发送相应的命令；处理超时，产生超时事件；记录遥控执行成功与否。

（2）高级数据处理。是对基本数据进一步处理、统计和分析，涉及到同一个基本数据在不同时段上的数值或同一类型的一批数据等。

1）电压合格率统计。对于电压统计如下时间：

正常时间：NT；

越上限时间：HT；

越下限时间：LT；

停止时间：ST（有效值之外）。

计算：电压合格率$=NT/(NT+HT+LT)$

2）有功处理。计算负荷功率，一天有功平均值、最大值。

3）电能处理。

4）数据类型定义。①按 1min、15min、1h、1 天、1 月进行电能累计，按峰、平、谷时段分别进行统计；按天、按月统计峰电能、谷电能、平电能、最大值、平均值、日电能、月电能；②产生报警：按日峰越限、日总越限、月总越限三种事件进行报警。

5）其他处理。对于每个站统计全月输入电量总和，输出电量总和及不平衡率。

（二）画面编辑器

画面编辑器是生成监控系统的重要工具，地理图、接线图、列表、报表、棒图、曲线等画面都是在画面生成器中生成的。由画面编辑器生成的画面都能被在线调出显示。地理图、接线图、列表是查看数据、进行操作的主要画面，报表、曲线则主要用于打印。

画面上可以制作两类图元：一类是背景图元；另一类是前景图元。背景图元在线运行时不会发生变化，如画面中的线段、字符、位图以及报表的边框等都是背景图元。前景图元又分为两种，即数据前景图元和操作前景图元。数据前景图元根据其代表的实时或历史数据值的变化而变化；操作前景图元则代表一个操作，当用户使用鼠标点中该图元时执行这一操作，如调出画面、修改数据和进行遥控等。一般数据前景图元也都是操作前景图元。使用操作前景图元可以把系统使用的画面组成一个网状结构，在线运行时，用户可以方便在各画面之间漫游。

画面编辑器提供了方便的编辑功能，使作图效率更高，提供报表、列表自动生成工具，加快作图速度。

对于画面中经常使用的符号，如断路器、隔离开关、接地开关、变压器等，可以使用画面编辑器制成图形符号，在编辑画面时直接调出使用。使用多个图形符号交替显示，还用来代表断路器、隔离开关的不同状态。

通过画面编辑器提供的工具和菜单栏，可方便地选择各种工具对画面进行编辑和处理，形成具体工程所需的各种画面。

（三）应用软件

应用软件在操作系统的支持下，依据数据库提供的参数，完成各项监控功能，并通过人机界面，利用画面编辑器生成的各种画面，提供变电站运行信息，显示实时数据和状态、异常和事故告警；同时提供运行人员对一次设备进行远方操作和控制的手段，对监控系统的运行进行干预和控制。

应用软件包括如下：

（1）数据采集软件。与通信控制器通信，采集各种数据，传送控制命令。

（2）数据处理软件。对所采集的数据进行处理和分析，判断数据是否可信、模拟量有无越限、开关量有无变位，按照数据库提供的参数进行各种统计处理。

（3）报警与事件处理软件。判断报警或事件类型，给出报警或事件信息，登录报警或事件内容和时间，设置和清楚相关报警或事件标志。

（4）人机界面处理软件。显示各种画面和报表、告警和事件信息，给出报警音响或语音，自动和定时打印报警、事件信息以及各种报表和画面；操作权限检查，提供遥调、遥控控制操作，确认报警，修改显示数据（人工置数）、修改保护定值。

（5）数据库接口。连接数据库与应用软件，对数据库存取进行管理、协调和控制。

（6）控制软件。完成特定的控制任务和工作。对每一项控制任务，一般有一个控制软件与之对应。常见的控制软件有电压无功控制、操作控制连锁。

第六节　智能变电站简介

智能变电站是新型传感技术、以太网通信技术及状态监测技术等技术发展的必然结果，在智能变电站的建设中，引入了许多智能化设备、先进的变电站网络通信标准 DL/Z 860.2—2006《变电站通信网络和系统　第 2 部分：术语》，引入了信息数字化、信息互动化、通信网络化以及全周期寿命的理念，引入先进精密网络对时（IEC 61588 标准）方式，这些新技术、新设备和新理念给变电站的建设带来了革命性的变化。智能变电站采用先进、可靠、集成、低碳、环保的智能设备，以全站信息数字化、通信平台网络化、信息共享标准化为基本要求，自动完成信息采集、测量、控制、保护、计量和监测等基本功能，并可根据需要支持电网实时自动控制、智能调节、在线分析决策、协同互动等高级功能的变电站。智能变电站概念示意图如图 5-28 所示，智能变电站能够完成比常规变电站范围更广、层次更深、结构更复杂的信息采集和信息处理，变电站内、站与调度、站与站之间、站与大用户和分布式能源的互动能力更强，信息的交换和融合更方便快捷，控制手段更灵活可靠；并且具有信息数字化、功能集成化、结构紧凑化、状态可视化等主要技术特征，符合易扩展、易升级、易改造、易维护的工业化应用要求。

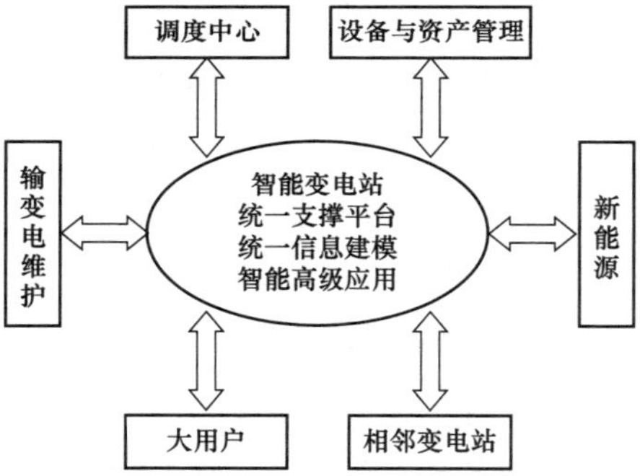

图 5-28　智能变电站概念示意图

一、系统结构

智能变电站采用基于 DL/Z 860.2—2006 标准的自动化系统网络，DL/Z 860.2—2006 是针对变电站系统和网络的电力行业标准，等同于国际电工委员会

(International Electrotechnical Commission，IEC）发布的IEC 61850标准，是迄今为止最为完善、最为严谨的变电站自动化系统通信标准。根据DL/Z 860.2—2006，智能变电站系统结构从逻辑上可划分为3层，分别是站控层、间隔层和过程层，智能变电站系统结构示意图如图5-29所示。

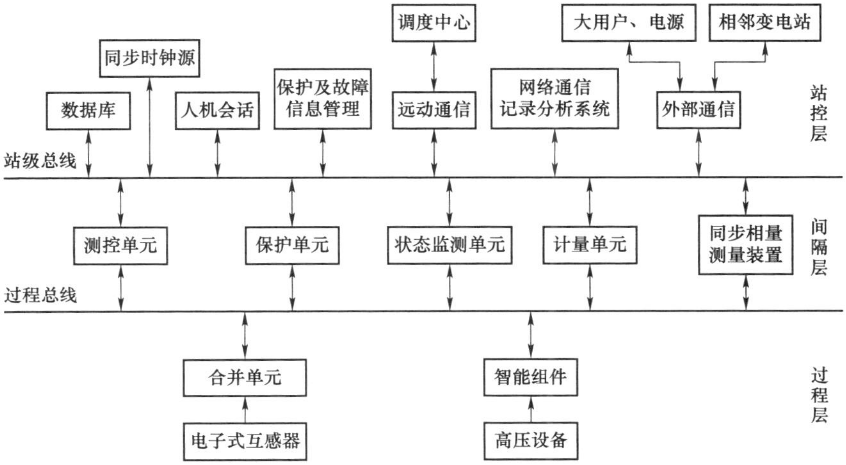

图5-29　智能变电站系统结构示意图

(1) 站控层。站控层包含数据库系统、人机会话系统、保护及故障信息管理、远动通信等子系统，实现面向全站或一个以上一次设备的测量和控制的功能，完成数据采集和监视控制、操作闭锁以及同步相量采集、电能量采集、保护信息管理等相关功能。

站控层功能高度集成，可在计算机或嵌入式装置中实现，也可分布在多台计算机或嵌入式装置中实现。

(2) 间隔层。间隔层设备一般指继电保护装置、测控装置、监测功能组的主智能电子装置（Intelligent Electronic Device，IED）等二次设备，实现使用一个间隔的数据并且作用于该间隔一次设备的功能，即与各种远方输入/输出、智能传感器和控制器之间通信。

(3) 过程层。过程层包含由一次设备和智能组件构成的智能设备、合并单元和智能终端，电子式互感器和高压设备都是过程层。

二、智能高压设备

智能高压设备体现了智能变电站的重要特征，是智能变电站的重要组成部分，需要满足高可靠性和尽可能免维护的要求。因为现有的一次设备制造技术所限，真正意义的智能高压设备目前还处于研发和实验室阶段，当前的智能变电站采用高压设备是借助于增加二次设备实现其智能化，是采用高压设备加智能组件方式。智能组件有多种表现形式，智能终端和状态监测组件是当前主要两种智能组件。

1. 智能组件

智能组件是若干个智能电子装置的集合，安装于宿主设备旁，实现对宿主设备的测量、控制和监测等功能，满足相关标准要求时，还可以集成相应的继电保护功能，并且内部及对外都支持网络通信。

智能组件集成宿主设备的测控、监测和控制等基本功能，完成变电站的电能分配、变换、传输及测量、控制、保护、计量、状态监测等，可灵活配置，可包含测量功能组、控制功能组、保护功能组、计量功能组、状态监测功能组中的一个或几个功能，测控装置、保护装置、状态监测功能组等均可作为独立的智能组件。智能组件安装方式是外置或者内嵌，也可以两种形式共存。同一间隔电子式互感器的合并单元、传统互感器的数字化测量与合并单元以及继电保护装置可作为智能组件的扩展功能。

智能组件的通信包括过程层网络通信和站控层网络通信，均遵循 DL/Z 860.2—2016 标准，智能组件的结构与通信示意图如图 5-30 所示。智能组件内的所有 IED 都应接入过程层网络，同时，与站控层网络有信息交互需要的 IED，还要接入站控层网络，如监测功能组主 IED、继电保护装置 IED（如集成）等。根据实际情况，组件内可以有不同的交换机配置方案，通信采用优先级设置、流量控制、虚拟局域网（Virtual Local Area Network，VLAN）划分等技术优化过程层网络，可靠、经济地满足智能组件过程层和站控层等网络通信要求。

2. 智能高压设备

智能高压设备是一次设备与其智能组件的有机结合体，具有测量数字化、控制网络化、状态可视化、功能一体化和信息互动化等特征。智能控制和状态可观测是高压设备的智能化的基本要求，其中运行状态的测量和健康状态的监测是基础。高压设备的智能化是不可能一蹴而就，而是一个渐进的过程，智能高压设备演化图如图 5-31 所示。

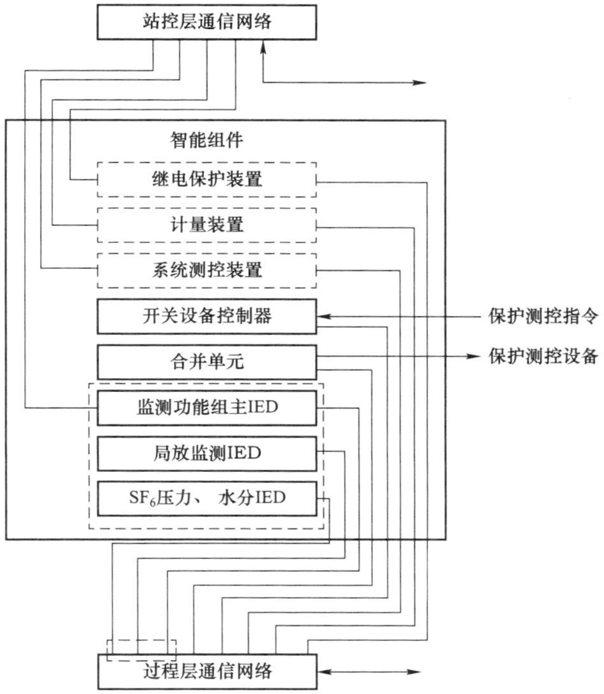

图 5-30 智能组件的结构与通信示意图

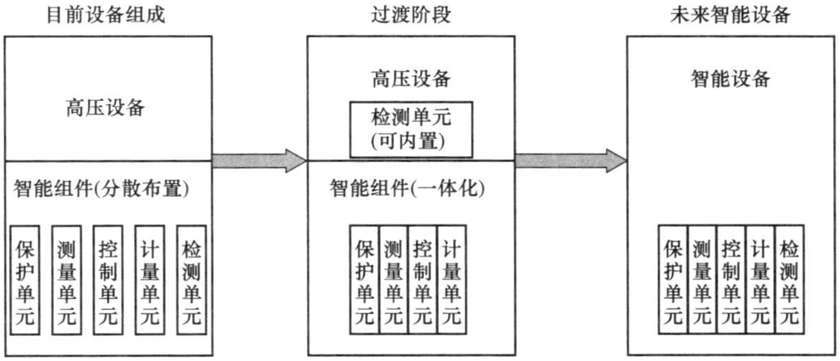

图 5-31 智能高压设备演化图

（1）高压设备结构功能介绍。

1）组成。高压智能设备由 3 个部分构成：①高压设备；②传感器或控制器，内置或外置于高压设备本体；③智能组件，通过传感器或控制器，与高压设备形成有机整体，实现对宿主设备相关的测量、控制、计量、监测、保护等全部或部分功能。

2）技术特征。

a. 测量数字化。对高压设备本体或部件进行智能控制，所需设备参量进行就地数字化，测量结果可根据需要发送至站控层网络或过程层网络。设备参量包括变压器油温、有载分接开关分接头位置，开关设备的分、合闸位置等。

b. 控制网络化。对有控制需求的设备或设备部件实现基于网络的控制。如变压器冷却器、有载分接开关，开关设备的分、合闸操作等。

c. 状态可视化。基于自监测信息和经由互动获得的设备其他信息，通过智能组件的自诊断和站控层状态监测系统主机集成的专家系统软件分析，推断宿主设备健康状况，以智能电网其他相关系统可辨识的方式表达诊断结果，在设备状态电网中是可观测的。

d. 功能一体化。功能一体化主要包括以下三个方面：①在满足相关标准要求的情况下，将传感器或控制器与高压设备本体或部件进行一体化设计，以达到特定的监测或控制目的；②在满足相关标准要求的情况下，将互感器与变压器、断路器等高压设备进行一体化设计，以减少变电站占地面积；③在满足相关标准要求的情况下，在智能组件中，将相关测量、控制、计量、监测、保护进行一体化融合设计。

e. 信息互动化。信息互动化主要包以下两个方面：①与调度系统互动，智能设备将状态诊断结果报送（包括主动和应约）到调度系统，使其成为调度决策和制定设备事故预案的基础信息之一；②设备运行管理自身状态诊断结果报送到设备运行管理系统。

3）状态监测与状态检修。智能高压设备通过先进的状态监测、评价和寿命预测来判断一次设备的运行状态，并且在一次设备运行状态异常时进行状态分析，对异常的部位、严重程度和发展趋势作出判断，可识别故障的早期征兆。根据分析诊断结果在故障将要发生之前进行维修，从而降低运行管理成本，提高电网运行可靠性。

4）设备内部结构可视化技术。设备内部结构可视化技术主要是采用新型可视化技术及手段（可移动探头、X 射线等），提高电气设备内部结构可视化程度，满足智能电网运行需要，同时，针对不同电压等级、不同内部结构的电气设备，开发适用于不同类型设备的可视化检测仪，总结天气、运行条件等影响因素对可视化清晰度的影响规律，提出相应的现场检测方法，并使检测方法及诊断与评估标准化、规范化。

（2）智能变压器。智能变压器的构成包括变压器本体、内置或外置于变压器本体的传感器和控制器，实现对变压器的测量、控制、计量、监测和保护。

变压器的冷却器控制器和有载控制器具有可连接智能组件的接口，并可以响应智能组件的控制。变压器非电量保护下放至智能组件（或独立配置本体智能终端）来实现。智能组件和状态监测功能 IED 设备可以附属于变压器本体外壳上，也可以就地组柜装于变压器旁。智能变压器的结构示意图如图 5-32 所示。从图 5-32 中可以看出，变压器的状态监测主要包括局部放电监测、油中溶解气体监测等。

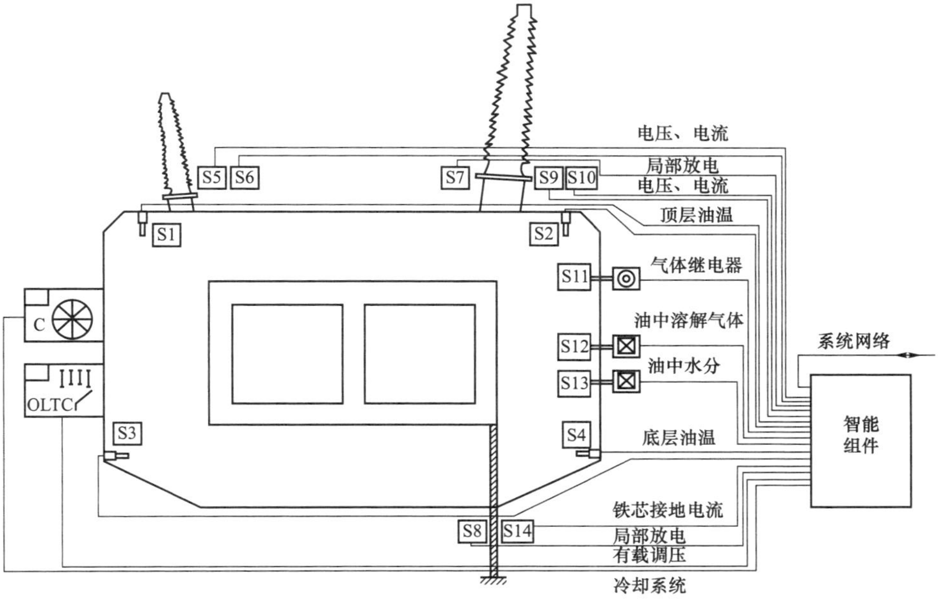

图 5-32　智能变压器的结构示意图

S1、S2—顶层油温；S3、S4—底层油温；S5、S6、S9、S10—电压、电流；S7、S8—局部放电；S11—气体继电器；S12—油中溶解气体；S13—油中水分；S14—铁芯接地电流；C—冷却系统；OLTC—有载调压系统

（3）智能断路器和组合高压电器。在 IEC 62063 标准中对于智能断路器设备的定义为“具有较高性能的断路器和控制设备，配有电子设备、传感器或执

行器，不仅具有断路器的基本功能，还具有附加功能，尤其是在监测和诊断方面”。DL/Z 860.2—2016 定义了智能开关的逻辑节点，对于在物理设备上实现了智能开关逻辑节点的断路器，称为智能断路器；同样，实现了 DL/Z 860.2—2016 的隔离开关的逻辑节点，称为智能隔离开关。

智能断路器的重要功能之一是实现重合闸的智能操作，即能够根据监测系统的信息判断故障是永久性的还是瞬时性的，进而确定断路器是否重合，以提高重合闸的成功率，减少对断路器的短路合闸冲击以及对电网的冲击。

智能断路器的另一个重要的功能就是分、合闸相角控制，实现断路器选相合闸和同步分断。选相合闸指控制断路器不同相别的弧触头在各自相电流为零电压或特定电压相位时刻合闸，避免系统的不稳定，克服容性负荷的合闸涌流和过电压。断路器同步分断指控制断路器不同相别的弧触头在各自相电流为零时实现分断，从根本上解决过电压的问题，并大幅度提高断路器的开关能力。断路器选相合闸和同步分断首先要求实现分相操作，对于同步分断还应具备以下 3 个条件：

1）有足够高的初始分闸速度，动触头在 1～2ms 内达到能可靠灭弧的开距；

2）触头分离时刻应在过零前某个时刻，对应原断路器首开相最小燃弧时间；

3）过零点监测及时可靠。

三、电子式互感器

电子式互感器是实现变电站运行实时信息数字化的主要设备之一，在电网动态观测、提高继电保护可靠性等方面具有重要作用。准确的电流、电压动态测量，为提高电力系统运行控制的整体水平奠定测量基础。

1. 电子式互感器的分类

电子式互感器根据其高压部分是否需要工作电源，可分为有源式和无源式两大类，电子式互感器的分类如图 5-33 所示。电子式电流互感器根据工作原理可分为罗氏线圈（空芯线圈）原理电子电流互感器、低功率线圈和光学原理（全光纤原理和磁光玻璃原理）电子电流互感器；电子式电压互感器根据工作原理可分为分压原理电子式（电容分压、电阻分压和电感分压）电压互感器和光学原理［Pockles 效应原理、逆压电效应原理和电光克尔（KERR）效应原理］电子式电压互感器；根据是否电流电压组合，可分为电流电压组合式电子互感器、独立的电流互感器和独立的电压互感器；根据用途，可分为保护用电子互感器、测量计量用电子互感器。

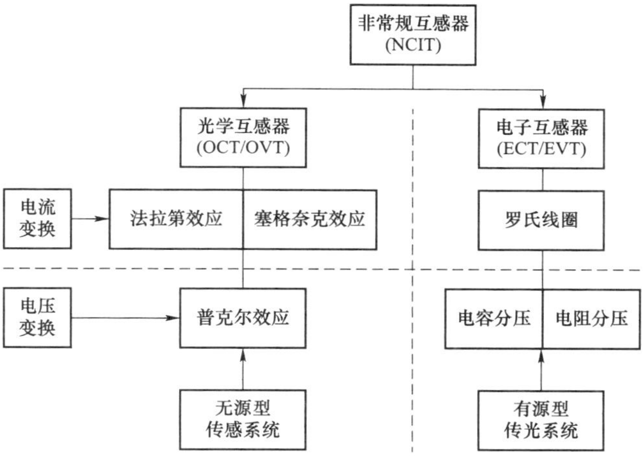

图 5-33　电子式互感器的分类

2. 电子式互感器的优点

电子式互感器，相对常规互感器而言，也称为非常规互感器，是智能变电站的关键设备之一。目前国内多数已建的数字化变电站或智能变电站均弃常规互感器而选用电子式互感器，电子式互感器较常规互感器具有无可比拟的优点，主要有以下优点：

（1）电子式电流互感器采用罗氏线圈、低功率线圈或光学原理电流传感器实现大电流传变，使得电子式电流互感器具有无磁饱和、频率响应范围宽、精度高、暂态特性好等优点，有利于新型保护原理的实现及提高保护性能。电流互感器计量测量准确度达 0.2S 或更高级，保护准确度达到 5TPE 级或更高级。

（2）电子式电压互感器采用分压原理或光学原理的电压传感器实现将高电压转换为数字量或模拟小信号，输出测量准确度达到 3P 和 0.2 级或更高级，并解决了传统电压互感器可能出现铁磁谐振的问题。

（3）对于远距离传输电流电压信号的电子式互感器，均采用数字量输出光缆，大大增强了抗电磁干扰性能，数据可靠性大大提高，二次连接线缆成本大幅度降低。

（4）电子式互感器通过光纤连接互感器的高低压部分，绝缘结构大为简单。以绝缘脂替代了传统互感器的油或 SF_6，互感器性能更加稳定，同时避免了传统充油互感器渗漏油现象，也避免了 SF_6 互感器的 SF_6 气体对环境的影响。无须检压检漏，运行过程中免维护。

（5）在空气绝缘的敞开式开关设备布置的高压配电装置，电子互感器均采用无油设计，彻底避免了充油互感器可能出现的燃烧爆炸等事故；高低压部分的光电隔离，使得电流互感器二次开路、电压互感器二次短路可能导致危及设备或人身安全等问题不复存在。

常规电流互感器与电子式电流互感器的技术性能对比一览表见表 5-1，常规电压互感器与电子式电压互感器的技术性能对比一览表见表 5-2。

表 5-1　常规电流互感器与电子式电流互感器的技术性能对比一览表

电流互感器	有源式	无源式	
	线圈式	磁光玻璃型	全光纤型
传感原理	法拉第电磁感应原理	法拉第磁光效应	赛格耐克效应
高压侧测量元件	罗氏线圈及低功率线圈	磁光玻璃	光纤环
高压侧是否需要供能	需要	不需要	不需要
高压侧是否需要屏蔽	需要金属屏蔽	不需要	不需要
敏感头安装适应性	弱	较强	强
光路结构	简单	较复杂	较简单
光波长影响	无	大	大
线性双折射（震动及应力双折射影响）	无	大	小
直流量与非周期量	不可测量	可测量	可测量
满足测量精度下的测量动态范围	小	大	大
线性度	一般	好	好
电磁干扰	易受干扰	不受干扰	不受干扰
温度影响	小	大	大
主要技术瓶颈	（1）由高压侧采集单元电子线路板的供能问题、抗干扰问题以及寿命问题等； （2）合并单元激光器的功耗、寿命问题； （3）采集单元内积分环节带来的电流波形“拖尾”问题； （4）高压侧采集单元故障带来的停电更换问题	（1）测量精度的温漂问题； （2）小电流时测量精度问题	（1）测量精度的温漂问题； （2）小电流时测量精度问题

表 5-2　常规电压互感器与电子式电压互感器的技术性能对比一览表

电压互感器	有源式			无源式	
	电容分压	电阻分压	电感分压	普克尔效应	逆压电效应
暂态特性	电容分压有俘获电荷现象 电压过零误差大			好	
温度影响	不太敏感			敏感	
电磁干扰	电容分压有对地杂散电容			影响小	
光电结构	简单			复杂	
高压侧工作电源	需要			不需要	
运行经验	很多			很少	
投运情况	投运时间较长，站点较多， 技术较成熟			投运时间短，站点较少， 均在试运行阶段	

四、合并单元

合并单元是用以对来自一次转换器（采集器）的电流和或电压数据进行时间相关组合的物理单元。合并单元可以是互感器的一个组成件，也可以是一个分立单元。合并单元信号输入、输出示意图如图 5-34 所示。其主要功能是同步采集多路 ECT/EVT 输出的数字信号，并按照标准规定的格式发送给保护测控设备。合并单元的主要特点有：①合并单元到 IED 设备之间采用高速单向数据

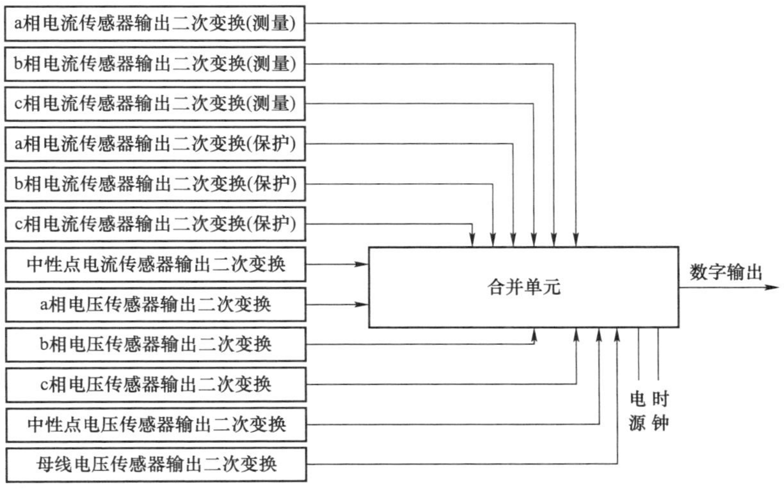

图 5-34　合并单元信号输入、输出示意图

连接；②采用32位CRC的数字电路实现采样数据校验；③具有高速采样率，每周波采样频率可达80点或256点；④物理层采用光纤；⑤数据层支持100Mbit/s以太网。

五、时钟同步系统

在智能变电站，保护测控装置输入信号均为数字化的GOOSE报文和SV报文，参与保护逻辑和测量计算的信号必须是基于同一时点的数据，尤其是涉及多间隔的保护（如母线保护），对数据时标的要求很高。因此，智能变电站需要配置高精度、高可靠性的时钟同步系统。

目前，自动化系统解决同步的方法主要有硬件同步法和软件时钟同步法。硬件同步法是利用一定的硬件设施，如GPS和国产北斗二代卫星接收机实现同步，可获得良好的同步精度，但需要引入专用的硬件时钟同步设备，这使得时钟同步的代价较高，且操作不便；软件时钟同步法是利用算法实现时钟同步，同步灵活，成本较低，但是由于采用软件对时，需要CPU干预，且时钟信号延时具有不确定性，同步精度较低。智能变电站多采用硬件同步法。

DL/T 860将变电站的时钟精度根据不同的应用要求划分为5级，分别用T1～T5表示，智能变电站的时钟同步要求见表5-3。其中，T1要求最低，为1ms；T5要求最高，为1μs。为保证全网设备和系统的时间一致性，以及智能变电站的正常运行，站内必须配置满足DL/T 860要求的时钟系统。

表5-3　　智能变电站的时钟同步要求

时间性能类	精度	目的
T1	±1ms	事件时标
T2	±0.1ms	用于分布同期的过零和数据时标
T3	±25μs	采样值传输的时钟同步要求（共有3级）
T4	±4μs	
T5	±1μs	

六、基于DL/T 860标准的智能变电站自动化系统网络结构

智能变电站二次设备网络化的特征，要求变电站自动化系统的站控层、间隔层及过程层设备都支持以太网通信，通信网络代替了常规变电站大量的控制

电缆，充分体现了信息共享的特点，所以通信网络结构设计尤为重要，尤其是过程层的采样值和 GOOSE 网络涉及到保护及安全稳定装置，要求其必须满足实时性、快速性和可靠性的要求，这就对通信网络结构设计提出较高要求。

1. IEC 61850 的重要术语

（1）功能（Function）。功能是变电站自动化系统执行的任务，如继电保护、监视、控制等。一个功能由称作为逻辑节点的子功能（Sub-Function）组成，它们之间相互交换数据。按照定义，只有逻辑节点之间才交换数据，因此，一个功能要同其他功能交换数据必须至少一个逻辑节点。

（2）逻辑节点（Logic Node，LN）。逻辑节点 LN 是用来交换数据功能的最小单元，一个逻辑节点 LN 表示一个物理设备内的某个功能，它执行一些特定的操作，逻辑节点之间通过逻辑连接交换数据。一个逻辑节点 LN 就是一个用它的数据和方法定义的对象。与主设备相关的逻辑节点不是主设备本身，而是它的智能部分或是在二次系统中的映射，如本地或远方的 I/O、智能传感器和传动装置等。

（3）通信信息片（PICOM）。通信信息片 PICOM 是对两个逻辑节点之间通过确定的逻辑路径进行传输，且带有确定通信属性的交换数据的描述。一个物理设备即 IED 可完成多个功能，可分为多个逻辑节点。各个逻辑接点间的通信可用上千通信信息片 PICOM 来描述。

（4）服务器（Server）。一个服务器用来表示一个设备外部可见的行为，在通信网络中，一个服务器是一个功能节点，或允许其他功能节点访问它的资源。在软件算法结构中，一个服务器可能是逻辑上的再分，能够独立控制自己的操作。

从应用方面来看，服务器包含通信网络和 I/O，每 1 个 IED 既可扮演服务器角色也可扮演客户的角色。由 IEC 61850 来看，服务器包含逻辑设备，逻辑设备包含逻辑节点包含数据对象、数据属性。从通信角度来看，服务器通过子网和站网相连，每个 IED 既可扮演服务器角色也可扮演客户的角色。

（5）面向通用对象的变电站事件模型（GOOSE）。IEC 61850 标准中定义了通用变电站事件（Generic Substation Event，GSE）模型，该模型提供了在全系统范围内快速可靠地输入、输出数据值的功能。GSE 有两种不同的控制和报文结构：一种是面向变电站的事件 GOOSE，支持由数据集组织的公共数据交换；另一种是通用变电站状态事件（Generic Substation State Event，GSSE），用于传输状态变位信息（双比特）。两种事件模型从抽象通信服务模型控制块（Control Block）属性和服务定义，GOOSE 和 GSSE 差异不大，但实际上，两者的报文传输内容和实现机制截然不同。国内早期数字化变电站和智能变电站均采用 GOOSE 来传输变电站的事件和本站状态变位信息，即变电站的开关量信息交换均采用 GOOSE 的报文。

（6）采样值传输（Sampling Value，SV）模型。IEC 61850 标准的采样值传输模型提供了以有组织的和时间受控制的方式报告采样值，因此采样值和传输综合抖动最小，并保持采样次数和顺序恒定。采样值模型用于交换数据集的值，该数据集对电流逻辑接点（TCTR）和电压逻辑接点（TVTR）中的数据对象及其属性进行信息集聚。

（7）制造报文规范（Manufacturing Message Specification，MMS）。MMS 报文是智能变电站的站控层传输主要报文之一，MMS 是基于以太网通信介质，采用 MMS＋TCP/IP＋Ethernet 方式。MMS 运用抽象对象模型方法描述设备模型和服务过程，并在其中描述了抽象对象及其属性对象，以及对抽象对象的操作。虚拟制造设备（Virtual Manufacturing Device，VMD）是其中最重要的一种对象类，它抽象地描述了一个实际制造设备的外部可见行为，使得 MMS 与具体设备的内部特性无关。MMS 管理各类设备只需对统一的 VMD 进行，利用 VMD 的映射功能完成对实设备的监控。为了更合理地管理远程设备，MMS 在 VMD 中还定义了一系列抽象对象模型，如变量域对象、程序唤醒对象、信号量对象及事务事件对象等，它们都包含在 VMD 中，用于描述 VMD 的资源及 MMS 的服务内容。

2. 组网方式

目前组网方式主要有装置单环网、星型网和环型网，各有其优缺点。

（1）装置单环网。装置单环网是指装置内部采用小交换机，实现一进一出的两个网络口，环网中所有装置串联的通信方式。装置单环网如图 5-35 所示，这种网络结构简单、投资费用低；但是实时性差，环网发生故障时自愈时间需要数十毫秒至数百毫秒，不能满足继电保护装置之间数据交换的性能要求，并且装置检修时对环网通信的影响很大。

（2）星型网。星型网是指交换机之间采用级联方式组网，单星型网和双星

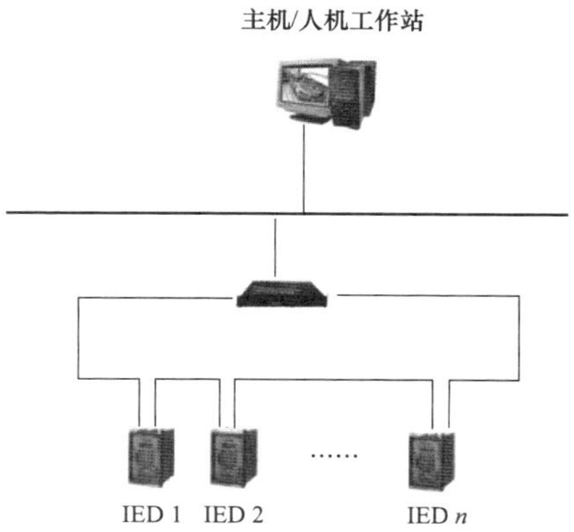

图 5-35　装置单环网

型网分别如图 5-36 和图 5-37 所示。该网络实时性好，网络延时最小，可以满足继电保护装置之间实时数据交换的性能要求，尤其是保护 GOOSE 通信；但是网络冗余性较差，单星型网交换机之间网络发生单点故障时，双星型网交换机之间发生交叉故障时，网络通信将受到较大影响。

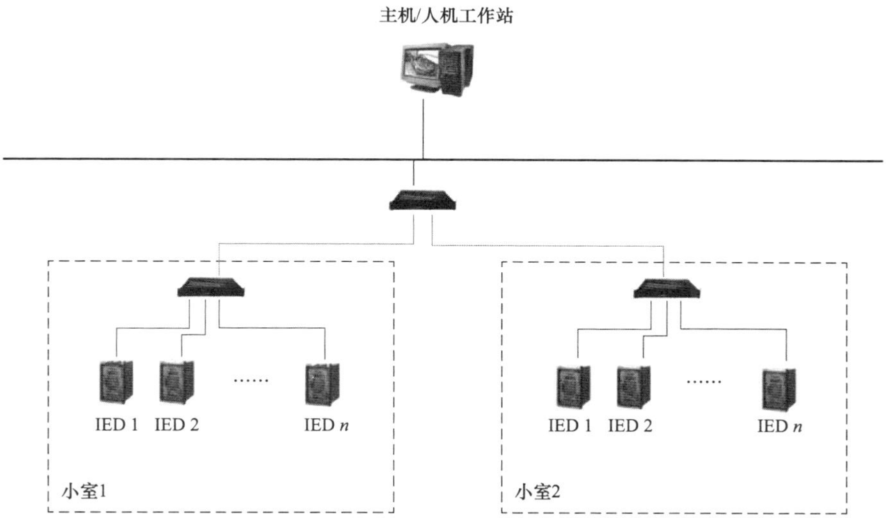

图 5-36　单星型网

（3）环型网。环型网是指连接装置的交换机之间采用实时环网的通信方式，单环型网和双环型网如图 5-38 和图 5-39 所示。该网络冗余性最好，交换机之间网络发生故障时，通过环网自愈依然可以保证网络通信。但是网络实时性差，环网中节点间的网络通信延时要高于星型网，另外环网发生故障时自愈时间需要数十毫秒至数百毫秒，不能满足继电保护装置之间数据交换的性能要求；网络可靠性较差，环网通信基于快速生成树协议，通信故障时可能会引起网络风暴问题；设备兼容性较差，不同厂家交换机的私有快速生成树协议实现方式存在差异，互联时可能会有问题；投资成本高于星型网，因为交换机需要的网口数要多于星型网。

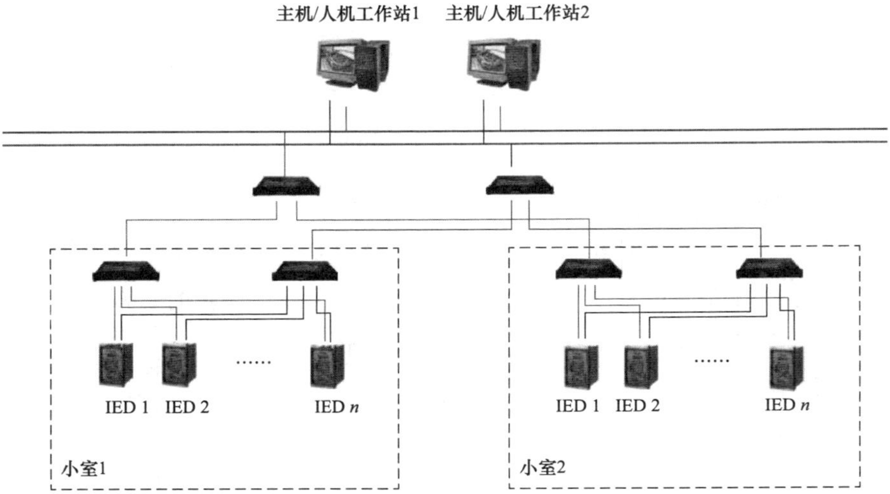

图 5-37　双星型网

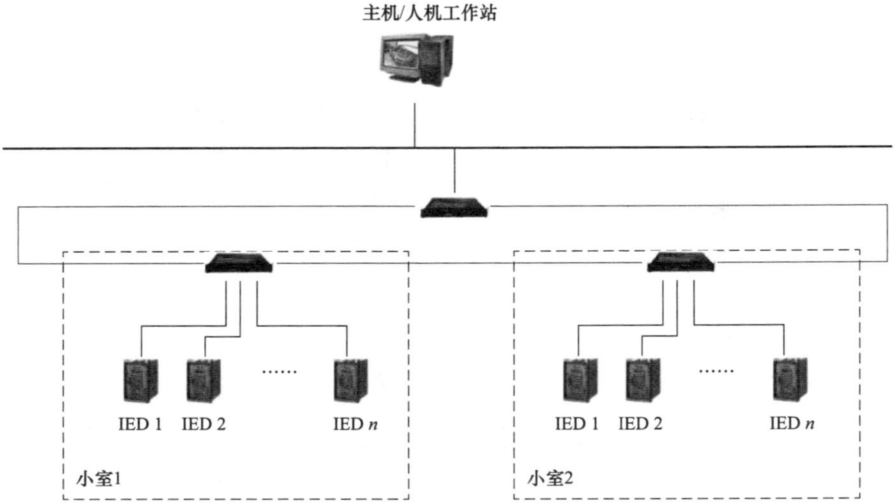

图 5-38　单环型网

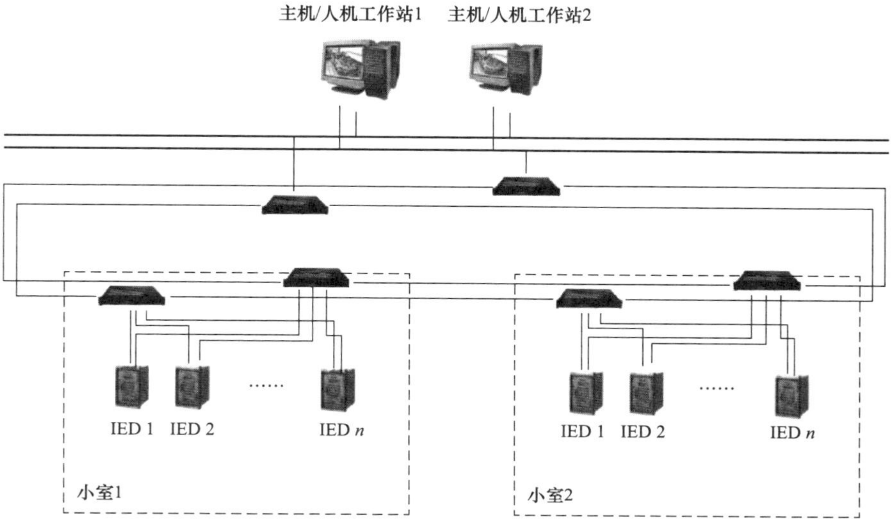

图 5-39　双环型网

3. 智能变电站自动化系统基本网络结构

IEC 61850 将变电站自动化系统分为站控层、间隔层和过程层，并规定站控网络、间隔层网络和过程层网络采用以太网实现，但具体网络结构无明确要求，通常根据变电站的电压等级、节点数目、技术水平、地理分布及建设资金等因素来确定，一般原则如下：

（1）站控层网络。中低压变电站的站控层网络采用单星型拓扑，高压变电站的站控层采用双星型拓扑；在星型网络的顶端配置一台或两台中性交换机。

（2）间隔层网络。变电站在逻辑上存在间隔层网络，其传输的信息主要是间隔层 IED 间的联闭锁 GOOSE、间隔层 IED 间的 MMS 报文及间隔层网络的跳闸 GOOSE。间隔层网络在物理上与站控层网络共用一套网络交换设备，实现站控层设备间、站控层设备和间隔层设备之间以及间隔层设备间的通信。

（3）过程网络一般根据不同间隔或功能划分为多个子网，各子网采用星型拓扑。为了提高网络可靠性或满足保护双重化配置的要求，也可分别采用双星型拓扑。

（4）目前站控层（间隔层）网络与过程层网络物理介质是隔离的，两层物理网络的结构较易实现。随着技术的发展，仅有一个物理网络的结构将是智能变电站通信网络的最终形态。过程网络通常划分为多个子网，网络上的数据流按照功能的不同可划分为：①合并单元向智能电子设备周期性发送的采样值报文；②过程层智能终端向间隔层 IED 周期性发送的面向通用对象的变电站事件报文，即开关量输入报文；③间隔层 IED 向过程层智能终端和 MU 等发送的 GOOSE 报文，即开关量输出报文，包括开关分合、设备投退、分接头调整、挡位切换等。

（5）简单网络时间协议（Simple Network Time Protocal，SNTP）或 IEC 61588 时间同步报文。站控层网络交换的信息主要是一些测量、告警等信号，实时性要求较低；过程层网络上交换的信息有保护 SV、跳闸 GOOSE 等涉及电网安全稳定要求较高的信息，因此实时性要求很高。

变电站对时系统可采用单独组网、也可与自动化系统共网方式，智能变电站一般宜采用与自动化系统共网的方式。站控层采用 MMS＋GOOSE＋SNTP 对时共网，过程采用 GOOSE＋IEC 61588 对时、SV＋IEC 61588 对时和 GOOSE＋SV＋IEC 61588 对时共网方式。

第六章　二次系统设计及施工基本知识

第一节　对电气设计图的有关规定

为加强电力勘测设计图（简称图纸）管理工作，提高图纸编制质量和管理水平，充分发挥图纸在电力建设中的作用，根据《全国工程建设标准设计管理办法》和《电力勘测设计图纸管理办法》，对电气设计图图纸的幅面及图标作出了具体规定。

1. 图纸的幅面

电力勘测设计图纸采用 0～4 号图幅，其幅面尺寸见表 6-1。

表 6-1　　0～4 号图纸幅面尺寸　　单位：mm

基本幅面代号	0	1	2	3	4
宽(*B*)×长(*L*)	841×1189	594×841	420×594	297×420	297×210
边宽（*C*）	10			5	
装订侧边宽（*a*）	25				

图纸的基本幅面不宜加长或加宽。当特殊情况下有必要加长或加宽时，应符合下列规定：

（1）图纸加宽、加长的量，应按相应边长 1/8 的倍数增加。但最长不宜超过 1931mm，最宽不宜超过 841mm。

（2）0 号图幅不得加宽，必要时允许加长。

（3）1、2、3 号图幅不宜加宽，可加长。

（4）4 号图幅不得加宽和加长。

2. 图纸的幅面分区

对于幅面大而内容复杂的电气图，在读图过程中，为了迅速找到图上的内容，需利用图幅分区法确定图上的位置。

图幅分区法即在各种幅图的图纸上分区，图幅分区法示例如图 6-1 所示。

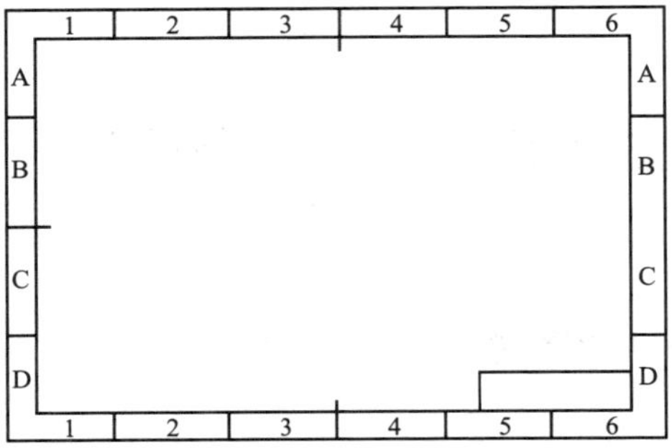

图 6-1　图幅分区法示例

图 6-1 中将图纸的两对边各自等分加以分区，分区的数目应为偶数。每一分区的长度一般在 25～75mm 之间。每个分区内竖边方向用大写拉丁字母，横边方向用阿拉伯数字分别编号。编号的顺序应从标题栏相对的左上角开始。分区代号用字母和数字表示，如 B3、C5 等。

3. 图标

图标或称标题栏，图标分工程设计图标、标准设计（包括典型或定型设计）图标、修改图标、翻译图标、复制图标以及会签图标。

0、1、2、3、4 号图纸（包括立式图纸）的工程设计图标或标准设计图标，均应置于图纸的右下角。需要时，可在工程设计图纸的线框内的图标左侧或上方旁的空白处，设置修改图标、翻译图标、复制图标或会签图标。工程设计图标格式如图 6-2 所示。

<table>
<tr><td colspan="4">（设计单位名称）</td><td>工程</td><td>设计阶段</td></tr>
<tr><td>总工程师</td><td></td><td>主要设计人</td><td></td><td colspan="2" rowspan="4">（电气图名称）</td></tr>
<tr><td>设计总工程师</td><td></td><td>校　核</td><td></td></tr>
<tr><td>主任工程师</td><td></td><td>设　计</td><td></td></tr>
<tr><td>科　长</td><td></td><td>设计制图</td><td></td></tr>
<tr><td>日　期</td><td></td><td>比　例</td><td></td><td>图　号</td><td></td></tr>
</table>

图 6-2　工程设计图标格式

4. 图线

绘制电气图所用的各种线条统称为图线。国家标准对图线的型式、宽度、间距都作了明确的规定。图线的型式见表 6-2。

表 6-2　　　　　　　　　　图　线　型　式

图线名称	图线型式	一　般　应　用
实　　线	————————	基本线，简图主要用线，可见轮廓线，可见导线
虚　　线	--------------------	辅助线，屏蔽线，机械连接线，不可见轮廓线，不可见导线，计划扩展内容用线
点 划 线	—·—·—	分界线，结构围框线，分组围框线
双点划线	—··—··—	辅助围框线

图线的宽度一般从以下系数中选取：0.25、0.35、0.5、0.7、1.0、1.4mm。

通常，在一张图纸上只选其中两种宽度的图线，并且粗线为细线的两倍。当在某些图中需要两种宽度以上的图线时，图线的宽度应以 2 倍数依次递增。例如选 0.35、0.7、1.4mm。

图线的间距规定最小间距不小于粗线宽度的两倍。

第二节　二次回路辅助设备选择

一、二次回路保护设备的配置及选择

二次回路的保护设备是用来切除二次回路的短路故障，并作为回路检修和调试时断开交、直流电源之用。直流二次回路的保护设备可用熔断器，也可采用自动空气断路器，宜采用具有切断直流负载能力的、不带热保护的空气断路器。其额定工作电流应按最大动态负荷电流（即保护三相同时动作、跳闸和收发信机在满功率发信的状态下）的 1.5～2.0 倍选用。直流熔断器（或空气断路器，下同）应分级配置，逐级配合。

（一）熔断器的配置

1. 熔断器的配置原则

（1）消除寄生回路。

（2）当二次回路发生短路故障时，应尽量缩小其影响范围，增强保护功能的冗余度。

（3）当直流回路发生接地时，应便于寻找接地点。

2. 控制和保护回路熔断器的配置

控制和保护回路的控制电源一般是从控制小母线经过熔断器接至二次设备

的。这种空气开关配置的一般原则是：

（1）同一安装单元的控制、保护和自动装置分开配置，各用一组熔断器；当一个安装单元（如 35kV 和 110kV 馈线）内只有一台断路器时，控制、保护回路各用一组熔断器；当一个安装单元（如三绕组变压器或自耦变压器）有几台断路器时，各侧断路器的控制回路分别装设熔断器，其微机保护及测控装置，应由各自的熔断器供电。

（2）对于按“近后备”原则双重化配置的保护装置，每套保护装置应由不同的电源供电，并分别设有专用的直流熔断器。

（3）母线保护、变压器差动保护、发电机差动保护、各种双断路器接线方式的线路保护等，保护装置与每一断路器的控制回路应分别由专用的直流熔断器供电。

（4）有两组跳闸线圈的断路器，其每一跳闸回路应分别由专用的直流熔断器供电，且跳闸回路控制电源应与对应保护装置电源取自同一直流母线段。

（5）控制、保护和自动装置用的熔断器均应加以监视，控制、保护利用断路器控制回路的监视装置来完成，自动装置失电发信号的触点应接至另外的公用测控装置监视。

（二）熔断器的选择

1. 二次回路直流熔断器的选择

熔断器应按二次回路最大负荷电流选择，保护装置、测控装置、故障录波、同步相量测量单元安全自动装置等二次设备和断路器控制回路宜采用额定电流不大于 6A 的直流熔断器。

为保证自动熔断器之间的动作选择性，就必须要求自动熔断器的安秒特性能够安全合理地配合。直流熔断器的上下级级差配合应不小于 2 级，应保证在 2～4 级的级差配合。蓄电池出口总断路器或熔断器与次级配合应保证 3～4 级的级差配合。

控制和保护回路的熔断器通常根据所采用的断路器及操作机构、控制及保护回路直流电源的电压等级来选择，当控制电压为 220V 时，可参照表 6-3 进行选择。

2. 电压互感器二次侧熔断器及熔断器的选择

电压互感器二次侧熔断器应保证在电压回路最远处发生两相短路时能可靠

跳闸，其灵敏系数应大于 2，动作时间应小于相连的继电保护装置动作时间。此外，熔断器的额定电流应大于所在回路的最大负荷电流。例如，对于双母线的两组电压互感器，每一组电压互感器应能承受两组电压互感器正常负荷之和。

电压互感器二次侧自动熔断器及其动作电流的选择原则是：当电压互感器二次回路远处两相短路时，如果相连继电保护装置输入电压低至额定电压的 70%以下，自动熔断器应动作跳闸。

3. 合闸及电动机回路熔断器的选择

断路器合闸回路熔断器的作用主要是防止合闸线圈因长时间带电而被烧毁。因此，熔件的额定电流一般选为额定合闸电流的 0.25～0.3 倍，其熔断时间 t 应大于断路器固有合闸时间 t_{on}，即

$$t \geqslant K t_{on} \tag{6-1}$$

式中　K——可靠系数，取 1.2～1.5。

对于弹簧操作的电动机回路，其熔件的额定电流 I_N 应躲过电动机启动电流 I_{St}，即

$$I_N = \frac{I_{St}}{K_1} \tag{6-2}$$

式中　K_1——可靠系数，取 $K_1 \geqslant 3$；

　　I_{St}——电动机启动电流。

GM 型直流熔断器在 250V 时各级电流配合表见表 6-3。

表 6-3　　GM 型直流熔断器在 250V 时各级电流配合表

电流等级	3A	6A	10A	16A	20A	25A	32A	40A	50A	63A	80A	100A	125A	140A	160A	180A	200A
3A	—	—	—	—	—	—	—	—	—	—	—	—	—	—	—	—	—
6A	—	—	—	—	—	—	—	—	—	—	—	—	—	—	—	—	—
10A	—	—	—	—	—	—	—	—	—	—	—	—	—	—	—	—	—
16A	√	—	—	—	—	—	—	—	—	—	—	—	—	—	—	—	—
20A	√	√	—	—	—	—	—	—	—	—	—	—	—	—	—	—	—
25A	√	√	√	—	—	—	—	—	—	—	—	—	—	—	—	—	—
32A	√	√	√	√	√	—	—	—	—	—	—	—	—	—	—	—	—
40A	√	√	√	√	√	—	—	—	—	—	—	—	—	—	—	—	—

续表

电流等级	3A	6A	10A	16A	20A	25A	32A	40A	50A	63A	80A	100A	125A	140A	160A	180A	200A
50A	√	√	√	√	√	√	—	—	—	—	—	—	—	—	—	—	—
63A	√	√	√	√	√	√	√	—	—	—	—	—	—	—	—	—	—
80A	√	√	√	√	√	√	√	√	—	—	—	—	—	—	—	—	—
100A	√	√	√	√	√	√	√	√	—	—	—	—	—	—	—	—	—
125A	√	√	√	√	√	√	√	√	√	—	—	—	—	—	—	—	—
140A	√	√	√	√	√	√	√	√	√	√	—	—	—	—	—	—	—
160A	√	√	√	√	√	√	√	√	√	√	√	—	—	—	—	—	—
180A	√	√	√	√	√	√	√	√	√	√	√	—	—	—	—	—	—
200A	√	√	√	√	√	√	√	√	√	√	√	√	—	—	—	—	—
225A	√	√	√	√	√	√	√	√	√	√	√	√	—	—	—	—	—
250A	√	√	√	√	√	√	√	√	√	√	√	√	√	—	—	—	—
315A	√	√	√	√	√	√	√	√	√	√	√	√	√	√	—	—	—
350A	√	√	√	√	√	√	√	√	√	√	√	√	√	√	√	—	—
400A	√	√	√	√	√	√	√	√	√	√	√	√	√	√	√	√	√

“√”表示上下级可以配合，“—”表示上下级不能配合（横轴为下级，纵轴为上级）。

二、控制电缆的选择

（一）控制电缆型式及芯线的选择

控制电缆一般选用聚乙烯或聚氯乙烯绝缘聚氯乙烯护套铜芯控制电缆（KYV、KVV型），也可选用橡皮绝缘聚氯乙烯护套或氯丁护套铜芯控制电缆（KXV、KXF型）。当有特殊要求时，采用有防护措施的铜芯电缆，例如：

（1）对于计算机、巡检及远动低电平传输线路、数字脉冲传输线路和其他有可能受到强烈电磁场干扰的测量、控制线路，应使用屏蔽电缆或铅包铠装电缆，一般可选用聚氯乙烯绝缘聚氯乙烯护套信号电缆（PVV型）。当屏蔽要求较高时，可选用聚乙烯绝缘钢带绕包屏蔽塑料电缆（KYP2-22型），或选用铅包电缆（KXQ20型），或选用多芯屏蔽电子计算机电缆（DJYVP型）。

（2）敏感的低电平线路，应采取可降低干扰电压的措施，如微机型继电保护装置之间、保护装置至开关场就地端子箱之间以及保护屏至监控设备之间所有二次回路的电缆均应使用屏蔽电缆（KVVP型），电缆的屏蔽层两端接地，严禁使用电缆内的备用芯线替代屏蔽层接地；合理规划二次电缆的路径，尽可能离开高压母线、避雷器和避雷针的接地点、并联电容器、电容式电压互感器、结合电容及电容式套管等设备；避免或减少迂回以缩短二次电缆的长度。

（3）对不耐光照的绝缘电缆（如聚氯乙烯绝缘电缆），应采用其他防日照措施，以防老化。

（4）在有可能遭受油类污染腐蚀的地方，应采用耐油电缆或采用其他防油措施。

为了提高直流系统的绝缘水平，强电控制电缆的额定电压不应低于500V，弱电控制电缆的额定电压不应低于250V。控制电线的型号可参照表6-4进行选择。

表 6-4　　铜芯控制电缆的型号及使用范围

型号	名称	使用范围
KYV	聚乙烯绝缘聚氯乙烯护套控制电缆	敷设在室内、电缆沟中、管道内及地下
KVV	聚氯乙烯绝缘聚氯乙烯护套控制电缆	
KXV	橡皮绝缘聚氯乙烯护套控制电缆	
KXF	橡皮绝缘氯丁护套控制电缆	
KYVD	聚乙烯绝缘耐寒塑料护套控制电缆	
KXVD	橡皮绝缘耐寒塑料护套控制电缆	
KYV29	聚乙烯绝缘聚氯乙烯护套内钢带铠装控制电缆	敷设在室内、电缆沟中、管道内及地下，并能承受较大的机械外力作用
KVV29	聚氯乙烯绝缘聚氯乙烯护套内钢带铠装控制电缆	
KXV29	橡皮绝缘聚氯乙烯护套内钢带铠装控制电缆	

注　控制电缆型号字母的含义：K—控制电缆系列；X—橡皮绝缘；Y—聚乙烯绝缘；V—聚氯乙烯绝缘或护套；F—氯丁橡皮护套；VD—耐寒护套；2—钢带铠装；9—内铠装。

为便于敷设，力求减少电缆的根数。控制电缆选用多芯电缆。当芯线截面为1.5mm^2时。电缆芯数不宜超过37芯；当芯线截面为2.5mm^2时，电缆芯数不宜超过24芯；当芯线截面为4～6mm^2时，电缆芯数不宜超过10芯。弱电电缆芯数不宜超过50芯。

控制电缆应留有适当的备用芯线作为设计改进或芯线拆断时用。电缆芯数从备用芯线应按下列因素，并结合电缆长度、截面及敷设条件等综合考虑：

（1）较长的控制电缆在7芯以上，截面小于4mm^2时，应留有必要的备用芯，但同一安装单位的同一起止点的控制电缆中，每根电缆不必都留有备用芯，可在同类性质的一根电缆中留用。

（2）对较长的控制电缆应尽量减少电缆根数，同时也应避免电缆芯的多次转接。

（3）一根电缆不宜有两个安装单位的电缆芯，并尽量避免一根电缆同时接至屏的两侧端子排上。交、直流回路的电缆禁止共用一根电缆。

（4）强电回路和弱电回路不应共用同一根电缆，以免强电回路对弱电回路干扰。

（二）控制电缆截面的选择

二次回路中各连接导线的机械强度及电气性能应满足安全经济运行的要求。而导线的机械强度及电气性能与其材料及截面有关。

1. 按机械强度要求的控制电缆截面

若按导线的机械强度满足要求选择其截面，首先应知道导线所接的端子排端子。连接强电端子铜导线的截面，不应小于 1.5mm^2，而连接弱电端子铜导线的截面，不应小于 0.5mm^2。

2. 按电气性能要求的控制电缆截面

在保护和测量仪表中，交流电流回路导线应采用铜导线，截面积不小于 2.5mm^2。此外，电流回路的导线截面还应满足电流互感器误差不大于 10%的要求。通常交流电流回路其截面应大于 4.0mm^2。

交流电压回路导线截面的选择，还应按照允许压降考虑。对于电能计量仪表（电表），运行时由电压互感器至表计输入端的电压降不得超过电压互感器二次额定电压 0.5%；对于其他测量仪表，在正常负荷下上述压降不能超过 3%；当全部测量仪表及保装置均投入运行时，上述压降也不得超过 3%。通常，交流电压回路其截面应大于 2.5mm^2。

在操作回路中，导线截面的选择，应满足正常最大负荷下由操作母线至各被操作设备的导线压降不能超过额定母线电压的 10%。通常，操作回路其截面应大于 1.5mm^2。

第三节　安装单位的划分

发电厂、变电站的二次接线设计，是以安装单位为单元进行的。划分安装单位的基本原则是：

（1）主接线中凡能独立运行的一次设备均划为一个安装单位。

（2）同期系统、中央信号系统，各级电压母线保护、同步发电机的公用励磁回路保护、备用电源自动投入装置，直流操作电源等二次系统的公用装置均各划为一个安装单位。

（3）全厂（站）公用的辅助装置，如制氢系统，空气压缩机系统等各划分为一个安装单位。

发电厂安装单位划分如图 6-3 所示，共划分为 10 个安装单位。

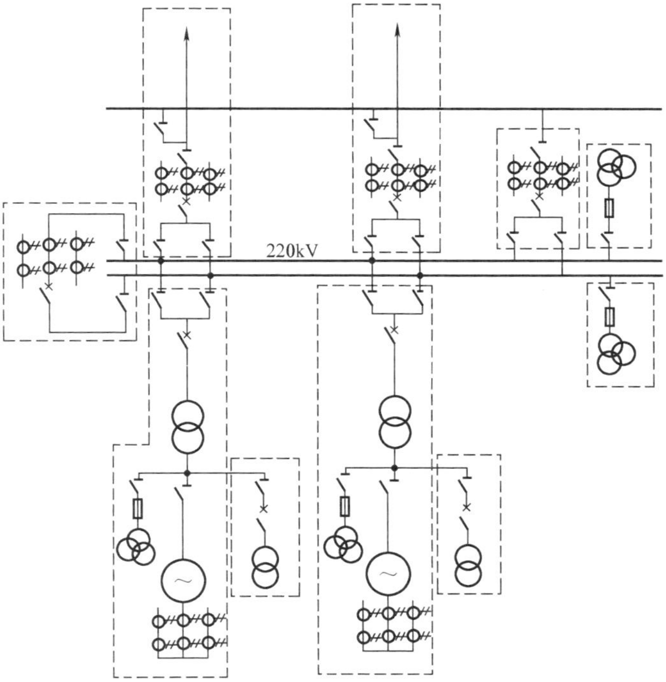

图 6-3　发电厂安装单位划分

在进行二次系统设计时，通常按安装单位出图。一个安装单位的二次接线图要根据二次系统的总体规划，主设备的具体要求和二次设备订货、安装、运行维护等需要预先做出计划。一般来说，每个安装单位的二次接线图均应包括原理图、布置图、安装图和必要的解释性图，其数量可根据实际需要确定。

在安装接线图设计中，一个屏体可以安装多个安装单位的二次设备，为了区分同一屏上属于不同一次回路的二次设备，设备上必须标明安装单位的编号。安装单位的编号以罗马数字Ⅰ、Ⅱ、Ⅲ、Ⅳ来表示。

第四节 二 次 回 路 编 号

为了便于施工和投入运行后进行维护检修，在二次回路中应进行回路编号。回路编号应做到：根据编号能了解该回路的用途和性质，根据编号能进行正确的连接。回路编号的要求是简单、易记、清晰和便于辨识。通常用的回路编号是根据国家标准拟定的。

一、交流回路和直流回路的编号

（1）一般回路编号用二位至四位数字组成。直流回路数字编号见表6-5；而交流回路还要标明回路的相别，可在数字编号前面增注文字符号。交流回路数字编号见表6-6。

表6-5　　直流回路数字编号

回路名称	数字编号组			
	Ⅰ	Ⅱ	Ⅲ	Ⅳ
正电源回路	101	201	301	401
负电源回路	102	202	302	402
合闸回路	103～131	203～231	303～331	403～431
绿灯或合闸回路监视继电器回路	103	203	303	403
跳闸回路	1133、1233	2133、2233	3133、3233	4133、4233
备用电源自动合闸回路	150～169	250～269	350～369	450～469
开关设备的位置信号回路	170～189	270～289	370～389	470～489
事故跳闸音响信号回路	190～199	290～299	390～399	490～499
保护回路	01～099（或0101～0999）			
发电机励磁回路	601～699（或6011～6999）			
信号及其他回路	701～799（或7011～7999）			
断路器位置遥信回路	801～809（或8011～8999）			
断路器合闸线圈或操动机构电动机回路	871～879（或8711～8799）			
隔离开关操作闭锁回路	881～889（或8810～8899）			
发电机调速电动机回路	991～999（或9910～9999）			
变压器零序保护共用电源回路	001、002、003			

表 6-6　　　　　　　　　　交流回路的数字编号

回路名称	互感器的文字符号及电压等级	回路编号组				零　序
		U 相	V 相	W 相	中性线	
保护装置及测量表计的电流回路	TA TA1-1 TA1-2 TA1-9 TA2-1 TA2-9	U11～U19 U111～U119 U121～U129 U191～U199 U211～U219 U291～U299	V11～V19 V111～V119 V121～V129 V191～V199 V211～V219 V291～V299	W11～W19 W111～W119 W121～W129 W191～W199 W211～W219 W291～W299	N11～N19 N111～N119 N121～N129 N191～N199 N211～N219 N291～N299	L11～L19 L111～L119 L121～L129 L191～L199 L211～L219 L291～L299
保护装置及测量仪表电压回路	TV1 TV2 TV3	U611～U619 U621～U629 U631～U639	V611～V619 V621～V629 V631～V639	W611～W619 W621～W629 W631～W639	N611～N619 N621～N629 N631～N639	L611～L619 L621～L629 L631～L639
经隔离开关辅助触点或继电器切换后的电压回路	6～10kV 35kV 110kV 220kV 330、500kV	U（W，N）760～769，V600 U（W，N）730～739，V600 U（V，W，L，试）710～719，N600 U（V，W，L，试）720～729，N600 U（V，W，L 试）730～739，N600、U（V，W，L，试）750～759，N600				
绝缘监察电压表的公用回路		U700	V700	W700	N700	
母线差动保护公用电流回路	6～10kV 35kV 110kV 220kV 330(500)kV	U360 U330 U310 U320 U330(U350)	V360 V330 V310 V320 V330(V350)	W360 W330 W310 W320 W330(W350)	N360 N330 N310 N320 N330(N350)	

（2）对于不同用途的回路规定了编号数字的范围：对于一些比较重要的常用回路（例如直流正、负电源回路，跳、合闸回路等）都给予了固定的编号。

（3）二次回路的编号，还应根据等电位原则进行，就是在电气回路中遇于一点的全部导线都用同一个编号表示。当回路经过开关或继电器触点等隔开后，因为在开关或触点断开时，其两端已不是等电位了，所以应给予不同的编号。

（4）表 6-5 中文字Ⅰ、Ⅱ、Ⅲ、Ⅳ表示四个不同的编号组，每一组应用于一对空气断路器引下的控制回路编号。例如对于一台三绕组变压器，每一侧装一台断路器，其符号分别为 QF1、QF2 和 QF3，即对每一台断路器的控制回路应取相对应的编号。例如对 QF1 取 101～199，QF2 取 201～299，QF3 取 301～399。

（5）直流回路编号是先从正电源出发，以奇数顺序编导，直到最后一个有压降的元件为止。如果最后一个有压降的元件的后面不是直接连在负极上，而是通过连接片、开关或继电器触点等接在负极上，则下一步应从负极开始以偶数顺序编号至上述的已有编号的结点为止。

（6）在工程具体实践中，并不需要对展开图中的每一个结点都进行回路编号，而只对引至端子排上的回路加以编号即可。在同一屏上互相连接的电器，在屏背面接线图中有相应的标志方法。

（7）表 6-6 中，对电流互感器及电压互感器二次回路编号是按一次系统接线中电流互感器与电压互感器的编号相对应来分组的。例如某一条线路上分别装上两组电流互感器，其中，一组供继电保护用，取符号为 TA1-1，另一组供测量表计用，取符号为 TA1-2，则对 TA1-1 的二次回路编号应是 U111～U119、V111～V319、W111～W119 和 N111～N119，而对 TA1-2 的二次回路编号应是 U121～U129、V121～V129、W121～W129 和 N121～N129，其余类推。

（8）交流电流、电压回路的编号不分奇数与偶数，从电源处开始按顺序编号。虽然对每只电流、电压互感器只给九个号码，但一般情况下是够用的。

二、小母线的编号

电路图中的小母线用粗实线表示，并注以文字符号。例如用“＋”和“－”表示控制回路正、负电源；“M708”表示事故音响信号小母线；“－700”表示信号回路负极电源。直流控制、信号及辅助小母线文字符号及回路编号见表 6-7，交流电压及同期小母线的文字符号及回路编号见表 6-8。

表 6-7　　直流控制、信号及辅助小母线文字符号及回路编号

小母线名称	原编号		新编号	
	文字符号	回路标号	文字符号	回路标号
控制回路电源	＋KM、－KM		＋、－	
信号回路电源	＋XM、－XM	701、702	＋700、－700	7001、7002
事故音响信号（不发遥信时）	SYM	708	M708	708
事故音响信号（用于直流屏）	1SYM	728	M728	728

续表

小母线名称	原　编　号		新　编　号	
	文字符号	回路标号	文字符号	回路标号
事故音响信号（用于配电装置时）	2SYMⅠ、2SYMⅡ、2SYMⅢ	727Ⅰ、727Ⅱ、727Ⅲ	M7271、M7272、M7273	7271、7272、7273
事故音响信号（发遥信时）	3SYM	808	M808	808
预告音响信号（瞬时）	1YBM、2YBM	709、710	M709、M710	709、710
预告音响信号（延时）	3YBM、4YBM	711、712	M711、M712	711、712
预告音响信号（用于配电装置时）	YBMⅠ、YBMⅡ、YBMⅢ	729Ⅰ、729Ⅱ、729Ⅲ	M7291、M7292、M7293	7291、7292、7293
控制回路断线预告信号	KDMⅠ、KDMⅡ、KDMⅢ			
灯光信号	（－）XM	726	M726	726
装置配电信号	XPM	701	M701	701
闪光信号	（＋）SM	100	M100（＋）	100
合　　闸	＋HM、－HM		＋、－	
“掉牌未复归”光字牌	FM、PM	703、716	M703、M716	703、716
指挥装置音响	ZYM	715	M715	715
自动调节周波脉冲	1TZM、2TZM	717、718	M717、M718	717、718
自动调节电压脉冲	1TYM、2TYM	Y717、Y718	M7171、M7181	7171、7181
同步装置越前时间调整	1TQM、2TQM	719、720	M719、M720	719、720
同步装置发送合闸脉冲	1THM、2THM、3THM	721、722、723	M721、M722、M723	721、722、723
隔离开关操作闭锁	GBM	880	M880	880
旁路闭锁	1PBM、2PBM	881、900	M881、M900	881、900
厂用电源辅助信号	＋CFM、－CFM	701、702	＋701、－701	7011、7012
母线设备辅助设备	＋MFM、－MFM	701、702	＋702、－702	7021、7022

表 6-8　　交流电压及同期小母线的文字符号及回路标号

小母线名称	原编号		新编号	
	文字符号	回路标号	文字符号	回路标号
同步电压（运行系统）小母线	TQMa′、TQMc′	A620、C620	L1′-620、L3′-620	U620、W620
同步电压（待并系统）小母线	TQMa、TQMc	A610、C610	L1-610、L3-610	U610、W610
自同步发电机残压小母线	TQMj	A780	L1-780	U780
第一组（或奇数）母线段电压小母线	1YMa、1YMb（YMb）、1YMc 1YML、1ScYM、YMN	A630、B630（B600）、C630 L630、Sc630、N600	L1-630、L2-630（600）、L3-630、L-630、L3-630（试）、N600（630）	U630、V630（V600）、W630、L630、（试）W630、N600（630）
第二组（或偶数）母线段电压小母线	2YMa、2YMb（1YMb）、2YMc 2YML、2ScYM、YMN	A640、B640（B600）、C640 L640、Sc640、N600	L1-640、L2-640（600）L3-640、L-640、L3-640（试）、N600（640）	U640、V640（V600）、W640、L640、（试）W640、N600（640）
6～10kV 备用线段电压小母线	9YMa、9YMb、9YMc	A690、B690、C690	L1-690、L2-690、L3-690	U690、V690、W690
转角小母线	ZMa、ZMb、ZMc	A790、B790（B600）、C790	L1-790、L2-790（600）、L3-790	U790、V790（V600）、W790
低电压保护小母线	1DYM、2DYM、3DYM	011、013、02	M011、M013、M02	011、013、02
电源小母线	DYMa、DYMN		L1、N	
旁路母线电压切换小母线	YQMc	C712	L3-712	W712

注　表中交流电压小母线的符号和标号，适用于电压互感器（TV）二次侧中性点接地，括号中的符号和标号，适用于（TV）二次侧 V 相接地。

第五节　控制、继电器屏的屏面布置图设计

屏面布置图是为了屏面开孔及安装设备时用的安装图的一种。因此屏面布

置图中设备尺寸及间距要求按实际大小，并按一定比例准确地画出。

按国家标准绘制的继电保护屏的屏面布置图如图 6-4 所示。图中每一个二次设备均以标志符号来表示。标志符号写在每一个设备的方框中。标志符号中设备的文字应与原理图、展开图及设备表上所用的文字符号一致，以便于互相对照、查阅，标志符号中的设备顺序号和设备表中的顺序号相同，以便在设备表中查出这个设备的名称、型号和规格。设备表中有的设备在屏面布置图中找不到，表明该设备不在屏的正面，而是装在屏的背后。如电阻、空气断路器、小刀闸等，在设备表的备注栏中有说明。

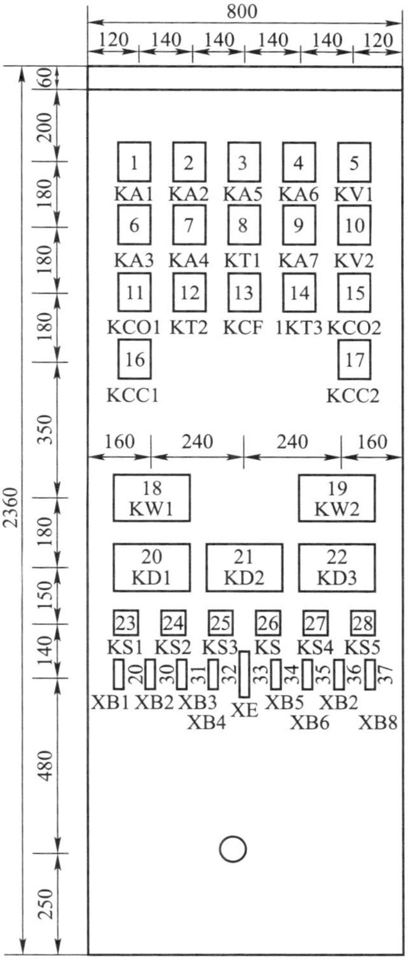

图 6-4　断电保护屏屏面布置图

微机保护厂家提供给用户的微机保护柜布置图如图 6-5 所示，布置图中只体现了二次设备间相对位置，设备尺寸及间距没有画出。保护柜正面布置图上的 21n、4n、5n 都是保护装置的编号，是国家电网公司根据其实现功能进行划分的，用 n 表示是保护装置的标号，n 前面的阿拉伯数字是保护装置功能编号，21n 是母联测控装置，4n 是 220kV 母联操作继电器箱，5n 是 110kV 母联操作继电器箱，PRS-7741 是母联测控装置型号。该保护柜布置了两个安装单位的相同的二次设备，一个是 220kV 母联测控设备 1-21n，另一个是 110kV 母联测控设备 2-21n，用最前面“1”“2”来区别所属安装单位（包括端子排、空气断路器和控制开关的编号）。保护柜背后两侧布置的是端子排，保护柜背后最上端布置的交直流空气断路器。保护柜正面、背面布置的二次设备统计表见表 6-9。

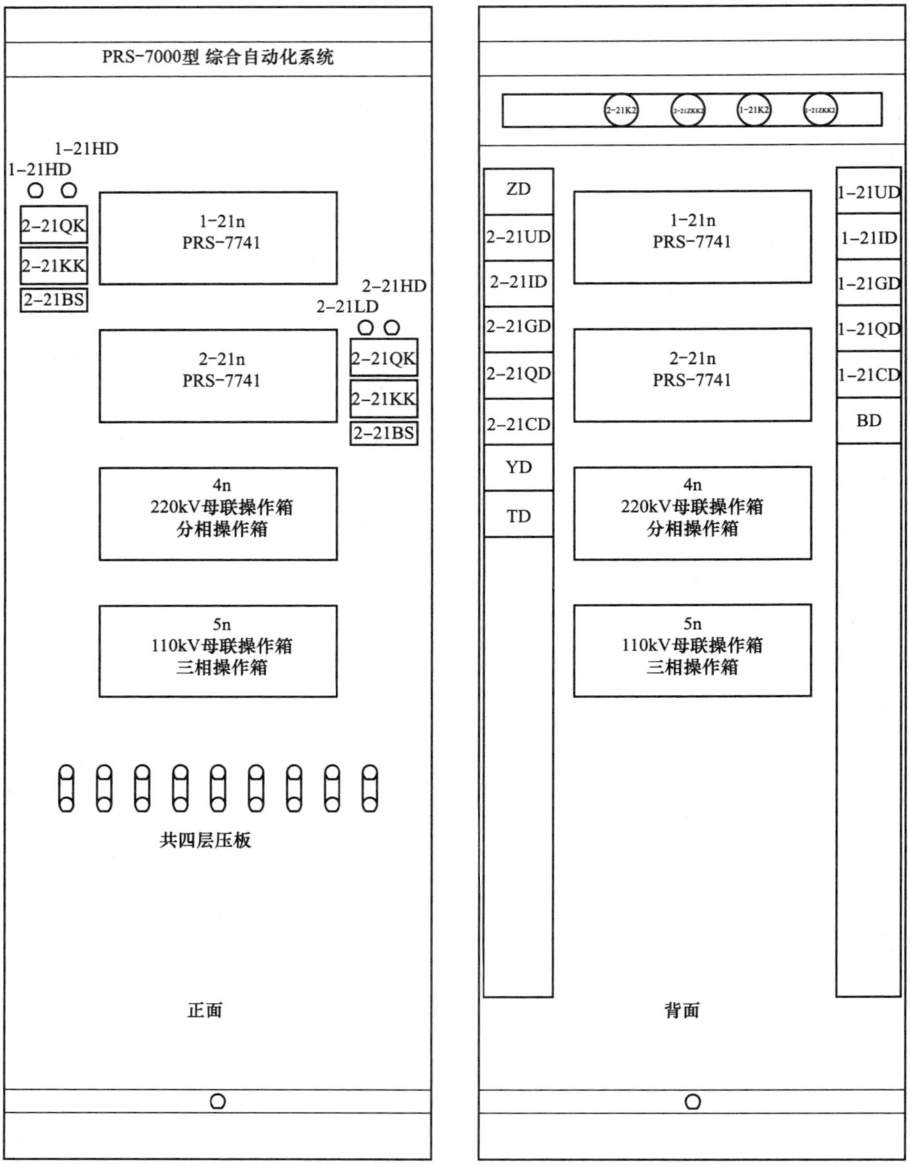

图 6-5　微机保护柜布置图

表 6-9　　保护柜二次设备统计表

序号	符号	名称	型号
1	1～2-2ln	母联测控装置	PRS-7741
2	K	直流空开	2PC3-DC

续表

序号	符号	名称	型号
3	ZKK1	交流电压空开	3PC1-AC
4	ZKK2	交流电压空开	1PC1-AC
5		普通端子	
6	UD 端子	试验端子（双线端子）	
7	ID 端子	圈接端子（双线端子）	PEI 2.5E，米黄色
8		双层端子（“#”端子）	
9		红色普通端子（CD 端子）	
10	LP	功能压板	
11	LP	出口压板	
12	LP	其他压板	
13	KK	断路器操作把手（KK）	LW21-16Z/4.0331.2
14	QK	切换把手	LW21-16/4.0724.3
15	HD	红灯	AD103-22DS（DC220V/DC110V）红
16	LD	绿灯	AD103-22DS（DC220V/DC110V）绿
17	BS	直流电气锁	珠海优特
18	4n	220kV 母联操作继电器箱	CZX-12GN-220V
19	5n	110kV 母联操作继电器箱	CZX-12SN-220V

第六节 端子排设计

端子排是为了方便导线的连接而应用的，它是一段封在绝缘塑料里面的金属片，两端都有孔，可以插入导线，有螺丝用于紧固或者松开，比如两根导线，有时需要连接，有时又需要断开，这时就可以用端子把它们连接起来，并且可以随时断开，而不必把它们焊接起来或者缠绕在一起，很方便快捷。

端子排的作用是将屏内设备和屏外设备的线路相连接，起到电流电压传输的作用。有了端子排，使得接线美观，维护方便，在远距离导线之间的连接时牢靠，施工和维护方便。

端子排的端子类型有普通端子（一般端子）、连接端子、特殊端子和试验端子，其端子类型示意如图 6-6 所示。

一、端子排图的表示方法

在安装接线图上，端子排一般采用三格（或四格）的表示方法，除其中一格表示除端子序号及表示端子形式以外，其余的表明设备的符号及回路编号。屏右侧端子排的三格表示方法如图 6-7 所示。

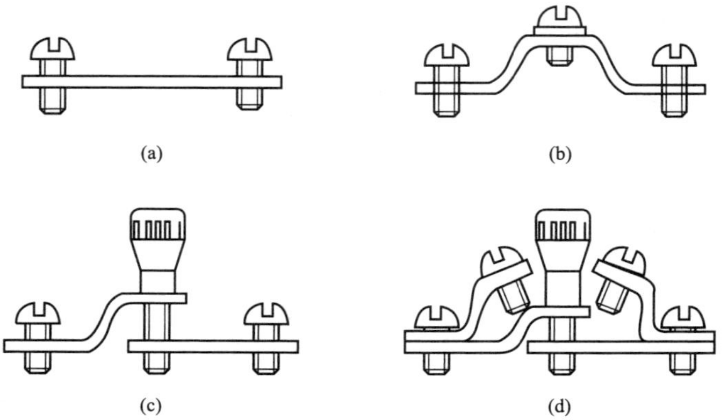

图 6-6　端子排端子类型示意

（a）一般端子导电片；（b）连接端子导电片；（c）特殊端子导电片；（d）试验端子导电片

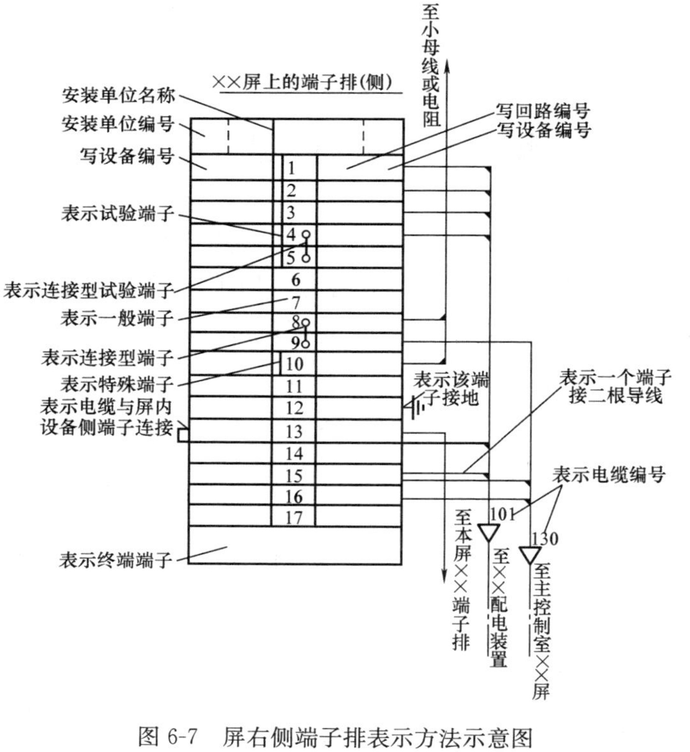

图 6-7　屏右侧端子排表示方法示意图

从左至右每格的含义如下：

第一格：表示屏内设备的文字符号及设备的接线端子号。

第二格：表示端子的序号和型号。

第三格：表示安装单位的回路编号和屏外或屏顶引入设备的符号及端子号。有时将第三格分为两格分别表示上述含义，即四格的表示方法。

二、应经过端子排连接的回路

（1）屏内设备与屏外设备的连接、同一屏上各安装单位之间的连接以及为节省控制电缆，需要经本屏转接的转接回路等，均应经过端子排。

（2）屏内设备与直接接在屏顶小母线上的设备（如熔断器、电阻、隔离开关等）的连接一般经过端子排。

（3）开关量输入、开关量输出回路与微机测控保护装置的连接一般经过端子排。

三、端子排列原则

为满足运行、检修、调试的方便，一般端子排的排列是遵照以下原则来布置和排列：

（1）当同一块屏上只有一个安装单位时，则端子排的放置位置与屏内设备位置相对应。如设备的大部分靠近屏的右侧，则端子排放在屏的右侧，这样既省料又方便。

（2）当同一块屏上有几个安装单位时，则每一安装单位均有独立的端子排，它们的排列应与屏面布置相配合。

（3）端子形式的选用，需根据具体情况来决定。一般来说，交流电流回路应选用试验端子，同一回路等电位的多个端子经过连接端子。

（4）每一安装单位的端子排上，必须预留一定数量的备用端子。否则，万一需要增加接线时，势必造成很大的麻烦。同时，必须在端子排的两端装设终端端子。

（5）当同一个安装单位的端子过多（一般来讲屏每侧装设端子的数量最多不要超过135个，离地面高度应大于350mm）或一块屏只有一个安装单位时，可将端子排布置在屏的两侧。

（6）正、负电源之间，经常带正电的正电源，合闸和跳闸回路之间的端子不应相毗邻，一般需用一个空端子隔开。特别是户外的端子箱中更应如此，以免端子排因受湿造成短路，使断路器误动作。

（7）一个端子的每一个接线螺钉，一般只接一根导线。特殊情况下，最多可接两根导线。接于普通端子的导线截面，一般不应超过 6mm^2。

（8）端子排上的回路安装顺序应与屏面设备相符，以避免接线迂回曲折。端子排垂直布置时，应按自上而下，依次按交流电流、交流电压、开入量端子、操作控制、遥信、通信等回路分组排列。

第七节　安装接线图设计

安装接线图就是背面接线图，是制造厂生产过程中配线的依据，也是施工和运行时的重要参考图纸。它是以展开图、屏面布置图和端子排图为原始资料，由制造厂的设计部门绘制供给的。

安装接线图上二次设备的相对位置应与实际的安装位置相对应，因设备本身及设备间距尺寸已在屏面布置图上标明，故不再按比例画出。另外，由于二次设备都安装在屏的正面，其接线在屏背面，所以背面接线图为屏的背视图。在图中背视看得见的设备轮廓用实线表示，看不见的设备轮廓用虚线表示。对于内部接线复杂的微机保护装置，可只画出引出端子，并标出正负电源的极性。

一、安装接线图上的设备符号

由于安装接线的依据是展开图和屏面布置图，安装接线图的设备符号及编号必须和展开图及屏面布置图上的一致。安装接线图上的设备符号示例如图 6-8 所示。

由图 6-8 可见：

（1）设备的顺序号是以阿拉伯数字来表示的，即根据设备在屏背面的位置从右到左，从上到下按次序编号，图 6-8 中用于分、合闸的控制开关 KK 是第 19 号设备。

（2）设备的型号写在设备图形的上方，与设备标号并列。

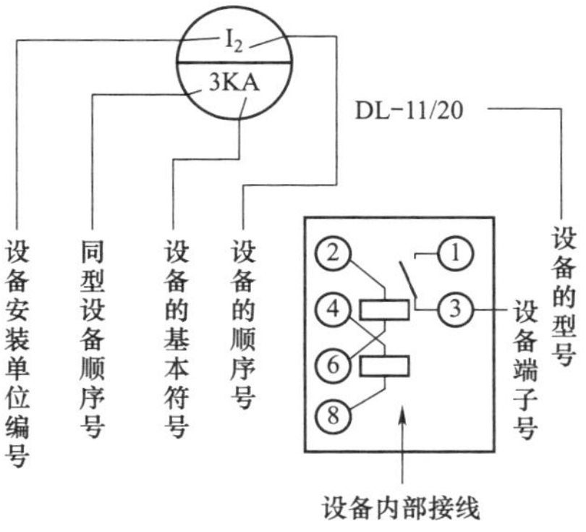

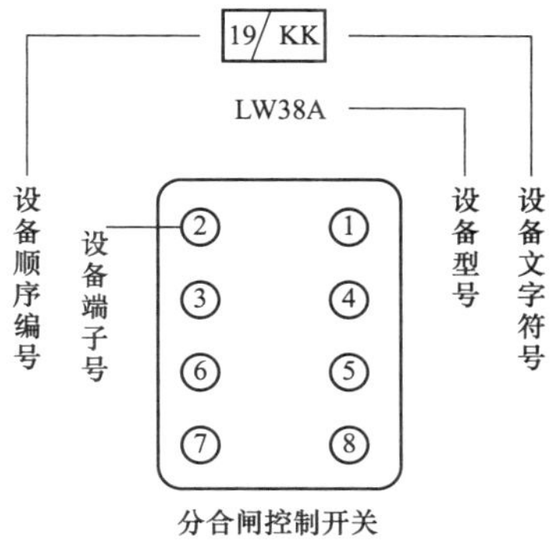

图 6-8　安装接线图上的二次设备符号示例

（a）二次设备符号示例一；（b）二次设备符号示例二

二、相对编号法

在安装接线图中，二次接线通常都采用“相对编号法”。所谓“相对编号法”就是当甲、乙两个设备需要互相连接时，在甲设备的接线柱上写上乙设备接线柱的编号，而在乙设备的接线柱上写上甲设备的接线柱的编号。因为编号是相互对应的，所以称“相对编号法”。如果在某个端子旁边没有编号，就说明该端子不接线，是空着的。

在屏上实际安装配线时，相对编号的数字打印在特制的胶木套箍或塑料套箍上。然后套在导线的两端，以便在运行和检修时帮助查找设备及其端子。

1. 相对编号的作用

回路编号可以将不同安装位置的二次设备通过编号连接起来，对于同一屏内或同一箱内的二次设备，相隔距离近，相互之间的连线多，回路多，采用回路编号很难避免重号，而且不便查线和施工，这时就只有使用相对编号。先把本屏或本箱内的所有设备顺序编号，再对每一设备的每一个接线柱进行编号，然后在需要接线的接线柱旁写上对端接线柱编号，以此来表达每一根连线。

2. 相对编号的组成

一个相对编号就代表一个接线桩头，一对相对编号就代表一根连接线，对于一面屏、一个箱子，接线柱数百个，每个接线柱都得编号，编号要不重复、好查找，就必须统一格式，常用的是“接线柱编号”格式。

（1）设备编号。设备编号有两种表示方法：一种是以罗马数字和阿拉伯数字组合的编号，多用于屏（箱）内设备数量较多的安装图，如中央信号继电器屏、高压开关柜、断路器机构箱等。罗马数字表示安装单位编号，阿拉伯数字表示设备顺序号，在该编号右下角，通常还有该设备的文字符号和参数型号。例如一面屏上安装有两条线路保护，我们把用于第一条线路保护的二次设备按从上到下顺序编为Ⅰ1、Ⅰ2、Ⅰ3…，端子排编为Ⅰ；把用于第二条线路保护的二次设备按从上到下顺序编为Ⅱ1、Ⅱ2…，端子排编为Ⅱ。为对应展开图，在设备编号下方标注有与展开图相一致的设备文字符号，有时还注明设备型号，如图 6-8（a）所示。这种编号方式便于查找设备，但缺点是不够直观。

另一种是直接编设备文字符号（与展开图相一致的设备文字符号），用于屏（箱）内设备数量较少的安装图，微机保护将大量的设备都集成在保护箱里，整面微机保护屏上除保护箱外，只有空气断路器、按钮、压板和端子排，目前的微机保护屏大都采用这种编号方式。例如，保护装置编为 1-21n、2-21n，空气断路器编为 1-21K、2-21K，连接片编为 1-21LP1、2-21LP1 等，按钮编为 1-21FA、2-21FA，属于 1-21n 装置的端子排编为 1-21ID、1-21UD，属于 2-21n 装置的端子排编为 2-21ID、2-21UD 等，如图 6-5 和图 6-8（b）所示。

（2）设备接线柱编号。每个设备在出厂时对其接线柱都有明确编号，在绘制安装接线图时就应将这些标号按其排列关系、相对位置表达出来，以求得图纸和实物的对应。对于端子排，通常按从上到下的顺序用阿拉伯数字顺序编号。

把设备编号和接线柱编号加在一起，每一个接线柱就有了唯一的相对编号。图 6-8 中，设备编号是控制开关的文字符号“KK”，有 8 个接线柱，第 1 个接线柱编号的相对编号是 KK：1，第 2 个接线柱编号的相对编号是 KK：2，第 8 个接线柱编号的相对编号是 KK：8。对于微机保护装置的背后的接线柱的相对编号应该是“装置编号：插件文字符号：接线柱编号”，如 1n：x1：a2 或 1n：x1：a2。

三、设计举例

1. 端子排图设计

35kV 出线柜交流电流回路原理图如图 6-9（a）所示，设计对应的交流电流端子排图如图 6-9（b）所示，设计步骤如下：

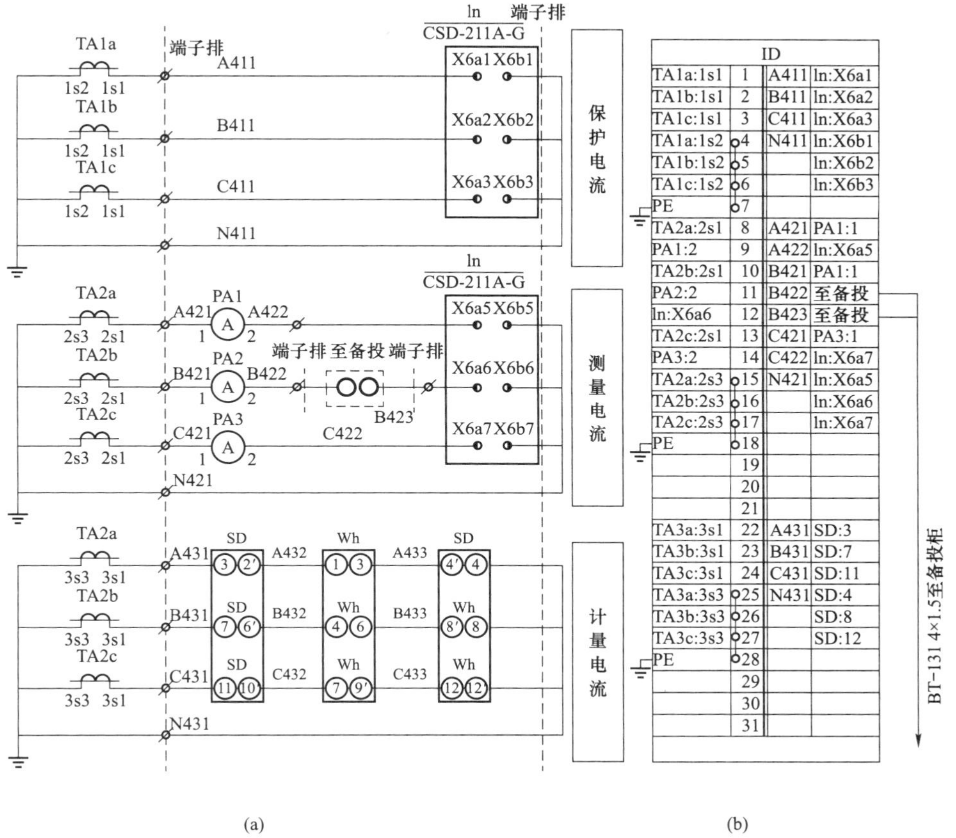

图 6-9　35kV 出线柜交流电流回路原理图及端子排图

（a）交流电流回路原理图；（b）交流电流回路端子排图

（1）按图 6-7 画出端子排，按四格表示法设计，此端子排安排在屏的左侧，因此，图 6-9（b）最左边第一列编写接屏外设备的相对编号，第二列编写端子排端子的序号和型号，由于是电流端子排，应采用试验端子，故在端子的序号右侧画一条粗实线表示，第三列编写回路编号，第四列编写接屏内设备的相对编号。

（2）根据端子排设计原则，分析原理接线图中哪些回路要经过端子排，在图 6-9（a）中，画虚线处所在回路是要经过端子排的。

（3）在原理接线图中，把要经过端子排的回路从上到下、从左到右的每一回路两端的所接设备的相对编号按顺序填写在端子排 ID 的对应端子的两侧格子里即可。从回路 A411 开始，在图 6-9（b）中 ID 的第 1 个端子的第 3 格填写 A411，再看图 6-9（a）回路 A411 的左侧接 TA1a 的 1s1 端子，相对编号是 TA1a：1s1，将其填写在 ID 的 1 号端子的第一格，A411 的右侧接 1n 的 X6a1 端子，相对标号是 1n：X6a1，将其填写在 ID 的 1 号端子的第四格。

回路 B411、C411 所经端子排设计类似回路 A411，占 ID 的第二、第三个端子。

（4）等电位回路多端子接线设计。图 6-9（a）中，回路 N411 需要将 7 个端子连接在端子排上，于是在 ID 上安排第四、第五、第六、第七个端子，这 4 个端子的第一格填写回路 N411 左侧连接的 TAa、b、c 的 1s2 和地的相对标号 TA1a∶1s2、TA1b∶1s2、TA1c∶1s2 和 PE；这 4 个端子的第四格填写回路 N411 右侧连接的 1n 的 3 个端子，相对编号是 1n∶X6b1、1n∶X6b2、1n∶X6b3 和备用（可不填写）。由于这 7 个端子均属回路 N411，是等电位的，采用连接端子即可。其他回路的端子排设计类似，不再赘述，完整的端子排图如图 6-9（b）所示。

2. 安装接线图设计

安装图设计是将原理图中的每一根连接导线用相对编号法的一对相对编号表示。

（1）微机保护交流电流回路安装图设计。根据如图 6-9 所示的原理接线图和端子排图，将原理图中的二次设备顺序编号，将其设备编号、型号和接线柱编号画在图中，交流电流回路安装接线图如图 6-10 所示。图 6-10 中，1、36、37、38 是设备编号，1n、TAa、TAb、TAc、TAa 和 ID 是设备编号，设备编号的下面是设备型号，型号的下面是设备接线柱编号。

图 6-9（a）中，回路 A411 需要两根导线连接，第一根导线连接 ID 的第一个端子排和 TA1a 的 1s1，第二根导线连接 ID 的第一个端子排和 1n 的 X6a1，每一根导线用一对相对编号在图 6-10 中，每一个接线柱标上对端接线柱的相对编号在图 6-10 中，图 6-10 中只表示了 A411、B411 两个回路，其他接线类似，不再赘述。

（2）电磁式保护安装接线图识图方法。

10kV 输电线路定时过电流保护的安装接线图如图 6-11 所示。它包括按展开图绘制出来的端子排图和背面接线图，以此为例来说明如何识图及相对编号

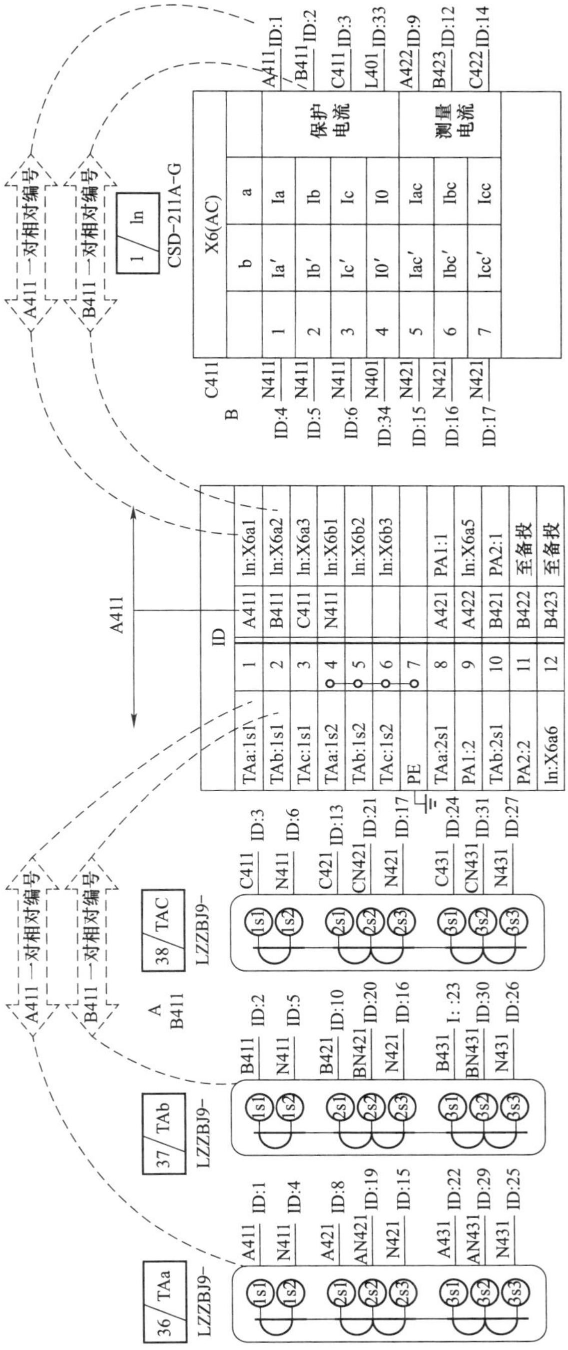

图 6-10　交流电流回路安装接线图

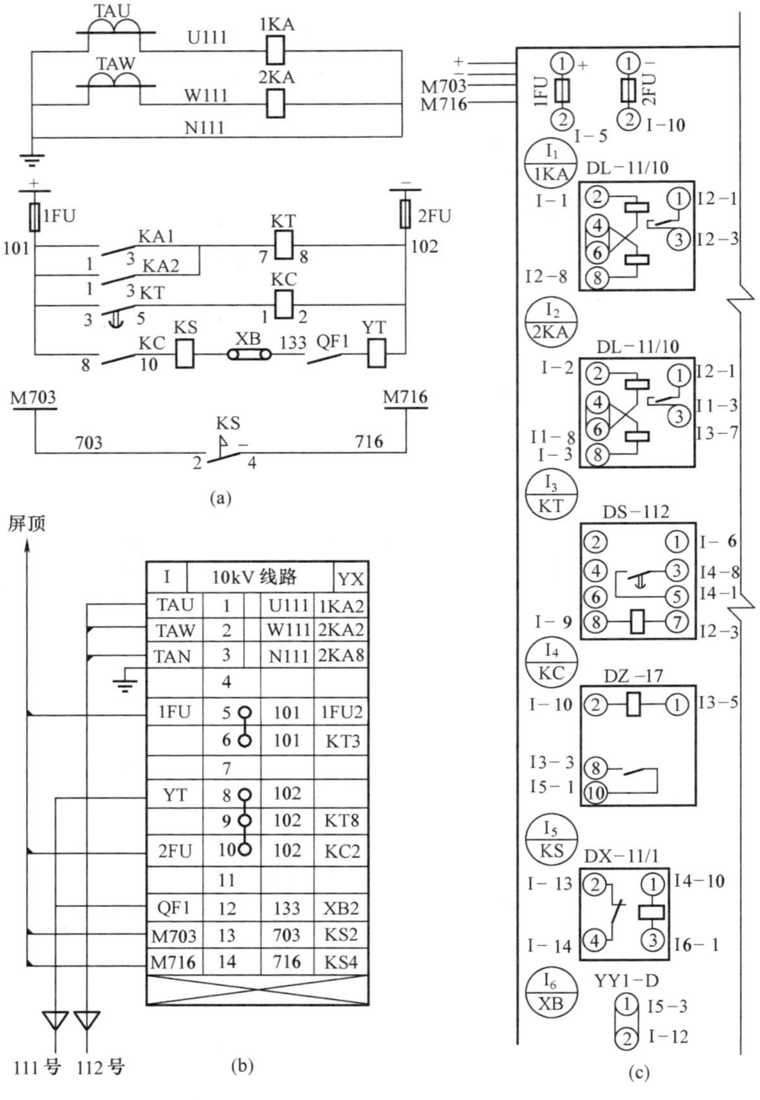

图 6-11　10kV 输电线路定时过电流保护的安装接线图

（a）展开图；（b）端子排图；（c）背面接线图

TAU、TAW—电流互感器；1KA、2KA—电流继电器；1FU、2FU—熔断器；KT—时间继电器；KC—中间继电器；KS—信号继电器；QF1—断路器辅助触点；YT—跳闸线圈

法的应用。从电流互感器 TAU 出来的 112 号电缆通过 1～3 号三个试验端子，分别与屏上的 1KA 的接线螺钉号②和 2KA 的接线螺钉号②、⑧连接。控制电

源从屏顶小母线＋、－经熔断器 FU1、FU2 引到 5、10 号端子（其回路编号为 101、102），该两端子分别与屏上 KT 的接线柱②和 KC 的接线螺钉②连接。信号回路，从屏顶小母线 M703 和 M716 引到 13、14 号端子（其回路编号为 703、716），该两端子分别与屏上 KS 的接线螺钉②、④连接。断路器辅助触点 QF1 的正电源和跳闸线圈 YT 的负电源，由 12 号 8 号端子经电缆 111 号引至 10kV 配电装置。

屏上的各设备之间也应用相对编号法进行连接。例如 1KA 和 2KA 的接线螺钉③要并联，就用相对编号法在 1KA 的接线螺钉③上标注Ⅰ2－3，表示接到 2KA 的接线螺钉③上，而在 2KA 的接线螺钉③上标注Ⅰ1－3，表示接到 1KA 的接线螺钉③上。

相对编号法在实际运用中应掌握以下原则：

（1）为了走线方便，屏内设备及屏顶设备与小母线连接时，需要经过端子排，而屏内设备与屏外设备连接时，则必须通过端子排再用电缆与屏外设备连接。

（2）对于放置在一起的电阻和熔断器、光字牌以及同一设备的两个接线螺钉，采用线条连接比相对编导法来得清晰、简单、方便。因此一般可采用线条直接连接。

（3）对于不经过端子排的二次设备（如装在屏顶的熔断器、电铃、蜂鸣器、附加电阻等）与屏顶控制、信号小母线直接连接时，也应采用相对编号法表示。

（4）屏内设备间通过端子的连接法：屏内设备间的接线一般都是直接连接。但有时由于某种原因只允许穿过一根导线时，可经过端子排进行并头。

第八节　屏　内　配　线

屏（盘）内配线采用铜芯塑料线，用于电压回路的截面不应小于 1.5mm^2。同一屏（盘）内的所有配线应采用同一种颜色。由屏（盘）内引至需开启的门上的导线要采用多股铜芯软线。

屏内配线工作可以分成下线、排线和接线三个步骤。

下线工作，应在屏（盘）上的仪表、继电器和其他电器全部装好后进行。以安装接线图为基础，根据安装图的编号及端子排的排列顺序安排每根导线的位置，按照屏（盘）上电器之间导线实际走向确定导线的长度，并留有适当的裕度，具体做法是：可用一根旧导线或细铁丝，依下线次序，按屏（盘）上的电器位置，量出每一根连接导线的实际长度。以所量的长度为准，割切导线段。如上所述，割切下的导线段应比量的长度稍长一些，以便配线，但不宜过长，避免浪费。

下好线后，导线段需平直，可用浸石蜡的抹布拉直导线，也可用张紧的办法将导线拉直。但应注意不能用力过猛，以免导线（线芯和绝缘）受损。

为了防止接错线，在平直好的导线段两端拴上写有导线标号的临时标志牌或正式标志牌。

排线工作可分为排列编制线束和导线的分列两部分，线束的排列编制应在下好线段并均已平直后进行。导线段按在屏（盘）内实际走向相应端子排上连接的部位编制成线束。线束可采用5～10mm宽的薄铅带套上塑料带当作卡子来绑扎，也可用小线绳或尼龙绳进行绑扎。线束可绑扎成圆形或长方形，后者需用隔电纸等作衬垫．然后绑扎成形。必要时可在线束内加入一些假线以使其保持长方形。线束的绑扎和煨弯如图6-12所示。有时为了便于工作，可加设一些临时线卡，在线束成形后再拆掉。线束绑扎位置的间距应相等。

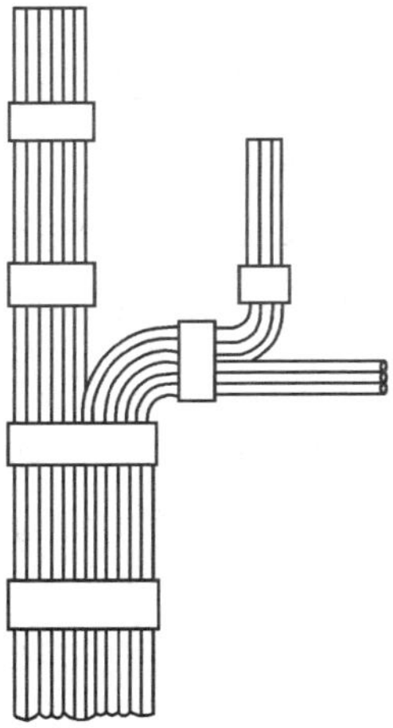

图6-12　线束绑扎和煨弯

线束的编制，应从线束末端电器或从端子排位置开始，按接线端子的实际接线位置，顺次逐个向另一端编排。边排边作绑扎。排线时应保持线束的横平竖直，尽量避免导线交叉，当交叉不可避免时，在穿插处应使少数导线在多数导线上跨过，并尽量使交叉集中在一两个较隐蔽的地方，或把较长较整齐的导线排在最外层，把交叉处遮盖起来，使之整齐美观。

线束的绑扎卡固定应与煨弯工作配合进行，应是煨好一个弯，接着就卡线。线束必须从弯曲的里侧到外侧依次进行，逐根贴紧，如图6-13所示。线束分支时，必须先卡固线束，再次煨弯，每个转角处都要经过绑扎卡固。线束在转弯或分支时，应保持横平竖直、弧度一致。导线互相紧靠，边煨边整理好。导线煨弯不允许使用尖嘴钳，钢丝钳等锐边尖角的工具进行，应该用手指或弯线钳进行，其弯曲半径不宜小于导线外径的三倍，以保证导线的线芯和绝缘不受损坏。

将导线由线束引出而有次序地接到电器或端子排上的相应端子，称为导线的分列。导线分列前，首先应先仔细校对标志头与端子的符号是否相符，必要时用校线灯等方法进行校线。导线分列时，应注意工艺美观，并应使引至端子上的线端留有一个弹性弯，以免线端或端子受到额外的外应力。导线分列方法可分为单层导线分列、多层导线分列和“扇形”分列三种。

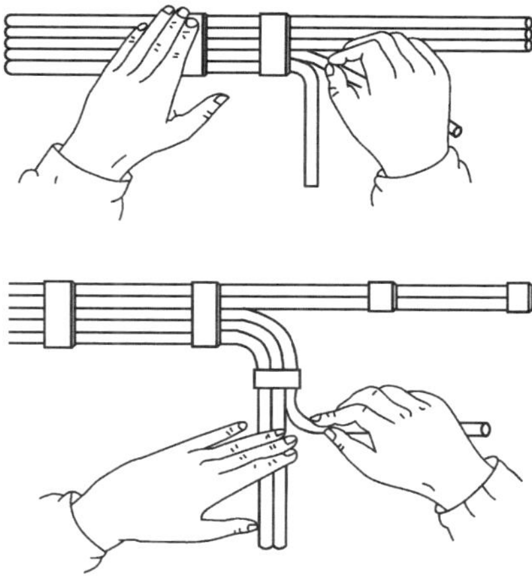

图 6-13　导线的煨弯

单层导线分列适用于接线端子数量不多、位置亦较宽敞的情况。为了使导线整齐美观，分列时一般从端子排的任一端开始，先将导线接至相应的端子上（或电器端子上）。连接时应注意各个弹性弯的高度保持一致，圆弧匀称美观，导线顺序整齐。

多层导线分列适用于导线数量较多或空间窄的情况。多层导线的分列如图 6-14 所示。

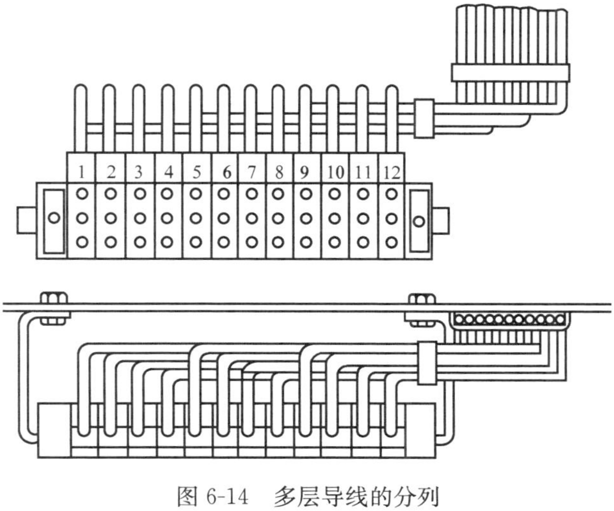

图 6-14　多层导线的分列

导线的“扇形”分列法如图 6-15 所示。在不复杂的单层或双层分列时，也可采用“扇形”分列法。此法与上述两种分列法不同之处就是接线简单和外形整齐。在要求配线连接有较好外形和安装迅速时，可采用这种方法。这种方法应注意导线的校直，连接应首先将两侧最外层的导线连接固定好，然后逐步接向中间，同时，还应注意所有导线的弯曲应整齐。

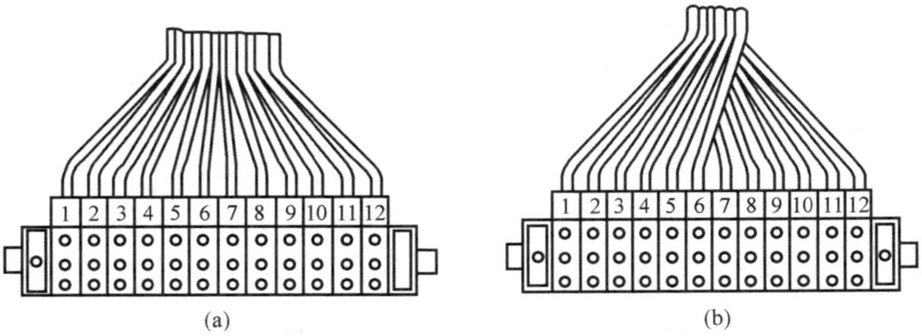

图 6-15　导线的“扇形”分列法

（a）单层导线；（b）双层导线

近几年来，为了简化接线工作，越来越多地采用线槽接线的方式。即将导线敷设在预先制成的线槽内，线槽一般在屏（盘）制作时一起制成。一般由金属或硬塑料制成，设有主槽和支槽。配线时，可打开线槽盖，将先将绑扎好的线束放入线槽内，接至端子排或电器端子的导线由线槽侧面的穿线孔眼中引出。另外，也可以敷设在螺旋形软塑料管内（又称为蛇皮管），施工也较方便。

接线是继放线、排线工作后的一项工作，事先还应检查一下每根导线的敷设位置是否正确，线端的标号与电器接线柱的标号是否一致，确认无误后即可开始往端子排上和电器接线柱上接线。

当电器端子为焊接型时，应采用电烙铁进行锡焊。锡焊的工艺质量是非常重要的，如焊接不良，会影响设备的安全运行和调试。

焊接时应先用小刀把焊件表面的污垢和氧化层轻轻刮去，露出光泽的金属表面，然后用酒精擦净并涂上焊剂。焊剂质量好坏直接影响到焊接质量，现场一般用松香芯焊锡丝进行焊接，既方便，质量亦好。

要选择功率合适的电烙铁，烙铁头的形状和温度对焊接质量影响很大。常用的烙铁头有直形和弯形两种，顶部又有扁形和窄形之分，要根据焊接物的形状和所处位置来选择。

虚焊是焊接工艺中最危险的隐患。虚焊常常不易发现，往往用万用表检查时，仍能显示导通，但经过一段时间运行，由于温度、湿度或振动等原因，会形成断路。所谓虚焊就是焊锡虽把导线包住了，但内部却没有完全融合成整体。产生虚焊的主要原因是：焊接物表面不清洁；焊锡或焊剂质量不好；烙铁头的温度过低等以及操作工艺不当所造成。

归纳屏（盘）内配线工作应注意如下几点：

(1) 屏内导线的接头应在端子排和电器的接线柱上，导线的中间不得有接头。

(2) 端子排与屏（盘）内电器的连接线一律由端子排的里侧接出，端子排与电缆、小母线等的连接及外引线一律由端子排的外侧接出。

(3) 屏（盘）内配线应成束，线束要横平竖直、美观、清晰，排列要合理、大方。线束可采用悬空或紧贴屏壁的形式敷设，固定处须包绕绝缘带，线束在电器或端子排附近的分线不应交叉，形式也要统一。

(4) 屏（盘）内导线的标号应清楚，并与背面接线图完全一致。

(5) 配线用的导线绝缘良好，无损伤。

第二篇
继电保护测试技术

第七章　继电保护测试技术基础

第一节　继电保护测试的基本要求

为了准确地测试继电保护及自动装置的性能，排除各种影响量及影响因素对其性能的影响，要求测试继电保护及自动装置性能时，必须在一个基准的试验条件下进行，基准的试验条件包括环境条件、电源条件、装置的安装条件等。除此之外，根据被测继电保护及自动装置性能的高低，要求测试的仪器、仪表有一定的准确度。只有这样才能保证测试结果的准确性和可靠性。

一、试验的环境条件要求

1. 有或无继电器试验的环境条件

试验应在正常试验大气条件下进行。正常试验大气条件为环境温度：15～35℃；相对湿度：45%～75%；大气压力：86～106kPa。

对于具有准确度要求的有或无继电器应在基准条件下进行试验。基准条件为环境温度：20℃±2℃；相对湿度：45%～75%；大气压力：86～106kPa。

2. 测量继电器及装置试验的环境条件

除变差试验外，试验应在基准条件下进行。试验环境的基准条件及试验允许偏差（简称试验允差）见表 7-1。

表 7-1　　试验环境的基准条件及试验允差

环境条件	基准条件	试验允差
环境温度（℃）	20	±2
相对湿度（%）	45～75	—

续表

环境条件	基准条件	试验允差
大气压力（kPa）	86～106	—
外磁感应（mT）	0	0.5

二、试验电源要求

试验电源性能的好坏直接影响到产品性能检验结果的准确性。因此，正确选择试验电源、改进试验电源的性能对检验工作是一项极为重要的工作。

（一）直流电源

反映直流电源性能的主要技术指标是直流电源中所含有交流分量的大小，即纹波因数。

在 IEC 标准中定义直流电源的纹波因数为直流电源中的交流分量的峰—峰值与直流电源的平均值之比。直流电源中所含有的交流分量越大，则直流电源的纹波因数越大，直流电源的性能越差，对保护装置性能检测的影响越大。因此要采取措施减小纹波因数。其方法是在整流电源中增加滤波回路，以此来减小直流电源的脉动。

纹波因数可以通过两表法进行测试，用直流电压表测量直流电源的直流电压的平均值，测量直流电压的交流分量，应使用数字式峰—峰值电压表。没有数字式峰—峰值电压表时，可选用真空管式电压表、电子管电压表、方均根响应的数字式电压表和峰值电压表等。这些仪表测量交流分量的峰—峰值时，误差较大，测量值反映的是交流分量的有效值，需要按如下方法换算为交流分量的峰—峰值。

（1）真空管电压表、电子管电压表、方均根响应的数字式电压表。测量值乘以 $2\sqrt{2}$ 即为交流分量的峰—峰值。

（2）峰值电压表。测量值乘以 2，即为交流分量的峰—峰值。

计算出纹波因数 K_f

$$K_f=\text{交流分量的峰—峰值}/\text{直流电压的平均值}$$

除了用两表法测量纹波因数的方法外，还可以用示波器来观察直流电源的波形。有的示波器直接显示电源波形的峰—峰值的大小，可以用图示法计算出纹波因数的大小，K_f 大于 6%时不能作为试验电源使用。

对于有条件的实验室，可以使用直流发电机和蓄电池等直流电源，它们输出直流电源的纹波因数很小甚至接近于零，是最理想的直流电源。

直流电源的技术指标除了纹波因数外，还有稳压精度、稳流精度等。要求稳压精度、稳流精度高，并且这两个参数不能因负载的变化而变化。一般要求这两个参数不超过2%。

（二）交流电源

在实验室所使用的交流电源主要有单相电源和三相电源两种。

1. 单相电源

单相交流电源的主要技术指标是波形畸变，波形畸变的大小用波形畸变因数来衡量。

一般来讲，交流电源都是指正弦波交流电源，但实际上许多实验室和企业的质检部门都是用低压供电网络的交流电源作为试验电源。目前低压供电网络的交流电不是完全的正弦波交流电源，而是含有一定谐波的非正弦波电源，这些电源的波形都存在着一定的波形畸变。同时在低压供电网络中还要使用大量电气设备，如非线性电阻、变压器、变流器、移相器、电抗器、互感器和稳压器等，使用这些设备会增大电源波形的畸变。非正弦波的电压和电流施加于继电保护及自动化装置时，会引起继电保护及自动化装置动作特性的变化，影响试验结果的正确性。

为了使试验结果准确，首先要测量所使用的交流电源的波形畸变因数，波形畸变因数指的是非正弦周期量中减去基波分量所得的谐波分量有效值与非正弦量有效值的比值，通常用百分比表示。测量波形畸变因数应使用失真度试验仪测试，还可以用示波器观察，也可以用谐波分析仪来检测交流电源中所含有的谐波量的大小。

测量的波形畸变因数超过5%的交流电源不能作为试验电源使用。

2. 三相电源

除了对单相电源的要求外，三相电源的另一个重要的技术指标是三相电源是否是三相平衡电源。

三相平衡电源的技术指标有：三相电源的相电压或线电压大小应相等；相电流大小应相等；各相电压与该相电流间夹角也应相等。

目前许多实验室所用的三相电源一般都是低压供电网络中的交流电源。这些电源由于负载等原因，很难达到三相平衡电源的要求。因此，用这样的电源无法去检测继电保护及自动化装置的性能，特别是对检验带有相位的两个激励量的功率和阻抗继电器及保护装置等产品以及检验按对称分量原理构成的正序电压和负序电压继电器及保护装置等产品，影响很大。因此要求使用一些专用继电保护测试装置。因为这些装置中都配备有三相平衡电源。

3. 交流电源频率

电源频率的变化不仅影响继电保护及自动化装置各类线圈、变换器的阻抗值，对继电器和装置的动作值等许多基本技术参数都有不同程度的影响；同样对有相位的两个激励量产品的影响更严重。频率变化对试验仪也有影响，有关标准的规定：交流电源的频率为50±0.5Hz，电网的频率有时达不到此要求。在检验工作中，应注意电源频率变化引起被试产品和试验仪表的误差。试验电源的基准条件及“试验允差”见表7-2。

表7-2　　试验电源的基准条件及“试验允差”

试验电源	基准条件	试验允差
交流电源频率	50Hz	±5%
交流电源波形	正弦波	波形畸变5%（或2%）①
交流电源中直流分量	0	峰值的2%
直流电源中的交流分量	0	0%～6%②
三相平衡电源中相电压或线电压	大小相等	差异应不大于电压平均值的1%
三相平衡电源中相电流	大小相等	差异应不大于电流平均值的1%
三相平衡电源中各相电压与该相电流间夹角	相等	2°

① 多输入量的量度继电器及装置试验电源的交流电源波形畸变系数。

② 按峰—峰值波纹系数定义。交流分量峰谷值对脉动量的直流分量绝对值之比时，试验允差为6%。

三、仪器、仪表的要求

1. 仪表准确度要求

为了保证测量结果的准确性，应根据被测量的特性来选择合适的仪表。对继电保护及自动化装置的试验，应要求所使用的全部仪表的准确度满足表7-3的要求。在试验过程中，测量结果与被测量之间会存在误差。产生误差的原因，除了仪表本身的基本误差和使用条件所引起的附加误差外，还有一个重要原因是测量方法的不当和仪表选择不合理。因此，全面地了解仪表的技术性能、合理地选择仪表、正确地使用仪表，就能使测量结果的误差降低到最小。

表 7-3　　**仪表准确度等级**

误　差	<0.5%	≥0.5%～1.5%	>1.5%～5%	≥5%
仪表准确度	0.1 级	0.2 级	0.5 级	1.0 级
数字仪表准确度	6 位半	5 位半	4 位半	4 位半

2. 选择仪表的原则

（1）根据被测量的性质选择仪表的类型。

1）根据被测量是交流还是直流，选用交流仪表还是直流仪表。

2）测量交流量时，应根据交流量是正弦波还是非正弦波来选择仪表。

对于交流正弦电流（或电压），只需测量其有效值。可选择任何一种交流电流（电压）表来测量。对于非正弦波来讲，由于非正弦波的波形因数、波顶因数与正弦波的波形因数、波顶因数相差较大，因此会影响测量的准确度。

（2）按测量线路和被试产品线圈阻抗的大小选择仪表的内阻。测量电压时，都是将电压表并联在被测量电压的两端，如果使用的仪表内阻不是足够大时，电压表接入测量线路后，将改变原来测量线路的参数，使测量的电压值出现很大的误差；所以要求测量电压的仪表内阻越大越好。测量电流时，电流表串接在测量线路中，为了使电流表接入被测线路中不影响被测线路的工作状态，要求电流表的内阻越小越好。

（3）根据被测量的大小选择适当量程的仪表。根据被测量的大小选择适当量程的仪表，可以得到准确度较高的测量结果。如果选择不当，就会使测量结果出现很大的误差。测量结果的准确度除了与仪表的准确度有关外，还与仪表的量程有关。一般要求被测量的大小应在仪表测量上限的 1/2～2/3 以上。

另外在选择仪表量程时，还应注意被测量的大小不能超过仪表测量的量程，特别是高灵敏度的仪表。当被测量大小超过仪表的量程时，很容易损坏仪表。所以在使用仪表时要特别予以重视，防止事故，避免仪表的损坏。

（4）应根据使用的场所及工作条件选择仪表。

（5）选用数字仪表的原则：目前数字式仪表一般提供的技术指标没有准确

度等级，只有允许误差和显示位数。因此，在选用仪表时，应注意以下事项：

1）数字式仪表的量程选择应从大于被测量的量程中，选择最小值，并应保证有足够的分辨率。

2）在测量含有谐波分量的交流电压和电流时，应选用有效值的数字式仪表。

3）在使用多功能数字仪表时，测量不同类别的量值和使用不同的量程时，有不同的准确度。一般测量直流电压和使用基本量程时，准确度最高。

第二节　继电器及装置的准确度及表示方法

在IEC标准中，反映继电器及装置的准确度有误差、离散值和变差等参数。

一、误差

按照计量学的定义，误差即是测量值与真值之差。在《继电器及装置基本试验方法》中，将误差规定为继电器及装置的测量值与整定值之差。在标准中规定了以下表达误差的几种方式。

（1）绝对误差。某特性量（如电流、电压、频率、相位角、时间等）的实际测量值与整定值的代数差

$$绝对误差=测量值-整定值$$

（2）相对误差。绝对误差与整定值之比

$$相对误差(\%)=\frac{测量值-整定值}{整定值}\times 100\%$$

（3）平均误差。在相同规定的条件下，同一台产品所进行规定次数的测量中，每次测量所得到的误差值（绝对误差、相对误差）的代数和的平均值。

平均误差也就是在规定测量次数的测量值的平均值与整定值之差，它可以用绝对值的形式，也可以用相对值的形式来表达。

在标准中规定：一般产品测量次数为十次，静态产品测量次数为五次。

二、离散值

一致性就是在相同规定的条件下，同一台产品在规定的测量次数中，测量值与平均值相差最大的数值与平均值之差的百分数

$$\text{离散值}(\%)=\frac{\text{与平均值相差最大的数值}-\text{平均值}}{\text{平均值}}\times 100\%$$

在国标中规定：一般产品测量次数为十次，静态产品测量次数为五次。

三、变差

$$\text{变差}(\%)=\frac{\text{五次试验中的最大值}-\text{五次试验中的最小值}}{\text{五次试验中的平均值}}\times 100\%$$

第三节　继电保护及自动化装置动作特性测试

动作特性和时间特性是继电保护及自动化装置的最重要基本性能。动作特性对于有或无继电器，主要是检验产品的动作值、返回值、保持值等；对于量度继电器及装置，主要是检验产品动作值的整定范围、整定值的准确度及返回系数等。时间特性对于有或无继电器，主要是检验产品的动作时间、返回时间等；对于量度继电器及装置，除了检验产品的动作时间、返回时间外，有的产品还应检验定时限特性和反时限特性等。

一、基本试验分类

继电器动作值、返回值的基本试验方法有稳态试验、动态试验和动态超越试验三种。

1. 稳态试验

稳态试验是指缓慢改变继电器输入励磁量，或改变的阶梯很小，不至引起暂态过程，以测得保护的运行特性和继电器的动作参数的试验。稳态试验习惯上又称为静态试验，所测得的特性称为继电器的稳态特性或静特性。

2. 动态试验

动态试验是指突然改变继电器的输入励磁量，来测定继电器动作参数的试验。动态试验又称突然施加激励法，所测得的特性称为继电器的动态特性。

3. 动态超越试验

动态超越试验是指使继电器励磁量中具有最大非周期分量，以测定继电器动态动作值的试验。所测得的动态动作值与稳态动作值之差的相对百分值，称

为动作值的动态超越，习惯上又称暂态超越，记为

$$D=\frac{A_{OP.D}-A_{OP.S}}{A_{OP.S}}\times 100\% \tag{7-1}$$

式中　D——动作值的动态超越；

$A_{OP.D}$——继电器的动态动作值；

$A_{OP.S}$——继电器的稳态动作值。

动态超越是继电器动态特性的一项重要指标，愈小愈好，一般要求不大于5%。

二、试验方法的选择原则

试验方法选择的原则是应尽可能保证试验与实际情况相符合，因此，对于不同性质的继电器，试验方法是不一样的。

1. 有或无继电器

有或无继电器是指中间继电器、信号继电器、时间继电器和出口继电器等具有单一逻辑功能的继电器。在实际运行中，它们都由前一级继电器的触点控制，突然接通或断开继电器线圈回路。继电器线圈具有一定的电感，突然接通或断开电源时，在继电器线圈回路中会出现过渡过程（继电器中电流不能突变）。为保证试验与实际工作情况相符合，测试有或无继电器动作值、返回值等特性量及时间量时，应采用对其线圈突然施加励磁量的动态试验法，试验程序如图 7-1 所示。测试前先调整输入量，使其等于规定的动作值，然后突然施加于继电器线圈，再升至额定值，最后由额定值突然降到规定的返回值。

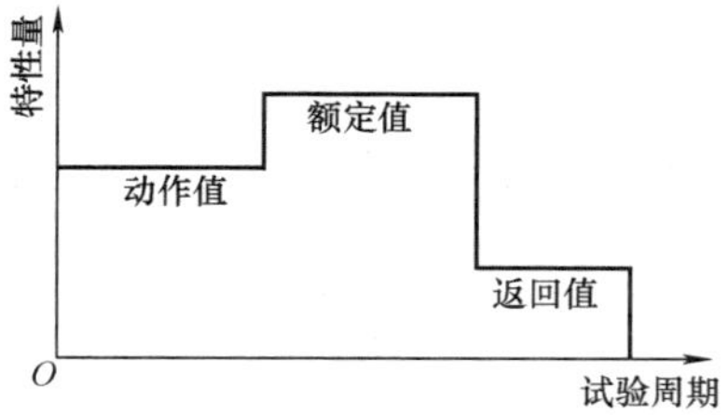

图 7-1　有或无继电器动作、返回值试验程序

2. 量度继电器

量度继电器是指电流继电器、电压继电器、阻抗继电器等测量元件，输入的都是交流量。系统短路时，交流测量元件输入的励磁量中除了有基波分量外，还有暂态分量，且具有一定的突变性。为保证试验与实际情况相符合，按理应采用动态试验，但实际上不合适。因为，交流电路的回路总电流由接通瞬

间的合闸初相角决定，其最大值为（0～2）I_m。在不同初相角时接通试验回路会呈现出不同的动作值，测量结果明显离散，无法用一个确定的值来衡量继电器的动作特性。故量度继电器一般只做稳态试验，测量稳态动作值。对快速保护来说，稳态试验与量度继电器的实际工作情况差异较大，可增加动态超越试验。

过量继电器稳态试验按图 7-2 所示程序进行，用于励磁的特性量从零开始逐渐增大到动作值，然后逐渐减小至返回值，再由返回值下降到零，重复 n 次。欠量继电器稳态试验按图 7-3 所示程序进行。先使继电器线圈所施加的特性量从零开始增大到额定值（欠量继电器处于初始状态），此阶段不测量继电器特性量的准确度，然后从额定值开始下降到动作值（欠量继电器处于终止状态——释放状态），再逐渐增大到返回值，继而由返回值增大到额定值，重复 n 次。

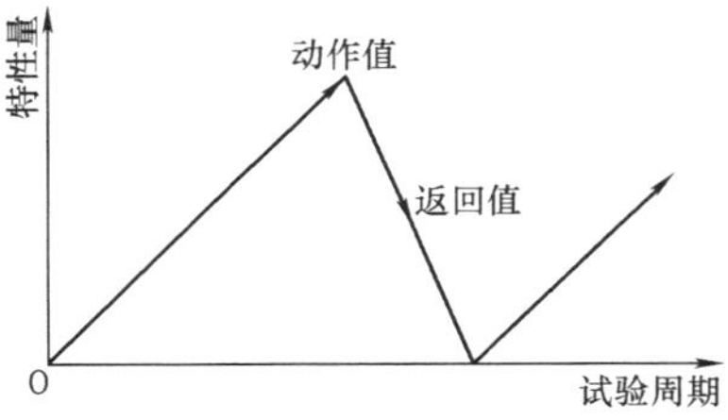

图 7-2 过量继电器动作值、返回值试验程序

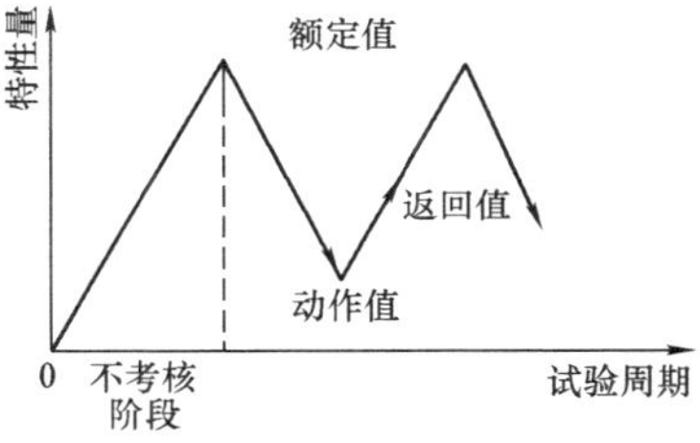

图 7-3 欠量继电器动作值、返回值试验程序

第四节 继电保护自动装置整组功能试验

一、继电保护自动装置整组功能试验的目的和内容

尽管动态试验、稳态试验和动态超越试验能测得继电器的一些重要特性，但却不能全面检查继电保护的动作行为。因为上述试验往往只对单个继电器施加缓慢变化的励磁量或按简单规律变化的暂态励磁量，而不能提供电力系统故障时施加于保护装置的变化复杂的励磁量。这对于检验简单的慢速保护装置的性能来说，可能是足够的，而对于超高压电网的快速保护装置来说，真正需要

检验的是故障初瞬间暂态过程中的动作性能，上述试验是不充分的。此外，上述试验不能同时对整套保护的所有继电器进行试验，更不能作区内外故障、振荡、故障转换，线路充电、重合闸时对继电保护的综合考核。

为确保快速继电保护装置的可靠工作及发现其存在的缺陷，还必须对其进行更符合实际的严格试验。当然可在实际电力系统上进行人工短路试验，然而人工短路试验在很多情况下是不允许的，若要进行，则必须做大量准备工作，采取多种保安措施，费时、费钱、费工，并要冒导致电网事故的风险，且只能做少数几个试验，故障种类也受到限制，不可能对保护装置进行全面的考核。

较为切实可行而又保证试验符合实际情况的方法是进行模拟整组功能试验，装置整组功能试验是通过采用各种试验手段，模拟电力系统的运行情况，试验产品的性能能否满足运行的要求。它是在比较短的时间内，将电力系统运行中可能出现的问题运用模拟试验的方法反映出来，试验产品性能的好坏，正确评估被试产品能否适应电力系统运行的实际要求。通过试验，除了能及时暴露产品所存在的问题外，还能协助产品的研发人员分析产品质量问题的原因和消除存在问题的措施。对于正在电力系统运行中的产品，当在某些特殊的情况下，产品发生不正确的动作时，可以根据电力系统的故障现场及有关故障录波图，采用模拟或仿真的试验方法，进行故障再现。通过故障再现，可以分析事故的原因。如果事故是由于产品性能引起的，能查明产品不正确动作的原因，寻求解决的措施。如果是电力系统运行所造成的，可以从电力系统的运行方式上去查找原因。这是一项最具有实际意义和价值的工作，通过这些试验可以积累经验，提高产品的质量水平和电力系统的运行水平，防止类似事故的重演。从而保证电力系统的安全可靠运行。

装置的整组功能试验主要包括静态模拟试验（简称静模试验）、电力系统动态模拟试验（简称动模试验）及电力系统数字实时仿真试验（简称仿真试验）。静模试验、动模试验及仿真试验的内容应根据产品的技术标准规定的内容进行，如输电线路保护和发电机变压器组通常选择下列试验内容：

（一）输电线路保护

（1）区内单相接地、两相短路接地、两相短路和三相短路故障时，检查保护的动作行为。

（2）区外和反向单相接地、两相短路接地、两相短路和三相短路故障时，检查保护的动作行为。

（3）区内转换性故障时，检查保护的动作行为。

（4）暂态超越试验。

（5）保护装置的选相性能试验。

（6）非全相运行及非全相运行中再故障时，检查保护的动作行为。

（7）手合在空载线上时保护的行为，拉合空载变压器故障时，检查保护的行为。

（8）在永久性故障线上手合时，检查保护的动作行为。

（9）保护装置和重合闸配合工作时，在永久性和瞬时性故障条件下，检查保护的动作行为。

（10）电压回路断线或短路对保护的影响。

（11）在接入线路电压互感器条件下，线路两侧开关跳在正常运行和各种故障条件时，检查保护的动作行为。

（12）对允许式或闭锁式全线速动保护回路试验，在各类型故障以及区外故障功率倒向时，检查保护的运行行为。

（13）保护装置在电力系统振荡、振荡过程中再故障时，在非全相振荡、振荡过程中再故障时，检查保护的动作行为。

（14）区内转区外或区外转区内等各种转换性故障时，检查保护的动作行为。

（15）经过渡电阻的区内故障、区外经小电阻的短路，检查保护的动作行为。

（16）发展性故障及同杆井架线路的跨线故障，检查保护的动作行为。

（二）发电机—变压器组保护

（1）发电机内部两相短路和端部三相短路，应包括动模机组所能试验的短路故障，检查保护的动作行为。

（2）发电机内部匝间短路，应包括动模机组所能试验的匝间短路故障，检查保护的动作行为。

（3）变压器内部匝间短路、单相接地、两相接地短路、端部三相短路，应包括动模机所能试验的短路故障，检查保护的动作行为。

（4）区外单相接地短路、两相接地短路、两相短路、三相短路以及区外转区内的转换性故障，检查保护的动作行为。

（5）空投变压器时，检查保护的动作行为。

（6）差动保护电流互感器断线时，检查保护的动作行为。

（7）发电机定子单相接地，包括中性点经过渡电阻接地时，检查保护的动作行为。

（8）全失磁、部分失磁，包括失磁引起的系统电压崩溃时，检查保护的动作行为。

（9）失步，包括加速失步、减速失步、系统振荡时，检查保护的动作行为。

（10）过电压、过激磁时，检查保护的动作行为。

（11）定子对称和不对称过负荷（过流）时，检查保护的动作行为。

（12）发电机误合闸时，检查保护的动作行为。

（13）转子一点接地（转子回路对地的总电容宜选为合适的电容）时，检查保护的动作行为。

（14）转子两点接地时，检查保护的动作行为。

（15）转子过负荷时，检查保护的动作行为。

（16）断路器失灵时，检查保护的动作行为。

（17）断路器非全相跳合闸时，检查保护的动作行为。

（18）（过）低频时，检查保护的动作行为。

（19）电压互感器断线时，检查保护的动作行为。

（20）电压切换时，检查保护的动作行为。

二、继电保护自动装置整组功能试验设备

1. 静态模拟试验设备

静态模拟试验一般都是用作成套保护装置的整组功能试验。线路保护装置的静模试验可以通过一套对线路的模拟的试验设备来进行，也可以通过已有模拟开关的试验装置来进行。

静模试验设备也有称为静模试验系统。它是由模拟变压器、模拟电流互感器、模拟电压互感器、模拟输电线路、模拟开关、移相器以及控制、测量、录波等装置组成的。

静模试验的试验接线图见图 7-4，图中只画出了单相。

图 7-4 中 Tm、Tn 是模拟变压器，BP 是移相器，Z_0、Z'_0是两电源侧补偿用零序阻抗，Z_{m1}、Z_{n1} 是电源的正序阻抗，Z_{L1}、Z_{LM} 是线路 T 型等值电路的

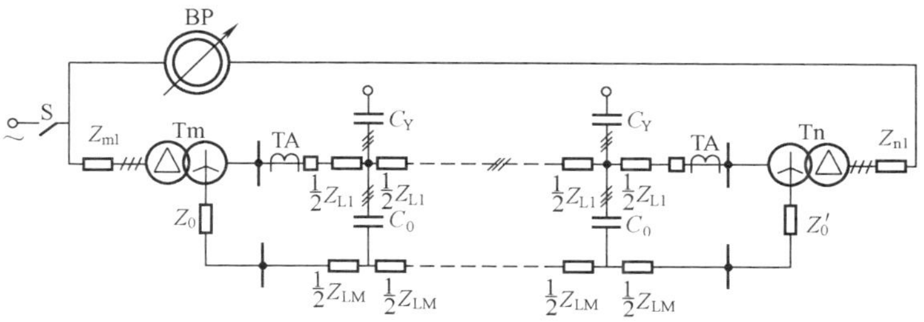

图 7-4　线路保护的静模试验线路

正序阻抗和相间互感阻抗，C_Y 与 C_0 是线路 T 型等值电路的相间电容和对地电容，TA 是模拟电流互感器。实际上还有电压互感器和制造模拟故障的开关，前者应当既可以接于母线，也可以切换到线路上，后者应能在保护正方向和反方向各点模拟相间短路和接地短路。

2. 动态模拟试验设备

电力系统动态模拟试验（简称动模试验）是模拟电力系统的各种运行状态来检验电力系统继电保护产品的性能是否满足电力系统可靠运行的要求。它的组成是除了将静模试验设备中的试验电源改为模拟发电机外，还要将暂态阻抗作为模拟变压器一次侧的串联感抗 Z_{m1} 或 Z_{m1} 的一部分。模拟发电机应包括完整的模拟原动机、模拟调速、调压装置等。

动模试验的目的是检验继电保护装置在电力系统动态过程中的动作性能，包括电力系统出现各种类型的故障及系统不稳定或振荡过程中，继电保护装置的动作行为。

110kV 及以上电压等级的线路保护装置及母线保护装置、100MW 及以上的水电机组和 200MW 及以上的火电机组的继电保护等产品都要求进行动模试验，动模试验的依据为 GB/T 26864—2011《电力系统继电保护产品动模试验》。

3. 电力系统数字仿真试验设备

电力系统数字仿真试验是当代科学技术的发展，特别是计算机技术发展的结果；是检验电力系统控制和保护装置整组功能的新试验方法。数字式仿真器是一种全数字化的模拟电力系统电磁暂态（EMTP）过程的试验设备。它已成为逐步取代暂态网络分析仪和模拟式、数模混合式模拟试验装置的一种既经济而又高效的仿真设备。加拿大 RTDS 公司生产的 RTDS（Real-Time Digital

Simulator）数字仿真器是目前世界上技术领先的数字实时仿真试验装置之一，已成为当今电力系统数字仿真技术的代表。它既可以对电力系统进行实时仿真，研究电力系统在各种工况下的运行状况和当系统出现各种扰动时对电力系统设备和网络运行的影响；又可以对控制和保护设备进行开环及闭环试验，研究电力系统发生故障时，既能直接反映各种保护装置动作行为的正确性，又能反映出其模拟的系统响应，为电力系统的安全可靠运行奠定基础。

RTDS数字仿真器是当前最先进的计算机软硬件相结合的产物。在其功能强大而有友好的图形化用户接口（Graphical User Interface，GUI）中，用户可以通过自定义的方法，在已建立的电力系统的元件库上，根据电力系统的参数建立系统模型，显示在计算机屏幕上；按照仿真程序进行运行，并对其仿真结果进行分析。该元件库已建立了大量的元件模型，因此在RTDS数字仿真器上可以对各种网络结构的电力系统进行仿真试验和研究，这些电力系统小到最简单的单电源的负载系统，大到能代表一个完整的电力公司网络的基本动态特性的研究。同时硬件设计全部采用模块化方式，便于用户可以随时根据系统模型的复杂程度扩展设备，并设计了包括建模、试验、数据处理和分析等为完成数字仿真试验和研究所需要的全套软件，使用极为方便。

第五节　微机型继电保护测试仪

随着继电保护的发展，继电保护测试装置（也称试验装置）及测试技术也在不断发展进步。最早的继电保护测试手段是由调压器、升流器、移相器、滑线电阻等传统的试验设备及电气仪表构成的“地摊”式接线，20世纪70～80年代我国出现了各种模拟设备、仪表连接而成模拟式测试台，以测试各种继电保护和自动装置。同时，还需要较精密的电压表、电流表、相位表、频率计和毫秒计等仪器对试验中要读取的物理量进行测量才能完成整个测试过程。采用这种测试手段，不仅设备搬运困难、占用现场面积大，而且在测试中需要反复调节各种参量，依靠人工读取、记录试验数据。这种方法不但测试手段落后、功能少、不能进行复杂试验，还容易接错线，劳动强度大、测试时间长。近年来，随着我国电力工业的迅速发展，新型继电保护装置特别是微机型继电保护得到广泛推广使用，对测试装置及测试技术提出了更高的要求，国家相关部门也制订了 DL/T 624—2010《继电保护微机型试验装置技术条件》，对继电保护试验装置（即继电保护测试装置）的各项技术性能和指标提出明确的要求。该标准适用于检验 220kV 及以上电压等级的线路保护、元件保护以及容量在 200MW 及以上的发电机—变压器组保护和安全自动装置的试验装置。该标准对试验装置使用条件、技术要求（包括整机性能特性，电气、机械性能试验及试验后技术要求、试验装置接口、试验装置的交流电流源、试验装置的交流电压源，交流电流源与交流电压源的同步性、直流输出、交流电流源与交流电压源的相位控制、时间测量、测试功能等）、检验规则、标志与数据等方面都给出了明确的规定。目前，国内外所生产的微机型继电保护测试仪都要通过国家相关部门的检测，才能投入市场。

一、微机型继电保护测试仪的结构原理

目前，国内使用的微机型继电保护试验仪的种类繁多，但大多数的试验仪是由主机、计算机及辅助设备组成。主机部分是将标准的电流、电压信号通过电流放大器及电压放大器进行放大，增大电流、电压信号的输出功率及最大输出电流、电压幅值以满足继电保护及自动化装置对试验电源的需求。同时根据各种产品性能试验程序的要求，通过计算机的软件进行编程，完成对某种产品的某项性能试验。试验仪的试验方式分手动和自动试验两种，对于手动试验，有的试验仪是通过主机上的手动控制开关，使变量（如电流、电压、相位、频率等）按设置的步长进行增减，完成对产品性能的试验；有的试验仪的手动试验是通过计算机上的鼠标和键盘来完成变量的递增或递减。对于自动试验方式是通过计算机的软件，将试验项目全部试验过程中所有参数变化的要求进行编程，自动完成产品的试验。

继电保护测试仪经过十几年的发展，经历了四代的历程：

第一代测试仪是以单片机作为智能控制器为特征的。单片机的计算速度较慢，它能产生每周波 30～60 点的正弦函数，是最初的智能型测试仪。第一代测试仪的输出量幅值、频率、相位的精度较差，能实现简单的测试项目，适用于继电器的测试。

第二代测试仪是以 PC 机作为智能控制器特征的。它利用 PC 机的强大功能，以 DOS 作为操作界面，较第一代测试仪有很大进步。PC 机实时计算达到

每周波 100～200 点，精度能达到 0.5 级，能够实现比较复杂的测试功能。由于受 DOC 操作系统的限制，界面操作及报告不够灵活。

随着保护测试要求的提高及 Windows 操作系统的广泛使用，以 Windows 软件为界面，PC 机与主机串口通信的第三代继电保护测试仪进入市场。第三代测试仪与第二代测试仪相比有较好的软件界面，能方便地使用 Windows 资源如 Word、Excel 编辑报告等，可扩展电压、电流插件以完成较多复杂的试验。其他性能与第二代相当，但也有许多型号的测试仪不能实现连续变频。

第四代继电保护测试系统集以下功能为一体：

（1）高性能三相电压、电流发生器。

（2）多通道电压、电流示波器。

（3）多相电流、电压表计。

（4）多通道电压、电流、开关量录波器。

（5）内置式多相电压、电流扩展。

（6）与保护装置通信交换信息（如定值、动作情况等）。

（7）继电器库。

（8）继电保护测试辅助专家系统。

（9）报告自动生成。

（10）通过网络远程操作及技术支持。

完整的第四代继电保护现场测试系统框图如图 7-5 所示。

微机型断电保护测试仪主机面板示意图如图 7-6 所示，图中三路输出电流、四路输出电压，A、B、C、D、E、F、G、H 八对开入量，用于连接保护装置动作的输出接点，以停止微机型继电保护测试仪电流、电压输出或停止计时；1、2、3、4 四对开出量空接点，作为本机输出模拟量的同时以启动其他装置。

二、微机型继电保护测试仪的使用

1. 微机型继电保护测试仪的使用

（1）按使用说明书在 PC 机（或笔记本电脑）上安装 PW 测试软件。

（2）用数据通信电缆将 PC 机（或笔记本电脑的串口）与测试仪数据通信口相连接。

（3）将 PC 机（或笔记本电脑）和测试仪的 220V 交流电源插头分别插入

220V 电源插座，并开启电源开关。

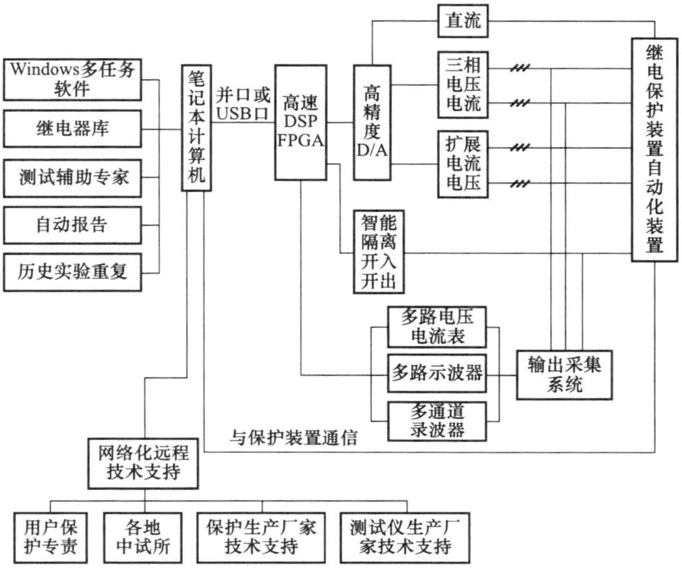

图 7-5　完整的第四代继电保护现场测试系统框图

（4）在将 PC 机（或笔记本电脑）显示器上双击“PW”图标出现测试模块菜单。微机型继电保护测试仪的测试模块如图 7-7 所示。

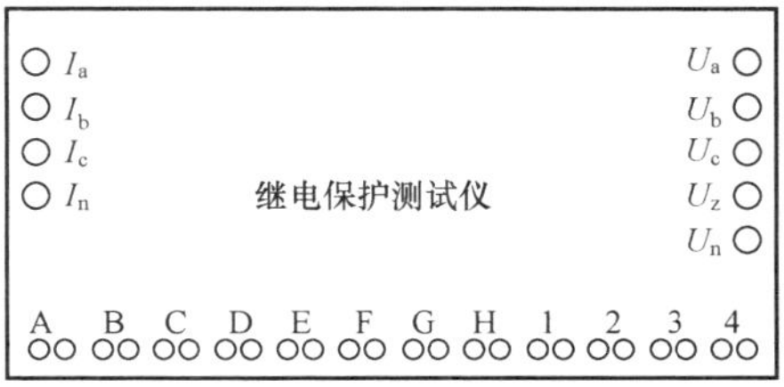

图 7-6　微机型继电保护测试仪主机面板示意图

2. 微机型继电保护测试仪的测试模块功能

PW 系列测试软件功能如下：

（1）手动试验模块。作为电压和电流源完成各种手动测试，测试仪输出四路交流或直流电压和三路交流或直流电流；单击手动试验模块，其参数设置界面如图 7-8 所示，可以任意一相或多相电压、电流的幅值、相位和频率为变量，在试验中改变其大小；各相的频率可以分别设置，同时输出不同频率的电压和电流，具有输出保持功能，可以测试保护的动作时间。

（2）递变模块。电压、电流的幅值、相位和频率按用户设置的步长和变化时间递增或递减。自动测试保护的动作值、返回值、返回系数和动作时间。根据继电保护装置的测试规范和标准，集成了六大类保护的测试模板。所有测试

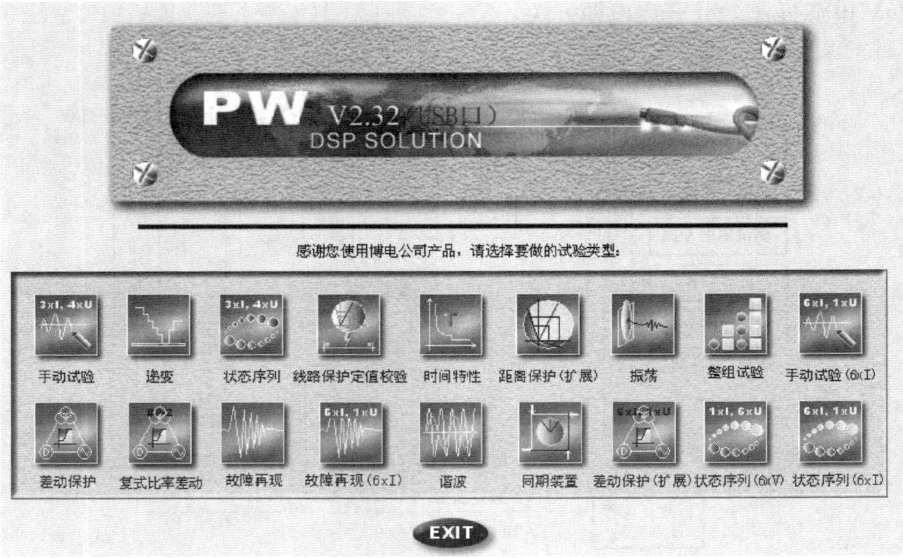

图 7-7　微机型继电保护测试仪的测试模块

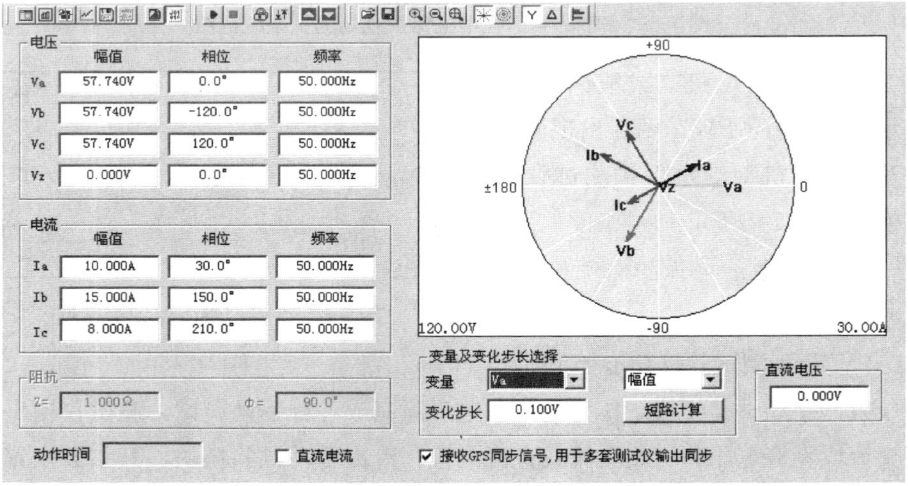

图 7-8　手动测试模块参数设置界面

项目采用测试计划表的方式被添加到列表中，一次可完成多个试验项目的测试。通过重复次数的设置可对同一项目进行多次试验。试验结束后，根据精度要求对试验结果进行自动评估。

（3）状态系列模块。由用户定义多个试验状态，对保护继电器的动作时间、返回时间以及重合闸，特别是多次重合闸进行测试。各状态下电压、电流的幅值、相位和频率（直流－1000Hz）、触发条件分别设置。通过设置短路阻抗、短路电流等参数，可由计算机自动计算出短路电压、电流的幅值和相位。

（4）时间特性模块。绘制 i、u、f 及 U/f 的动作时间特性曲线。

应用于方向过流或过流继电器的单相接地短路、两相短路和三相短路时过流保护的动作时间特性，以及应用在发电机、电动机保护单元中的零序和负序过流保护的动作时间特性，也应用在发电机保护中的低频保护以及过激磁保护的频率和 U/f 动作时间特性。

故障类型包含单相接地、两相和三相短路，以及零序和负序分量。当保护不带方向时，在电压输出端子上无电压输出；当保护选择带方向时，输出根据故障类型确定的故障电压。

（5）线路保护定值校验模块。根据保护整定值，通过设置整定值的倍数向列表中添加多个测试项目（测试点），从而对线路保护（包括距离、零序、高频、负序、自动重合闸、阻抗/时间动作特性、阻抗动作边界、电流保护）进行定值校验。

线路保护装置的阻抗特性可从软件预定义的特性曲线库中直接选取调用，也可由用户通过专用的特性编辑器进行定义。

（6）阻抗保护模块。通过设置阻抗扫描范围自动搜索阻抗保护的阻抗动作边界，绘制 $Z=f(I)$ 以及 $Z=f(U)$ 特性曲线。可扫描各种形状的阻抗特性，包括多边形、圆形、弧形及直线等动作边界。可设置序列扫描线也可添加特定的单条扫描线。通过添加特定阻抗角下的扫描线，找出某一具体角度下的阻抗动作边界。

（7）整组试验模块。对高频、距离、零序保护装置以及重合闸进行整组试验或定值校验。可控制故障时的合闸角，可在故障瞬间叠加按时间常数衰减的直流分量，用于测试量度继电器的暂态超越。

可设置线路抽取电压的幅值、相位，校验线路保护重合闸的检同期或检无压。

可模拟高频收、发信机与保护的配合（通过故障时刻或跳闸时刻开出节点控制），完成无收、发信机时的高频保护测试；通过 GPS 统一时刻，进行线路两端保护联调；具有多种故障触发方式；可向测试计划列表中添加多个测试项目，一次完成所有测试项。

（8）差动保护模块。用于自动测试变压器、发电机和电动机差动保护的比例制动特性、谐波制动特性、动作时间特性、间断角闭锁以及直流助磁特性。提供了多种比例和谐波制动方式，既可对微机差动保护也可对常规差动保护进行测试。

（9）同期装置模块。测试同期装置的电压闭锁值、频率闭锁值、导前角及导前时间、电气零点、调压脉宽、调频脉宽以及自动准同期装置的自动调整试验。

（10）故障回放模块。将以 COMTRADE（Common Format for Transient Data Exchange）格式记录的数据文件用测试仪播放，实现故障重演。

（11）谐波模块。所有四路电压、三路电流可输出基波、直流（带衰减时间常数）、2～20 次谐波。需要在一个通道上叠加多次谐波时，可将其导出到 COMTRADE 格式的文件中。然后通过故障回放的方式（选择一定的触发条件）播出。

3. 视窗功能

（1）测试窗。设置试验参数、定义保护特性、添加测试项目，测试窗口不能关闭。

（2）矢量图。显示输出状态或设定值的矢量，电压矢量有△和Y两种表达方法。

（3）波形监视。实时显示测试仪输出端口的波形，对输出波形进行监视。

（4）历史状态。实时记录电压、电流值的变化曲线。

（5）录波。从测试仪中读取其在试验中采样的电压、电流值及开关量的状态，实现对输出值的录波和试验分析。

（6）试验结果列表。记录试验结果，并对需要保存在报告里的试验数据进行筛选和评估设置。

（7）试验报告。打开试验报告。

（8）功率窗。显示三相电压、电流、功率及功率因数，用于表计校验。

（9）序分量。显示电压、电流的正序、负序和零序分量。

第八章　模拟型继电器测试技术

第一节　模拟型继电器一般性检验项目和要求

在新安装和定期检验时，对模拟型继电器进行检查的内容和要求如下。

一、外部检查

（1）继电器外壳应清洁无灰尘。

（2）外壳、玻璃应完整，嵌接要良好。

（3）外壳与底座结合应紧密牢固，防尘密封应良好，安装要端正。

（4）继电器端子接线应牢固可靠。

二、内部和机械部分检查

（1）继电器内部应清洁，无灰尘和油污。

（2）对于圆盘式和四极圆筒式感应型继电器，当发现其转动部分转动不灵活或其他异常现象时，应检查圆盘与电磁铁、永久磁铁间，圆筒与磁极、圆柱形铁心间是否清洁并无铁屑等异物。同时还应检查圆盘是否平整和上、下轴承间隙是否合适。

（3）继电器的可动部分应动作灵活，转轴的横向和纵向活动范围应适当。继电器的轴和轴承除有特殊要求外，禁止注任何润滑油。

（4）各部件的安装应完好，螺丝应拧紧，焊接头应牢固可靠，发现有虚焊或脱焊时应重新焊牢。

（5）整定把手应能可靠地固定在整定位置，整定螺丝插头与整定孔的接触应良好。

（6）弹簧应无变形，当弹簧由起始位置转至最大刻度位置时，层间距离要均匀，整个弹簧平面与转轴要垂直。

（7）触点的固定要牢固并无折伤和烧损。动合触点闭合后要有足够压力，即接触后有明显的共同行程。动断触点的接触要紧密可靠且有足够的压力。动、静触点接触时应中心相对。擦拭和修理触点时禁止使用砂纸、锉等粗糙器件。烧焦处可用细油石修理并用麂皮或绸布抹净。

（8）对具有多副触点的继电器，要根据具体情况，检查各副触点的接触时间是否符合要求。

（9）检查各种时间继电器的钟表机构及可动系统在前进和后退过程中动作应灵活，其触点的闭合要可靠。

（10）继电器底座端子板上的接线螺钉的压接应紧固可靠，应特别注意引向相邻端子的接线鼻之间要有一定的距离，以免相碰。

（11）对于静态继电器应检查内部焊接点要牢固可靠，不得有虚焊、漏焊现象。印刷电路板不得有断线、剥落及锈蚀情况。面板整定插孔与插销、信号灯与灯座应固定可靠。插拔件操作方便。继电器背部出线端子引线连接可靠，端子编号清晰正确与图纸相符。

三、绝缘检查

（1）对全部保护接线回路用1000V兆欧表测定绝缘电阻，其值应不小于1MΩ。

（2）单个继电器在新安装时或经过解体检修后，应用1000V兆欧表（额定电压为100V及以上者）或500V兆欧表（额定电压为100V以下者）测定绝缘电阻：

1）全部端子对底座和磁导体的绝缘电阻应不小于50MΩ；

2）各线圈对触点及各触点间的绝缘电阻应不小于50MΩ；

3）各线圈间的绝缘电阻应不小于10MΩ。

（3）具有几个线圈的中间、电码继电器在定期检验时应测各线圈间的绝缘电阻。

（4）耐压试验：新安装和继电器经过解体检修后，应进行50Hz交流电压、历时1min的耐压试验，所加电压可根据各继电器技术数据中的要求而定。无耐压试验设备时，允许用2500V兆欧表测定绝缘电阻来代替交流耐压试验，所测绝缘电阻应不小于20MΩ。

（5）测定绝缘电阻或耐压试验时，应根据继电器的具体接线情况注意把不能承受高电压的元件，如半导体元件、电容器等从回路中断开或将其短路。

四、继电器内部辅助电气元件检查

新安装和定期检验时，对继电器内部的辅助电气元件如电容、电阻、半导体元件等，只有在发现电气特性不能满足要求而又需要对上述元件进行检查时，才核对其铭牌标称值或者通电实测。对于个别重要的辅助电气元件有必要通电实测时则在有关部分明确规定。

五、继电器触点工作可靠性检验

新安装和定期检验时，应仔细观察继电器触点的动作情况，除了发现有抖动、接触不良等现象要及时处理外，还应该结合保护装置整组试验，使继电器触点带上实际负荷，再次仔细观察继电器的触点，应无抖动、粘住或出现火花等异常现象。

六、重复检查

继电器检验调整完毕后，应仔细再次检查拆动过的部件和端子等是否都已正确恢复，所有的临时衬垫等物件应清除，整定端子和整定把手的位置应与整定值相符，检验项目应齐全。继电器盖上盖子后，应结合保护装置整组试验，检查继电器的动作情况，信号牌的动作和复归应正确灵活。

第二节 常用模拟型继电器特性测试

一、电磁式电流继电器特性测试

（一）用常规测试设备测试电磁式电流继电器特性

1. 测试项目

整定点动作值及返回值测试。

2. 测试设备及接线图

电磁式电流继电器特性测试接线图如图 8-1 所示，T1 为自耦调压器，1～2kVA/220V；T2 为升流器（又称行灯变压器），1～2kVA、220V/12、24、36V；TA 为仪用互感器，变比 0.5、1、2、5、10、20、50/5；PA 为电流表，量程 5A。

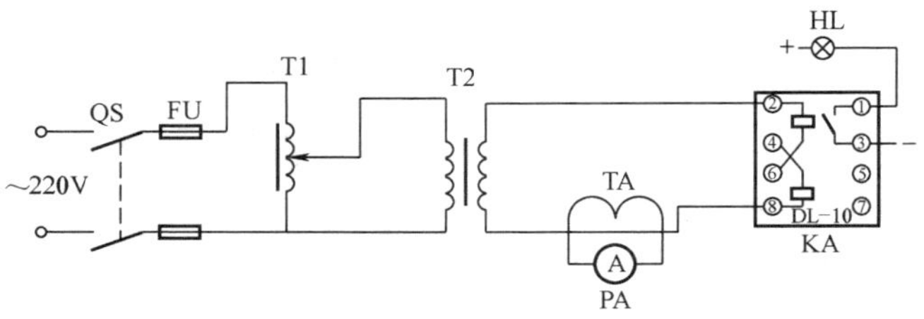

图 8-1　电磁式电流继电器特性测试接线图

3. 测试步骤

（1）按图接线，将继电器线圈串联，调整把手置于刻度盘的某一刻度（整定值），T1 置零位。

（2）合上 QS，按图 8-1 的程序缓慢调节 T1 使电流均匀上升，直到继电器刚好动作时（动合触点闭合，指示灯 HL 亮）的电流，即为动作电流 I_{OP}，记下读数；然后缓慢调 T1 使电流均匀下降，使继电器刚好返回时（动合触点断开，指示灯 HL 熄）的电流，即为返回电流 I_{re} 记下读数。

（3）改变刻度位置，重复上述步骤，并记下读数。每个刻度重复三次，取其平均值以求返回系数 K_{re}。

（4）继电器线圈改为并联接法，重复上述步骤。

（5）要求：K_{re} 在 0.85～0.9 之间，误差不大于±3%为合格。

4. 返回系数的调整

返回系数不满足要求时应予以调整，返回系数的调整方法如下：

（1）改变舌片的起始角和终止角。调整继电器左上方的舌片起始位置限制螺杆，以改变舌片起始位置角，此时只能改变动作电流，而对返回电流几乎没有影响，故用改变舌片的起始角来调整动作电流和返回系数。舌片起始位置离开磁极的距离愈大，返回系数愈小；反之，返回系数愈大。

调整继电器右上方的舌片终止位置限制螺杆，以改变舌片终止位置角，此时只能改变返回电流而对动作电流则无影响，故用改变舌片的终止角来调整返回电流和返回系数。舌片终止位置与磁极的间隙愈大，返回系数愈大；反之，返回系数愈小。

（2）不改变舌片的起始角和终止角，而变更舌片两端的弯曲程度以改变舌片与磁极间的距离，也能达到调整返回系数的目的。该距离越大返回系数也越大，反之返回系数越小。

（3）适当调整触点压力也能改变返回系数，但应注意触点压力不宜过小。

5. 动作值的调整

（1）继电器的调整把手在最大刻度值附近时，主要调整舌片的起始位置，以改变动作值。为此可调整左上方的舌片起始位置限制螺杆。当动作值偏小时，使舌片的起始位置远离磁极，反之则靠近磁极。

（2）继电器的调整把手在最小刻度值附近时，主要调整弹簧，以改变动作值。

（3）适当调整触点压力也能改变动作值，但应注意触点压力不宜过小。

（二）用微机测试仪测试电磁式电流继电器特性

1. 测试项目

整定点动作值及返回值测试。

2. 测试接线

测试仪的 Ia 接电流继电器电流线圈的②、测试仪的 In 接电流继电器电流线圈的⑧端（串联方式）：接点①、③接开入量 A。

3. 参数设置

启动测试软件，进入主菜单，点击［手动试验］，出现［测试窗］参数设置界面。设 Ia 输出初始值为小于整定点动作值。Va、Vb、Vc、Vz、Ib、Ic 的取值均与此次试验无关，取为 0，变化步长选为 Ia 辐值，步长为 0.1×平均误差×整定点动作值。

4. 试验

（1）用鼠标点击［开始试验］按钮，微机测试仪 Ia 输出初始值为 4.0A。

（2）用鼠标点击增加［↑］按钮，逐步按所设变化步长增加 Ia，每步保持时间应大于继电器出口时间，直到继电器动作，记录其动作值。

（3）用鼠标点击减小［↓］按钮，逐步按所设变化步长减小 Ia，每步保持时间应大于继电器动作返回时间，直到继电器返回，记录其返回值。

（4）用鼠标点击［停止试验］按钮，结束试验。

二、电磁式低电压继电器特性测试

（一）用常规测试设备测试电磁式低电压继电器特性

1. 测试项目

整定点动作值及返回值测试。

2. 测试设备及接线图

电磁式低电压继电器特性测试接线如图 8-2 所示。T 为自耦调压器，1～2kVA/220V；PV 为电压表，量程 75～150V。

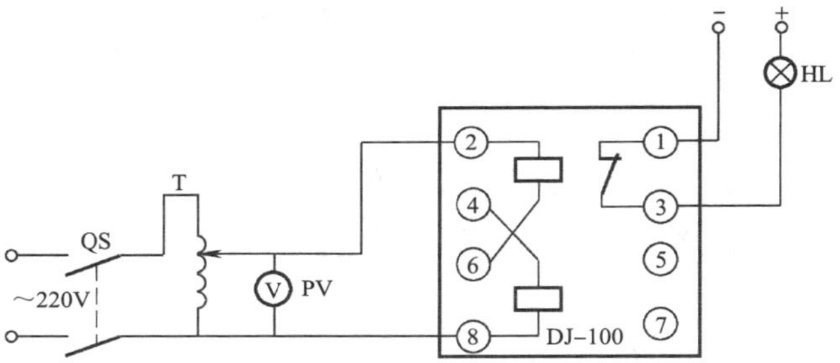

图 8-2　电磁式低电压继电器特性测试接线图

3. 测试步骤

（1）按图 8-2 接线，将继电器线圈串联，调整把手置于刻度盘的某一刻度（整定值），T 置零位。

（2）合上 QS，按图 8-2 的程序调节 T 给低电压继电器加上额定电压 100V（动断触点断开，指示灯 HL 熄灭），然后缓慢调 T 使电压均匀下降，直到继电器刚好动作时（动断触点闭合，指示灯 HL 亮）的电压，即为动作电压 U_{OP}，记下读数；然后缓慢调 T 使电压均匀上升，使继电器刚好返回时（动断触点断开，指示灯 HL 熄）的电压，即为返回电压 U_{re} 记下读数。

（3）改变刻度位置，重复上述步骤，并记下读数。每个刻度重复三次，取其平均值以求返回系数 K_{re}。

（4）继电器线圈改为并联接法，重复上述步骤。

（5）要求：K_{re} 不大于 1.25，误差不大于±3%为合格。

（二）用微机测试仪测试电磁式低电压继电器特性

1. 测试项目

整定点动作值及返回值测试。

2. 测试接线

测试仪的 Va 接电压继电器的电压线圈的②、④端，Vn 接⑥、⑧端（并联方式）：接点①、③接开入量 A。

3. 参数设置

启动测试软件，进入主菜单，点击［手动试验］出现［测试窗］参数设置界面。设 Va 输出初始值为 100V，大于继电器的整定值。Vb、Vc、Vz、Ia、Ib、Ic 的取值均与此次试验无关，取为 0。变化步长选为 Va 辐值，步长为 0.1×平均误差×整定点动作值。

4. 试验

（1）用鼠标点击［开始试验］按钮，微机测试仪 Va 输出初始值为 100V 电压。

（2）用鼠标点击减小［↓］按钮，逐步按所设变化步长减小 Va，每步保持时间应大于继电器出口时间，直到继电器动作，记录其动作值。

（3）用鼠标点击增加［↑］按钮，逐步按所设变化步长增加 Va，每步保持时间应大于继电器动作返回时间，直到继电器返回，记录其返回值。

（4）用鼠标点击［停止试验］按钮，结束试验。

三、LG-11 功率方向继电器特性测试

（一）用常规测试设备测试 LG-11 功率方向继电器特性

1. 测试项目

潜动测试及动作区和最大灵敏角测试。

2. 测试设备及接线图

LG-11 功率方向继电器特性测试接线如图 8-3 所示，继电器电压回路极性端子⑦与电子移相器电压输出极性端子 Hi 相连接，电流从电子移相器电流输入极性端子 Hi 流入，从 L0 流出，再与继电器电流回路极性端子⑤相连接。电子移相器的功能是从 0°～360°范围移动电压输入与电压输出之间的相位；输出电压大小的调节；测量显示电流输入与电压输出之间的相位或电压输入与电压

输出之间的相位。其背后有一转换开关，将开关拨向“输入电流”挡位时，则移相器显示的相位为输出电压与输入电流之间的相位，若将转换开关拨向“输入电压”挡位时，则移相器显示的相位为输出电压与输入电压之间的相位。电子移相器操作显示面板如图 8-4 所示，输出电压值的大小可由电压粗调旋钮与微调旋钮配合调节，输出相位的大小可由相位粗调旋钮与微调旋钮配合调节。需要指出的是，其中电流回路也可采用图 8-1 所示的接线。

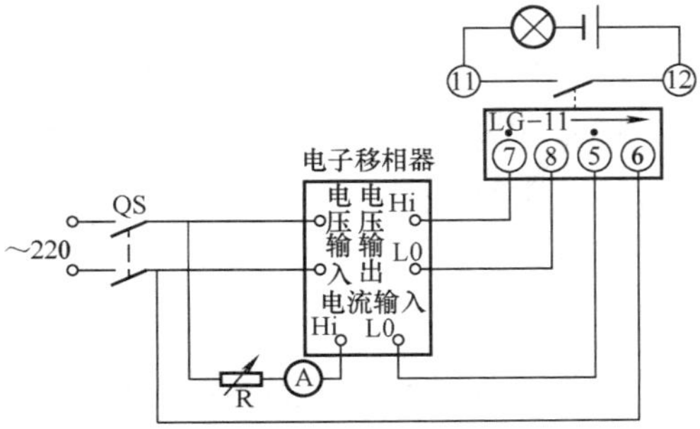

图 8-3　LG-11 功率方向继电器特性测试接线

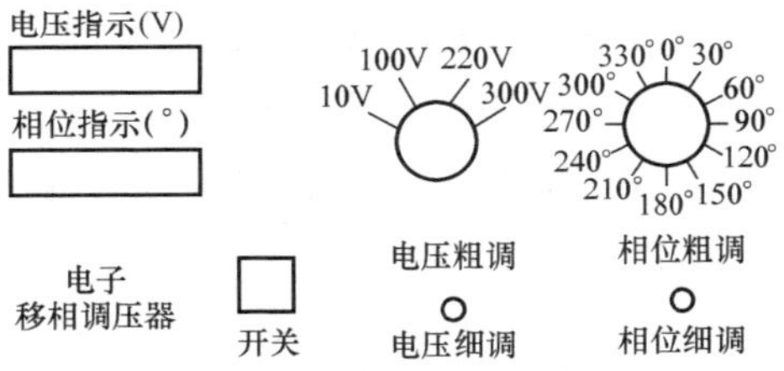

图 8-4　电子移相器操作显示面板

3. 测试步骤

（1）按图 8-3 接线，将电流、电压回路置零位。

（2）检查电流潜动时，电压回路端子⑦、⑧间经 20Ω 电阻短接，电流回路通入额定电流，测量极化继电器线圈（即⑨、⑩端子）上的电压，调整继电器中的电位器 R1 使之为零（或不大于 0.1V）。

检查电压潜动时，在电压回路加电压 100V，将电流回路开路，测量极化继电器线圈上电压，调整继电器中的电位器 R2 使电压为零。反复调整电流潜动和电压潜动，使极化继电器线圈上电压均为零。当加电压 100V 时，对于

LG-11 型，允许极化继电器线圈上电压不大于 0.1V。

潜动调好后，在上述条件下突然加入及切除 10 倍额定电流或 100V 电压，继电器触点不应有瞬时闭合现象。

（3）动作区和最大灵敏角检验。在继电器端子上通入电压 100V 和电流 5A，保持此两数值不变，用移相器改变电压的相位由 0°～360°。此时可读出继电器动作时电压超前电流的角度 θ_1 和电压滞后电流的角度 θ_2。以电流为基准画出此两角度，作 θ_1 和 θ_2 之和的二等分角线 OA，OA 与电流 i 之间的夹角 α 就是继电器的最大灵敏角，LG-11 型继电器的最大灵敏角如图 8-5 所示，动作区不小于 155°，最大灵敏角与制造厂规定相差不超过±10°。

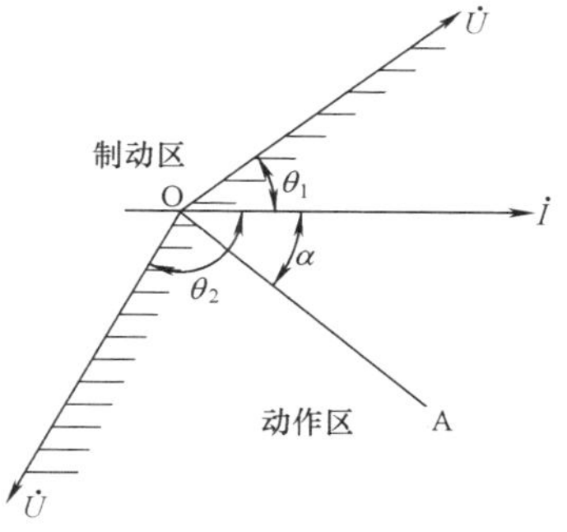

图 8-5　LG-11 型继电器的最大灵敏角

（二）用微机测试仪测试 LG-11 功率方向继电器特性

1. 测试项目

潜动测试及动作区和最大灵敏角测试。

2. 测试接线

用微机测试仪测试，LG-11 功率方向继电器特性接线如图 8-6 所示。

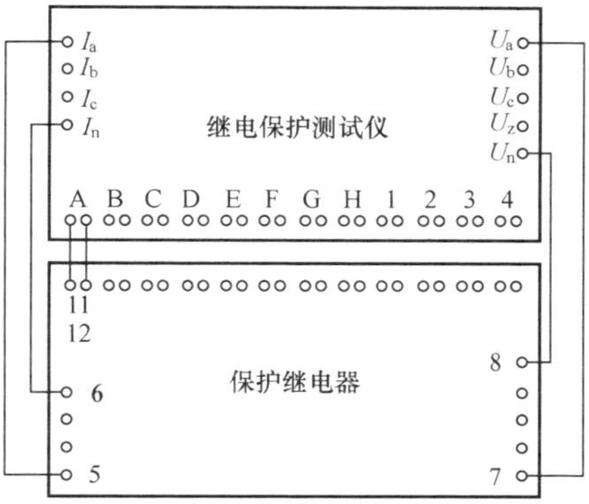

图 8-6　LG-11 功率方向继电器特性测试接线图

3. 参数设置

启动测试软件，进入主菜单，点击［手动试验］出现［测试窗］参数设置界面。

4. 试验

（1）测试电压潜动。设 U_a 输出初始值为 100V，U_b、U_c、U_z、I_a、I_b、I_c 的取值均与此次试验无关，取为 0。用鼠标点击［开始试验］按钮，微机测试仪 U_a 输出初始值为 100V 电压，再用鼠标点击［停止试验］按钮，断开 100V 电压，继电器触点均不应有瞬时闭合现象。

（2）测试电流潜动。设 I_a 输出初始值为 10 倍额定电流，U_a、U_b、U_c、

U_z、I_b、I_c 的取值均与此次试验无关，取为 0。用鼠标点击［开始试验］按钮，微机测试仪 I_a 输出初始值为 10 倍额定电流 50A，再用鼠标点击［停止试验］按钮，断开 10 倍额定电流，继电器触点均不应有瞬时闭合现象。

（3）动作区和最大灵敏角检验。设 U_a 输出初始值为 100V、相位 0°，I_a 输出初始值为额定电流 5A、0°，保持此两数值不变。以电流为基准，设 U_a 相位步长为 1°。

用鼠标点击［开始试验］按钮，开始输出电压 100V、电流 5A，此时继电器应动作，再用鼠标点击增加［↑］按钮，相量 $\dot{U}_a$ 的相位逐步按所设变化步长增加，向反时针方向由 0°～360°旋转，此时可读出继电器动作时电压超前电流的角度 θ_1 和电压滞后电流的角度 θ_2。用鼠标点击［停止试验］按钮，结束试验。

以电流为基准画出此两角度，作 θ_1 和 θ_2 之和的二等分角线 OA，OA 与电流 i 之间的夹角 α 就是继电器的最大灵敏角，如图 8-5 所示，动作区不小于 155°，最大灵敏角与制造厂规定相差不超过±10°。

四、DS-100 型时间继电器特性测试

（一）用常规测试设备测试 DS-100 型时间继电器特性

1. 测试项目

动作电压及返回电压测定、动作时间测定。

2. 测试设备及接线图

时间继电器特性测试接线如图 8-7 所示。其中，R 为滑线电阻器，用于调节加于时间继电器 KT 线圈上的直流电压。

401 电秒表用于测试动作时间，当加交流 220V（或 110V）于“＊”和“220”（或“110”）端子上时，只要Ⅰ—Ⅲ接通（工作方式开关置于“连续性”时，Ⅰ—Ⅲ应连续接通，工作方式开关置于“触动性”时，Ⅰ—Ⅲ瞬时接通即可）便开始计时，Ⅰ—Ⅱ接通就停止计时。

3. 测试步骤

（1）按图 8-7 接线。

（2）动作电压及返回电压测定。首先，将 R 置于输出电压最小位置，然后

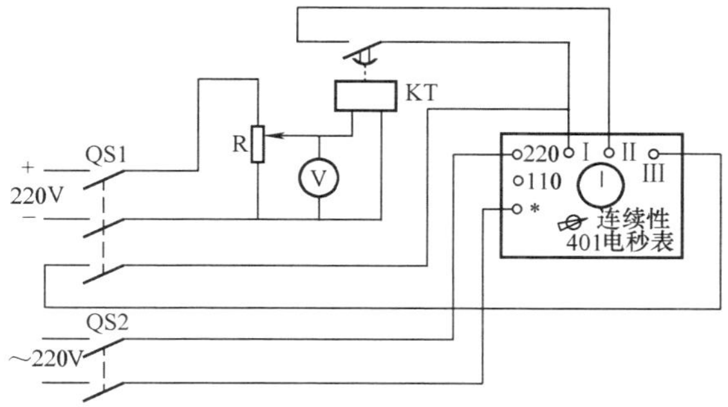

图 8-7 DS-100 型时间继电器特性测试接线图

合上直流隔离开关 QS1，调节 R 使继电器 KT 两端电压逐渐升高，采用对其线圈突然施加励磁量的动态试验法，试验程序如图 7-1 所示，测定能使继电器衔铁完全瞬时吸入时的最低电压即为继电器动作电压，记下读数。然后减小电压，使衔铁返回原位的最大电压，即为返回电压。

要求：对直流时间继电器，动作电压不大于 70%额定电压，返回电压不小于 5%额定电压。

4. 动作时间测定

将时间标度（动作时间）整定在某一位置，先断开电秒表电源（即不合 QS2），合上 QS1，调节 R 使继电器线圈的电压为额定电压，拉开隔离开关 QS1，然后依次合上 QS2、QS1，等到秒表停止转动时，立即拉开 QS2、QS1，读取时间继电器的实际动作时间。重复测定动作时间三次，取其平均值。

要求：每次测定值与整定值误差应不超过±0.07s。

注意 不带有附加电阻的时间继电器（即型号中无“C”字），其线圈只能短时间通电（不超过 30s），因此在试验中当继电器动作后，立即切断电源，以免线圈过热；401 电秒表Ⅰ—Ⅱ或Ⅰ—Ⅲ连续接通时间不超过 15min。

（二）用微机测试仪 DS-100 型时间继电器特性

1. 测试项目

动作电压及返回电压测定、动作时间测定。

2. 测试接线

将微机测试仪测试的“直流电压输出”两端子与时间继电器 KT 电压线圈两端子相连接，将 KT 延时触点两端子与微机测试仪测试的开入 A 两端子相连接。

3. 参数设置

启动测试软件，进入主菜单，点击［手动试验］出现［测试窗］参数设置界面。

4. 试验

（1）动作电压及返回电压测定。设直流输出初始值为70％额定电压，直流电压变化步长为1V。通过变步长或设定输出电压值配合用鼠标点击［开始试验］按钮及［停止试验］按钮，突然施加电压，测定能使继电器衔铁完全瞬时吸入时的最低电压即为继电器动作电压，记下读数。然后变化步长减小电压，使衔铁返回原位的最大电压，即为返回电压。

（2）动作时间测定。

1）将时间标度（动作时间）整定在某一位置，在测试窗口“直流电压”设直流输出初始值为0V，小于动作电压。

2）点击［开始试验］按钮，输出0V继电器不动作。

3）按下［输出保持］按钮，直接在测试窗口“直流电压”设直流输出值为220V额定电压。

4）点击［输出保持］按钮使之弹起，将修改后的值输出到继电器并同时开始计时，当触点闭合时停止计时，并显示出动作时间。

5）按［停止试验］按钮结束试验。

五、电磁式中间继电器特性测试

1. 测试项目

动作电压及返回电压测定、动作时间测定。

2. 测试设备及接线图

试验接线如图8-8所示。

3. 测试步骤

（1）按图8-8接线。

（2）动作电压及返回电压测试。试验时调整可变电阻给继电器突然加入电压（电流），使衔铁完全被吸下的最低电压（电流）值，即为动作电压（电流）值；然后调整可变电阻，减少电压（电流）使继电器的衔铁返回到原始位置的最大电压（电流）值，即为返回电压（电流）值。

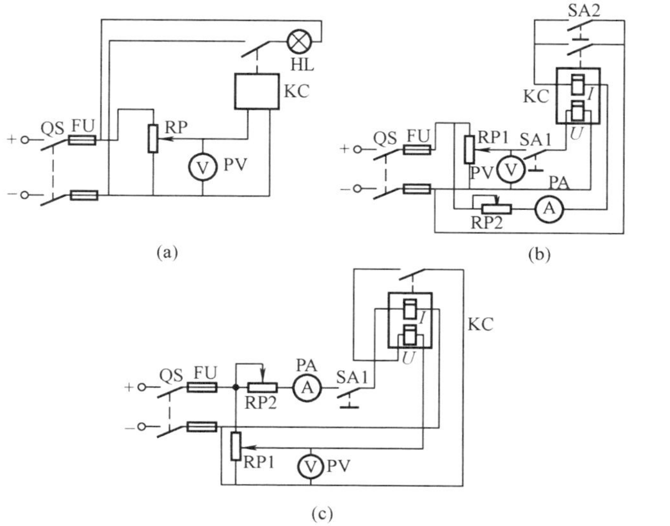

图 8-8 中间继电器特性测试接线图

（a）启动电压与返回电压试验接线；（b）具有电流保持线圈的继电器试验接线；

（c）具有电压保持线圈的试验接线

对于有保持线圈的继电器，应测量保持线圈的保持值。试验时，先闭合刀开关 SA1，在动作线圈加入额定电压（电流）使继电器动作后，调整保持线圈回路的电流（电压），测出断开刀开关 SA1 后，继电器能保持住的最小电流（电压），即为继电器最小保持电流（电压）值。

电压保持线圈的最小保持值不得大于额定值的 65%，但也不得过小，以免返回不可靠。电流保持线圈保持值不得大于额定值的 80%。继电器的动作、返回和保持值与其要求的数值相差较大时，可以调整弹簧的拉力或者调整衔铁限制钩改变衔铁与铁心的气隙，使其达到要求。

注意 对于电流保持线圈的继电器，若自保持电流大于触点遮断电流，测试保持电流时，应加刀闸 SA2，当继电器动作后由人工合 SA2，以防触点断弧而烧损。

（3）动作时间和返回时间检验。测量中间继电器动合触点的延时时间与时间继电器测试方法相同。

测量中间继电器延时返回动合触点如图 8-9 所示。选择开关置于连续性位置。当 SA3 合上时，继电器励磁，端子Ⅰ—Ⅱ、Ⅰ—Ⅲ接通，计时机构不动；

当 SA3 断开后，计时机构开始计时，经一定延时后，继电器延时返回的动合触点断开，计时机构停止计时，记下读数即为动合触点的延时时间。

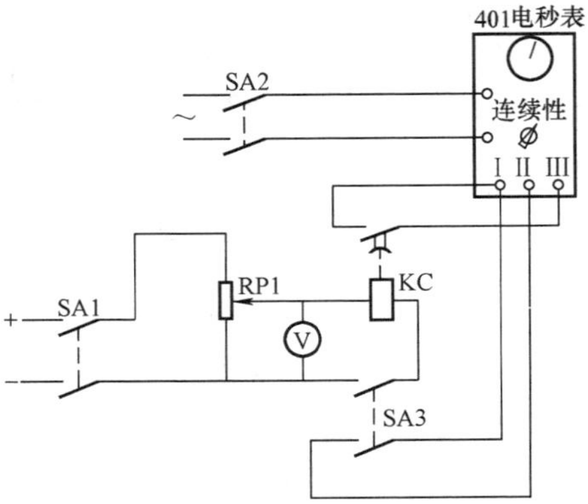

图 8-9　测量继电器延时返回动合触点

用微机测试仪器的“递变”菜单测试中间继电器更简单快捷。

第九章　微机型继电保护测试技术

第一节　微机型继电保护装置的测试项目及基本测试操作

一、微机型继电保护装置的构成及应用

1. 微机保护装置的硬件构成框图

微机保护装置硬件原理图如图 9-1 所示，图中包括数据采集系统 DAS（滤波、A/D 转换器等），保护 CPU 系统和管理 CPU 系统，开关量输入、输出部分，逆变稳压电源等。

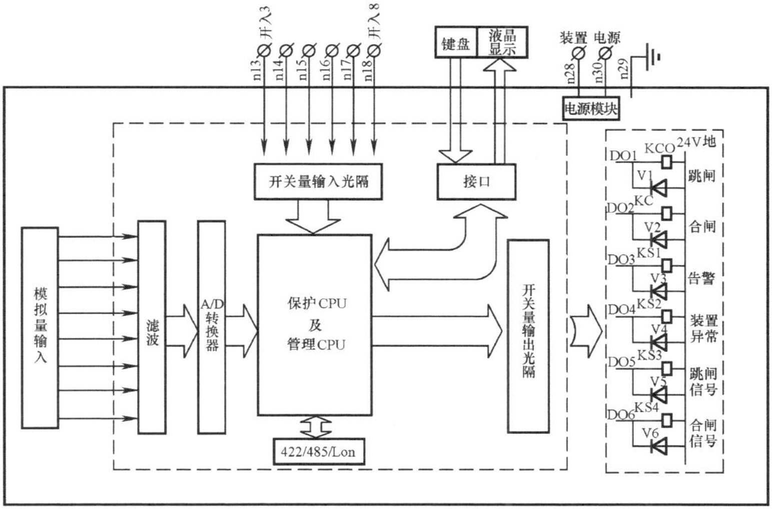

图 9-1　微机保护装置硬件原理图

数据采集系统完成把电压互感器和电流互感器二次的电压、电流信号变换为数字信号，供保护 CPU 系统使用。保护 CPU 系统实现具体的继电保护功能，由不同的软件实现不同的继电保护功能。管理 CPU 系统主要作为人机对话的手段。对保护 CPU 系统除模拟信号的输入（经 A/D 转换器变为数字信号）外，还有开关量信号的输入，这些信号通常为外部继电器的触点、保护屏上的投退压板、操作把手的触点等，一般是经光电隔离后输入微机系统。保护系统通过开关量输出驱动电路使继电器动作。这些继电器包括跳闸出口继电器、信号继电器、硬件故障的告警继电器等。

管理 CPU 系统通常采用简易的触摸按键作为输入手段，在面板上设有 LCD 液晶显示模块。此外，管理 CPU 系统还设有打印机及通信接口，前者可为用户提供故障信息的硬拷贝输出，后者为用户提供综合自动化系统接口。

目前，微机保护装置普遍采用的是逆变稳压电源。该电源的输入电压为直流 220V，其输出有 5V，供微机系统使用；±15V 或±12V 供数据采集系统使用；24V 供继电器回路使用。

2. 微机型继电保护装置的应用

图 9-2～图 9-4 所示为微机型继电保护装置用于线路保护的二次接线图。在图 9-2 中，线路三相电流互感器 TA 二次电流分别接入模拟量输入端子 n1～n6，线路零序电流互感器 TAO 二次电流接入模拟量输入端子 n7、n8；母线电压互感器 TV1 二次电压分别接入模拟量输入端子 n23～n26，线路侧电压互感器 TV2 二次电压接入模拟量输入端子 n9、n10。CPU 将接入的模拟量转换成数字量，通过保护算法计算出模拟量的幅值、相位等，与定值比较。

微机型继电线路保护的直流回路原理图如图 9-3 所示，合上空气断路器 QK，保护装置电源，微机保护装置开始工作，面板“运行”指示灯亮，熔断器 FU1、FU2 控制电源，就可以操作断路器了。

当控制开关 SA 置于“就地合”位置时，SA 的①、②触点接通，⑨、⑩断开，从操作电源＋→SA①、②→n41→防跳继电器 KCF 动断触点→n40→QF1 动断触点→YC 合闸线圈→操作电源－，YC 合闸线圈得电，断路器 QF 合闸，QF 动合触点闭合、动断触点断开，断路器位置指示灯红灯 HR 亮、绿灯 HG 熄灭，同时软合闸位置继电器 KCC 置“1”（光耦元件发光），软跳闸位置继电器 KCT 置“0”（光耦元件不发光），软跳合闸位置继电器用于自动重合闸等逻辑中。

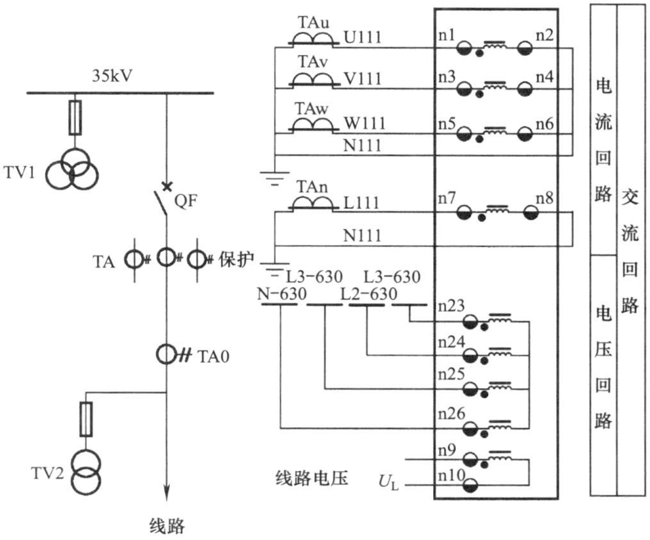

图 9-2　线路微机保护交流回路

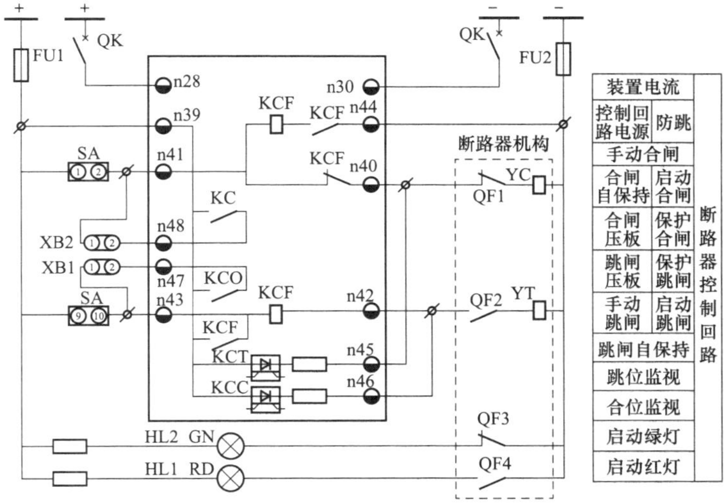

图 9-3　线路微机保护直流回路原理图

当控制开关 SA 置于“就地分”位置时，SA 的触点⑨、⑩接通，①、②断开，从操作电源＋→SA⑨、⑩→n43→防跳继电器 KCF 启动线圈→n42→QF2 动合触点→YT 跳闸线圈→操作电源－，YT 跳闸线圈得电，断路器 QF 跳闸，QF 动合触点断开、动断触点闭合，断路器位置指示灯红灯 RD 熄灭、绿灯 GN

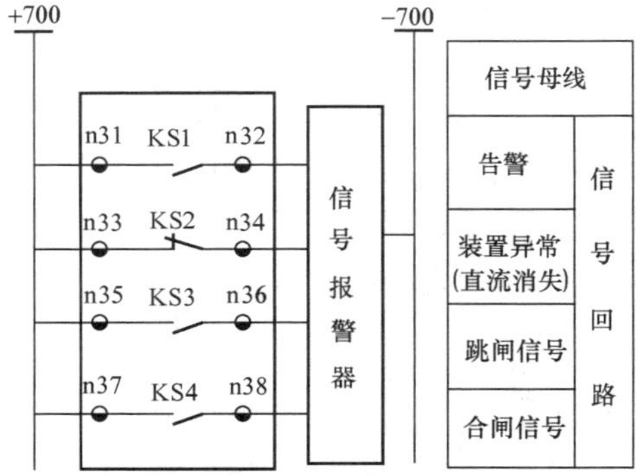

图 9-4　线路微机保护信号回路原理图

亮，同时软合闸位置继电器 KCC 置“0”，软跳闸位置继电器 KCT 置“1”。当被保护线路发生短路故障且短路电流超过电流保护整定值时，CPU 驱动保护出口继电器 KCO 及跳闸信号继电器 KS3 动作（图 9-1 中），其触点 KS3 闭合发中央信号（图 9-4 中），并且通信回路也将保护动作信号远传；同时保护出口继电器 KCO 触点（图 9-3 中）闭合：从操作电源＋→n39→KCO 触点→n47→保护出口硬压板 XB1→n43→防跳继电器 KCF 启动线圈→n42→QF2 动合触点→YT 跳闸线圈→操作电源－，YT 跳闸线圈得电，断路器 QF 跳闸，QF 动合触点断开动断触点闭合，断路器位置指示灯红灯 RD 熄灭、绿灯 GN 亮，同时软合闸位置继电器 KCC 置“0”，软跳闸位置继电器 KCT 置“1”，面板“跳闸”指示灯亮。

若为瞬时性故障，断路器 QF 跳闸后，保护 CPU 判重合闸启动逻辑条件，若条件满足经重合闸延时驱动合闸继电器 KC（图 9-1 中），其 KC 触点（图 9-3 中）闭合：从操作电源＋→n39→KC 动合触点→n48→重合闸出口硬压板 XB2→n41→防跳继电器 KCF 动断触点→n40→QF1 动断触点→YC 合闸线圈→操作电源－，YC 合闸线圈得电，断路器 QF 合闸，QF 动合触点闭合动断触点断开，断路器位置指示灯红灯 RD 亮、绿灯 GN 熄灭，同时软合闸位置继电器 KCC 置“1”，软跳闸位置继电器 KCT 置“0”；合闸信号继电器 KS4 动作（图 9-4 中），其触点 KS4 闭合发中央信号（图 9-4 中），并且通信回路也将重合闸动作信号远传，面板“合闸”指示灯点亮。

二、微机型继电保护装置的检验测试项目及应注意的问题

微机型继电保护装置的检验类型分为新安装检验、全部检验和部分检验，新安装的保护装置 1 年内进行 1 次全部检验，以后每 6 年进行 1 次全部检验，每 1～2 年进行 1 次部分检验。不同的检验类型检验项目的多少不同，主要检验测试项目有外观及接线检查、硬件系统核查、绝缘电阻及介质强度检测、逆

变电源的检验、通电初步检验、保护动作特性、定值及动作逻辑测试、开关量输入回路检验、功耗测量、模数变换系统检验、开出量（输出触点和信号）检查、检验逆变电源带满负荷时的输出电压及纹波电压、整组试验、传动断路器试验、带通道联调试验（线路保护）、带负荷试验。

在微机继电保护装置的检验中为防止损坏芯片应注意如下问题：

（1）微机继电保护屏（柜）应有良好可靠的接地，接地电阻应符合设计规定。使用交流电源的电子仪器（如示波器、频率计等）测量电路参数时，电子仪器测量端子与电源侧应绝缘良好，仪器外壳应与保护屏（柜）在同一点接地。

（2）检验中不宜用电烙铁，如必须用电烙铁，应使用专用电烙铁，并将电烙铁与保护屏（柜）在同一点接地。

（3）用手接触芯片的管脚时，应有防止人身静电损坏集成电路芯片的措施。

（4）只有断开直流电源后才允许插、拔插件。

（5）拔芯片应用专用起拔器，插入芯片应注意芯片插入方向，插入芯片后应经第二人检验确认无误后，方可通电检验或使用。

（6）测量绝缘电阻时，应拔出装有集成电路芯片的插件（光耦及电源插件除外）。

三、微机型继电保护装置的人机界面及基本操作测试

在微机保护中，管理 CPU 负责人机对话及全部信息处理，它在面板上设置液晶显示窗口和触摸式键盘以实现对保护装置各种功能进行就地操作，也可以通过异步通信方式实现对保护装置的功能进行远方操作。所有的操作都通过按预先编制好的菜单程序来实现，对于不同的制造厂家、不同型号的产品，菜单的结构形式及内容都不相同，但都是通过在触摸式键盘上操作各种按键来实现其功能的。

WGB-110N 系列线路微机保护装置面板图如图 9-5 所示。

图 9-5　WGB-110N 系列线路微机保护装置面板图

1. 人机界面操作

（1）按键功能。↑键：光标上移一行；↓键：光标下移一行；←键：光标

左移一行；[→]键：光标右移一行；[+]键：数值增加或切换菜单；[−]键：数值减少或切换菜单，长按此键 2s 可复归信号；[CR]键：确认当前修改或执行当前选择；[ESC]键：任何情况下，按此键可返回上级菜单。

（2）运行显示。正常运行时显示装置型号、版本号、定值区号、重合闸充电指示、运行时间等。当保护动作或告警时，装置显示动作或告警信息。

（3）菜单操作。在正常显示方式或显示动作、自检信息时，按下[CR]键装置弹出主菜单，如下：

刻度　整定	+	检查　时钟
传动　设置		清报告
第一帧		另一帧

进入主菜单，按[+]、[−]键可在两帧主菜单之间切换。用[→]、[←]、[↑]、[↓]键移动光标选择菜单，按[CR]键即进入所选的功能。主菜单下还有子菜单，进入子菜单需要输入口令。微机保护菜单流程图如图 9-6 所示。

（4）刻度菜单。进入“刻度”菜单后，在该菜单下可以查看模拟量的幅值和相位，选择一路模拟量，按[CR]键可看到模拟量显示如下：

幅值	I_a：4.98A
相位	I_a：30.00

（5）整定定值菜单。微机保护有数值型和开关型（又称软压板）两种定值，保护测量元件、时间元件定值为数值型，保护功能投退定值为开关型定值。

在主菜单中选择“整定”时，出现整定定值子菜单（界面上有修改、固化、定值区切换子菜单）。首先提示输入定值区号，用[+]、[−]键改变定值区号。选择“修改”，按[CR]键开始显示并可整定第一项定值，定值整定后按[CR]键确认。之后可以用[↑]键向上、用[↓]或[CR]键向下整定，修改结束后按[ESC]键返回整定菜单，用固化菜单进行固化，显示固化成功，否则修改无效。

整定举例：以过负荷整定为例，若过负荷整定电流为 6.5A，延时为 9s，则整定如下：

1）选择“整定”，按[CR]键进入，按[→]、[←]、[+]、[−]输入密码 9999。

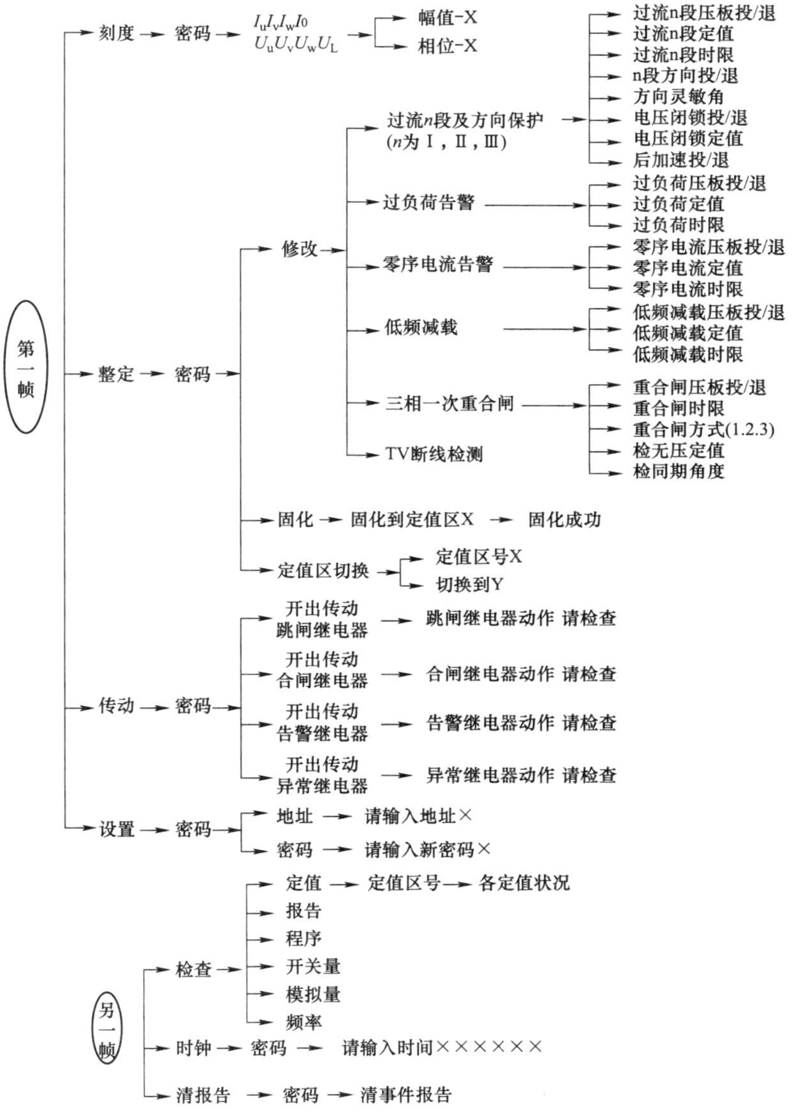

图 9-6 微机保护菜单流程图

2）输入定值区号，按CR键进入下级菜单。

3）用↓或CR键向下选择，直到出现“过负荷压板”一项，按→、←选择“投入”，按CR键确认。

4）按+、−键将“过负荷电流定值”整定为6.5A，按CR键确认；同样将“过负荷时限”整定为9s，按CR键确认。

5）按ESC键进入整定值子菜单界面，按→、←键移动光标选择“固化”，按CR键出现“固化成功!”的字样，此时修改成功；否则修改无效，重新整定，如不想固化定值可直接按ESC退出。

（6）传动菜单。用于试验装置的继电器输出回路。试验时按↑、↓键选择继电器，按CR键继电器动作，再按任意键继电器返回。

（7）设置菜单。地址：显示、修改装置通信地址；密码：显示、修改装置操作密码。

（8）检查菜单。

定值	报告	+	开关量	频率
程序			模拟量	

定值：显示某一定值区里的定值。选择该菜单时，首先提示输入定值区号，用+、−键改变定值区号，按CR键开始显示第一项定值。以后可以用↑键向上、用↓或CR键向下查看。

报告：显示所记录的事件报告，按上、下键进行查看。查看报告时，按+或−键可查看对应此报告的动作数据。装置可记录最后发生的20次事件，且掉电不丢失。

程序：显示CRC校验码和ROM校验码。

开关量：显示装置采集的8路开关量输入的状态，“off”表示开入未接通，“on”表示开入接通。试验时可以通过投退压板、切换开关或用短接线接通开入量（例如图9-2中接通n45与负电源），在显示器查看其状态是否相同。

频率：显示实时频率。

模拟量：显示装置采集的模拟量的值。

（9）时钟菜单。用于设置时钟，与主站通信时，应由主站对时。

2. 微机保护装置基本测试

（1）零漂检查。进入“刻度”菜单后，不输入交流量，查看每一路模拟量的显示值。选择一路模拟量，按CR键可看到模拟量显示如下：

幅值 I_a：0.02 A
相位 I_a：00.00

要求在几分钟内零漂值均稳定，并且不大于 $0.01I_N$（或 0.05V）。

（2）检验各电流和电压回路的平衡度和极性。保护装置的电流、电压平衡度和极性检验接线如图 9-7 所示，将各电流端子顺极性串接，在 n1、n8 两端加 5A 电流；将各电压端子同极性并联，加 50V 电压。查看采样值报告（如果有的话），检查所接入的模拟量的相位大小是否一致；若采样报告中，各电流通道采样值由正到负过零时刻相同，各电压通道采样值过零时刻相同，即说明各交流量的极性正确。再查看相应的电量有效值，要求外部表计值与显示（或打印）出来的有效值相差小于 2%，不满足要求时，用↑、↓键移动光标，选择要调整的刻度值，通过+、−键来校准模拟量的值。

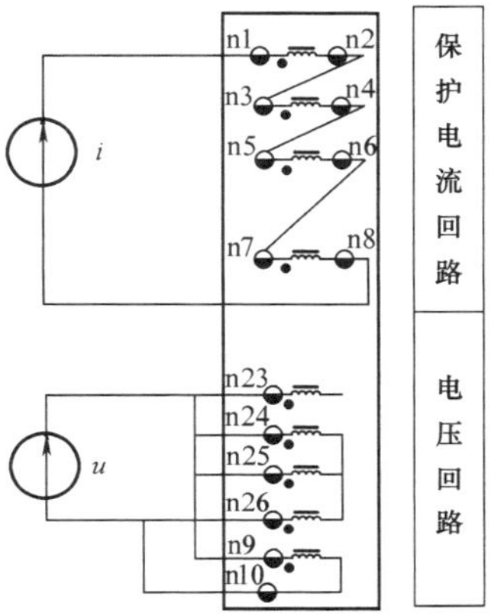

图 9-7　电流、电压平衡度和极性检验接线

需要注意的是，零序电流通道的量程范围和线路电压通道内部比例系数（或电压变换器抽头）的设置。

（3）各电流和电压通道线性度检查。所谓线性度是指改变试验电压或电流时，采样获得的测量值应按比例变化，并且满足误差要求。该试验主要用于检验保护交流电压、电流回路对高、中、低值测量的误差是否满足要求，特别是在低值端的误差。

接线可仍与图 9-7 相同，按检验规程要求，调整电压分别为 60、70、30、5、1V，电流分别为 10 倍、5 倍（上述两电流通电时间不许超过 10s）、1 倍、0.2 倍、0.1 倍额定电流，查看各个通道相应的电流和电压的有效值。要求 1.0 倍、0.2 倍、0.1 倍额定电流时，外部表计与打印值误差不大于 10%，其他的误差应不大于 5%。也要注意零序电流通道的量程，若与其他通道的量程不同时，应分别试验。

（4）模拟量输入的相位特性检验。试验接线改为按相加入电流与电压的额定值，当同相别电流与电压的相位分别为 0°、30°、45°、60°、90°时，保护装置显示的值与外部表计测量值的误差应不大于 2°。

第二节 中低压线路微机保护装置测试

一、三段式电流保护测试

无论微机保护硬件系统如何复杂，在进行继电保护及自动装置功能测试时，我们关心的是它的外部模入、开入、开出端子定义和功能逻辑。测试前要清楚功能逻辑图所表达的继电保护及自动装置的工作原理，各测量元件用的是哪路模拟量，外部功能投退硬压板、位置状态用的是哪路开入量，各继电保护及自动装置功能模块驱动哪些出口继电器、哪些信号继电器、点亮哪些指示灯。中低压线路微机保护装置简化示意图如图 9-8 所示，图 9-8 中示出了三段式电流保护逻辑图，那么它就是一套微机三段式电流保护装置。图 9-8 中可见三段三相电流测量元件用的是 n1～n6 输入的三相电流 I_U、I_V、I_W，保护功能的投退用软压板，三段电流保护驱动的都是 KCO 跳闸继电器和保护动作信号继电器 KS3。弄清楚这些就可以进行测试，线路微机保护装置定值清单见表 9-1。

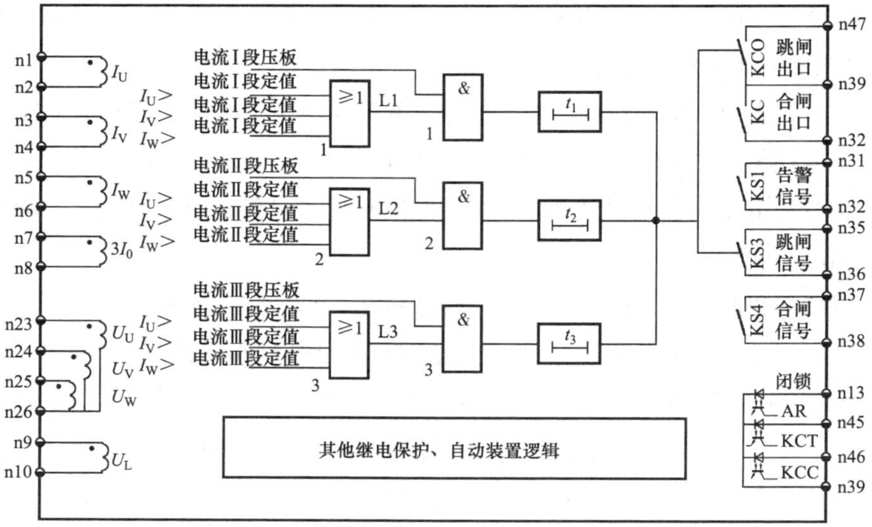

图 9-8 中低压线路微机保护装置简化示意图

表 9-1 线路微机保护装置定值清单（测试用定值）

定值种类	定值项目	定值		
电流保护		Ⅰ段	Ⅱ段	Ⅲ段
	电流保护压板	投入或退出	投入或退出	投入或退出
	电流定值（A）	15	11	6
	时限定值（s）	0.0	0.5	1.5
	方向压板	投入或退出	投入或退出	投入或退出
	电压闭锁压板	投入或退出	投入或退出	投入或退出
	电压闭锁定值（V）	30	40	60
低频减载	低频减载压板	投入或退出		
	低频减载定值（Hz）	48		
	低频减载时限（s）	1.0		
	低压闭锁定值（V）	80		
	滑差闭锁	投入或退出		
	滑差闭锁定值（Hz/s）	5		
三相一次重合闸	重合闸压板	投入或退出		
	重合闸方式	由检无压压板，检同期压板确定		
	重合闸时限	1.5s		
	抽取电压相别	4*		
	检无压定值（V）	30.0		
	检同期角度（°）	30		

*4 代表取 U_{UV}。

1. 电流元件整定点动作值及返回值测试方法

（1）定值设置。进行保护功能测试时，为了各保护功能模块之间不相互影响，只投入一种被测试保护的软压板，例如先测试第Ⅰ段，按菜单流程图将“电流Ⅰ段压板”选择“投入”，其他段软压板选“退出”；为了快速、准确测试电流元件整定点动作值及返回值，将动作时间设置为0s，并固化。

（2）测试接线。从电流Ⅰ段逻辑图可知，只要任意一相电流元件动作就可以驱动出口继电器，可以像测试电磁式电流继电器特性那样，将电流加在图 9-8 中 n1、n2 端子上，监视出口继电器 KCO（或 KS3）触点动作情况，可以测试第Ⅰ段 U 相电流元件；将电流改接在图 9-8 中 n3、n4 端子上，可以测试第Ⅰ段 V 相电流元件；再将电流接在图 9-8 中 n5、n6 端子上，可以测试第Ⅰ段 W

相电流元件。

（3）测试方法。与第八章中测试电磁式电流继电器特性方法相同，可以用常规测试设备，也可以用微机测试仪测试，微机保护动作时间测试接线图如图 9-9 所示。

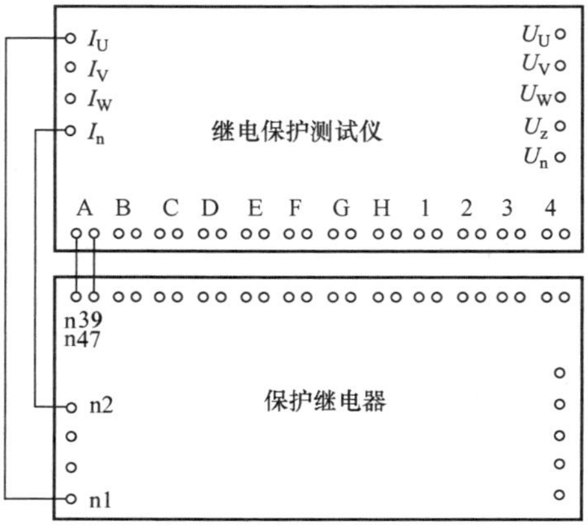

图 9-9　微机保护动作时间测试接线图

2. 时间元件间精度测试

（1）定值设置。在测试第 1 项时已将第Ⅰ段电流定值设置为 15A，时间定值设置为 0s（测试固有动作时间），进入保护装置“检查”菜单查看即可。

（2）测试接线。从电流Ⅰ段逻辑图可见，三相电流元件中，只要任意一相电流元件动作就可以启动时间元件开始计时（也就是突然加电流就开始计时），经整定延时计时时间到去驱动 KCO 及 KS3 触点闭合停止计时，为了使电流元件可靠启动，通常加 1.2 倍动作电流。

（3）测试过程。

1）启动［手动试验］菜单，在测试窗口设 I_U 输出初始值为 0A，小于动作电流。

2）点击［开始试验］按钮，输出 0A 保护不动作。

3）按下［输出保持］按钮，直接在测试窗口改设 I_U 输出值为 1.2 倍动作电流 18A。

4）点击［输出保持］按钮，使之弹起，将修改后的值输出到保护 n1、n2 模入通道中并同时开始计时，当 KCO 触点闭合时，测试仪的开入 A 状态变化停止计时，并显示出动作时间。

5）按［停止试验］按钮结束试验。电流Ⅱ段、电流Ⅲ段电流元件、时间元件测试方法与测试电流Ⅰ段一样，不再赘述。

3. 三段式电流保护功能整组试验

（1）定值设置。为了检查各保护软件模块之间是否有影响，整体动作逻辑是否正确，可进行整组试验。试验时将三段电流保护软压板都投入，各段动作电流、动作时间按表 9-1 整定（各段方向压板、电压闭锁压板、低频减载压板、重合闸压板退出）。

（2）测试接线。测试接线按图 9-9 接线。

（3）测试过程。用上述测试动作时间的方法进行测试，加 1.05 倍该段动作电流时，本段应可靠动作，测得的时间应是本段的动作时间；加 0.95 倍该段动作电流时，本段应可靠不动作。

1）加 15.75A（1.05×15＝15.75）电流，测得的时间应是Ⅰ段的固有动作时间，不大于 40ms；加 14.25A（0.95×15＝14.25）电流，测得的时间应是Ⅱ段的动作时间 0.5s。

2）加 11.55A（1.05×11＝11.55）电流，测得的时间应是Ⅱ段的动作时间 0.5s；加 10.45A（0.95×11＝10.45）电流，测得的时间应是Ⅲ段的动作时间 1.5s。

3）加 6.3A（1.05×6＝6.3）电流，测得的时间应是Ⅲ段的动作时间 1.5s；加 5.7A（0.95×6＝5.7）电流，三段均应不动作。

实际上，中低压线路微机型保护装置通常配置有三段式方向电流电压保护、三相一次重合闸、低频减载等继电保护及自动装置功能，表 9-1 给出了中低压线路微机保护装置清单，下面将对相应的功能进行测试。

二、三段式方向电流电压保护功能测试

三段方向电流电压保护逻辑均相同，低压闭锁方向电流、电压保护逻辑如图 9-10 所示。在图 9-10 中，与门 1～与门 3 为三相保护出口逻辑，每一相保护有三个条件，即相应的电流元件、电压元件、方向元件均应动作；电压元件、方向元件是可投退的，当“电压元件投/退”软压板选“退出”时，A 点为逻辑“0”，或门 2、或门 5、或门 8 为旁路，三相均退出电压元件，当“方向元件

投/退”软压板选“退出”时，B点为逻辑“0”，或门3、或门6、或门9为旁路，三相均退出方向元件，若电压元件、方向元件均退出，三段式方向电流电压保护逻辑就是图9-8所示的第Ⅲ段电流保护了，其测试方法与之完全相同，剩余的问题就是如何测试电压元件和方向元件了。

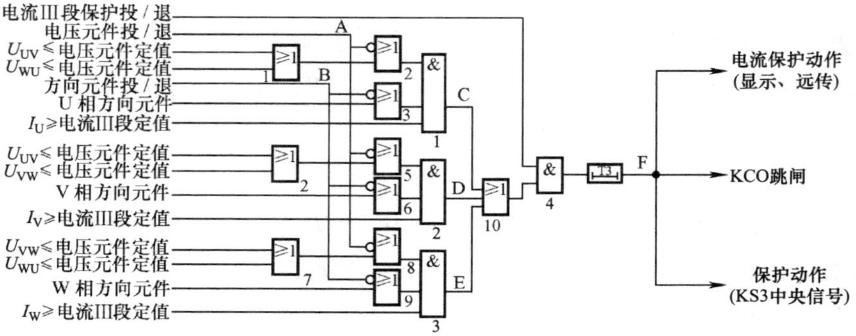

图9-10　低压闭锁方向电流、电压保护逻辑

1. 电压元件整定点动作值及返回值测试方法

从图9-10可见，测试U相方向电流保护中的电压元件整定点动作值及返回值，测试步骤进行如下：

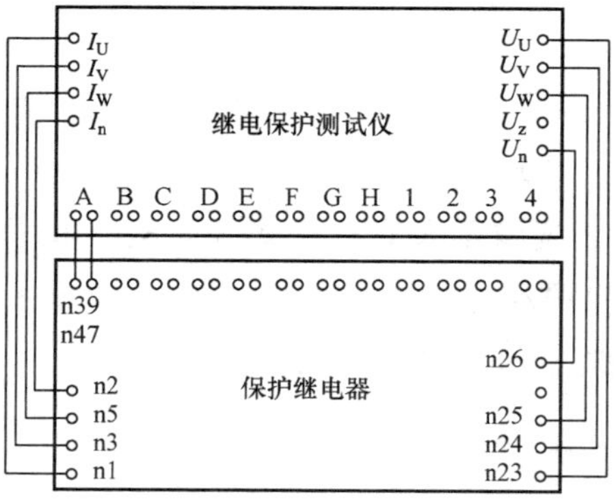

图9-11　电压元件方向元件测试接线

（1）将“电流Ⅲ段压板”“电压压板”选“投入”，其余所有软压板选“退出”，第Ⅲ段时间定值整定为0s，其余定值按表9-1整定。

（2）将图9-8中的n2、n4、n6短接，按图9-11接线。

（3）进入测试仪［手动试验］菜单，设置电流I_U为7A，大于第Ⅲ段电流整值使之动作，其余两相电流设置为0，使之不能动作；每相电压初始值57.7V，为便于读数取UV（或WU）之间相差60°，选UV（或WU）电压幅值为变量，步长为0.1×60×0.05=0.3（V），然后按第八章测试低电压继电器的方法测试即可，其他两相的电压元件测试方法类似。

2. 方向元件测试

(1) 测试方案分析。由继电保护原理知道，反映相间故障的功率方向元件的动作方程如下

$$-(90^\circ+\alpha)\leqslant \arg\frac{\dot{U}_{\rm r}}{\dot{I}_{\rm r}}\leqslant(90^\circ-\alpha) \tag{9-1}$$

当内角 α 取 30°并且按 90°接线方式时，三相功率方向元件的动作方程为

$$\left.\begin{aligned}-120^\circ\leqslant \arg\frac{\dot{U}_{\rm VW}}{\dot{I}_{\rm U}}\leqslant 60^\circ\\ -120^\circ\leqslant \arg\frac{\dot{U}_{\rm WU}}{\dot{I}_{\rm V}}\leqslant 60^\circ\\ -120^\circ\leqslant \arg\frac{\dot{U}_{\rm UV}}{\dot{I}_{\rm W}}\leqslant 60^\circ\end{aligned}\right\} \tag{9-2}$$

U 相功率方向元件矢量图分析如图 9-12（a）所示，当以 VW 相电压为基准 0°时，按照电流超前电压的角度为负、电流滞后电压的角度为正，则动作区上边界为－120°，下边界为＋60°。

用微机测试仪测试时，测试仪只能以相电压、相电流为基准，且反时针旋转角度为正，顺时针旋转角度为负，为方便起见，以 U 相电压为基准，并且各电流量反时针旋转为角度增加方向，则三相功率方向元件的动作范围为

$$\left.\begin{aligned}210^\circ\leqslant \arg\frac{\dot{U}_{\rm U}}{\dot{I}_{\rm U}}\leqslant 30^\circ\\ 90^\circ\leqslant \arg\frac{\dot{U}_{\rm U}}{\dot{I}_{\rm V}}\leqslant 270^\circ\\ 330^\circ\leqslant \arg\frac{\dot{U}_{\rm U}}{\dot{I}_{\rm W}}\leqslant 150^\circ\end{aligned}\right\} \tag{9-3}$$

三个方向元件的动作范围如图 9-12（b）所示。

用继电保护微机测试仪测试方向电流保护中的方向元件的动作范围，类似

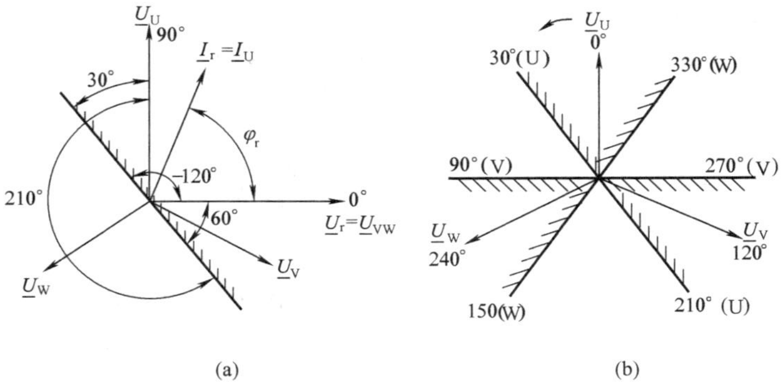

图 9-12　方向元件矢量图分析

（a）U 相方向元件矢量图；（b）三个方向元件的动作范围

于测试电压元件，将“电流Ⅲ段压板”“方向压板”选“投入”。其余所有软压板选“退出”，第Ⅲ段时间定值整定为 0s，其余定值按表 9-1 整定。

（2）测试接线。将图 9-8 中的 n2、n4、n6 短接，按图 9-11 接线。

（3）测试过程。以 U 相为例，进入测试仪［手动试验］菜单，设置 U 相电流为 7A，大于第Ⅲ段 U 相电流整定值使之动作，其余两相电流设置为 0，使之不能动作，设置三相电压对称，每相电压 57.7V，U 相电压相位为 0°、V 相电压相位为 240°、W 相电压相位为 120°，设置 U 相电流相位为 0°，变量为 U 相电流相位，步长为 1.0°，点击测试仪［手动试验］菜单界面工具栏上［开始试验］按钮，送这时出电流电压，若 KCO 动作说明极性正确，然后不断点击［↑］按钮，可看到 U 相电流相量在反时针旋转，不断点击［↑］按钮，在 U 相电流相位为 30°和 210°附近可以找到两个边界角。其他两相的方向元件测试方法类似。

三、检同期检无压三相一次重合闸

1. 检同期、检无压三相一次重合闸逻辑

检同期、检无压三相一次重合闸逻辑如图 9-13 所示。

（1）充放电逻辑。重合闸压板投入、断路器合后（KCC＝“1”）、无重合闭锁信号（或门 3 输出为逻辑 0）经 20s 延时后自保持，置充电标志并为启动重合闸作准备（C＝“1”，即表示控制开关处于合后）。闭锁重合闸时将重合闸

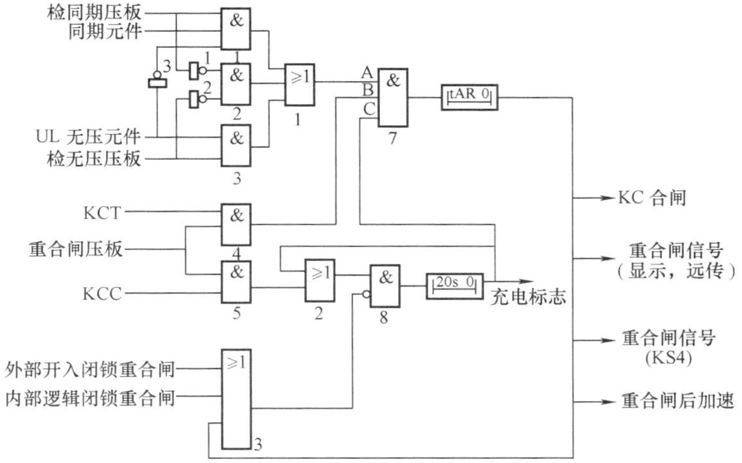

图 9-13　检同期、检无压三相一次重合闸逻辑图

放电，闭锁信号有外部闭锁重合闸（图 9-8 中 n39～n13 开入、手跳开入、弹簧未储能等）和内部逻辑闭锁重合闸（如低频减载动作等）。

(2) 重合闸启动逻辑。重合闸软压板投入，断路器事故跳闸时 KCT＝“1”（即 B＝“1”），有充电标志 C＝“1”，重合闸位置不对应启动条件满足，当重合闸方式条件满足时 A＝“1”，则与门 7 条件满足，即可启动重合闸时间，延时 t_{AR} 时间到，发出合闸脉冲驱动 KC 继电器合闸和信号继电器，并点亮“合闸”指示灯。

(3) 重合闸方式。有三种重合闸方式：直接重合闸方式、检无压重合闸方式和检同期重合闸方式。通过“检无压压板”和“检同期压板”选择，当两者都选“退出”时，非门 1、非门 2 都输出“1”，与门 2 条件满足，既不检无压也不检同期直接启动重合闸；当“检无压压板”选“投入”，“检同期压板”选“退出”时为检无压重合闸方式，UL 无压元件（即低压元件）检测到线路侧电压低于无压定值时即可启动重合闸；当“检同期压板”选“投入”，“检无压压板”选“退出”时，为检同期重合闸方式，当同期条件满足时即可启动重合闸。直馈线选直接重合闸方式，双端电源线路一侧选检同期重合闸方式，另一侧选检无压重合闸方式，为使断路器偷跳也能重合，检无压侧也要选检同期重合闸方式。

2. 三相一次重合闸测试方法

(1) 充电时间测试方法。“重合闸软压板”投入，使 KCC＝“1”（使相应的开入光耦导通），开始计时，观察标志状态发生变化时停止计时，所测得的时间就是充电时间。

（2）重合闸时间测试方法。“检无压压板”和“检同期压板”都选“退出”，在重合闸已充电的情况下，使 KCT＝“1”（使相应的开入光耦导通），开始计时，KC 动作时停止计时，所测得的时间就是重合闸时间。

（3）检无压元件动作电压的测试方法。“检无压压板”选“投入”，“检同期压板”选“退出”，整定好无压定值，重合闸时间整定 0s，在重合闸已充电的情况下，在 n9、n10 端子加额定电压，再使 KCT＝“1”（使相应的开入光耦导通），按步长降低电压，记下 KC 动作时的电压。

（4）检同期元件同期角度的测试方法。“检无压压板”选“退出”，“检同期压板”选“投入”，整定好角度定值（如 30°），重合闸时间整定 0s，在重合闸已充电的情况下，再使 KCT＝“1”（使相应的开入光耦导通），短接 n26、n10，用测试仪在端子 n23～n25 加三相对称额定电压并以 U 相为基准（0°），第 4 相电压加在 n9 上，并选择该相电压相位为变量，当同步电压均为 UV 相时，按步长改变线路侧电压相位，该相位在 0°～60°范围内 KC 应动作，否则不动作。

四、低频减载

1. 低频减载逻辑

低频减载逻辑如图 9-14 所示。“低频减载压板”投入 D＝“1”、无闭锁信号 E＝“1”、频率低于频率定值 F＝“1”三个条件满足，与门 3 输出“1”启动时间元件，延时到出口跳闸、发信号、闭锁重合闸。

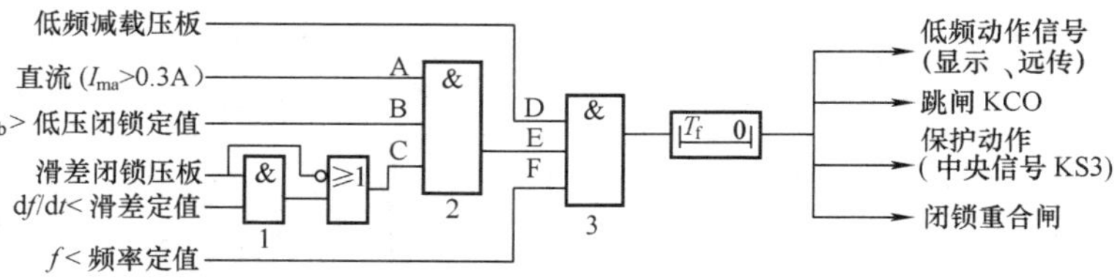

图 9-14 低频减载逻辑

闭锁低频减载的信号有三个：其一无流闭锁，当线路电流小于 0.3A 时，A＝“0”，与门 2 输出为“0”，闭锁低频减载；其二低压闭锁，当电压低于低压闭锁定值时，B＝“0”，与门 2 输出为“0”，闭锁低频减载；其三滑差闭锁

（可用软压板投退），当滑差大于滑差闭锁定值时，C＝“0”，与门 2 输出为“0”，闭锁低频减载。

2. 低频减载测试

（1）测试项目。

（2）按表 9-1 输入定值。

（3）试验接线，低频减载测试试验接线与图 9-11 相同。

（4）测试方法。微机测试仪参数设置，进入主菜单单击“递变”，弹出“试验窗口”对话框，选择测试项目为“频率及低频减载”，再单击“添加测试项”按钮再弹出“频率及低周保护”项目参数设置对话框，低频减载测试参数设置如图 9-15 所示。在测试项目页中选择“低周保护动作值”等 4 个测试项（左侧打√），再进行所选测试项的参数设置页设置参数：

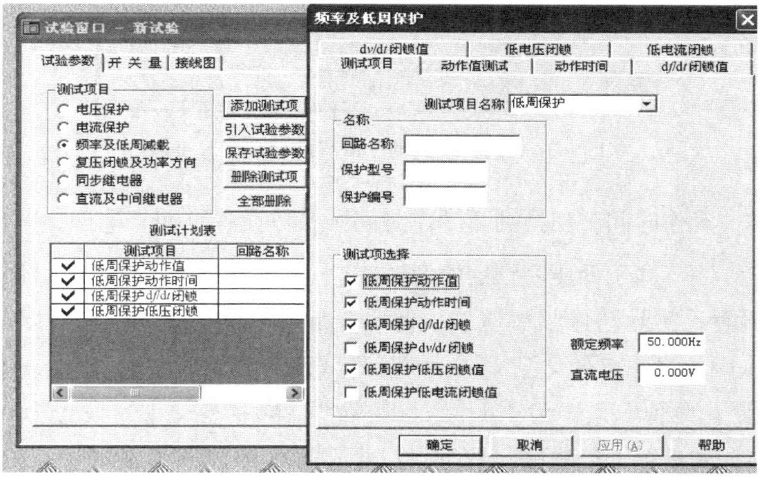

图 9-15　低频减载测试参数设置

单击“动作值测试”切换到“动作值测试”参数设置页面，低频减载动作值测试参数设置页面如图 9-16 所示。设置测试时输出的三相对称电压电流，每相电压 57.7V（高于低压闭锁定值 $80/\sqrt{3}$）、每相电流 1A（大于无流闭锁定值 0.3A）；频率变化范围及变化率：“变化始值”设置为 50Hz、“变化终值”设置为 45Hz、“变化步长”设置为 0.1Hz、“df/dt”（频率变化率）设置为 0.5Hz/s；“变化方式”设置为“始—终”。整定值部分的设置不影响试验结果，只是在报告中以此为依据进行结果判断，其中：“动作值”设置为 48Hz、“返回值”设置为 48Hz、“允许误差”置为±5.0%。

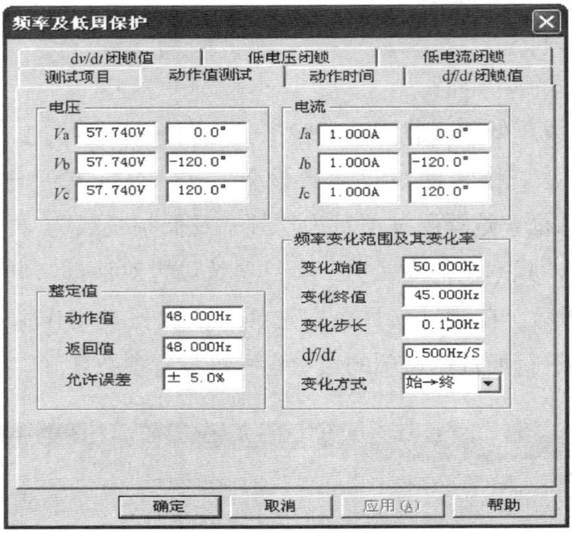

图 9-16 低频减载动作值测试参数设置页面

单击“动作时间”切换到“动作时间”参数设置页面，电压、电流仍按每相电压 57.7V（高于低压闭锁定值 $80/\sqrt{3}$）、每相电流 1A（大于无流闭锁定值 0.3A）设置；实际动作频率应按实际动作频率设置，若为 48.2Hz 就设置为 48.2Hz（因为当频率变化到 48.2Hz 时测试仪开始计时）；频率变化范围及变化率：“变化终值”设置为 45Hz、“df/dt”（频率变化率）设置为 0.5Hz/s；整定值部分的设置不影响试验结果，只是在报告中以此为依据进行结果判断，其中，“整定值”设置为 1s、“允许误差”设置为±5.0ms。

单击“df/dt 闭锁值”切换到“df/dt 闭锁值”参数设置页面，电压、电流仍按每相电压 57.7V（高于低压闭锁定值 $80/\sqrt{3}$）、每相电流 1A（大于无流闭锁定值 0.3A）设置；“频率变化范围”此项的设置是为了保证保护出口，“整定动作时间”设置为 1s，“动作频率”设置为实际动作频率 48.2Hz；df/dt 变化范围：“变化始值”设置为 5.2Hz/s，“变化终值”设置为 4Hz/s，“变化步长”设置为 0.1Hz/s；整定值部分的设置不影响试验结果，只是在报告中以此为依据进行结果判断，其中：“整定值”设置为 5Hz/s，“允许误差”设置为±5.0%。

单击“低电压闭锁”切换到“低电压闭锁”参数设置页面，电压、电流设置不变；确定频率变化范围：此项的设置是为了保证保护出口，“整定动作时间”设置为1s，“动作频率”设置为48.2Hz，“df/dt”设置为0.5Hz/s；电压变化范围：“变化始值”设置为50V，“变化终值”设置为40V，“变化步长”设置为1V（此处设置的为相电压）；动作值定义：选为U_{UV}设置为在此处选为线电压，与整定值一致；整定值部分的设置不影响试验结果，只是在报告中以此为依据进行结果判断，其中：“整定值”设置为80V，“允许误差”设置为±5.0%。单击“确定”按钮后将测试项目添加到“测试计划表”中。

单击“开关量”切换到页面中，选择开关量输入为开入量A，变化前延时2s（测试时送出变化始值的保持时间），触发后延时或保持时间（按变化率变化一个步长后的保持时间，应大于保护动作时间定值1s）1.2s，躲动作接点抖动时间10ms，间断时间0.5s。

点击“开始”按钮后就可以开始，试验结束，可保存和打印测试结果。

第三节　微机距离保护测试

距离保护又称为阻抗保护，用作输电线路保护时，通常构成三段式相间距离和三段式接地距离；用作发电机、变压器的相间故障后备保护时，称之为低阻抗保护。

一、阻抗元件的动作特性和接线方式

常用的阻抗元件的动作特性有方向阻抗元件动作特性、偏移阻抗元件动作特性和四边形阻抗元件动作特性，如图9-17所示。

方向阻抗元件动作方程为

$$\left|Z_{m}-\frac{1}{2}Z_{set}\right|\leqslant\left|\frac{1}{2}Z_{set}\right| \tag{9-4}$$

偏移阻抗元件动作方程为

$$|Z_{m}-Z_{0}|\leqslant|Z_{set}-Z_{0}| \tag{9-5}$$

四边形阻抗元件动作方程为

$$\left.\begin{aligned}X'_{set}\leqslant X_{m}\leqslant X_{set}\\R'_{set}\leqslant R_{m}\leqslant R_{set}+X_{m}\mathrm{ctg}\varphi_{set}\end{aligned}\right\} \tag{9-6}$$

其中 $$Z_0=\frac{1}{2}(Z_{set}-\alpha Z_{set})$$

式中 R_m、X_m、Z_m——测量电阻、电抗、阻抗；

Z_{set}、R_{set}、X_{set}——整定电阻、电抗、阻抗；

φ_{set}——整定阻抗角。

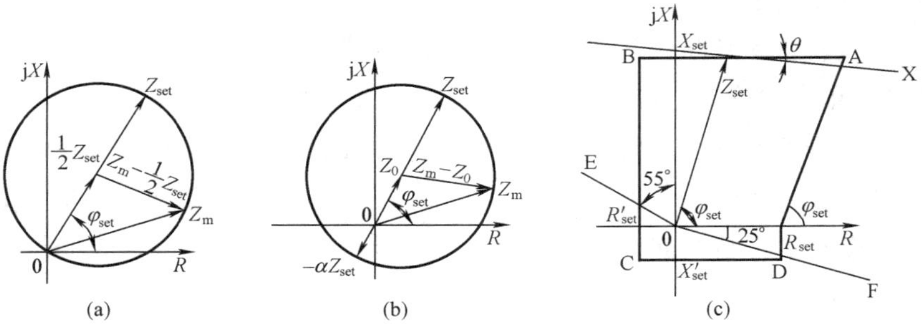

图 9-17 阻抗元件动作特性

（a）方向阻抗特性；（b）偏移阻抗特性；（c）四边形阻抗特性

图 9-17 中，方向阻抗元件和偏移阻抗元件圆内为动作区，四边形阻抗元件动作区为 ABCD 内区域、方向元件 EOF 折线右上方和直线电抗元件 X 下方的共同区域，当测量阻抗 Z_m 落入动作区阻抗元件就动作。

阻抗元件用于反映相间短路故障时，通常采用相电压差和相电流差的 0°接线方式，其测量阻抗 Z_m 可表示为

$$Z_m=\frac{\underline{U}_{\varphi\varphi}}{\underline{I}_{\varphi\varphi}} \tag{9-7}$$

式中 $\underline{U}_{\varphi\varphi}$——保护安装处线电压，$\varphi\varphi$=UV、VW、WU；

$\underline{I}_{\varphi\varphi}$——保护安装处流向被保护线路的相电流，$\varphi\varphi$=UV、VW、WU。

当阻抗元件用于反映接地短路故障时，通常采用相电压和带有零序电流补偿的相电流接线方式，其测量阻抗 Z_m 可表示为

$$Z_m=\frac{\underline{U}_{\varphi}}{\underline{I}_{\varphi}+\underline{K}3\underline{I}_0} \tag{9-8}$$

式中 $\underline{U}_{\varphi}$——保护安装处相电压，φ=U、V、W；

$\underline{I}_0$——保护安装处流向被保护线路的零序电流；

$\underline{K}$ ——零序电流补偿系数。

二、微机型发电机及变压器低阻抗保护测试

微机保护的硬件大同小异，实现不同原理的保护装置时，端子定义和保护逻辑是不同的。微机型低阻抗保护装置示意图如图 9-18 所示，n1～n6 接保护三相电流，n23～n25 接保护三相电压，n39、n47、n39、n48 为保护经两段动作时限出口的出口继电器触点，KS3 为保护信号继电器触点，保护逻辑为一段阻抗定值两段动作时限及电流启动的相间低阻抗保护，动作特性为偏移阻抗元件动作特性，并设有 TV 断线闭锁。

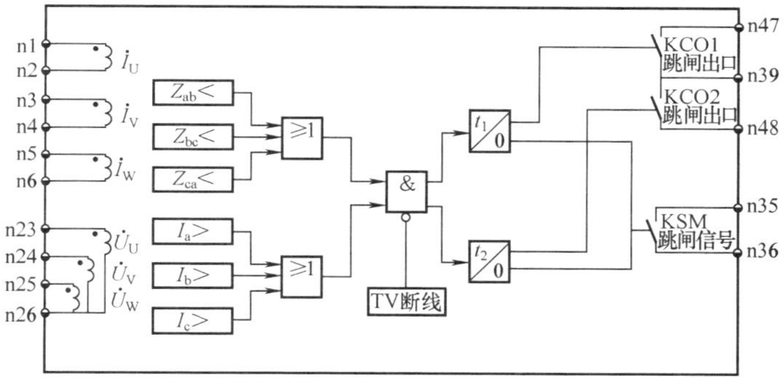

图 9-18　微机型低阻抗保护装置示意图

1. 阻抗保护的测试方法

微机型阻抗保护的测试方法有两种：一种是稳态测试方法；另一种是故障模拟法。稳态测试法的优点，可以比较精确地对被试保护各种参数、性能进行校验及测量描述，以便确定保护的最佳工作状态。故障模拟法只能粗略地验证保护的定值及是否能执行规定的功能。对于只由相电流突变量启动的微机型保护装置，对低阻抗保护的测试只能采用故障模拟法。而对于具有零序越限及其他方式（除突变量以外）启动的保护装置，对低阻抗保护的测试，最好采用稳态测试方法。

2. 测试接线

将图 9-18 中的 n2、n4、n6 短接，按图 9-11 接线，注意是按低阻抗保护逻辑进行测试。

3. 阻抗保护的测试

（1）用稳态试验方法进行测试。

1）试验条件。退出 TV 断线闭锁，将过电流元件或负序电流元件的整定值调到最小，暂将各段延时调到最小，用界面键盘、触摸屏或拨轮开关调出低阻抗保护运行实时参数显示界面或计算阻抗值显示通道（没有此功能的装置例外）。暂将装置零序启动电流及突变量启动电流的定值调到最小。

2）测试最大动作灵敏角。可以先测试 UV 相阻抗元件最大动作灵敏角，操作试验仪单击“手动试验”菜单设置参数，使输出电流为三相正序电流（以 U 相为参考 0°），电流幅值 $I_U=I_V$ 并等于 TA 二次的标称额定电流（例如 1A 或 5A），使 $I_W=$（0.1～0.2）A；输出电压为三相正序电压，其中：固定 U_W 为 57.7V，$U_U=U_V=0.8I_UZ_{set}$，选择 U_{UV} 相位为变量。

操作试验仪，维持输出的电压及电流不变，并使电压与电流之间的夹角为某一值，此时，阻抗保护不动作。向某一方向缓慢改变电流与电压之间的相角至低阻抗保护刚刚动作，记录保护动作时的相角 φ_1；继续沿该方向移动相角至保护返回，然后向相反方向缓慢移动相角至保护重新动作，记录保护动作时的相角φ_2，UV 相阻抗圆的最大灵敏角

$$\varphi_{max}=\frac{\varphi_1+\varphi_2}{2} \tag{9-9}$$

要求：按式（9-9）计算出的阻抗值与实际整定值相同，最大误差应不大于 5%。

VW、WU 相阻抗元件动作阻抗圆的最大灵敏角测试与之类似。

3）最大灵敏角下的动作阻抗及阻抗圆的偏移度测试。操作试验仪设置参数，使输出电流为三相正序电流（以 U 相为参考 0°），电流幅值 $I_U=I_V$ 并等于 TA 二次的标称额定电流（例如 1A 或 5A），使 $I_W=$(0.1～0.2)A；输出电压为三相正序电压，设置 U 相电压相角为 φ_{max}，使 U 相电流滞后 U 相电压 φ_{max}，设置 U_W 为 57.7V，$U_U=U_V=1.05I_UZ_{set}$，U_{UV} 幅值为变量。

操作试验仪，维持外加电流不变，缓慢同时降低 U_{UV} 至阻抗保护刚刚动作，记录保护动作时的电压值，U_{act} 此时正方向动作阻抗为

$$Z_{act}=\frac{U_{act}}{I_{UV}} \tag{9-10}$$

设置试验仪，将三相电流反相180°，其他参数不变，重复上述操作，求出反方向下的动作阻抗

$$Z'_{act}=\frac{U'_{act}}{I_{UV}} \tag{9-11}$$

则偏移度

$$\alpha_{UV}=\frac{Z_{act}}{Z'_{act}}$$

VW、WU相阻抗元件最大灵敏角下的动作阻抗及阻抗圆的偏移度测试与之类似。

要求：计算出的阻抗 Z_{op} 均应等于整定阻抗 Z_{set}，最大误差小于5%，计算出的 α 应等于整定值，最大误差小于5%。

4）动作阻抗圆的录制。操作试验仪设置参数，使输出电流为三相正序电流，电流幅值 $I_U=I_V$ 并等于TA二次的标称额定电流（例如1A或5A），使 $I_W=(0.1\sim0.2)$A；设置电压为三相正序电压，U_W 为57.7V，$U_U=U_V=1.05I_UZ_{set}$。

操作试验仪维持输出电流不变，改变电流与三相电压之间的相位，使电流滞后电压的角度分别为0°、30°、60°、90°、120°、150°、180°、210°、240°、270°、300°及330°时，分别通过同步降低U相及W相电压的方法，使低阻抗保护动作。记录保护刚刚动作时上述各角度下的动作电压。

要求：各角度下测试的动作阻抗，最大误差小于5%。根据计算测试的动作阻抗在复数阻抗平面上绘出的阻抗轨迹，应基本为以最大灵敏角为对称轴的一个圆。

（2）用故障模拟法录制低阻抗保护动作阻抗圆。用故障模拟法测试低阻抗保护，只能做出近似的阻抗圆特性，且在测试该阻抗圆上各点的动作阻抗之前，首先要做大量的计算，预先算出阻抗圆上某些点，相对圆心或坐标原点的相对角度及对应的外加电压及电流值，然后验证在该角度下，突加计算电流及0.95倍的计算电压，观察保护的动作情况。再在相同的角度下突加计算电流及1.05倍的计算电压，观察保护的动作情况。前者应可靠动作，后者应可靠不动作。若是如此，则说明整定的阻抗圆是正确的，测试方法如下：

1）测试条件。选择控制字，退出TV断线闭锁。先决定欲测试的阻抗圆的相别（例如UV相）。

2）欲校阻抗圆的设定。设欲校阻抗圆为一个偏移特性阻抗圆，如图 9-17（b）所示。$Z_{set}=8\Omega$、$\varphi_{set}=90°$、$\alpha=3\%$，则：

阻抗圆的圆心

$$Z_0=\frac{(1-\alpha)Z_{set}}{2}=j3.88\Omega \tag{9-12}$$

半径

$$Z_r=\frac{(1+\alpha)Z_{set}}{2}=j4.12\Omega \tag{9-13}$$

3）计算测试各点的计算动作阻抗 Z_{act}。

在阻抗复平面上，以 R 轴为 0°坐标轴，计算当阻抗角度分别为 0°、30°、60°、90°、120°、150°、180°、210°、240°、270°、300°及 330°时所对应的动作阻抗，很明显，90°时所对应的动作阻抗为 8Ω，270°时所对应的动作阻抗为 8×0.03=0.24（Ω），其他非特殊角下的动作阻抗计算就麻烦些，计算结果见表 9-2。

4）计算测试各点的计算动作电压。

在 UV 相加电流 $I=5$A，则在 UV 所相加的动作电压为

$$U_{act}=2IZ_{act}$$

那么，90°时所对应的动作电压为 2×5×8=80（V），270°时所对应的动作电压为 2×5×0.24=2.4（V），不同角度下计算动作阻抗及计算动作电压见表 9-2。

表 9-2　　不同角度下计算动作阻抗及计算动作电压

角度（°）	0	30	60	90	120	150	180	210	240	270	300	330
动作阻抗（Ω）	1.38	4.2	7	8	7	4.2	1.38	0.4	0.25	0.24	0.25	0.4
动作电压（V）	13.8	42	70	80	70	42	13.8	4.0	2.5	2.4	2.5	4.0

5）动作阻抗圆特性测试。保持外加电流等于 5A 不变，分别按 0°、30°、60°、90°、120°、150°、180°、210°、240°、270°、300°及 330°移动电流与电压之间的角度，按表 9-2 对应计算动作电压的 1.05 倍调整电压和电流，突加电流、电压，观察阻抗保护不应动作：再分别按计算电压的 0.95 倍电压，突加电流、电压，观察阻抗保护应动作。

按试验结果录制的动作阻抗圆与图 9-17（b）所示相同，则说明回路及功

能正确。

（3）用微机测试仪自动录制低阻抗保护动作阻抗圆采用微机型测试仪进行阻抗特性校验有“二分逼近法”及“定点测试法”两种方法。二分逼近法是测试仪根据设置扫描线、扫描精度通过二分法变步长逼近阻抗动作边界。

操作测试仪，单击“距离保护（扩展）”菜单，设置的扫描线如图 9-19 中虚线所示，测试时，测试仪按照扫描线逐条扫描保护的阻抗边界。扫描线首端在动作区内保护动作，扫描线末端在动作区外保护不动作，测试仪根据二分法变步长逼近阻抗动作边界直至满足所设置的扫描精度。完成所有扫描线的测试后自动结束试验并记录阻抗动作边界值、保护动作时间以及对应的故障电压、电流值的大小以及误差评估。该方法的优点是测试结果精确，缺点是非常耗时。

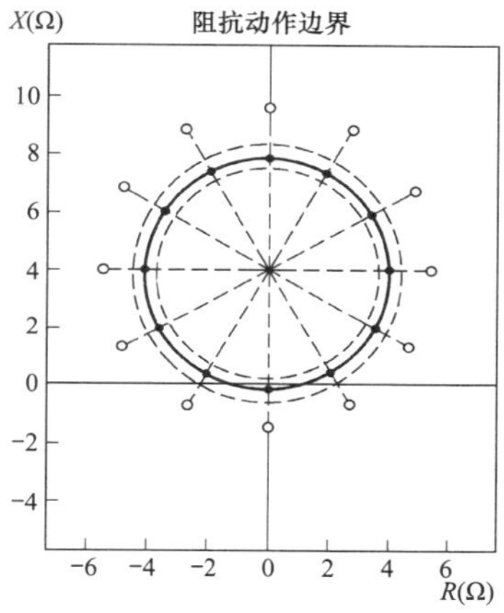

图 9-19 阻抗特性扫描线及扫描结果

定点测试法是指根据整定动作边界、校验精度进行定点扫描测试，如果阻抗特性区内的所有测试点都动作，而动作区外所有测试点都不动作，说明阻抗元件的边界在设置的校验精度内是准确的。显然，该种方法大大减少了测试时间。

图 9-19 中，前者扫描结果落在实线阻抗元件动作特性圆上，后者扫描结果将落在虚线阻抗元件动作特性圆上。

（4）低阻抗保护动作时间的测量。恢复各段时间的整定值，操作测试仪设置初始三相电压为三相正序对称额定电压，三相电流为 0。开始试验，输出电流、电压保护不动作，按“输出保持”按钮，修改设置：使输出三相电压为三相正序对称电压，使输出三相电流为三相正序电流，三相电流均等于 TA 二次标称额定电流，三相电压的值与三相电流之比等于 0.8 倍整定阻抗 Z_{set}，改变电流与电压之间的角度，使其等于最大灵敏角。弹起“输出保持”按钮，测试仪输出修改后的值到保护装置并同时开始计时，当保护接点 KCO 闭合时停止计时，并显示出动作时间。

（5）逻辑回路正确性试验。

1）启动电流的测试。恢复保护过电流元件的整定值，投入TV断线闭锁，将时间 t_1 及 t_2 暂时调到最小。

操作测试仪，使输出三相正序对称电压及三相正序电流的夹角为最大灵敏角。三相电流小于过电流元件的整定值，三相电压值使其测量阻抗落在动作阻抗圆内。此时，低阻抗保护不动作。接着，缓慢增大电流U相至低阻抗保护动作，记录动作电流。然后，降低电流至低阻抗保护返回，记录返回电流。再分别测试V、W相动作电流、返回电流。

要求：记录的三个动作电流应相等并等于整定值，最大误差小于5%，电流元件的返回系数大于0.95。

2）TV断线闭锁回路的测试。操作测试仪，使输出三相正序对称电压及三相正序电流，且三相电流略小于启动电流。三相电压的值应使低阻抗保护的测量阻抗刚落在圆外，分别突然断开一相电压、两相电压及三相电压，保护应可靠不动作并发出TV断线信号。

三、输电线路距离保护定值测试

110kV及其以上的线路都配置有微机型三段式相间距离和三段式接地距离保护，微机型距离保护一般由突变量启动元件、阻抗元件、振荡闭锁、电压回路断线闭锁、选相、逻辑等部分构成。

1. 距离保护定值测试规程要求

（1）距离Ⅰ段。分别模拟U、V、W相单相接地瞬时故障，UV、VW、WU相间瞬时故障。故障电流 I 固定（一般 $I=I_N$），相角为灵敏角，模拟故障时间为100～150ms，故障电压为

模拟单相接地故障时

$$U=mIZ_{set\,\mathrm{I}}(1+K) \tag{9-14}$$

模拟两相相间故障时

$$U=2mIZ_{set\,\mathrm{I}} \tag{9-15}$$

式中 m ——系数，其值分别为0.95、1.05及0.7；

K ——零序补偿系数；

$Z_{set\,\mathrm{I}}$ ——距离Ⅰ段定值。

距离Ⅰ段保护在0.95倍定值时，应可靠动作，在1.05倍定值时，应可靠不动作；在0.7倍定值时，测量距离保护Ⅰ段的动作时间。

（2）距离Ⅱ段和Ⅲ段。测试距离Ⅱ段保护时，分别模拟U相接地和VW相间短路故障；测试距离Ⅲ段保护时，分别模拟V相接地和WU相间短路故障。故障电流 I 固定（一般 $I=I_N$），相角为灵敏角。

模拟单相接地故障时，故障电压

$$U=mIZ_{setpn}(1+K) \tag{9-16}$$

模拟相间短路故障时，故障电压

$$U=2mIZ_{setppn} \tag{9-17}$$

式中　m——系数，其值分别为0.95、1.05及0.7；

n——其值分别为2和3；

Z_{setpn}——接地距离 n 段保护定值，当 $n=2$ 时为第Ⅱ段保护定值，当 $n=3$ 时为第Ⅲ段保护定值；

Z_{setppn}——相间距离 n 段保护定值，当 $n=2$ 时为第Ⅱ段保护定值；当 $n=3$ 时为第Ⅲ段保护定值。

距离Ⅱ段和Ⅲ段保护在0.95倍定值时应可靠动作；在1.05倍定值时，应可靠不动作；在0.7倍定值时，测量距离Ⅱ段和Ⅲ段保护动作时间。

2. 三段式距离保护定值测试方法

测试方法通常采用故障模拟法，可以手动故障模拟测试，也可以在微机测试仪的“线路保护定值校验”“距离保护（扩展）”及“整组试验”模块中自动完成三段式距离保护的阻抗特性测试、定值（包括时限特性）测试及其整组测试，测试过程快捷方便，参见测试仪用户手册，但要注意如下问题。

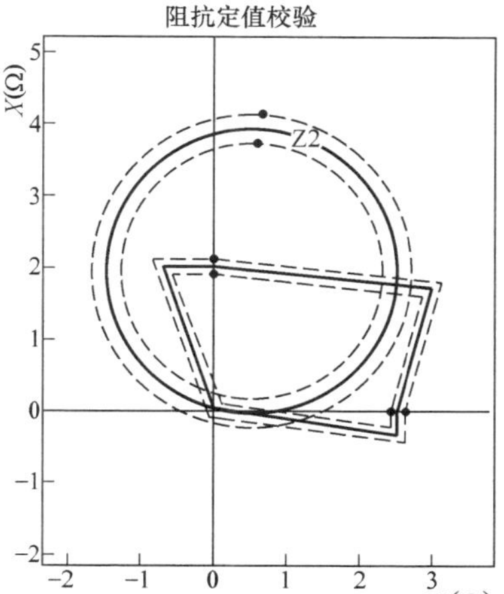

图9-20　短路阻抗角的选择

（1）短路阻抗角的选择如图9-20所示，短路阻抗角的设置方法如下：当 Z_{set} 为灵敏角下的阻抗值时，短路阻抗角设置为线路正序阻抗角。在图9-20中为特性阻抗圆Z2，实线圆代表阻抗定值所对应的阻抗圆，较大虚线圆对应 1.05 倍定值所对应的阻抗圆，圆周上的小圆点对应于灵敏角下的阻抗值。较小虚线圆对应 0.95 倍定值所对应的阻抗圆，圆周上的小圆点对应于灵敏角下的阻抗值。

当 Z_{set} 为电抗值和电阻值时，测试电抗值定值时，短路阻抗角设置为 90°；测试电阻值定值时，短路阻抗角设置为 0°，见图 9-20 中的阻抗特性四边形，在实轴（R 轴）的两个小圆点对于阻抗角为 0°时，1.05 倍定值及 0.95 倍定值所对应的两点。同理，在虚轴（X 轴）上也有对应的两点。

（2）测试仪的开入量的选择。由于测试仪一次性完成相间、接地各段的定值校验，所以不能用保护的保持接点，只能用瞬时接点以保证接点正确反映每次故障保护的动作行为。

（3）测试仪的故障前时间、最大故障时间的设置。设置故障前时间的意义在于保证 TV 断线消失、重合闸充电、保护整组复归，在此时间内测试仪输出额定电压及负荷电流（为了防止保护频繁启动，一般负荷电流设为零），经验值 25s。

最大故障时间为输出故障的时间应大于三段阻抗延时、重合闸延时，经验值 5s。

第四节　微机型比率制动差动保护测试

一、微机保护中的比率制动差动元件

比率制动差动元件广泛地应用在发电机、变压器、电动机、母线及输电线路保护中，差动保护比率制动特性如图 9-21 所示。

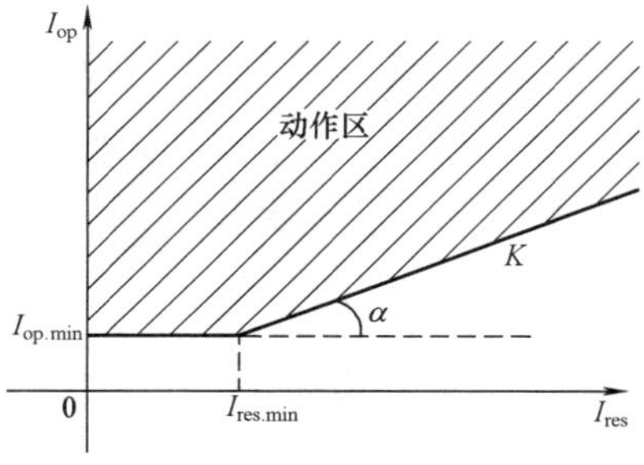

图 9-21　差动保护比率制动特性

图 9-21 中 $I_{res.min}$ 为最小制动电流，$I_{op.min}$ 为最小动作电流，I_{res} 为制动电流（在不同的保护中取法不同），当制动电流 $I_{res} \leqslant I_{res.min}$ 时，动作电流为 $I_{op.min}$ 等于常数不变；当制动电流 $I_{res} > I_{res.min}$ 时，动作电流 I_{op} 随制动电流 I_{res} 的增加而成比例地增大，即

$$I_{OP}=K(I_{res}-I_{res.min})+I_{op.min} \tag{9-18}$$

式中　K——制动特性斜率，也称比率制动系数，其值等于 $\tan\alpha$。

动作条件

$$I_d \geqslant I_{op} \tag{9-19}$$

式中　I_d——差动回路电流，简称差流。

二、发电机比率差动保护及其测试方法

1. 发电机比率差动保护构成

发电机纵差保护，按比较发电机中性点 TA 与机端 TA 二次同名相电流 $\dot{I}_N$、$\dot{I}_T$ 的大小及相位构成。以一相差动为例，并设两侧电流的正方向指向发电机内部。发电机纵差保护的交流接入回路示意图，如图 9-22 所示。

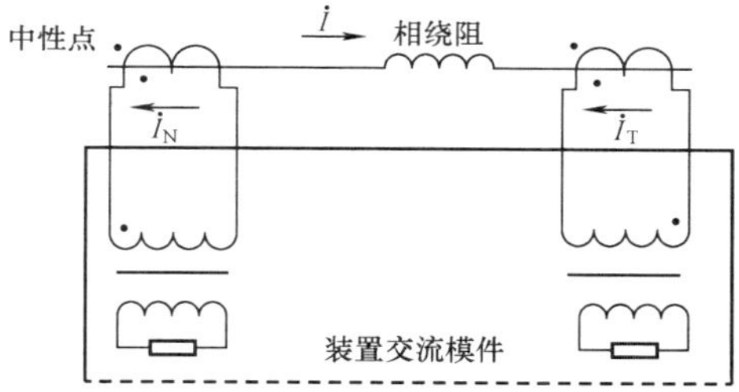

图 9-22　发电机纵差保护交流接入回路示意图

差流取为
$$I_{d\varphi}=|\dot{I}_{T\varphi}+\dot{I}_{N\varphi}| \tag{9-20}$$

制动电流取为
$$I_{res\varphi}=\frac{|\dot{I}_{T\varphi}-\dot{I}_{N\varphi}|}{2} \tag{9-21}$$

式中　φ——相别，φ=U、V、W。

发电机比率差动保护装置简化示意图如图 9-23 所示，$\dot{I}_{UT}$、$\dot{I}_{VT}$、$\dot{I}_{WT}$ 为发电机机端 TA 三相二次电流；$\dot{I}_{UN}$、$\dot{I}_{VN}$、$\dot{I}_{WN}$ 为发电机中性点 TA 三相二次电流，每相的差流、制动电流按式（9-20）和式（9-21）提取，外部故障时同名相两侧电流相位相反 180°，差动元件不动作，内部故障时同相位 0°，差动元件动作，任意一相差动元件动作均驱动出口继电器 KC1～KC3 信号继电器 KS。

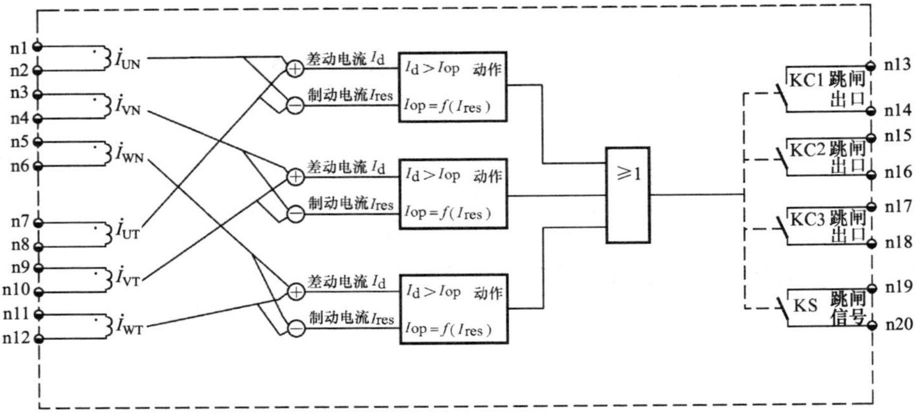

图 9-23　发电机比率差动保护装置简化示意图

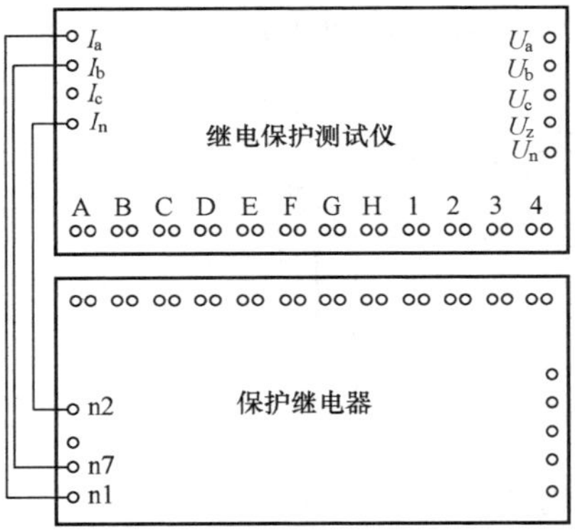

图 9-24　发电机差动保护测试接线图

2. 发电机比率差动保护测试方法

发电机比率差动保护的测试除了例行的测试项目外，主要测试最小动作电流 $I_{op.min}$、比率制动系数 K 和最小制动电流 $I_{res.min}$。测试时采用手动单相测试法（熟练后可以采用微机测试仪自动方式），将 n2、n8 短接，发电机差动保护测试接线图如图 9-24 所示。测试之前，输入差动元件定值，只投差动元件压板。

（1）测试最小动作电流 $I_{op.min}$。采用单侧单相法测试，由于 $I_{op.min}$ 总是小于 $I_{res.min}$，在单侧单相加电流测试时不会进入制动区，因此，测试最小动作电流 $I_{op.min}$ 的方法与测试电流元件的方法相同，在每一侧每一相进行测试，最大误差应小于 5%。

（2）测试比率制动系数 K。采用两点法测试，即在比率制动特性上测试出两点对应的制动电流 I_{res1}、I_{res2} 和动作电流 I_{op1}、I_{op2}，差动保护比率制动特性测试如图 9-25 所示，则可计算

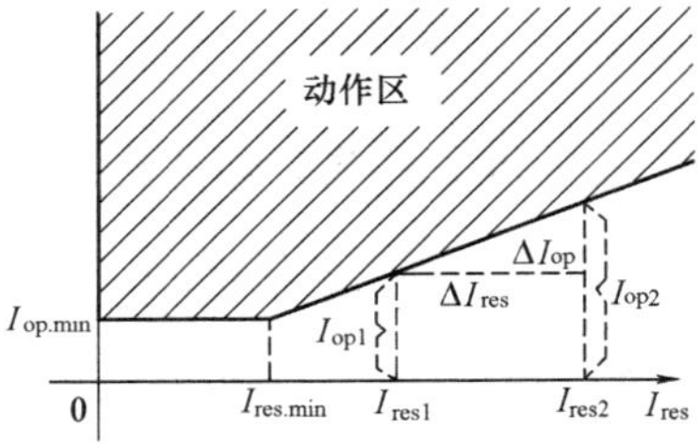

图 9-25　差动保护比率制动特性测试

$$K=\frac{\Delta I_{op}}{\Delta I_{res}}=\frac{I_{op2}-I_{op1}}{I_{res2}-I_{res1}} \tag{9-22}$$

测试U相比率制动系数K按图9-24接线，测试仪的I_a接入U相差动元件的电流为$\dot{I}_N$，测试仪的I_b接入U相差动元件的电流为$\dot{I}_T$，相位相差180°。按式（9-23）计算测试时所加的计算电流

$$I_{Njs}=\frac{2(I_{op.min}-KI_{res.min})}{2-K}+\frac{2+K}{2-K}I_{Tjs} \tag{9-23}$$

测试第1点：为了进入制动区，取$I_{Tjs1}=1.2I_e$（I_e为TA二次额定电流5A或1A），代入式（9-23）得计算电流$\dot{I}_{Njs1}$，操作测试仪输出电流I_b为$I_{Tjs1}=1.2I_e$，此时差动元件会动作；然后增大测试仪电流I_a使之大于$\dot{I}_{Njs1}$，差动元件将返回，再慢慢增大测试仪电流I_a使差动元件刚好动作，记下该电流为$\dot{I}_{N1}$。

测试第2点：为了测试准确，两点之间应相隔越远越好，但相隔越远测试电流就越大，一般取$I_{Tjs2}=4I_e$，代入式（9-23）得计算电流$\dot{I}_{Njs2}$，操作测试仪输出电流I_b为$I_{Tjs2}=4I_e$，此时差动元件会动作；然后增大测试仪电流I_a使之大于$\dot{I}_{Njs2}$，差动元件将返回，再慢慢增大测试仪电流I_a使差动元件刚好动作，记下该电流为$\dot{I}_{N2}$。

将测试结果代入式（9-24），计算出I_{op1}、I_{res1}、I_{op2}、I_{res2}，再代入式（9-22）

$$\left.\begin{aligned}I_{res1}&=\frac{I_{Tjs1}+I_{N1}}{2}\\I_{op1}&=I_{Tjs1}-I_{N1}\\I_{res2}&=\frac{I_{Tjs2}+I_{N2}}{2}\\I_{op2}&=I_{Tjs2}-I_{N2}\end{aligned}\right\} \tag{9-24}$$

（3）测试$I_{res.min}$。直接测试$I_{res.min}$比较困难，但是可以用已经测试得到的$I_{op.min}$、K、I_{res1}（或I_{res2}）、I_{op1}（或I_{op2}）由式（9-18）计算出$I_{res.min}$。

三、微机型变压器差动保护测试

（一）差动速断及比率差动保护原理

微机型变压器差动保护包括差动速断保护和比率差动保护，比率差动保护采用二次谐波制动原理，变压器差动保护逻辑图如图 9-26 所示。

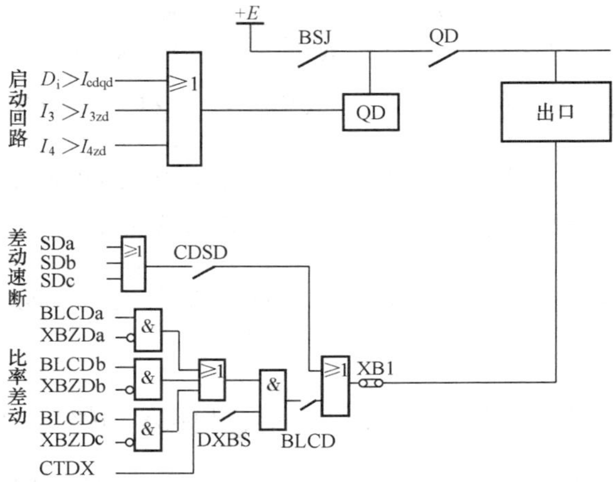

图 9-26　变压器差动保护逻辑图

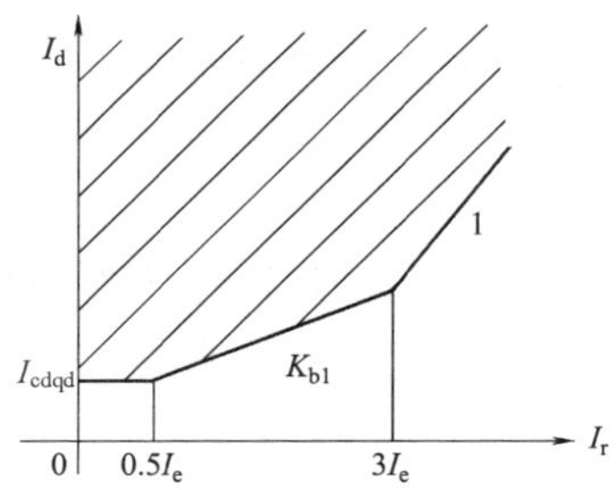

图 9-27　比率制动特性

（1）差动速断保护实质上为反应差动电流的过电流继电器，用以保证在变压器内部发生严重故障时快速动作跳闸。

（2）比率差动保护的动作特性如图 9-27 所示，能可靠躲过外部故障时的不平衡电流。

图 9-27 中：I_d 为动作电流；I_r 为制动电流；I_{cdqd} 为差动电流启动值；K_{bl} 为比率差动制动系数；I_e 为变压器的额定电流；图中阴影部分为保护动作区。

比率差动元件采用三折线比率差动原理，其动作方程如下

$$I_d > I_{cdqd} \qquad (I_r \leqslant 0.5I_e) \tag{9-25}$$

$$I_d - I_{cdqd} > K_{bl}(I_r - 0.5I_e) \qquad (0.5I_e < I_r \leqslant 3I_e) \tag{9-26}$$

$$I_d - I_{cdqd} - K_{bl}2.5I_e > I_r - 3I_e \qquad (I_r > 3I_e) \tag{9-27}$$

式中　K_{bl}——比率制动系数；

I_{cdqd}——差动电流起动定值。

$$I_d = |i_1 + i_2 + i_3 + i_4| \tag{9-28}$$

$$I_r = 0.5(|I_1| + |I_2| + |I_3| + |I_4|) \tag{9-29}$$

变压器各侧电流经软件进行 Y/△调整，即采用全星形接线方式。采用全星形接线方式对减小电流互感器的二次负荷和改善电流互感器的工作性能有很大好处。

（3）二次谐波制动。比率差动保护利用三相差动电流中的二次谐波作为励磁涌流闭锁判据，其动作方程如下

$$I_{d2\phi} > K_{xb} I_{d\phi} \tag{9-30}$$

式中　$I_{d2\phi}$——U、V、W 三相差动电流中的二次谐波；

$I_{d\phi}$——对应的三相差动电流；

K_{xb}——二次谐波制动系数，保护采用按相闭锁的方式。

装置通过变压器容量，变压器各侧额定电压和各侧 TA 变比及接线方式的整定，装置自动进行各侧平衡系数的计算，通过软件进行 Y/△转换及平衡系数调整。平衡系数的内部算法如下：以接线方式 YNyd11（$K_{mode}=1$）为例

对于变压器 Y 接线侧

$$K_{ph1} = \frac{U_{1n} TA_{11}}{S} \tag{9-31}$$

$$K_{ph2} = \frac{U_{2n} TA_{21}}{S} \tag{9-32}$$

$$K_{ph3} = \frac{U_{3n} TA_{31}}{S} \tag{9-33}$$

对于变压器△接线侧

$$K_{ph4} = \frac{\sqrt{3} U_{4n} TA_{41}}{S} \tag{9-34}$$

（4）差动保护定值。系统参数名称及符号和保护定值名称、符号及整定范围分别见表 9-3、表 9-4。

表 9-3　　系统参数名称及符号

序号	定值名称	符号	整定值	单位
1	变压器容量	S		MVA
2	一侧额定电压	U_{1N}		kV

续表

序号	定值名称	符号	整定值	单位
3	二侧额定电压	U_{2N}		kV
4	三侧额定电压	U_{3N}		kV
5	四侧额定电压	U_{4N}		kV
6	二次额定电压	U_{N}		V
7	变压器接线方式	K_{mode}		

表 9-4　　保护定值名称、符号及整定范围

序号	定值名称	符号	整定范围	整定值
1	一侧 TA 额定一次值	TA_{11}		
2	一侧 TA 额定二次值	TA_{12}	5/1	
3	二侧 TA 额定一次值	TA_{21}		
4	二侧 TA 额定二次值	TA_{22}	5/1	
5	三侧 TA 额定一次值	TA_{31}		
6	三侧 TA 额定二次值	TA_{32}	5/1	
7	四侧 TA 额定一次值	TA_{41}		
8	四侧 TA 额定二次值	TA_{42}	5/1	
9	差动电流起动值	I_{cdqd}	$0.3 \sim 1.5 I_e$	
10	差动速断定值	I_{sdzd}	$3 \sim 14 I_e$	
11	比率差动制动系数	K_{bl}	0.3～0.75	
12	二次谐波制动系数	K_{xb}	0.1～0.35	
13	TA 报警门槛值	I_{bj}	$0.05 \sim 0.2 I_e$	
以下为整定控制字 SWn，当该位置“1”时相应功能投入，置“0”相应功能退出				
1	投差动速断	CDSD	0/1	
2	投比率差动	BLCD	0/1	
3	CTDX 闭锁比率差动	DXBS	0/1	

（二）变压器差动保护测试

1. 差动保护测试方法

测试保护时先计算各侧二次电流额定值，对应变压器的 Y 形侧（例如第一侧）

$$I_{N1} = \frac{S K_{TA12}}{U_{1n} K_{TA11}} \tag{9-35}$$

对应变压器的△形侧（例如第四侧）

$$I_{N4}=\frac{SK_{TA42}}{\sqrt{3}U_{4n}K_{TA41}} \tag{9-36}$$

（1）采样值测试。通入电流后，在菜单“采样值显示”中可看到相应相电流大小和相位关系。

（2）差流的测试。在对应变压器的Y侧（例如第一侧）通入单相（例如A相）大小为本侧二次额定值（例如 I_{N1}）的电流，在菜单“采样值显示”中可看到相应的两相［如A、C相（$K_{mode}=1$）为 $1I_N$ 的差流］；在对应变压器的△侧（例如第四侧）通入单相（例如A相）大小为本侧二次额定值（例如 I_{N4}）的电流，在菜单中可看到一相（A相）为 $1I_N$ 的差流。

在对应变压器的Y侧（例如第一侧）通入三相大小为本侧二次额定值（例如 I_{N1}），相差为120°的电流，在菜单中可看到三相大小为 $1.732I_N$ 的差流；在对应变压器的△侧（例如第四侧）通入三相大小为本侧二次额定值（例如 I_{N4}）的电流，在菜单中可看到三相大小为 $1I_N$ 的差流。

（3）差动速断测试。投入“差动投入”压板和定值中“投差动速断”控制字。在某侧（例如第一侧）通入单相（例如A相）大小为 $0.95I_NI_{sdzd}$（例如 $0.95I_{N1}I_{sdzd}$）的电流，差动速断应可靠不动作；在某侧（例如第一侧）通入单相（例如A相）为大小为 $1.05I_NI_{sdzd}$（例如 $1.05I_{N1}I_{sdzd}$）的电流，差动速断应可靠动作。

（4）比率差动动作可靠性测试。投入“差动投入”压板和定值中“投比率差动”控制字。在某侧（例如第一侧）通入单相（例如A相）大小为 $0.95I_NI_{cdqd}$ 的电流，比率差动应可靠不动作；在某侧（例如第一侧）通入单相（例如A相）大小为 $1.05I_NI_{cdqd}$ 的电流，比率差动应可靠动作。

（5）比率制动系数 K_{b1} 测试。在对应变压器的Y形侧（例如第一侧）通入单相（例如A相）大小为本侧二次额定值（例如 I_{N1}）的电流；在对应变压器的△形侧（例如第四侧）通入相应两相（例如A、C相（$K_{mode}=1$）；大小均为本侧二次额定值（例如 I_{N4}）的电流，并保证 I_{a1} 与 I_{a4} 反向，I_{a4} 与 I_{c4} 反向。此时差流应为0。此时，差流和制动电流计算公式如下

$$I_{cd}=\frac{I_{a4}}{I_{N4}}-\frac{I_{a1}}{I_{N1}} \tag{9-37}$$

$$I_{zd}=\frac{\frac{I_{a4}}{I_{N4}}+\frac{I_{a1}}{I_{N1}}}{2} \tag{9-38}$$

减小第一侧电流的大小，保持第四侧电流不变，直到比率差动保护动作，记下 I_{a1}、I_{a4} 的大小，代入式（9-37）、式（9-38），得到第一组差流和制动电流（I_{cd1}、I_{zd1}）。

在对应变压器的 Y 形侧（例如第一侧）通入单相（例如 A 相）大小为 3 倍本侧二次额定值（如 $3I_{e1}$）的电流，在对应变压器的 Δ 形侧（例如第四侧）通入相应两相（A、C 相 $K_{mode}=1$）大小均为 3 倍本侧二次额定值（$3I_{N4}$）的电流，并保证 I_{a1} 与 I_{a4} 反向，I_{a4} 与 I_{c4} 反向。此时差流应为 0。减小第一侧电流的大小，保持第四侧电流不变，直到比率差动保护动作，记下 I_{a1}、I_{a4} 的大小，代入式（9-37）、式（9-38），得到第二组差流和制动电流 I_{cd2}、I_{zd2}。

计算 $\frac{I_{cd2}-I_{cd1}}{I_{zd2}-I_{zd1}}$ 即为实际测出的比率制动系数，此系数应与整定值相等。

（6）二次谐波制动测试。投入“差动投入”压板和定值中“投比率差动”控制字。在某侧（例如第一侧）通入单相（例如 A 相）大小为 3 倍本侧二次额定值（如 $3I_{N1}$）的电流，若其中二次谐波含量大于整定值，比率差动应不动作；若其中二次谐波含量小于整定值，比率差动应动作。

2. 测试举例

已知变压器参数：31.5/20/31.5MVA；110±4×2.5%/38.5±2×2.5%/11kV；YNyd11；TA 变比三侧依次为 200/5、500/5、2000/5。

在定值菜单中输入定值整定如下。

变压器容量：31.5MVA

一侧额定电压：110kV

二侧额定电压：110kV

三侧额定电压：38.5kV

四侧额定电压：11kV

额定电压二次值：57.7V

变压器接线方式：01

一侧 TA 额定一次值：0.2kA

一侧 TA 额定二次值：5A

二侧 TA 额定一次值：0kA

二侧 TA 额定二次值：5A

三侧 TA 额定一次值：0.5kA

三侧 TA 额定二次值：5A

四侧 TA 额定一次值：2kA

四侧 TA 额定二次值：5A

各侧二次电流额定值见表 9-5。

表 9-5　　　　各侧二次电流额定值

各侧二次电流额定值	I_{N1}（A）	I_{N2}（A）	I_{N3}（A）	I_{N4}（A）
数　值	7.14	0	8.19	4.12

（1）差动速断校验。投入“差动投入”压板和定值中“投差动速断”控制字。例如：$I_{sdzd}=6I_N$，在第一侧通入 A 相为 0.95×7.14×6=40.7（A）的电流，差动速断应可靠不动作；在第一侧通入 A 相为 1.05×7.14×6=45.0（A）的电流，差动速断应可靠动作。

（2）比率差动校验。投入“差动投入”压板和定值中“投比率差动”控制字。例如：$I_{cdqd}=0.3I_N$，$K_{bl}=0.5$。在第一侧通入 A 相为 0.95×7.14×0.3=2.04（A）的电流，比率差动应可靠不动作；在第一侧通入 A 相为 1.05×7.14×0.3=2.25（A）的电流，比率差动应可靠动作。由于 $K_{mode}=01$，在第一侧通入 A 相大小为 7.14A 的电流，在第四侧通入 A、C 相大小均为 4.12A 的电流，并保持 I_{a1} 与 I_{a4} 反向，I_{a4} 与 I_{c4} 反向。此时差流应为 0。减小第一侧电流的大小，保持第四侧电流不变，直到比率差动保护动作，记下 I_{a1}、I_{a4} 的大小，代入式（9-37）、式（9-38），得到第一组差流和制动电流（$0.44I_N$、$0.78I_N$）。

在第一侧通入 A 相 $3I_{N1}=3\times7.14=21.42$（A）的电流，在第四侧通入两相（A、C 相）大小均为 $3I_{N4}=3\times4.12=12.36$（A）的电流，并保证 I_{a1} 与 I_{a4} 反向，I_{a4} 与 I_4 反向。此时差流应为 0。减小第一侧电流的大小，保持第四侧电流不变，直到比率差动保护动作，记下 I_{a1}、I_{a4} 的大小，代入式（9-37）、式（9-38），得到第二组差流和制动电流（$1.24I_N$、$2.38I_N$）。计算 $\frac{I_{cd2}-I_{cd1}}{I_{zd2}-I_{zd1}}=0.5$，此系数与整定值相等。

四、微机型母线差动保护测试

1．母线比率差动保护原理

电流式母线差动保护采用A、B、C三相分相电流构成的三个分相差动元件，分相差动元件的动作方程如下

$$\left.\begin{aligned}&\left|\sum_{j=1}^{n}\underline{I}_j\right| \geqslant I_{dz0}\left(\sum|\underline{I}_j| \leqslant I_{dz0}\right)\\&\left|\sum_{j=1}^{n}\underline{I}_j\right| - K_z\sum_{j=1}^{n}|\underline{I}_j| \geqslant 0\left(\sum|\underline{I}_j| > I_{dz0}\right)\end{aligned}\right\} \tag{9-39}$$

式中　$\underline{I}_j$——第 j 支路电流；

I_{dz0}——初始动作电流；

K_z——比率制动系数。

差动元件的动作特性如图9-28所示。母线的差动保护的构成逻辑框图如图9-29所示。为提高母线差动保护动作的可靠性，除分相差动元件之外，还采用了启动元件、区外故障TA饱和鉴别元件及出口闭锁元件。

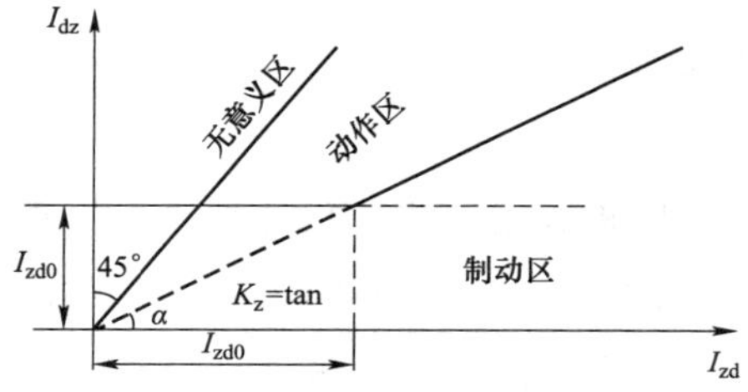

图9-28　差动元件的动作特性

I_{zd0}—拐点电流

（1）启动元件。采用差流越限及相电流突变量构成的“或门”作为差动保护的启动元件。

（2）区外故障TA饱和鉴别元件。

（3）出口闭锁元件。为防止由于差动出口回路误碰或出口继电器损坏等原因而导致误跳断路器，采用复合电压（低电压、负序电压、零序电压及相电压突变）元件闭锁跳闸出口。

对于双母线及单母线分段的差动保护，采用一套大差动保护及两套（或多套）小差动保护。此时，大差动保护作为启动元件，小差动保护用于选择并切除故障母线。

2．母线差动保护测试

（1）通道平衡状况的校验。

1）试验接线。通道平衡试验接线如图9-30所示。

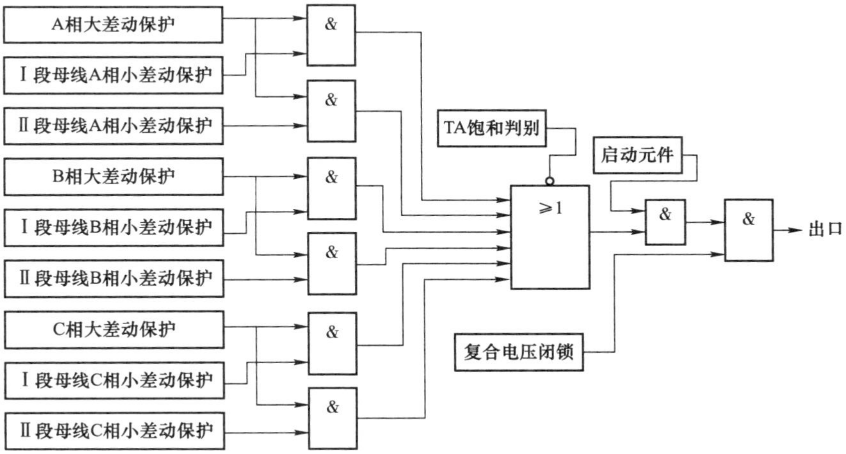

图 9-29 母线的差动保护逻辑框图

图 9-30 中，a1、b1、c1、n1、…、a4、b4、c4、n4 分别为出线或变压器单元 TA1～TA4 二次三相电流的接入端子，a0、b0、c0、n0 为母联 TA 二次三相电流的接入端子。

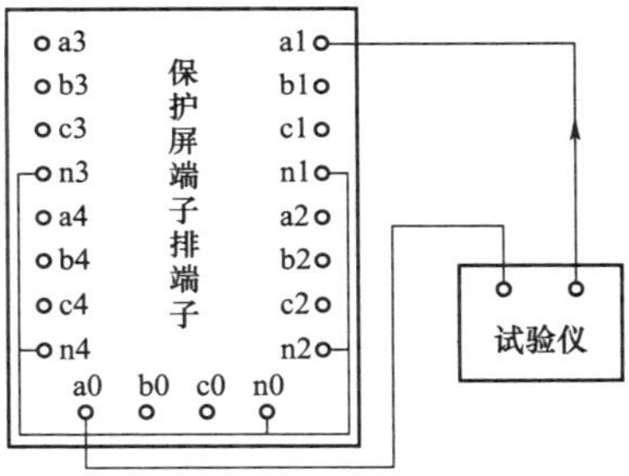

图 9-30 通道平衡试验接线

2）各相差动通道平衡的检查。操作保护装置键盘，调出显示各相差流的界面。

a. A 相差动各通道平衡检查。通道平衡试验接线如图 9-30 所示，进行操作试验，使分别通入装置的电流为 I_N 及 $5I_N$（I_N 为 TA 二次标称额定电流，等于 5A 或 1A）。观察并记录界面上显示的 A 相差流值。将图 9-30 中接 a1 端子的连线分别接在 a2、a3 及 a4 端子上，重复上述试验并记录显示的 A 相差流。

b. B 相及 C 相差动各通道平衡检查。将图 9-30 中接 a0 端子的线分别接在 b0、c0 上，而将接 a1 端子的线分别改接到 b1、b2、b3、b4 及 c1、c2、c3、c4 上，重复 a 项的试验操作，观察及记录。当母线上有更多连接元件时，试验方法同上。

要求：当各组 TA 变比相同时，测试的各差流与通入电流的百分比均应小于 5%。

（2）初始动作电流校验。在柜后端子排上，用短接隔离开关相应辅助接点接入端子的方法，使 TA1 及 TA2 二次三相电流接入Ⅰ段母线小差回路；而使

TA3 及 TA4 二次三相电流接入Ⅱ段母线小差动保护回路；使 TA0 二次三相分别接入Ⅰ段母线及Ⅱ段母线小差动保护回路。

1）小差动保护初始动作电流的校验。

a. 试验接线。小差动保护元件初始动作电流试验接线如图 9-31 所示。

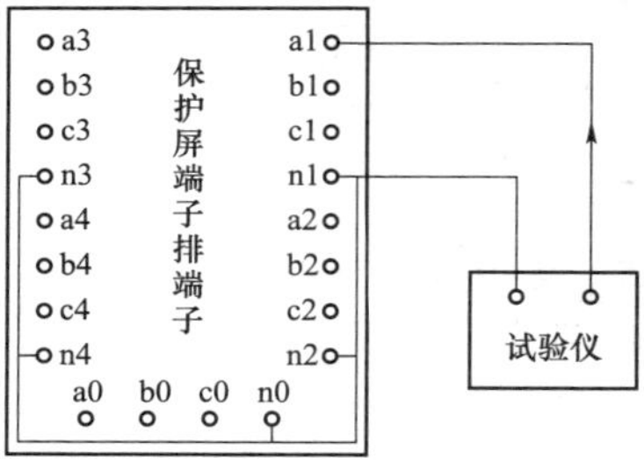

图 9-31 小差动保护元件初始动作电流试验接线

在图 9-31 中，接线端子 a1、b1、c1、n1、…、a4、b4、c4、n4 的物理意义同图 9-30。

由于母线差动保护的小差动保护动作电流一般比大差动保护元件动作电流大，故在校验其初始动作电流时，不须采取任何措施。

b. Ⅰ段母线差动元件的校验。操作界面键盘，调出差流显示界面。去掉母联隔离开关一路辅助接点的短接线，使母联 TA0 只接入Ⅰ段母线差动回路中。操作试验仪缓慢增加输出电流至Ⅰ段母线 A 相差动保护动作，记录保护动作时外加电流及差流显示值。

分别将接 a1 端子的线改接到 a2、a0、b1、b2、b0、c1、c2 及 c0 端子上，重复上述试验操作。分别记录Ⅰ段母线各相差动保护动作时外加电流及差流显示值。

c. Ⅱ段母线差动元件的校验。分别将图 9-31 中接 a1 端子的线改接到 a3、a4、b3、b4、c3、c4 端子上，重复 b 项中操作试验并记录。

2）大差动保护初始动作电流的校验。

a. 试验接线。大差动保护元件初始动作电流试验接线如图 9-32 所示。图 9-32 中，I_A、I_B、I_C 分别为试验仪 A 相、B 相及 C 相的输出电流。在柜后端子排上，短接隔离开关辅助接点接入端母线差动保护端子，使图 9-32 中端子 a1、b1、c1、n1、a2、b2、c2、n2 为Ⅰ段母线小差 TA 二次接入端子，而使端子 a3、b3、c3、n3、a4、b4、c4、n4 为Ⅱ段母线小差 TA 二次接入端子。

b. A 相大差动保护元件的校验。操作试验仪，将图 9-32 所示的 I_A、I_B 电流设置为反相，并使 I_B 电流略大于小差动保护的初始动作电流，此时Ⅰ段母线 A 相差动保护动作。然后，增大 I_A 至差动保护返回，再缓慢降低 I_A 至Ⅰ段母线 A 相差动重新动作。记录保护重新动作时的 I_A 电流值。此时，大差动保护元件的动作电流为 I_B-I_A。再将接 a3 端子的线改接至 a4 端子上，重复上述试验操作，记录大差动保护元件的动作电流。

c. B 相及 C 相大差动保护元件的校验。

将图 9-32 中接 a1 端子的线分别改接在 b1 及 c1 上，而将接 a3 端子的线分别改接至 b3、b4 及 c3、c4 端子上，重复 b 项中的试验及操作，记录大差动保护元件的动作电流 I_B-I_A。

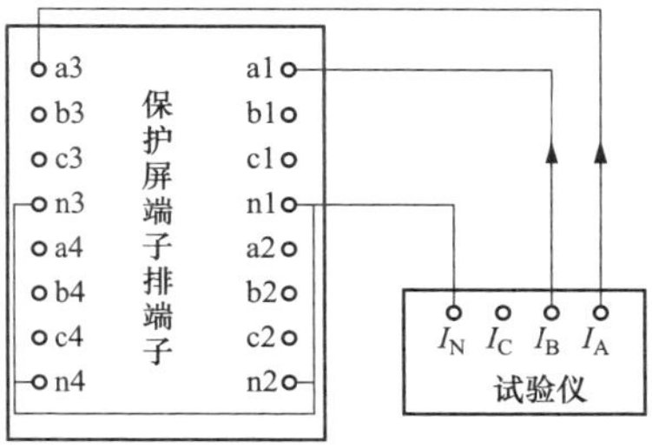

图 9-32　大差元件初始动作电流试验接线

要求：各相大差动保护元件的初始动作电流等于 0.8 倍小差动保护初始动作电流（或等于设定值），最大误差应小于 5%。

（3）Ⅰ、Ⅱ段母线小差动保护元件的动作特性录制。

1）试验接线。录制Ⅰ、Ⅱ段母线小差动保护元件动作特性的录制比率制动特性试验接线如图 9-33 所示。

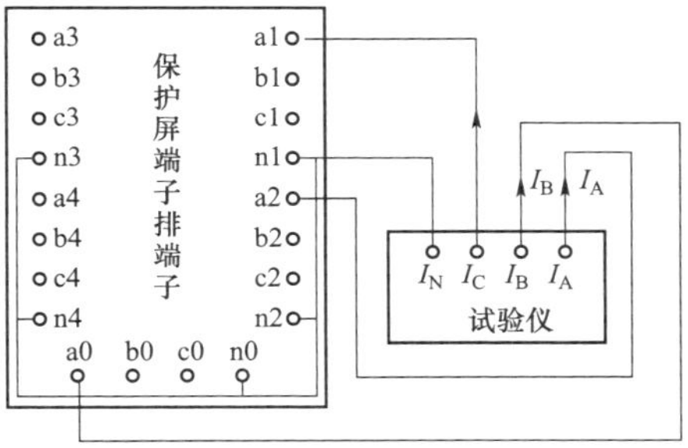

图 9-33　录制比率制动特性试验接线

在图 9-33 中，接线端子 a1、b1、c1、n1、…、a4、b4、c4、n4 的意义同图 9-30。

2）Ⅰ段母线小差元件的动作特性。在保护柜后端子排上，短接隔离开关的辅助接点的接入端子，使图 9-33 中端子 a1、b1、c1、n1、a2、b2、c2、n2、a0、b0、c0 及 n0 接入Ⅰ段母线小差回路。设各侧之间的平衡系数为 1（即各差动的 TA 变比相同）。

设置试验仪，将图 9-33 中的 I_A、I_B 电流设置为反相，而使 I_C 与 I_A 或 I_B 同相位。然后，使 $I_A=I_B=0$，缓慢增加 I_C 至Ⅰ段母线 A 相差动保护动作，记录动作电流 $I_{C(0)}$。

使 $I_A=I_B$ 分别等于 $1.5I_N$、$6I_N$（I_N 为 TA 二次标称额定电流，等于 5A 或 1A），重复上述试验操作及记录相应的动作电流 $I_{C(2)}$ 及 $I_{C(4)}$。

然后，将接在端子 a0 及 a2 的线分别改接在端子 b0 及 b2、c0 及 c2 上，而将按端子 a1 的线分别相应改接在端子 b1、c1 上。重复上述试验操作，分别记录对Ⅰ段母线 B 相及 C 相差动元件的相应试验数据。

3）Ⅱ段母线小差动保护元件的动作特性。在保护柜后端子排上，用短接隔离开关辅助接点的接入端子的方法，使端子 a3、b3、c3、n3、a4、b4、c4、n4、a0、b0、c0 及 n0 接入Ⅱ段母线小差动保护回路。

设各侧之间的平衡系数为 1，将图 9-33 中接在端子 a0 及 a2 的线分别改接在端子 a0 及 a4、b0 及 b4、c0 及 c4 上，而将接端子 a1 的线分别相应改接在端子 a3、b3 及 c3 上。将 I_A、I_B 电流设置为反相，重复 2）项中各试验过程，录取Ⅱ段母线各相小差动保护元件的动作特性曲线。

各相差动保护的比率制动系数及拐点电流值的计算如下式

$$K_Z = \frac{I_{C(4)} - I_{C(2)}}{12I_N - 3I_N + I_{C(4)} - I_{C(2)}} \tag{9-40}$$

$$I_{zd0} = \frac{I_{C(0)}}{K_Z} \tag{9-41}$$

要求： 按式（9-40）的计算值与整定值的最大误差小于 5%。大差动保护元件的动作特性测试与小差动保护元件的动作特性测试相同。

（4）复合电压闭锁元件的校验

1）试验接线。母线差动保护复合电压闭锁元件的试验接线如图 9-34 所示。

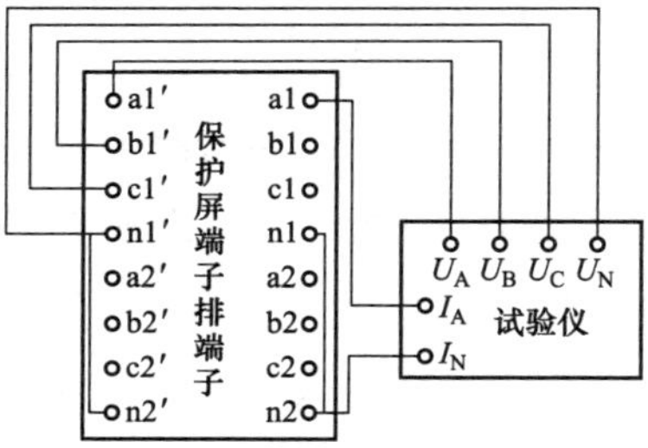

图 9-34 母差保护复合电压闭锁元件试验接线

图 9-34 中，a1、b1、c1、a2、b2、c2 分别为母线差动保护两组 TA 二次三相电流的接入端子，a1、b1、c1 接在Ⅰ段母线差动保护回路中；a2、b2、c2 接在Ⅱ段母线差动保护回路中；a1′、b1′、c1′、a2′、b2′、c2′分别为Ⅰ段母线及Ⅱ段母线上 TV 二次三相电压接入端子。

2）零序及负序电压计算及显示正确性的检查。操作界面按键，调出零序及负序电压计算值的显示通道。

操作试验仪，使 U_A=30V、U_B=U_C=0。观察并记录界面上显示的零序及负序电压的计算值。再使 U_A=60V、U_B=U_C=0，再次观察并记录零序电压及负序电压的计算值。

要求： 界面显示的零序电压及负序电压应相等，且分别等于 10V、20V。最大误差小于 5%。

3）低电压定值的校验。完成试验接线，使图 9-34 中端子 a1′、b1′、c1′上的电压用于闭锁Ⅰ段母线差动保护。

操作试验装置，使输出电压为三相对称正序额定电压（相电压为 57.7V）；使输出电流大于差动元件的初始动作电流。此时，Ⅰ段母线 A 相差动保护动作但没出口。用通灯或万用表欧姆挡在柜后端子排上测量Ⅰ段母线出口跳闸回路导通状况。此时，回路应不通。

缓慢降低三相电压至跳闸出口回路闭合，记录出口回路刚刚导通时的电压值，即为低压闭锁动作电压。

4）负序电压定值的校验。

a. 方法一。暂将复合电压闭锁元件的低电压定值降到 1～2V。将图 9-34 中由试验仪接至 a1′端子的线与由试验仪接至 b1′端子的线换接。

操作试验仪，使输出三相电压略大于低电压的整定值；输出电流大于差动的初始动作电流。此时，差动保护动作但没出口。但Ⅰ段母线出口跳闸回路不通。

缓慢升高三相电压至跳闸出口回路闭合，记录出口回路刚刚导通时的电压值，该电压值即为负序电压动作值。

b. 方法二。试验接线仍如图 9-34 所示。暂将低电压定值降到较小值（如 3～5V）；将零序电压定值暂调到较大值（如 30～40V）。

操作试验仪，使输出电压为三相正序对称额定电压，输出电流大于差动的初始动作电流。此时，差动保护动作但没出口，Ⅰ段母线出口跳闸回路不通。

操作界面按键，调出负序电压计算显示值界面。缓慢降低某相（如 A 相）电压（或改变某相电压的相位）至跳闸出口回路闭合。记录出口回路刚刚导通时的界面上显示的负序电压值，即为负序电压动作值。

5）零序电压定值的校验。暂将低电压整定值降到较小值（如 3～5V）；将负序电压整定值暂调到较大值（如 40V）。恢复零序电压的整定值。操作界面键盘，调出显示零序电压计算值通道。

a. 方法一。试验接线如图 9-34 所示，操作试验仪，使输出电压为三相正序对称额定电压（相电压为 57.7V），输出电流大于差动的初始动作电流。此时，差动保护动作但没出口，而保护出口跳闸回路不通。

操作试验仪，缓慢降低某一相电压，或移动其他两相电压之间的相位，至跳闸出口回路闭合。记录出口回路刚刚导通时的界面上显示的零序电压值，即为零序电压动作值。

b. 方法二。试验接线仍如图 9-34 所示。操作试验仪，使输出电流大于差动的初始动作电流。输出三相电压同相位且幅值相等，其值大于低电压元件的动作电压。此时，差动保护动作但没出口，而出口跳闸回路不通。

同时缓慢升高三相电压至跳闸出口回路闭合，记录出口回路刚刚导通时的外加电压值及界面上显示的零序电压值，即为零序电压动作值。

6）电压突变量定值 ΔU 的校验。操作界面键盘，使电压突变量动作值等于整定值。

试验接线如图 9-34 所示。操作试验仪，使输出电压为三相正序对称额定电压（相电压为 57.7V），输出电流大于差动的初始动作电流。此时，差动保护动作但没出口，而出口跳闸回路不通。

操作试验仪，设定试验电压变化量的步长，使其等于 0.9 倍电压突变量 ΔU 定值。操作试验仪，同时突然降低三相电压几次（降低后的电压值仍大于低电压定值）。检查跳闸出口回路是否导通。回路应不导通。

改变试验电压变化量的步长，使其等于 1.1 倍电压突变量 ΔU 定值。重复上述试验操作及检查，差动出口回路应可靠导通。

7）Ⅱ段母线复合电压元件的校验。

将图 9-34 中接在 a1、a1′、b1′、c1′端子上的线分别对应改接在 a2、a2′、b2′、c2′端子上。重复以上 3)～6）各项试验。

第十章　二次回路测试技术

第一节　二次回路接线正确性测试

一、互感器极性测试

由第三章中关于互感器极性的定义，测试互感器极性的方法如下。

1. 电流互感器极性测试方法

电流互感器极性测试的试验接线如图 10-1 所示。电流互感器一次线圈通过小开关 S 接入一组电池，二次线圈接入直流毫安表。当合开关 S 的瞬间，如直流毫安表指针向正方向摆动，则电池正极所接一次端子 L1 与直流毫安表正极所接二次端子 K1 为同极性端子。反之，则为非同极性端子。在现场试验时，根据电流互感器变比的不同，选择不同的直流电源或微安表、毫伏表等。对大型变压器的套管电流互感器，则提高试验电压至 24V 或 36V。因回路阻抗大，有时需将变压器低压绕组临时短接才能测定。

2. 电压互感器极性测试方法

电压互感器极性测试的试验接线如图 10-2 所示。电池的正极经小开关 S 接于电压互感器一次侧的 A 端，负极接于电压互感器一次侧的 X 端。直流毫伏

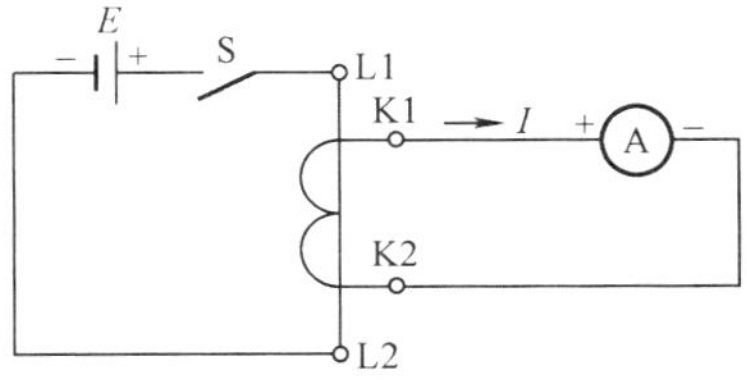

图 10-1　电流互感器极性测试的试验接线

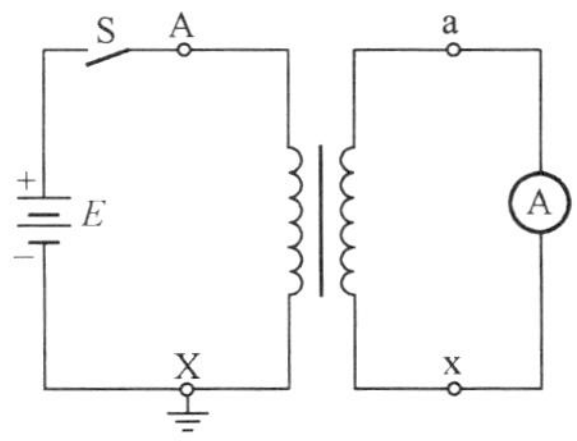

图 10-2　电压互感器极性测试的试验接线

表正接于二次绕组的 a 端，负接于二次绕组的 X 端。当合小开关 S 的瞬间，直流毫伏表指针向正方向摆动，断开 S 时，指针向负方向摆动。则说明电压互感器的 A、a 为同极性端，反之则相反。

二、二次回路接线正确性测试

1. 导通法测试

测试前应认真复查二次回路中各元件的型号规格是否与设计相符，元件是否齐全。然后根据展开图和安装接线图，采用导通法进行测试，导通法的测试接线如图 10-3 所示。测试的顺序是按展开图从上到下、从左到右依次进行，每测试完一根连接线，就在展开图上用铅笔作个记号，以防遗漏。测试时一般应将连接线的两端拆除，才能保证正确可靠。反之，如果图省事只拆除连接线的一端或不拆除连接线，则导线有可能通过盘内其他元件的常用接点、二极管的正向电阻、元件的小电阻线圈等造成指示灯误导通而发亮，引起错误判断。屏内导线较短，通常一个人就可以进行测试。线路较长的电缆线芯校对时，则需两人采用两副测试灯进行，测试前，应先拟定测试线芯的顺序（一般按端子排的顺序号为宜）及测试时所用的信号。通常在回路接通后（两端的灯泡照亮以后），电缆一端的工作人员将回路开合三次，另一端的工作人员得到信号后又同样开合三次以示回答，就说明线测试通了，可以继续测试下条线。有时两端灯泡一直亮着，互相得不到开合信号，说明线芯可能对地短路；应查明短路点清除之。另外，还可以用电话听筒代替指示灯串入回路中进行测试，使用两节干电池即可。当导通时，电话听筒中将有响声。校通的线芯还可用作临时通信联络，测试过程中还可以用对讲机作为通信联络。测试结束后，应对所有拆除过的接线恢复拧紧。

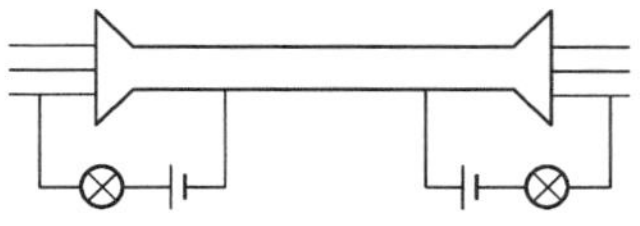

图 10-3　导通法的测试接线

2. 通电法测试

（1）TA、TV 二次回路通电测试。TA 二次出线应在 TA 端子箱可靠接在端子排上并与引至保护柜的电缆线可靠连接。试验时应在 TA 安装处的 TA 端子箱端子排上加电流，在端子箱及保护柜安装处之间应有可靠的通信联络（用对讲机或直通电话）。在 TA 端子箱端子排上加电流，并在保护盘前观察并记录电流值。在每次加流试验之前，应首先操作保护装置界面键盘或按轮开关，调出预加电流的电流通道显示界面。

调节试验电流使输出电流等于该组 TA 二次的标称额定电流（1A 或 5A），用通信电话询问并记录保护界面上对应电流通道的显示值。再增大电流至 2 倍的额定电流，询问并记录对应通道的电流显示值。保护通道显示的电流值应与远方外加电流值完全相等，最大误差不大于 5%。如果外加电流与保护通道显示电流不相等，且相差很大，说明回路有问题，应尽快查明原因并进行处理。

如果外加电流时，保护通道没显示，则有可能电缆接错或该电流回路被短路。此时，应检查外加电流时保护其他通道有无电流显示，若所有电流通道均无显示，则有可能是电缆线有短路或两点接地短路。另外，还应检查由 TA 端子箱至 TA 的回路中有无接地或短路；检查 TA 本身二次有无接地或短路。

外加电流时，保护通道显示的电流小于外加电流值，其大多数原因是由 TA 端子箱至保护柜二次电缆对地绝缘不良，造成某一电缆芯线接地或对地电阻很小。如果电缆的某一芯线接地，又由于 TA 二次中性点回路是接地的，则外加电流时，必然会出现不经过保护回路的分流，从而使流入保护装置的电流远小于外加电流。

在运行中还曾发现过由于 TA 二次端部至 TA 端子箱连接电缆的某一芯线间歇性接地，而造成差动保护多次误动及误发信号现象。

TV 二次回路通电法测试之前，应首先在 TV 端子箱端子排上断开至 TV 的所有引线，且拉开 TV 一次隔离开关。若 TV 二次有熔断器或快速熔断开关，还应去掉熔断器或快速断开开关，以保证加压试验时不对 TV 一次反充电，还应确认在被试 TV 二次的其他回路上无人工作。

测试时，在 TV 端子箱及保护安装处之间应有可靠的通信联系。在 TV 端子箱端子排上加电压，并在保护装置安装处读取及记录电压值。调节调压器，缓慢升高电压至额定值，观察并记录保护装置界面显示的电压值。如果该电压还并联加在其他保护机箱内，试验时还应调出其他保护装置相应的电压显示通道，观察并记录其他通道显示的电压值。保护通道显示的电压值应与远方外加压值完全相等，最大误差不大于 5%。如果外加电压与保护通道显示电压值相差很大，说明回路有问题，应尽快查明原因并进行处理。其存在的问题可能有接错线及回路接触不良等。

为防止 TV 反充电，在加压试验之前，一定要验明加压点与 TV 二次已完全可靠隔离。在试验时要有人监护，不允许试验线接错端子。

在试验时，可采用行灯变压器隔离，以避免电流回路两点接地，也可采用微机测试仪加流加压测试。

（2）直流回路通电测试。直流回路通电测试就是通常所说的传动试验，包括信号回路传动试验和操作回路传动试验，通过传动试验以检查回路接线的正确性。

目前，发电厂或变电站中的信号系统是各种各样的。对于较早投运的发电厂及变电站，有专用的音响系统及灯光显示系统；较晚投运的大型发电厂及变电站，多采用DCS系统。但是，不管哪种系统，信号的指示均应正确地反映保护的动作情况。

对于微机型保护装置，模拟保护动作发出的信号，除了采用在柜后端子排上短接保护的相应接点之外，还可以采用传动试验方法，即采用操作命令使某种保护动作，然后观察并记录远方的动作信号。

在用操作命令作信号传动试验之前，应首先打开各保护的出口跳合断路器压板，以避免多次跳合断路器。此外，在做信号传动试验之前，还应仔细检查、启动其他运行保护（例如母线保护等）的回路是否已可靠打开，跳运行断路器（例如跳母联或母线分段断路器）的回路是否已可靠打开，该回路盘外的引出线是否在端子排上已拆除并已包好。

对于开关量保护（例如轻瓦斯保护、温度保护等），应在相应继电器安装处（例如变压器本体处或变压器端子箱）用短接继电器接点的方法进行传动检查。

在试验过程中，发生常见的缺陷大多是回路接错及回路接触不良等。

操作传动试验实质是跳合断路器试验，正常操作用手动跳合断路器，模拟故障用保护跳合断路器。保护跳断路器一般采用以下两种：一种方法是在保护柜后端子排上短接跳断路器的一对接点；另一种方法是在端子排上加电量使某种保护动作跳断路器进行整组试验。

（3）二次回路故障查找方法。二次回路故障的表现千差万别。导致故障的因素各异。要能准确、迅速地消除故障，首先要熟悉二次回路图，特别是回路展开图。二次回路发生故障后，首先要将显示故障的信号、光字牌和其他现象看准记清，根据现象分析原因。查明原因后，再确定处理步骤和方法。

发生故障后，尽量保持显示故障的各种现状。分析原因时，先检查故障发生的部位或回路。为了缩短检查时间，常采用“缩小范围法”进行检查，“缩小范围法”就是把故障范围逐步缩小，最后确定故障发生点或回路。

二次回路缩小范围法检查示意图如图 10-4 所示。先操作第一回路，如被控元件不动作，再操作第二回路，操作时被控元件动作了，则故障可能在第一回路中，如被控原件仍不动作，可操作第三回路，如被控元件动作了，则故障可能在第四回路中，如还不动作，则被控元件可能有缺陷。

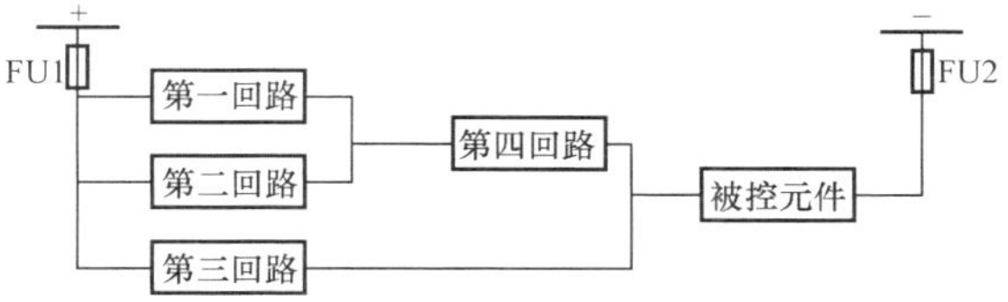

图 10-4　二次回路缩小范围法检查示意图

例如某断路器跳闸后重合闸未动，可先检查重合闸启动回路是否良好。如无缺陷，再检查重合闸回路，若仍然是完好的，则故障可能在合闸执行回路中。

当二次回路不通时，可采用导通法和电压降法寻找。导通法是断开操作电源及旁路，用万用表的电阻挡测量检查。导通法检查示意图如图 10-5 所示，先合上被检查回路断路器，使辅助触点 QF 接通。将万用表的一个测试笔头固定在“102”点，另一个测试笔头触到“139”导线（或端子）上，依次向“137”“133”“109”…移动。当发现回路不通或阻值与正常值误差过大时，应对照展开图进行分析，故障很可能就在此段范围内。如果“102”点与被测点距离较远，万用表一个测试头无法固定在“102”点时，要采用分段检测方法，但必须防止漏测。

电压降法示意图如图 10-6 所示。检查时，接通操作电源，将断路器合上，使辅助触点 QF 接通。然后测试操作电源电压是否正常。方法是将万用表切换到直流电压挡，“－”试笔固定在“102”（负极）上，“＋”试笔触及“101”（正极），此时表计应指示操作电源的全电压。再将“＋”试笔移至“107”，接通 KCO 触点，如指示全电压，表明“101～107”间回路良好；再将“＋”试笔依次移到“109”“133”“137”等处（KCO 触点必须闭合）。当发现某处表计指示值过小或无指示时，该点前面可能就是故障点。此法常用于检查线圈电阻较大的回路，如中间继电器或其他被控元件不动作时的检查。

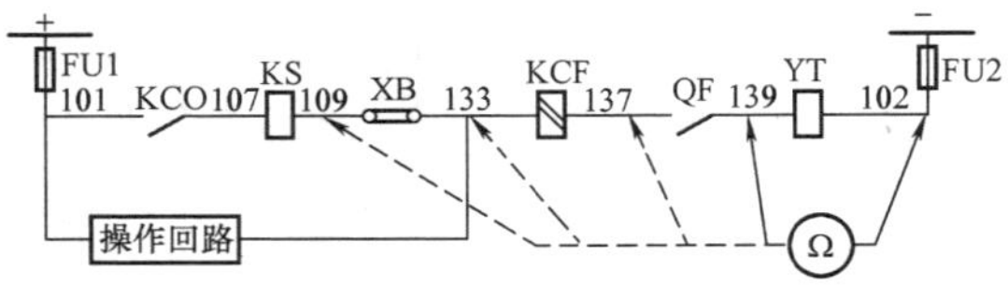

图 10-5　导通法检查示意图

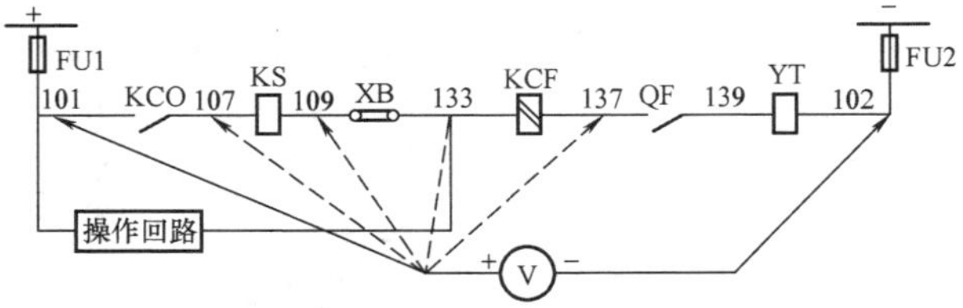

图 10-6　电压降法示意图

第二节　二次回路绝缘测试及耐压试验

一、准备工作

（1）进行检验前，需在屏端子排处将所有外引线全部断开，收、发信机（高频保护才有）及保护的逆变电源开关均需置于“投入”位置。检验结束之后逆变电源开关应切至“断开”位置，端子排的外部连线（电缆线）则按以后试验项目的要求逐步恢复。

（2）将打印机与微机保护装置断开。

（3）拔出 VFC（模/数转换）、CPU 插件、MONITOR 插件，其余插件全部插入。

（4）屏上各连片置于“投入”位置，重合闸把手置于“停用”位置（线路保护才有）。

（5）核查保护装置及收、发信机（线路保护才有）逆变电源输入端正、负极电源接地电容器的额定电压值应于 1000V。如选用的电容器额定电压值低于 1000V 时，则需要求制造厂更换电容器后再行测试。

二、绝缘电阻测试

1. 测试保护屏内两回路之间及各回路对地的绝缘

进行试验前，应先检查保护装置内所有互感器的屏蔽层的接地线是否全部可靠接地，在检验过程中此接地线均不应断开。

在屏端子排处分别短接交流电压回路端子、交流电流回路端子、直流电源端子、跳合闸回路端子、信号回路端子、遥信回路端子、开关量输入回路端子，然后用1000V兆欧表轮流测量以上各组短接端子间及各组对地（测某组对地的绝缘时，其他各组都接地）的绝缘。测绝缘电阻时，施加兆欧表电压时间不少于5s，待读数达到稳定时，读取绝缘电阻值，其阻值均应大于10MΩ。当有某一组不合格时，则需打开该组的短接线，再分别检验每一端子的绝缘，找出毛病并予以消除。

2. 测试整个回路的绝缘电阻

在保护屏的端子排外侧，将所有电流、电压及直流回路的端子连接在一起，并将电流回路的接地点拆开，用1000V兆欧表测量整个回路对地的绝缘，要求其绝缘阻值大于1MΩ。

三、屏的耐压试验

在测试上述绝缘阻值合格后才允许进行耐压试验。将上述所列的端子全部短接在一起，对地工频耐压1000V、1min。耐压时应注意人身安全。如试验设备有困难时，允许用2500V兆欧表测量绝缘电阻的方法代替。耐压前后各回路对地绝缘阻值应无明显下降。

第三节 带负荷测试二次回路接线正确性

一、用一次负荷电流及工作电压检验模拟量输入回路的正确性

对新安装的或设备回路经较大变动的装置，应直接利用工作电压检查电压二次回路，利用负荷电流检查电流二次回路接线的正确性。

电压互感器在接入系统电压后，应测量每一个二次绕组的电压、相间电压、零序电压，检验电压相序，定相。

在被保护线路（设备）有负荷电流之后（一般应超过20%的额定电流），应在电流二次回路测量每相及零序回路的电流值，测量各相电流的极性及相序是否正确，定相。

测量相关的电压、电流间的相位关系；测量电流差动保护各组电流互感器的相位及差动回路中的差电流（或差电压），以判别差动回路接线的正确性及电流补偿回路的正确性；测量相序滤过器的不平衡输出。

利用一次电流与工作电压向保护装置中的相应元件通入模拟的故障量，或改变被检查元件的试验接线方式，以判明保护装置接线的正确性。

对高频相差保护、纵差保护及单相重合闸，须进行所在线路两侧电流、电压相别、相位一致性的检验。

以上这些测量可以用钳形相位伏安表进行，也可以利用保护装置、自动装置、测控装置的检测功能，在显示窗观察或打印机打印。

二、电压互感器开口三角接地端极性测试方法

电压互感器开口三角接地端极性的识别对零序方向保护极为重要。

电压互感器开口三角按＊端接地时的相量图及接线图如图 10-7 所示，在负荷工况下，可通过测试二次绕组和三次绕组的各同名相之间的电压来判定。设 TV 变比为 $\frac{U_N}{\sqrt{3}}/\frac{0.1}{\sqrt{3}}/0.1$，在额定工况下二次绕组相电压为 57.7V，三次绕组电压为 100V，则极性正确时所测电压值为

$$U_{Uu}=U_U=57.7(V)$$

$$\begin{aligned}U_{Vv}&=\sqrt{U_u^2+U_V^2-2U_uU_V\cos60^\circ}\\&=\sqrt{100^2+57.7^2-2\times100\times57.7\times\cos60^\circ}\\&=86.94(V)\end{aligned}$$

$$U_{Ww}=U_w-U_W=100-57.7=42.3(V)$$

图 10-8 所示电压互感器开口三角按非＊接地时的相量图及接线图，则极性正确时所测电压值为

$$U_{Uu'}=U_U=57.7(V)$$

$$\begin{aligned}U_{Vv'}&=\sqrt{U_u^2+U_V^2-2U_uU_V\cos120^\circ}\\&=\sqrt{100^2+57.7^2-2\times100\times57.7\times\cos120^\circ}\\&=138.2(V)\end{aligned}$$

$$U_{Ww'}=U_w+U_W=100+57.7=157.7(V)$$

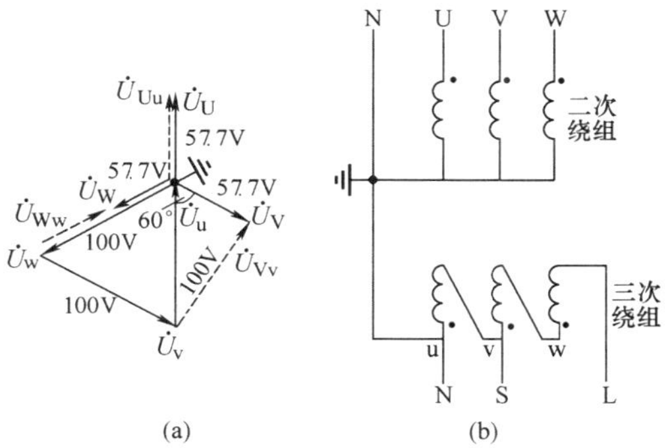

图 10-7　电压互感器开口三角按＊端接地时的相量图及接线图

（a）相量图；（b）接线图

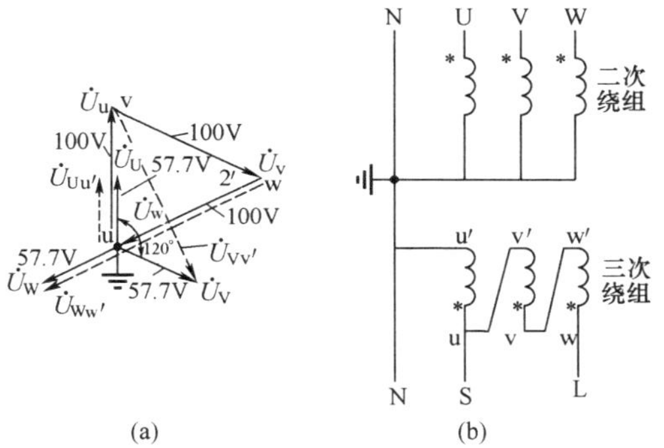

图 10-8　电压互感器开口三角按非＊接地时的相量图及接线图

（a）相量图；（b）接线图

当三次绕组 W 相＊端接地或非＊端接地时，可画出相量图用类似的方法测试极性的正确性。

三、利用工作电压负荷电流测试零序方向保护接线的正确性

零序功率方向保护装置带负荷试验 $3U_0$、$3I_0$ 的接线图如图 10-9 所示，要求零序电流和零序电压的极性端均应分别同电流互感器和电压互感器开口三角形的极性端相连，不允许将 $3U_0$、$3I_0$ 回路极性反接。

正常情况下，U_L 是无压的，为了模拟故障而引出电压母线 L3-630（试），接入保护屏端子排，用以获得试验电压。

试验时，在保护屏端子排上拆除从电压互感器至端子排的 L-630 接线，将

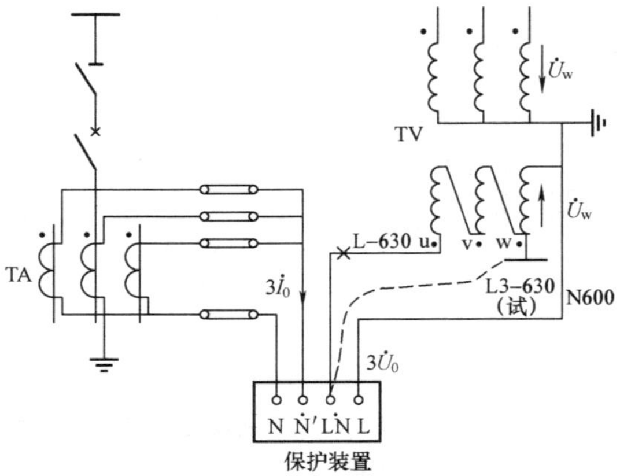

图 10-9　零序功率方向保护装置带负荷试验 $3U_0$、$3I_0$ 的接线图

L3-630（试）端子电压接入装置的LN端，并逐次单独引入U、V、W相电流，分别模拟U、V、W相单相接地故障。这时，对应于功率受送方向，可以判别出切入U、V、W相电流时零序方向保护是否能正确动作模拟。

例如，当线路送有功和送无功时，三相电流分别滞后对应相电压0°～90°，由图10-9和图10-10可见，方向元件此时所接电压 $U_r=U_W$，从方向元件动作特性相量图可以看出，在引入U相电流时，方向元件动作行为不确定；引入V相电流时，方向元件应动作；引入W相电流时，方向元件应不动作。

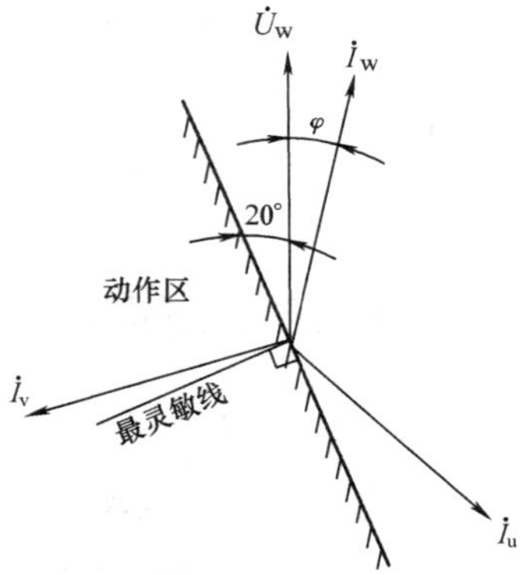

图 10-10　模拟单相接地故障时功率元件相量图

附录A　常用电气图形符号及文字符号

继电器线圈、触点见表A-1，测量继电器及保护装置图形符号见表A-2，常用仪表图形符号见表A-3，常用电气文字符号见表A-4。

表A-1　　　　继电器线圈、触点

序　号	名　称	图形符号
1	继电器及接触器线圈	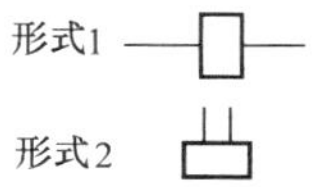
2	双线圈继电器集中表示	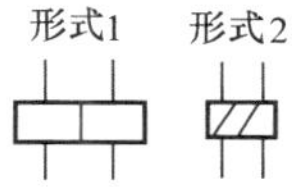
	双线圈继电器分开表示	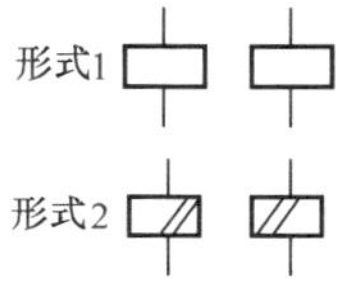
3	交流继电器线圈	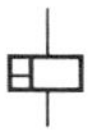
4	极化继电器线圈	
5	热继电器驱动器	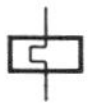
6	动合（常开）触点	
7	动断（常闭）触点	

续表

序　　号	名　　称	图 形 符 号
8	先断后合的转换触点	
9	先合后断的转换触点	
10	延时闭合的动合触点	
11	延时断开的动合触点	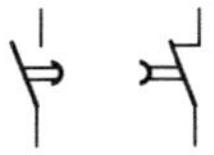
12	延时闭合的动断触点	
13	延时断开的动断触点	
14	延时闭合、延时断开的动合触点	
15	闭合时暂时闭合的动合触点	
16	断开时暂时闭合的动合触点	
17	闭合或断开时暂时闭合的动合触点	
18	非电量触点液压或气压动合、动断触点	

续表

序　　号	名　　称	图 形 符 号
19	热继电器动断触点	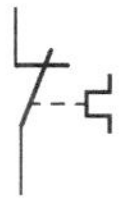
20	信号继电器动合、动断触点	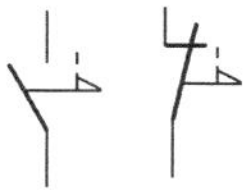

表 A-2　　测量继电器及保护装置图形符号

序　　号	名　　称	图 形 符 号
1	逆电流继电器	
2	延时过电流继电器	
3	低电压继电器（整定范围 50～80V）	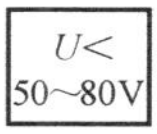
4	过电压继电器	
5	低阻抗继电器	
6	低功率继电器	
7	逆功率继电器	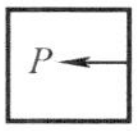
8	功率方向继电器	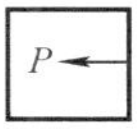
9	瞬时过电流保护	
10	延时过电流保护	
11	反时限过电流保护	

续表

序　　号	名　　称	图形符号
12	低电压启动的过电流保护	
13	复合电压启动的过电流保护	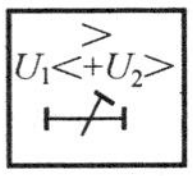
14	距离保护	
15	接地距离保护	
16	对称过负荷保护	
17	差动电流保护	I_d
18	比率电流差动保护	I_d/I
19	零序电流差动保护	I_{d0}
20	发电机横差保护	I_{N-N}
21	定子接地保护	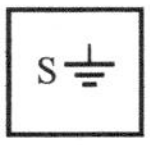
22	转子一点接地保护	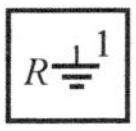
23	转子两点接地保护	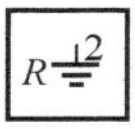
24	非全相运行保护	$I_0>$ $m<3$

续表

序　号	名　称	图 形 符 号
25	过励磁保护	$\varphi>$
26	欠励（或失）磁保护	$\varphi<$
27	匝间保护	
28	逆功率保护、功率方向保护	P← ; $\overrightarrow{P}$
29	瓦斯保护	
30	断水保护	
31	热工保护	SC
32	失步保护	OS
33	断路器失灵保护	B.F.R
34	压力释放继电器	SP
35	温度、油位继电器	ST ; SC
36	冷却器故障装置	SF
37	电压回路断线监视装置	

续表

序号	名称	图形符号
38	自动重合闸装置	AR 或 0→1
39	自同期装置	AS
40	自动励磁调节器	AER
41	故障录波装置	FR

表 A-3　　常用仪表图形符号

序号	名称	图形符号
1	仪表的电流线圈	
2	仪表的电压线圈	
3	电压表	V
4	电流表	A
5	有功功率表	W
6	无功功率表	var
7	频率表	Hz
8	同步表	

续表

序　号	名　称	图　形　符　号
9	记录式有功功率表	
10	记录式无功功率表	
11	记录式电流、电压表	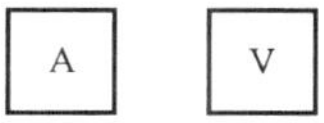
12	有功电能表一般符号	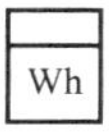
	测量从母线流出的电能	
	测量流向母线的电能	
	测量单向传输电能	
13	无功电能表	

表 A-4　　常用电气文字符号

序号	装置名称	新符号		旧符号
		单字母	多字母	
1	保护装置	A	AP	
2	电流保护装置		APA	
3	电压保护装置		APV	
4	距离保护装置		APD	
5	电压抽取装置		AVS	
6	零序电流方向保护装置		APZ	
7	重合闸装置		APR	ZCH
8	母线保护装置		APB	
9	接地故障保护装置		APE	
10	电源自动投入装置		AAT	BZT

续表

序号	装置名称	新符号		旧符号
		单字母	多字母	
11	自动切机装置	A	AAC	
12	按频率减负载装置		AFL	ZPJH
13	按频率解列装置		AFD	
14	自动调节励磁装置		AER	ZTL
15	自动灭磁装置		AEA	ZM
16	强行励磁装置		AEI	
17	强行减磁装置		AED	
18	自动调节频率装置		AFR	
19	有功功率成组调节装置		APA	
20	无功功率成组调节装置		APR	
21	（线路）纵联保护装置		APP	
22	远方跳闸装置		ATQ	
23	远动装置		ATA	
24	遥测装置		ATM	
25	故障预测装置		AUP	
26	故障录波装置		AFO	
27	中央信号装置		ACS	
28	自动准同步装置		ASA	ZZQ
29	手动准同步装置		ASM	
30	自同步装置		AS	
31	巡回检测装置		AMD	
32	振荡闭锁装置		ABS	
33	收、发信机		AT	
34	载波机		AC	
35	故障距离探测装置		AUD	
36	硅整流装置		AUF	
37	失灵保护装置		APD	
测量变送器；传感器		B		
电容器（组）		C		
二进制元件；延时、存储器件；数字集成电路、插件		D		
1	数字集成电路和器件			
2	延迟线		DL	

续表

序号	装置名称	新符号		旧符号
		单字母	多字母	
3	双稳态元件	D	DB	
4	单稳态元件		DM	
5	磁芯存储器		DS	
6	寄存器		DR	
发热器件；热元件；发光器件；照明灯		E		
直接动作式保护：避雷器；放电间隙；熔断器		F		
1	避雷器			
2	熔断器		FU	RD
3	限压保护器件		FV	
发电机；信号发生器；振荡器；振荡晶体		G		F
1	交流发电机		GA	
2	直流发电机		GD	
3	同步发电机；发生器		GS	
4	励磁机		GE	L
5	蓄电池		GB	
6	无功功率表		PPR	
7	记录仪器		PS	
8	时针；操作时间表		PT	
一次回路的开关器件		Q		
1	断路器		QF	DL
2	隔离开关		QS	G
3	接地隔离开关		QSE	
4	刀开关		QK	DK
5	自动开关		QA	ZK
6	灭磁开关			MK
电阻器；变阻器		R		R
1	电位器		RP	
2	压敏电阻		RV	
3	分流器		RS	
控制回路开关		S		
1	控制开关（手动）；选择开关		SA	KK
2	按钮开关		SB	AN

续表

序号	装置名称	新符号		旧符号
		单字母	多字母	
3	测量转换开关	S	SM	CK
4	终端（限位）开关			XWK
5	手动准同步开关		SSM1	1STK
6	解除手动准同步开关		SSM	STK
7	自动准同步开关		SSA1	DTK
8	自同步开关		SSA2	ZTK
变压器；调压器		T		B
1	分裂变压器		TU	B
2	电力变压器		TM	B
3	转角变压器		TR	ZB
4	控制回路电源用变压器		TC	KB
5	自耦调压器		TT	ZT
6	励磁变压器		TE	
7	电流互感器		TA	LH
8	电压互感器		TV	YH
变换器		U		
1	电流变换器（变流器）		UA	
2	电压变换器		UV	
3	电抗变换器		UR	
4	鉴频器		UD	
5	解调器；励磁变流器		UE	
6	编码器		UC	
7	逆变器		UI	NB
8	整流器		UF	ZL
半导体器件：晶体管；二极管		V		
1	发光二极管		VL	
2	稳压管		VS	
3	可控硅元件		VSO	
4	三极管		VT	
导线；电缆；母线；信息总线；天线；光纤		W		
端子；插头；插座；接线柱		X		
1	连接片；切换片		XB	LP
2	测试插孔		XJ	
3	插头		XP	

续表

序号	装置名称	新符号		旧符号
		单字母	多字母	
4	插座	X	XS	
5	测试端子		XE	
6	端子排		XT	
操作线圈；闭锁器件		Y		
1	合闸线圈		YC	HQ
2	跳闸线圈		YT	TQ
3	电磁铁（锁）		YA	DS
滤波器；滤过器		Z		
1	有源滤波器		ZA	
2	全通滤波器		ZP	
3	带阻滤波器		ZB	
4	高通滤波器		ZH	
5	低通滤波器		ZL	
6	无源滤波器		ZV	
线路		U		
交流系统电源相序				
1	第一相		L1	A
	第二相		L2	B
	第三相		L3	C
交流系统设备端相序				
1	第一相			A
	第二相	V		B
	第三相	W		C
	中性线	N		N
2	保护线		PE	
3	接地线	E		
4	保护和中性共用线		PEN	
直流系统电源				
1	正	+		
2	负	−		
3	中间线	M		

附录B　复习题及参考答案

一、选择题

1. 在测试直流回路的谐波分量时须使用（　　）。

A. 直流电压表；　　B. 电子管电压表；

C. 万用表；　　D. 普通交流电压表。

2. 直流母线电压不能过高或过低，允许范围一般是（　　）。

A. ±3%；　　B. ±5%；　　C. ±10%；　　D. ±15%。

3. 对于“掉牌未复归”小母线PM，正确的接线是使其（　　）。

A. 正常运行时带负电，信号继电器动作时带正电；

B. 正常运行时不带电，信号继电器动作时带负电；

C. 正常运行时不带电，信号继电器动作时带正电；

D. 正常运行时带正电，信号继电器动作时带负电。

4. 根据《电气设备文字符号》中的规定，文字符号QF的中文名称是（　　）。

A. 断路器；　　B. 负荷开关；

C. 隔离开关；　　D. 电力电路开关。

5. 按照《电力系统继电保护及安全自动装置反事故措施要点》的要求，防止跳跃继电器的电流线圈应（　　）。

A. 接在出口触点与断路器控制回路之间；

B. 与断路器跳闸线圈并联；

C. 与跳闸继电器出口触点并联；

D. 任意接。

6. 在电压回路中，当电压互感器负荷最大时，保护和自动装置的电压降不得超过其额定电压的（　　）。

A. 2%；　　B. 3%；　　C. 5%；　　D. 10%。

7. 为防止电压互感器高压侧击穿高电压进入低压侧，损坏仪表、危及人身安全，应将二次侧（　　）。

A. 接地；　　B. 屏蔽；　　C. 设围栏；　　D. 加防护罩。

8. 电流互感器本身造成的测量误差是由于有励磁电流的存在，其角度误差是励磁支路呈现为（　　）使一、二次电流有不同相位，造成角度误差。

A. 电阻性；　　B. 电容性；　　C. 电感性；　　D. 互感性。

9. 小母线的材料多采用（　　）。

A. 铜；　　B. 铝；　　C. 钢；　　D. 铁。

10. 在保护和测量仪表中，电流回路的导线截面不应小于（　　）。

A. 1.5mm；　　B. 2.5mm；　　C. 4mm；　　D. 5mm。

11. 发电厂指挥装置音响小母线为（　　）。

A. SYM；　　B. SYM1；　　C. SYM2；　　D. ZYM。

12. 微机继电保护装置的定检周期为新安装的保护装置（　　）年内进行1次全部检验，以后每（　　）年进行1次全部检验，每1～2年进行1次部分检验。

A. 1、6；　　B. 1.5、7；　　C. 1、7；　　D. 2、6。

13. 出口中间继电器的最低动作电压，要求不低于额定电压的50%，是为了（　　）。

A. 防止中间继电器线圈正电源端子出现接地时与直流电源绝缘监视回路构成通路而引起误动作；

B. 防止中间继电器线圈正电源端子与直流系统正电源同时接地时误动作；

C. 防止中间继电器线圈负电源端子接地与直流电源绝缘监视回路构成通路而误动作；

D. 防止中间继电器线圈负电源端子与直流系统负电源同时接地时误动作。

14. 断路器最低跳闸电压，其值不低于（　　）额定电压，且不大于（　　）额定电压。

A. 20%、80%；　　B. 30%、65%；

C. 30%、80%；　　D. 20%、65%。

15. 利用接入电压互感器开口三角形电压反闭锁的电压回路断相闭锁装置，在电压互感器高压侧断开一相时，电压回路断线闭锁装置（　　）。

A. 动作；　　B. 不动作；

C. 可动可不动；　　D. 动作情况与电压大小有关。

16. 在电流互感器二次绕组接线方式不同的情况下，假定接入电流互感器二次导线电阻和继电器的阻抗均相同，二次计算负载以（　　）。

A. 两相电流差接线最大；　　　　B. 三相三角形接线最大；

C. 三相全星形接线最大；　　　　D. 不完全星形接线最大。

17. 按照《电力系统继电保护及安全自动装置反事故措施要点》的要求，220kV变电站信号系统的直流回路应（　　）。

A. 尽量使用专用的直流熔断器，特殊情况下可与控制回路共用一组直流熔断器；

B. 尽量使用专用的直流熔断器，特殊情况下可与该站远动系统共用一组直流熔断器；

C. 由专用的直流熔断器供电，不得与其他回路混用；

D. 无特殊要求。

18. 整组试验允许用（　　）的方法进行。

A. 保护试验按钮、试验插件或启动微机保护；

B. 短接触点；

C. 从端子排上通入电流、电压模拟各种故障，保护处于与投入运行完全相同的状态；

D. 手按继电器。

19. 按照《电力系统继电保护及安全自动装置反事故措施要点》的要求，防止跳跃继电器的电流线圈与电压线圈间耐压水平应（　　）。

A. 不低于2500V、2min的试验标准；

B. 不低于1000V、1min的试验标准；

C. 不低于2500V、1min的标准；

D. 不低于1000V、2min的试验标准。

20. 按照《电力系统继电保护及安全自动装置反事故措施要点》要求，对于有两组跳闸线圈的断路器（　　）。

A. 其每一跳闸回路应分别由专用的直流熔断器供电；

B. 两组跳闸回路可共用一组直流熔断器供电；

C. 其中一组由专用的直流熔断器供电，另一组可与一套主保护共用一组直流熔断器；

D. 对直流熔断器无特殊要求。

21. 检查微机型保护回路及整定值的正确性（　　）。

A. 可采用打印定值和键盘传统相结合的方法；

B. 可采用检查 VFC 模数变换系统和键盘传统相结合的方法；

C. 只能用从电流、电压端子通入与故障情况相符的模拟量，使保护装置处于与投入运行完全相同状态的整组试验方法；

D. 可采用打印定值和短接出口触点相结合的方法。

22. 安装于同一面屏上由不同端子供电的两套保护装置的直流逻辑回路之间（　　）。

A. 为防止互相干扰，绝对不允许有任何电磁联系；

B. 不允许有任何电的联系，如有需要必须经空触点输出；

C. 一般不允许有电磁联系，如有需要，应加装干扰电容等措施；

D. 允许有电的联系。

23. 使用万用表进行测量时，测量前应首先检查表头指针（　　）。

A. 是否摆动；　　B. 是否在零位；

C. 是否在刻度一半处；　　D. 是否在满刻度。

24. 黑胶布带用于电压（　　）以下电线、电缆等接头的绝缘包扎。

A. 250V；　　B. 400V；　　C. 500V；　　D. 1000V。

25. 万用表使用完毕后，应将选择开关拨在（　　）。

A. 电阻挡；　　B. 交流高压挡；

C. 直流电流挡位置；　　D. 任意挡位。

26. 事故音响信号是表示（　　）。

A. 断路器事故跳闸；　　B. 设备异常告警；

C. 断路器手动跳闸；　　D. 直流回路断线。

27. 断路器事故跳闸后，位置指示灯状态为（　　）。

A. 红灯平光；　　B. 绿灯平光；　　C. 红灯闪光；　　D. 绿灯闪光。

28. 同一相中两只相同特性的电流互感器二次绕组串联或并联，作为相间保护使用，计算其二次负载时，应将实测二次负载折合到相负载后再乘以系数为（　　）。

A. 串联乘 1，并联乘 2；　　B. 串联乘 1/2，并联乘 1；

C. 串联乘 1/2，并联乘 2；　　D. 串联乘 1/2，并联乘 1/2。

29. 保护用电流互感器二次侧接成两相三继电器式的不完全星形，计算其二次负载时，应将实测二次负载计算到每相负载后乘以（　　）。

A. 2；　　B. 1；　　C. $\sqrt{3}$；　　D. $\sqrt{3}/2$。

30. 保护用电流互感器的电流误差，一般规定不应超过（　　）。

A. 5%；　　B. 10%；　　C. 15%；　　D. 20%。

31. 电流互感器的相位误差，一般规定不应超过（　　）。

A. 7；　　B. 5；　　C. 3；　　D. 1。

32. 出口继电器作用与断路器跳（合）闸时，其触点回路中串入的电流自保持线圈的自保持电流应当是（　　）。

A. 不大于跳（合）闸电流；

B. 不大于跳（合）闸电流的一半；

C. 不大于跳（合）闸电流的10%；

D. 不大于跳（合）闸电流的80%。

33. 电流互感器的二次绕组按三角形接线或两相电流差接线，在正常负荷电流下，它们的接线系数是（　　）。

A. $\sqrt{3}$；　　B. 1；　　C. $\sqrt{3}/2$；　　D. 2。

34. 两只装于同一相，且变比相同、容量相等的套管型电流互感器，在二次绕组串联使用时（　　）。

A. 容量和变比都增加一倍；　　B. 变比增加一倍，容量不变；

C. 变比不变，容量增加一倍；　　D. 变比、容量都不变。

35. 中间继电器的电流保持线圈在实际回路中可能出现的最大压降应小于回路额定电压的（　　）。

A. 5%；　　B. 10%；　　C. 15%；　　D. 20%。

36. 电流互感器二次回路接地点的正确设置方式是（　　）。

A. 两只电流互器器二次回路必须有一个单独的接地点；

B. 所有电流互感器二次回路接地点均设置在电流互感器端子箱内；

C. 电流互感器的二次侧只允许有一个接地点，对于多组电流互感器相互有联系的二次回路接地点应设在保护屏上；

D. 电流互感器二次回路应分别在端子箱和保护屏接地。

37. 微机保护中电压、电流通道的零漂不能超过（　　）。

A. －0.2～0.3；　　B. －0.3～0.3；

C. －0.4～0.4；　　D. －0.5～0.5。

38. 某线路送有功 10MW，送无功 9Mvar，零序方向继电器接线正确，模拟 A 相接地短路，继电器的动作情况是（　　）。

A. A 相负荷电流时动作；　　B. 通入 B 相负荷电流时动作；

C. 通入 C 相负荷电流时动作；　　D. 以上三种方法均不动作。

39. 来自电压互感器二次侧的 4 根开关场引入线（U_u、U_v、U_w、U_n）和电压互感器三次侧的 2 根开关场引入线（开口三角的 U_L、U_n）中的 2 个零相电缆 U_n（　　）。

A. 在开关场并接后，合成 1 根引至控制室接地；

B. 必须分别引至控制室，并在控制室接地；

C. 三次侧的 U_n 在开关场接地后引入控制室 N600，二次侧的 U_n 单独引入控制室 N600 并接地；

D. 在开关场并接接地后，合成 1 根再引至控制室接地。

40. 为确保检验质量，试验定值时，应使用不低于（　　）的仪表。

A. 0.2 级；　　B. 1 级；　　C. 0.5 级；　　D. 2.5 级。

41. 兆欧表有 3 个接线柱，其标号为 G、L、E，使用该表测试某线路绝缘时（　　）。

A. G 接屏蔽线、L 接线路端、E 接地；

B. G 接屏蔽线、L 接地、E 接线路端；

C. G 接地、L 接线路端、E 接屏蔽线；

D. 三个端子可任意连接。

42. 在微机装置的检验过程中，如必须使用电烙铁，应使用专用电烙铁，并将电烙铁与保护屏（柜）（　　）。

A. 在同一点接地；　　B. 分别接地；

C. 只需保护屏（柜）接地；　　D. 只需电烙铁接地。

43. 检查二次回路的绝缘电阻，应使用（　　）的兆欧表。

A. 500V；　　B. 250V；　　C. 1000V；　　D. 2500V。

44. 在运行的电流互感器二次回路上工作时，（　　）。

A. 严禁开路；　　B. 禁止短路；

C. 可靠接地； D. 必须停用互感器。

45. 在进行继电保护试验时，试验电流及电压的谐波分量不宜超过基波的（　　）。

A. 2.5%； B. 5%； C. 10%； D. 20%。

46. 对全部保护回路用 1000V 兆欧表（额定电压为 100V 以下时用 500V 兆欧表）测定绝缘电阻时，限值应不小于（　　）。

A. 1MΩ； B. 0.5MΩ； C. 2MΩ； D. 5MΩ。

47. 使用 1000V 兆欧表（额定电压为 100V 以下时用 500V 兆欧表）测全部端子对底座的绝缘电阻应不小于（　　）。

A. 10MΩ； B. 50MΩ； C. 5MΩ； D. 1MΩ。

48. 使用 1000V 兆欧表（额定电压为 100V 以下时使用 500V 兆欧表）测线圈对触点间的绝缘电阻不小于（　　）。

A. 10MΩ； B. 5MΩ； C. 50MΩ； D. 20MΩ。

49. 使用 1000 V 兆欧表（额定电压为 100V 以下时使用 500V 兆欧表）测线圈间的绝缘电阻应不小于（　　）。

A. 20MΩ； B. 50MΩ； C. 10MΩ； D. 5MΩ。

50. 二次接线回路上的工作，无需将高压设备停电时，需填用（　　）。

A. 第一种工作票；

B. 第二种工作票；

C. 继电保护安全措施票；

D. 第二种工作票和继电保护安全措施票。

二、判断题

1. 所用电流互感器和电压互感器的二次绕组应有永久性的、可靠的保护接地。（　　）

2. 中央信号装置分为事故信号和预告信号。（　　）

3. 事故信号的主要任务是在断路器事故跳闸时，能及时地发出音响，并作出相应的断路器灯位置信号闪光。（　　）

4. 对电子仪表的接地方式应特别注意，以免烧坏仪表和保护装置中的插件。（　　）

5. 电流互感器不完全星形接线，不能反应所有的接地故障。（　　）

6. 接线展开图由交流电流电压回路、直流操作回路和信号回路三部分组成。（　　）

7. 断路器最低跳闸电压及最低合闸电压，其值分别为不低于 30%U_N 和不大于 70%U_N。（　　）

8. 在保护屏的端子排处将所有外部引入的回路及电缆全部断开，分别将电流、电压、直流控制信号回路的所有端子各自连在一起，用 1000V 兆欧表测量绝缘电阻，其阻值均应大于 10MΩ。（　　）

9. 电压互感器开口三角绕组的额定电压，在大接地系统中为 100/3V。（　　）

10. 可用卡继电器触点、短路触点或类似人为手段做保护装置的整组试验。（　　）

11. 继电保护人员输入定值应停用整套微机保护装置。（　　）

12. 10kV 保护做传动试验时，有时出现烧毁出口继电器触点的现象，这是由于继电器触点断弧容量小造成的。（　　）

13. 查找直流接地时，所用仪表内阻不得低于 2000Ω/V。（　　）

14. 电流互感器一次和二次绕组间的极性，应按加极性原则标注。（　　）

15. 对出口中间继电器，其动作值应为额定电压的 30%～70%。（　　）

16. 电源电压不稳定，是产生零点漂移的主要因素。（　　）

17. 预告信号的主要任务是在运行设备发生异常现象时，瞬时或延时发出音响信号，并使光字牌显示出异常状况的内容。（　　）

18. 可用电缆芯两端同时接地的方法作为抗干扰措施。（　　）

19. 监视 220V 直流回路绝缘状态所用直流电压表计的内阻不小于 10kΩ。（　　）

20. 弱电和强电回路可以合用一根电缆。（　　）

21. 电压互感器二次回路通电试验时，为防止由二次侧向一侧反充电，只需将二次回路断开。（　　）

22. 跳闸（合闸）线圈的压降均小于电源电压的 90%才为合格。（　　）

23. 控制熔断器的额定电流应为最大负荷电流的 2 倍。（　　）

三、简答题

1. 二次回路的电路图按任务不同可分为几种？

2. 继电器的一般检查内容是什么？

3. 电压互感器有几种接线方式?

4. 在带电的保护盘或控制盘上工作时，要采取什么措施?

5. 安装接线图包括哪些内容?

6. 整组试验有什么反措要求?

7. 对继电保护装置进行定期检验时，如何测全回路的绝缘电阻? 其数值是多少?

8. 安装接线图中，对安装单位、同型号设备、设备顺序如何进行编号?

9. 简述 DL-10 型电流继电器电气特性调试的内容。

10. 电压互感器二次侧某相熔丝并联的电容器，其容量应怎样选择?

11. 为什么升流器的二次绕组需采取抽头切换方式?

12. 什么是电流互感器的同极性端子?

13. 电流互感器有几个准确度级别? 各准确度适用于哪些地点?

14. 电流互感器应满足哪些要求?

15. 电流互感器有哪几种基本接线方式?

16. 简述时间继电器电气特性的试验标准?

17. 保护继电器整定试验的误差、离散值和变差是怎样计算的?

18. 为什么交直流回路不能共用一根电缆?

19. 直流母线电压过高或过低有何影响?

20. 指示断路器位置的红、绿灯不亮，对运行有什么影响?

21. 电压互感器的开口三角形侧为什么不反应三相正序、负序电压，而只反应零序电压?

22. 光字牌在试验过程中，如发生设备异常，是否还能响铃? 光字牌如何变化?

23. 何谓断路器的跳跃和防跳?

24. 检查二次回路的绝缘电阻应使用多少伏的兆欧表?

25. 在检查继电器时，对使用的仪表、仪器有何要求?

26. 如何用直流法测定电流互感器的极性?

27. 为什么用万用表测量电阻时，不能带电进行?

四、计算题

1. 如图 B-1 所示，直流电源为 220V，出口中间继电器线圈电阻为 10kΩ，

并联电阻 $R=1.5\text{k}\Omega$，信号继电器额定电流为 0.5A，内阻等于 70Ω。求信号继电器线圈压降和灵敏度，并说明选用的信号继电器是否合格？

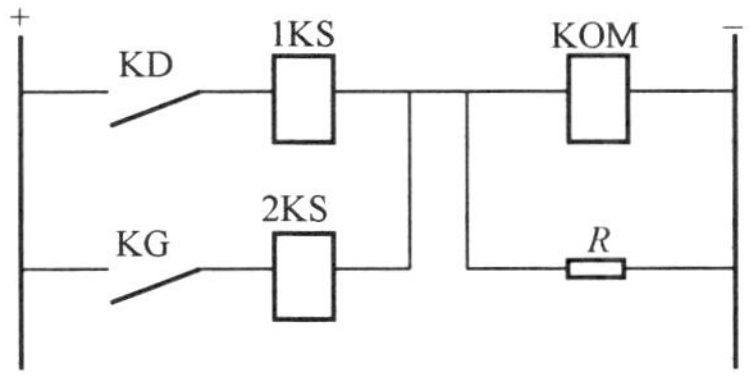

图 B-1

2. 某继电器的触点，技术条件规定，当电压不超过 250V、电流不大于 2A 时，在时间常数不超过 5×10s 的直流有感负荷回路中，遮断容量为 50W，试计算该触点能否用于 U 为 220V、$R=1000\Omega$、$L=6\text{H}$ 的串联回路中？

3. 一组距离保护用的电流互感器变比为 600/5，二次漏抗 Z_{II} 为 0.2Ω，其伏安特性见表 B-1。

表 B-1　　TA 伏安特性

I（A）	1	2	3	4	5	6	7
U（V）	80	120	150	175	180	190	210

实测二次负载：$I_{AB}=5\text{A}$，$U_{AB}=20\text{V}$，$I_{BC}=5\text{A}$，$U_{BC}=20\text{V}$，$I_{CA}=5\text{A}$，$U_{CA}=20\text{V}$，Ⅰ段保护区末端三相短路电流为 4000A。试校验电流互感器误差是否合格？

4. 某设备的电流互感器不完全星形接线，使用的电流互感器开始饱和点的电压为 60V（二次值），继电器的整定值为 50A，二次回路实测负载 1.5Ω，要求用简易方法计算并说明此电流互感器是否满足使用要求。

5. 电流启动的防跳中间继电器，用在额定电流为 2.5A 的跳闸线圈回路中，应如何选择其电流线圈的额定电流？

6. 一电流继电器在刻度值为 5A 的位置下，五次校验动作值分别为 4.95A、4.9A、4.98A、5.02A、5.05A，求该继电器在 5A 的整定位置下的离散值？

7. 某设备装有电流保护，电流互感器的变比是 200/5，电流保护整定值是 4A，如果一次电流整定值不变，将电流互感器变比改为 300/5，应整定为多少安培？

8. 已知控制电缆型号为 KVV29-500 型，回路最大负荷电流 $I_{lmax}=2.5A$，额定电压 $U_N=220V$，电缆长度 $L=250m$，铜的电阻率 $\rho=0.0184$（Ω·mm)/m，导线的允许压降不应超过额定电压的 5%。求控制信号馈线电缆的截面积。

9. 如图 B-1 所示，已知电源电压为 220V，出口中间继电器直流电阻为 10000Ω，并联电阻 $R=1500\Omega$，信号继电器的参数见表 B-2。

试选择适当的信号继电器，使之满足电流灵敏度大于 1.5，压降小于 10% U_N 的要求，并计算出灵敏度和压降。

表 B-2　　信号继电器的参数

序　号	额定电流（A）	信号直阻（Ω）
1	0.015	1000
2	0.025	329
3	0.05	70
4	0.075	30
5	0.1	18

10. 有一灯光监视的控制回路，其额定电压为 220V，现选用额定电压 U_N 为 220V 的 DZS—115 型中间继电器。该继电器的直流电阻 R_K 为 15kΩ，如回路的信号灯为 110V、8W，灯泡电阻 R_{HG} 为 1510Ω，合闸接触器的线圈电阻 R_{kM} 为 224Ω，试问当回路额定值在 80%时，继电器能否可靠动作？

11. 有一只 DS—30 型时间继电器，当使用电压 U 为 220V，电流 I 不大于 0.5A，时间常数不大于 5×10^{-3}s 的直流有感回路，继电器断开触点（即动合触点）的断开功率不小于 $P=50W$，试根据技术条件的要求，计算出触点电路的有关参数？

五、绘图题（自作）

1. 画出继电器延时闭合的动断触点和延时断开的动断触点图形符号。
2. 画出双绕组变压器、三绕组变压器、自耦变压器常用图形符号。
3. 画出断路器辅助触点接通的事故音响启动回路。
4. 画出跳闸位置继电器 KOF 的一对动合触点控制的事故音响启动回路。
5. 画出事故信号熔断器熔断信号发信回路。
6. 画出阻波器 L、C、结合电容器 C1、线路常用代表符号。
7. 画出断路器压力异常（降低）禁止分闸操作电路图。

六、论述题

1. 新安装及大修后的电力变压器，为什么在正式投入运行前要做冲击合闸试验？冲击几次？

2. 什么叫电压互感器反充电？对保护装置有什么影响？

3. 微机继电保护装置的现场检验应包括哪些内容？

4. 在装设接地铜排时是否必须将保护屏对地绝缘？

5. 在微机继电保护的检验中应注意哪些问题？

参考答案

一、选择题

1. D	2. C	3. A	4. A	5. A	6. B	7. A
8. C	9. A	10. B	11. D	12. A	13. A	14. B
15. B	16. A	17. C	18. C	19. B	20. A	21. C
22. B	23. B	24. C	25. B	26. A	27. D	28. C
29. A	30. B	31. A	32. B	33. A	34. C	35. A
36. C	37. B	38. A	39. B	40. C	41. A	42. A
43. C	44. A	45. B	46. A	47. B	48. C	49. C
50. B						

二、判断题

1. √	2. √	3. √	4. √	5. √	6. √	7. ×
8. √	9. ×	10. ×	11. √	12. ×	13. √	14. ×
15. ×	16. ×	17. √	18. ×	19. ×	20. ×	21. ×
22. √	23. ×					

三、简答题

1. 答：按任务不同可分为原理图、展开图和安装线图三种。

2. 答：继电器的一般内容检查有外部检查、内部及机械部分的检查、绝缘检查、电压线圈直流电阻的测定。

3. 答：有三种，分别为：Yyd 接线，Yy 接线和 Vv 接线。

4. 答：在全部或部分带电的盘上进行工作时，应将检修设备与运行设备以明显的标志（如红布帘）隔开，要履行工作票手续和监护制度。

5. 答：安装接线图包括屏面布线图、屏背面接线图和端子排图。

6. 答：用整组试验的方法，即除了有电流及电压端子通入与故障情况相符的模拟故障量外，保护装置应处于与投入运行完全相同的状态，检查保护回路及整定值的正确性。

不允许用卡继电器触点、短接触点或类似的人为手段做保护装置的整组试验。

7. 答：在定期检验时，对全部保护接线回路用 1000V 兆欧表测定绝缘电阻，其值应不小于 1MΩ。

8. 答：(1) 安装单位编号以罗马数字Ⅰ、Ⅱ、Ⅲ等来表示。

(2) 同型设备，在设备文字标号前以数字来区别，如 1kA、2kA。

(3) 同一安装单位中的设备顺序是从左到右、从上到下以阿拉伯数字来区别，例如第一安装单位的 5 号设备为 I5。

9. 答：DL－10 型电流继电器电气特性的调试内容如下：

(1) 测定继电器的动作电流值。

(2) 测定继电器的返回电流值。

(3) 求得返回系数 K＝返回值/动作值。

(4) 触点工作可靠性调整。

10. 答：应按电压互感器在带最大负荷下三相熔丝均断开以及在带最小负荷下并联电容器的一相熔丝断开时，电压断相闭锁继电器线圈上的电压不应小于其动作电压的两倍左右来选择并联电容器的容量，以保证电压断相闭锁继电器在各种运行情况下均能可靠动作。

11. 答：由于升流器的二次电压与所接负载阻抗大小不同，为满足不同负载需要，升流器二次绕组需采用抽头切换方式。

12. 答：电流互感器的同极性端子，是指在一次绕组通入交流电流，二次绕组接入负载，在同一瞬间，一次电流流入的端子和二次电流流出的端子。

13. 答：电流互感器的准确度级别有 0.2、0.5、1.0、3.0、D 等级。测量和计量仪表使用的电流互感器为 0.5 级、0.2 级，只作为电流、电压测量用的电流互感器允许使用 1.0 级，对非重要的测量允许使用 3.0 级，差动保护使用 D 级。

14. 答：（1）应满足一次回路的额定电压、最大负荷电流及短路时的动、热稳定电流的要求。

（2）应满足二次回路测量仪表、自动装置的准确度等级和继电保护装置10%误差特性曲线的要求。

15. 答：电流互感器的基本接线方式有完全星形接线、两相两继电器不完全星形接线、两相一继电器电流差接线、三角形接线、三相并接以获得零序电流。

16. 答：时间继电器电气特性的试验标准：动作电压应不大于70%额定电压值；返回电压应不小于5%额定电压；交流时间继电器的动作电压不应小于80%额定电压。在额定电压下测动作时间3次，每次测量值与整定值误差不应超过±0.07s。

17. 答：误差（%）$=\dfrac{\text{实测值}-\text{整定值}\times 100\%}{\text{整定值}}$

$$\text{离散值}(\%)=\frac{\text{与平均值相差最大的数值}-\text{平均值}\times 100\%}{\text{平均值}}$$

$$\text{变差}(\%)=\frac{\text{五次试验中最大值}-\text{五次试验中最小值}\times 100\%}{\text{平均值}}$$

18. 答：交直流回路是两个相互独立的系统，直流回路是绝缘系统，而交流回路是接地系统，若共用一根电缆，两者间易发生短路，发生相互干扰，降低直流回路的绝缘电阻，所以不能共用。

19. 答：直流母线电压过高时，对长期带电运行的电气元件，如仪表、继电器、指示类等容易因过热而损坏；而电压过低时容易使保护装置误动或拒动。一般规定电压的允许变化范围为±10%。

20. 答：（1）不能正确反映断路器的跳、合闸位置或跳合闸回路完整性，故障时造成误判断。

（2）如果是跳闸回路故障，当发生事故时，断路器不能及时跳闸，造成事故扩大。

（3）如果是合闸回路故障，会使断路器事故跳闸后自投失效或不能自动重合。

（4）跳、合闸回路故障均影响正常操作。

21. 答：因为开口三角形接线是将电压互感器的第三绕组按u—x—v—y—

w—z 相连，而以 u、z 为输出端，即输出电压为三相电压相量相加。由于三相的正序、负序电压相加等于零，因此其输出电压等于零，而三相零序电压相加等于一相零序电压的三倍，故开口三角形的输出电压中只有零序电压。

22. 答：试验光字牌时，因为转换开关已将冲击继电器的正极电源切断，故不能发出音响信号，而异常回路的光字牌因 1YBM、2YBM 已接至正负极电源，所以它们一只熄灭，一只明亮。

23. 答：所谓跳跃是指断路器在手动合闸或自动装置动作使其合闸时，如果操作控制开关未复归或控制开关触点、自动装置触点卡住，此时恰巧继电保护动作使断路器跳闸，发生多次“跳—合”现象。

所谓防跳，就是利用操动机构本身的机械闭锁或另在操作接线上采取措施，以防止这种跳跃现象的发生。

24. 答：检查二次回路的绝缘电阻应使用 1000V 的兆欧表。

25. 答：所用仪表一般应不低于 0.5 级，万用表应不低于 1.5 级，真空管电压表应不低于 2.5 级。试验用的变阻器、调压器等应有足够的热稳定，其容量应根据电源电压的高低、整定值要求和试验接线而定，并保证均匀平滑地调整。

26. 答：(1) 将电池正极接电流互感器的 L1，负极接 L2。

(2) 将直流毫安表的正极接电流互感器的 K1，负极与 K2 连接。

(3) 在电池开关合上或直接接通瞬间，直流毫安表正指示；电池开关断开的瞬间，毫安表反应指示，则电流互感器极性正确。

27. 答：使用万用表测量电阻时，不得在带电的情况下进行。其原因一是影响测量结果的准确性；二是可能把万用表烧坏。

四、计算题

1. 解：(1) 计算信号继电器压降时应以 KD 或 KG 单独动作来计算。

中间继电器线圈与 R 并联的总电阻

$$R_{\mathrm{p}}=\frac{10\times1.5}{10+1.5}=1.3(\mathrm{k\Omega})$$

信号继电器压降 $\Delta U=\dfrac{0.07U_{\mathrm{N}}}{1.3+0.07}\times100\%=5.1\%U_{\mathrm{N}}$

(2) 计算信号继电器灵敏度时，应按 KD 和 KG 同时动作来考虑，即

$$I=\frac{220\times 10^{-3}}{1.3+0.07/2}=0.164(\text{A})$$

通过单个信号继电器的电流为 0.164/2=0.082（A），所以信号继电器灵敏度 $K_s=0.082/0.05=1.64$。

由于计算得信号继电器的压降为 5.1%U_N，灵敏度为 1.64。根据信号继电器的压降不得超过 10%U_N 灵敏度须大于 1.5 的要求，所选的信号继电器是合格的。

答：信号继电器线圈压降为 5.1%U_N，信号继电器灵敏度为 1.64。

2. 解：回路参数计算。回路电流

$$I=\frac{U}{R}=220/1000=0.22(\text{A})$$

回路功率

$$P=I^2R=0.22^2\times 1000=48.4(\text{W})$$

回路的时间常数 $\tau=\frac{L}{R}=\frac{6}{1000}=6\times 10^{-3}(\text{s})$，因该回路的时间常数大于 $5\times 10^{-3}\text{s}$，故此触点不能串联于该回路中。

答：触点不能串联于回路中。

3. 解：计算电流倍数 $m_{10}=1.5\times\frac{4000}{600}=10$，$I_0=5\text{A}$，励磁电压 $E=U-I_0Z_{\text{II}}=180-5\times 0.2=179(\text{V})$

励磁阻抗 $Z_N=\frac{E}{I_0}=\frac{179}{5}=35.8(\Omega)$

允许二次总负载 $Z_{\text{lmax}}=\frac{Z_N}{9}-Z_{\text{II}}=\frac{35.8}{9}-0.2=3.78(\Omega)$

实测二次总负载 $Z_1=\frac{1}{2}\times\frac{U_{AB}}{I_{AB}}=\frac{1}{2}\times\frac{20}{5}=2(\Omega)$

由于实测二次总负载小于允许二次总负载，故该电流互感器的误差是合格的。

答：电流互感器误差合格。

4. 解：由电流保护的定值可知，电流互感器两端的实际电压为 50×1.5=75（V），此电压高于电流互感器开始饱和点的电压 60V，故初步确定该电流互感器不满足要求。

答：此电流互感器不能满足要求。

5. 解：防跳中间继电器电流线圈的额定电流，应有 2 倍灵敏度来选择，即

$$I_N = 2.5/2 = 1.25A$$

为可靠起见，应选用额定电流为 1A 的防跳中间继电器。

答：选额定电流为 1A。

6. 解：五次平均值为

（4.95＋4.9＋4.98＋5.02＋5.05）/5＝4.98（A）

$$\begin{aligned}离散值(\%) &= [(与平均值相差最大的数值-平均值)/平均值]\times 100\% \\ &= (4.9-4.98)/4.98\times 100\% \\ &= -1.61\%\end{aligned}$$

答：离散值为－1.61%。

7. 解：原整定值的一次电流为 $4\times\frac{200}{5}=160(A)$

当电流互感器的变比改为 300/5 后，其整定值应为

$$I_{set} = 160\div 300/5 = 2.67(A)$$

答：整定值为 2.67A。

8. 解：电缆最小截面积

$$S \geqslant \frac{2\rho L I_{lmax}}{\Delta U} = \frac{2\times 0.0184\times 250\times 2.5}{220\times 5\%} = 2.09(mm^2)$$

故应选截面积为 2.5mm^2 的控制电缆。

答：截面积选为 2.5mm^2。

9. 解：（1）KOM 电阻与 R 并联后电阻为 R_J

$$R_J = 10000//1500 = \frac{10000\times 1500}{10000+1500} = 1304(\Omega)$$

（2）当一套保护动作，KS 的压降小于 $10\%U_N$ 时，有 $R_{ks}/(R_{ks}+R_J)<10\%$，即 $R_{ks}<R_J/9=1304/9=145$（Ω），$R_{ks}<145\Omega$，故选 3、4 号或 5 号信号继电器。

（3）两套保护都动作，并要求 KS 有大于 1.5 的电流灵敏度，则

$$\frac{220}{2\times 1.5\times (R_{ks}/2+R_J)} > I_{OP}$$

以 $R_{ks}=145\Omega$ 代入，求得 $I_{op}<0.053A$，由此可见，只有 3 号信号继电器

同时满足灵敏度的要求，故选择之。

(4) 选用3号信号继电器后，计算其灵敏度和电压降。最大压降为 $[70/(70+1304)]\times 100\%U_N=5.1\%U_N$ 。灵敏度为 $220/(1304+70/2)\times 2\times 0.05=1.64$。

答：最大压降为 $5.1\%U_N$，灵敏度为1.64。

10. 解：该继电器上的电压为

$$U_K=\frac{0.8U_NR_K}{R_K+R_{HG}+R_{ad}+R_{KM}}$$

$$=\frac{0.8\times 220\times 15000}{15000+1510+2500+224}=137(\text{V})$$

按要求该继电器获得的电压大于额定电压 U_N 的50%就应可靠动作，137>110（220×50%），故继电器能可靠动作。

答：能可靠动作。

11. 解：根据技术条件的要求，可以计算出触点电路的参数如下

$$I=P/U=50/220=0.227(\text{A})$$

$$R=U/I=220/0.227\approx 970(\Omega)$$

因为

$$\tau=L/R$$

所以

$$L=\tau R=5\times 10^{-3}\times 970=4.85(\text{H})$$

答：电流为0.227A，电阻为970Ω，电感4.85H。

五、绘图题（略）

六、论述题

1. 答：新安装及大修后的电力变压器在正式投入运行前一定要做冲击合闸试验。这是为了检查变压器的绝缘强度和机械强度、检验差动保护躲过励磁涌流的性能。新安装的设备应冲击五次，大修后设备应冲击三次。

2. 答：通过电压互感器二次侧向不带电的母线充电称为反充电。如220kV电压互感器，变比为2200，停电的一次母线即使未接地，其阻抗（包括母线电容及绝缘电阻）虽然较大，假定为1MΩ，但从电压互感器二次侧看到的阻抗只有1000000/（2200）≈0.2Ω，近乎短路，故反充电电流较大（反充电电流主要决定于电缆电阻及两个电压互感器的漏抗），将造成运行中电压互感器二次侧小开关跳开或熔断器熔断，使运行中的保护装置失去电压，可能造成保护装

置的误动或拒动。

3. 答：微机继电保护装置现场检验应做以下几项内容：

(1) 测量绝缘。

(2) 检验逆变电源（拉合直流电流，直流电压，缓慢上升，缓慢下降时，逆变电源和微机继电保护装置应能正常工作）。

(3) 检验固化的程序是否正确。

(4) 检验数据采集系统的精度和平衡度。

(5) 检验开关量输入和输出回路。

(6) 检验定值单。

(7) 整组试验。

(8) 用一次电流及工作电压检验。

4. 答：没有必要将保护屏对地绝缘。虽然保护屏骑在槽钢上，槽钢上又置有联通的铜网，但铜网与槽钢等的接触只不过是点接触。即使接触的地网两点间有由外部传来的地电位差，但因这个电位差只能通过两个接触电源和两点间的铜排电源才能形成回路，而铜排电源值远小于接触电源值，因而在铜排两点间不可能产生有影响的电位差。

5. 答：检验微机继电保护装置时为防止损坏芯片应注意如下问题：

(1) 微机继电保护屏（柜）应有良好可靠的接地，接地电阻应符合设计规定。使用交流电源的电子仪器（如示波器、频率计等）测量电路参数时，电子仪器测量端子与电源侧应绝缘良好，仪器外壳应与保护屏（柜）在同一点接地。

(2) 检验中不宜用电烙铁，如必须用电烙铁，应使用专用电烙铁，并将电烙铁与保护屏（柜）在同一点接地。

(3) 用手接触芯片的管脚时，应有防止人身静电损坏集成电路芯片的措施。

(4) 只有断开直流电源后才允许插、拔插件。

(5) 拔芯片应用专用起拔器，插入芯片应注意芯片插入方向，插入芯片后应经第二人检验确认无误后，方可通电检验或使用。

(6) 测量绝缘电阻时，应拔出装有集成电路芯片的插件（光耦及电源插件除外）。

参　考　文　献

［1］ 何永华．发电厂及变电站的二次回路．北京：中国电力出版社，2004.

［2］ 阎晓霞，苏小林. 变配电所二次系统．北京：中国电力出版社，2004.

［3］ 袁乃志．发电厂和变电站电气二次回路技术．北京：中国电力出版社，2004.

［4］ 牟思浦．电气二次回路接线及施工．北京：中国电力出版社，2002.

［5］ 李玉海，刘昕，李鹏. 电力系统主设备继电保护试验．北京：中国电力出版社，2005.

［6］ 韩笑，赵景峰，邢素娟．电网微机保护测试技术．北京：中国电力出版社，2005.

［7］ 韩天行．继电保护及自动化装置检验手册．北京：机械工业出版社，2004.

［8］ 韩天行．微机型继电保护及自动化装置检验调试手册．北京：机械工业出版社，2005.